中央空调施工与调试

主　编　李志生
副主编　刘建龙　高月芬
参　编　廖嘉文　谭　鑫　李端茹

机 械 工 业 出 版 社

本书结合我国中央空调施工与调试的新规范和节能减排政策，深入浅出地介绍了中央空调施工与调试的基本方法和技术措施。本书的主要内容有：绪论，中央空调工程施工组织与施工方案，中央空调工程施工的常用工具，中央空调系统中水管、风管、制冷机组及机房、冷却塔以及其他设备施工的方法与技术措施，中央空调防排烟、消声与隔振的方法与技术措施，中央空调工程施工实例，中央空调工程的调试与调试实例。

本书可作为高等工科院校和高等职业教育院校建筑环境与设备工程专业以及其他相关专业的教学用书或培训教材，也可供中央空调或建筑设备行业从事设计、施工、管理、咨询、维护工作的人员阅读与使用，还可供中央空调产品设计与制造的生产技术人员和管理人员以及相关行业的主管部门作为参考资料使用。

图书在版编目（CIP）数据

中央空调施工与调试/李志生主编．—北京：机械工业出版社，2010.8（2017.4重印）

ISBN 978-7-111-31645-9

Ⅰ.①中… Ⅱ.①李… Ⅲ.①集中空气调节系统 Ⅳ.①TB657.2

中国版本图书馆CIP数据核字（2010）第164883号

机械工业出版社（北京市百万庄大街22号　邮政编码100037）
策划编辑：陈玉芝　责任编辑：王华庆
版式设计：张世琴　责任校对：张　媛
封面设计：赵颖喆　责任印制：乔　宇
三河市国英印务有限公司印刷
2017年4月第1版第4次印刷
184mm×260mm·16.25印张·399千字
6501—8000册
标准书号：ISBN 978-7-111-31645-9
定价：34.00元

凡购本书，如有缺页、倒页、脱页，由本社发行部调换

电话服务
服务咨询热线：010-88379833
读者购书热线：010-88379649

网络服务
机 工 官 网：www.cmpbook.com
机 工 官 博：weibo.com/cmp1952
教育服务网：www.cmpedu.com
金 书 网：www.golden-book.com

前　言

本书根据21世纪中央空调施工与调试行业的发展情况，在作者长期教学、科研与工程实践经验积累的基础上，充分吸收国内外最新的教学、科研成果和社会信息编写而成。本书结合我国中央空调施工与调试的新规范和节能减排政策，深入浅出地介绍了中央空调施工与调试的基本方法和技术措施。

本书在系统介绍中央空调施工与调试的基本理论、基本方法、基本过程的基础上，介绍了相关新标准和新规范的背景、意义和实践，同时也总结了中央空调工程施工与调试的常见错误，系统地总结和论述了中央空调施工与调试过程中的经验和做法。

本书可作为高等工科院校和高等职业教育院校建筑环境与设备工程专业以及其他相关专业的教学用书或培训教材，也可供中央空调或建筑设备行业从事设计、施工、管理、咨询、维护工作的人员阅读与使用，还可供中央空调产品设计与制造的生产技术人员和管理人员以及相关行业的主管部门作为参考资料使用。

本书由广东工业大学李志生副教授（博士）担任主编，湖南工业大学刘建龙副教授和华北电力大学高月芬副教授担任副主编。具体编写分工为：绪论、第1章、第10章、第11章、第12章由李志生编写，第2章、第3章、第4章、第9章由高月芬编写，第5章、第6章、第7章、第8章由刘建龙编写。广东工业大学研究生廖嘉文等参加了部分图片的绘制和文稿校对工作，湖南工业大学研究生谭鑫和李端茹分别参与了第5章和第6章的编写。

由于编者水平、精力、时间所限，本书在内容取舍、章节安排和文字表达等方面一定还有许多不尽如人意之处，恳请读者批评指正，并提出宝贵建议。相关意见和建议请发至邮箱：Chinaheat@163.com（李志生）。对您的意见和建议，我们深表感谢。

编　者

目　　录

绪　论

0.1 中央空调工程施工与调试的重要意义

随着经济的发展和生活水平的提高，中央空调的使用越来越广泛，甚至已成为宾馆、体育馆、办公楼、商场、医院等公共建筑的标准配置。要使中央空调能够正常、节能运行，除必须保证空调设备的制造品质外，也依赖于中央空调设计、安装、施工、调试的质量。从某种意义上来说，中央空调工程施工与调试的重要性不亚于空调设备的品质和设计质量。

0.1.1 中央空调工程施工质量的重要性

随着建筑物功能的不断发展，用户对空调的使用也提出了更高的要求。中央空调安装工程不再是简单地将设备装好、将管线连接好，而是要注重各项功能的实现。可以毫不夸张地说，中央空调工程的质量是“三分设计，七分安装”。中央空调工程的施工质量如果没有保证，中央空调设备只能当作“半成品”，是无法发挥其正常功能的。可以预见，随着社会的进步和经济的高度发展，中央空调行业将越来越繁荣，先进的施工工艺、施工技术和新材料将大量应用于中央空调的施工过程中，这也将对中央空调工程施工的质量提出更加严格的要求。

0.1.2 中央空调工程调试的重要性

暖通空调系统由于其安装、运行条件会发生改变，或者经过长时间的运行，其性能会发生一定程度的衰退。有证据显示，热泵在实际运行时的效率与在标准的试验条件下相比要低10%左右，而某些安装不合适的热泵，其性能衰退甚至会高达30%。调试对暖通空调系统是非常重要的，它不仅能监测暖通空调设备的运行和参数优化，而且也能实现对暖通空调系统的故障报警、故障诊断以及故障隔离，甚至可以帮助操作者进行系统评估、系统维护，从而降低暖通空调系统运行能耗，延长其使用寿命，并防止事故发生。近来也有研究表明，商业建筑中的暖通空调经过故障检测和诊断调试后，能达到20%～30%的节能效果，有的甚至达到36%的节能效果。

大型制冷机组是大型商业中央空调的主要冷源之一。大型制冷机组的部件众多，管路比较复杂，又是必须承受高压的容器，因此对安装、调试都有严格的要求。由于大型商业制冷机组在安装调试过程中涉及业主、施工单位（可能是不同的施工单位或同一施工单位的不同施工小组）和设备的生产商等几个方面，所以在施工调试过程中，因为各方互不协调或未严格按照规范以及施工调试要求所造成的安装调试不过关或设备性能下降甚至设备报废的事情屡见不鲜。

0.2 中央空调工程施工过程中新材料、新工艺的应用概况

随着科技的进步，中央空调工程施工过程中已大量采用新材料、新工艺。新的中央空调工程设计规范鼓励采用新技术、新材料、新工艺和新设备。一些地方政府也对中央空调施工过程中采用新工艺、新设备、新产品和新材料进行鼓励，例如依法享受税收优惠等扶持政策，以及在政府采购中列入优先采购的产品目录等。

0.2.1 中央空调工程施工过程中新材料的应用

新材料在中央空调工程施工过程中的应用主要有3个方面，即作为风管材料使用、作为风口材料使用和作为水管材料使用。

0.2.1.1 作为风管材料使用

目前，用于中央空调风管的材料主要有镀锌铁皮、不锈钢、铝板、玻璃钢和新材料等几种。

1. 镀锌铁皮 在中央空调通风管道的施工过程中，我国传统的方法是使用镀锌铁皮（俗称为白铁皮）。镀锌铁皮板材的加工工序比较复杂，材料密度大。按理说镀锌铁皮板材不属于一种新型材料，但是，因其强度高、耐火、美观，有一些独特的优点，受到用户的欢迎。目前，镀锌铁皮板材在中央空调工程中还有加速使用的趋势，在各类通风管道、空调管道中占到了70%以上，并且近20年来一直处于中央空调市场的主导地位。镀锌铁皮板材作为风管材料能够普遍应用，得益于多年来成熟的施工工艺、方便的安装条件和良好的现场应用效果。随着中央空调从南方快速向北方扩散使用，我国镀锌铁皮风管加工设备生产厂和多系统的镀锌铁皮加工厂已有相当规模，再加上相当齐备的技术标准和从制作到安装的成熟工艺，镀锌铁皮风管大有蓬勃发展之趋势。

2. 不锈钢和铝板 不锈钢风管采用奥氏体不锈钢，铝板风管一般采用纯铝板和防锈铝合金板。这两大类材料制成的风管不允许因轻微划伤而影响美观，并且其制作工艺复杂，材料价格高昂，一般应用于非常特殊的环境或有特殊要求的场合。

3. 玻璃纤维材料 玻璃纤维材料风管主要是复合保温型风管，目前在国内市场上基本有3类，即玻璃纤维无机玻璃钢复合保温型风管、复合玻璃纤维保温风管、超级风管。

玻璃纤维无机玻璃钢复合保温型风管一般有两种：一是内外双层玻璃钢中间夹层为保温材料的风管；二是风管外表面是玻璃钢，里面是玻璃纤维，最里面是屏蔽层的风管。玻璃纤维无机玻璃钢复合保温型风管主要采用氯氧镁水泥材料或其他无机材料，从根本上解决了燃烧问题。由于玻璃纤维无机玻璃钢复合保温型风管具有可设计性、耐蚀性以及价格较低，目前已应用于排风、排烟系统，并在潮湿易腐蚀的环境中得到了大量应用。

复合玻璃纤维保温风管和玻璃纤维无机玻璃钢复合保温型风管的结构基本相同。玻璃纤维无机玻璃钢复合保温型风管外保护层为无机玻璃钢，而复合玻璃纤维保温风管没有专用的保护层，仅选用经胶化的玻璃纤维布，其强度依靠4个边角的镀锌铁板条支撑，并且较前一种风管要低，其连接方式一般采用铁法兰连接或专用承插条连接。由于所采取的塑料基本相同，其性能参数和玻璃纤维无机玻璃钢保温型风管相似。国内复合玻璃纤维保温风管发展较早，起源于20世纪80年代，是以美国的玻璃纤维风管技术为基础发展起来的。经过20多

年的发展，其生产工艺日臻完善，产品质量逐步提高。目前，复合玻璃纤维保温风管已进入技术成熟期。

美国超级风管是采用离心法制造的玻璃纤维风管，里层是由乳胶凝固而成的保护层，外表面是加强型的铝片布胶带。此种风管结构更为简单：风管可由板折成方形或卷成圆形；接口处是成形的雌雄接口；外缝采用热活化密封胶带，可以达到相当高的强度。目前，国内市场上的此类风管均是采用美国技术和原材料在国内生产的。

4. 新型双面铝箔聚氨酯　双面铝箔聚氨酯板材起源于意大利，在国外已应用了20多年。双面平滑的铝箔及夹层结构使空气在管道内流动所产生的阻力降低，隔音效果好，并且通过管道输送的空气能有效地保持原有的湿度及温度；另外，发泡材料的特性决定了风管的轻巧性。目前，新型双面铝箔聚氨酯已成为空调风管的重要材料。

玻璃纤维材料风管、铝箔聚氨酯等几种新材料风管，均是管道和保温的复合体，都有消声、保温、美观的优点，在隔音、保温、环保、安全、美观等各项指标上都有突出之处。近年来，非金属风管和复合材料风管的应用越来越广泛，如玻璃棉纤维复合风管、高分子保温复合风管、插接式无机玻璃钢保温风管、节能消声风管和金属复合软风管等。这些新材料难燃、耐腐蚀、易加工，有的还具有抗潮湿、耐酸碱等优点，是理想的风管材料。目前，这些材料在公寓、别墅及各种商业建筑中的空调工程中已大量使用。

0.2.1.2　作为风口材料使用

常见的风口材料有两种：一种是ABS工程塑料，另一种是铝合金。两种材料的风口各有利弊。

ABS风口采用ABS工程塑料制作，不容易结露。但ABS工程塑料有一定的热胀系数，所以在使用过程有可能发出“吱吱”声，并且在冬天气温低时，风口也可能产生轻微的拱起。另外，长时间使用后风口会变黄，并且不容易清洗。

铝合金风口的优点在于不易变形，也不易变色。但是由于铝合金的热传递速度非常快，所以在夏天使用过程中容易结露，严重的会有水滴产生。

0.2.1.3　作为水管材料使用

在中央空调工程施工过程中，新材料作为冷冻水管、冷却水管、热水管道等管材使用也日益广泛。一些新型的非金属材料水管，如PVC管（包括PVC－U管）、PE管、PR管、PB管等，能输送一定温度的热水，并且质量轻，耐腐蚀，能承受一定的高压，在某些方面已具备钢材水管的性质。特别是一些塑钢复合管、铝塑复合管，已具备金属和非金属水管共同的优点，适合在中央空调工程施工过程中作为冷冻水管、冷凝水管、冷却水管使用。近年来，一些地方设计院积极探索和大胆尝试，在中央空调工程施工过程中大量应用了这些新材料，改变了镀锌铁皮钢管一统天下的局面。

0.2.2　中央空调工程施工过程中新工艺的应用

近年来，随着技术的进步和生产效率的提高，以及人们对室内环境要求的提高，一些新的安装和施工工艺大量应用于中央空调工程施工过程中。新的施工工艺依赖于以下两个方面：

（1）经济发展和技术进步，使一些新的安装工艺作为新技术应用到实践中，提高了安装效率和质量。

（2）用户追求舒适和享受，对中央空调的安装质量和施工工艺提出了挑战。如变风量空调的普遍推广、地源热泵的广泛使用、地板送风方式的大量应用、洁净空调的出现等，这些施工项目以前可能在我国闻所未闻，但是，现在已开始使用，所以这些项目的施工工艺就属于新的工艺。

0.2.2.1 风管连接技术

1. 金属风管 金属风管连接的新工艺为无法兰连接，如咬口连接、铆接等，其中以咬口连接应用最普遍。在中央空调工程施工过程中，无法兰连接较传统施工工艺好、强度高、外形美观、省工时、成本低。风管无法兰连接由于具有连接接头严密，质量好，接头重量轻，省材料，施工工序简单，节省工时，易于实现全机械化、自动化施工，施工成本低等众多优点，因而得到了广泛推广和应用。目前，风管无法兰连接的形式有几十种，如承插、插条、咬合等，而且新的形式还在不断出现。

2. 非金属风管 非金属风管主要由塑料、玻璃复合管材制成。塑料管材可以使用电加热、蒸汽加热和热风加热等方法进行加热，并可以使用热量加热至柔软状态下焊接而成。这种连接方式成本低廉、无高温明火、可靠性高、无杂质污物产生、快速简便、可手工操作、无需对管子进行特殊预处理，这就是这项新技术的特点。

复合新材料风管一般可采用金属法兰、工字形承插、阴阳榫及戟形等多种接口方式，比较灵活，但风管的制作均在专门加工厂内进行，现场不易修改。成型的无机玻璃钢风管或部件是与法兰连接成整体的，无需另配法兰盘，安装时只需要在玻璃钢法兰上加工螺栓孔即可，非常简单方便。

0.2.2.2 管线安装技术

现代建筑中，业主为增加建筑使用面积，往往紧凑安排各种建筑设备管线，如给排水管，消防水管，热水管，中央空调冷冻水管、冷却水管、冷凝水管等。这就使得在各竖向管井中，如何安装、协调各管线成为一个大问题。管线布置综合平衡技术是应用于建筑机电安装工程的施工管理技术，涉及建筑机电工程中通风空调、给排水、电气智能化控制等专业的管线安装。管线布置综合平衡技术是根据工程实际将各专业管线设备在图样上通过计算机进行图样上的预装配，将问题解决在施工之前，而将返工率降低到零的技术。2005 年，该技术曾被建设部列为十大施工技术加以推广。再如，各通风井和正压送风井，在土建完工后，如何在狭窄的混凝土风井内进行衬里施工，也是一个大的问题。

0.2.2.3 水管接口技术

随着中央空调工程技术的发展，一些新型的管道连接技术不断出现，并有逐步取代传统方法的趋势。在中央空调工程施工新技术中，管道的接口技术应用最广。

1. 卡箍连接 卡箍连接也称为沟槽连接，是使用专用开槽工具在钢管上开槽，并采用相应的机械配件进行连接的一种接口形式。它可以代替传统管道的法兰连接，具有机械强度高、耐蚀性能好、安装维修方便、占用空间小、安全可靠性高等优点，可以完成中央空调冷冻水系统、冷却水系统各种管材的连接。

2. 卡套连接 卡套连接是一种比较先进的管道连接方式，在国内外已被广泛采用。它是依靠卡套或管件进行连接的。卡套式连接具有防松、防冲击、耐振动、接口简单、安装迅速、便于维修等优点，并且安装操作时不需要专用的工具，也不需要焊接，在维修、防火、高空等场所的管道安装中尤其适用。

3. 活结快装管件连接　为迅速彻底解决管道的“跑、冒、滴、漏”问题，常采用这种连接方式。这种管件连接方式由于每个管件都是活的接头，可灵活、自由地根据现场需要调节接口长度，并且能与各种钢管、铜管、玻璃钢管、复合塑料管等配套连接。因此，其不但适用范围广、安装简单快捷、节约人工成本、降低工程造价，而且还能显著缩短施工工期。尤其难得的是，即使是在高、中压范围内，管道也不容易泄漏，密封性能良好。

4. 专用接头连接　目前，专用接头连接主要应用于塑料管、复合管、铜管等管道连接中，如各种专用的三通、四通、异径接头、弯头等。这些专用接头配套专用的密封圈，接口严密，施工快捷，不需要特别工具，受施工条件的制约小，是一种比较先进的管道连接方式。

0.3　中央空调调试技术带来的新变化

0.3.1　全过程和全方位的调试

中央空调系统的测试与调整统称为调试。前面已经介绍，中央空调系统的调试对保证中央空调正常运行和提高设备能效具有重要意义。为了使整个工程系统在节能、高效的状态下运行，以达到设计预期的效果，与施工一样，调试工作的质量也十分重要。对于新建成的中央空调系统，在完成安装交付使用之前，应通过测试、调整和试运转来检验设计、施工安装和设备性能等方面是否符合生产工艺和使用要求。如发现问题，应采取相应的技术措施，保证达到设计要求。另外，通过调试，还可以使运行人员熟悉和掌握系统的性能和特点，并为系统的经济合理运行积累资料。对于已投入使用的空调系统，当发现某些方面不能满足生产工艺和使用要求时，也需要通过测试查明原因，以便采取措施予以解决。因此，中央空调的调试是全过程、全方位的调试，不仅包括中央空调工程管道、末端的调试，而且包括制冷设备的运转调试，以及整个中央空调制冷系统无负荷、有负荷的联合试运转及测试记录等。因此，调试既是检验安装质量好坏的重要手段和措施，也是保证中央空调系统能够良好运行的必要步骤。

0.3.2　调试和控制密不可分

中央空调调试既是保证施工质量、确保运行节能的根本保证，又是实现空调控制的重要手段。因此，调试实现了从中央空调方案设计到施工管理、从设备选型到材料采购、从系统维护到运行管理的一体化。现代中央空调工程中，调试和控制已密不可分。

空调系统运行管理的自动控制，不仅可以保证房间温度和湿度的精度要求，也是实现自动控制、节省人力及节约能量的重要环节。空调自动控制系统包括冷热源的能量控制、焓值控制、新风量控制、设备的起停时间和运行方式的控制、温度和湿度设定控制、自动显示、自动记录等内容。它可以通过预测室内外空气状态参数（温度、湿度、焓值等），并以维持室内舒适环境为约束条件，把最小耗能量作为评价函数，进而判断和确定所需提供的冷热量、冷热源和空调机、风机、水泵的运行台数、工作顺序、运行时间以及空调系统各环节的操作运行方式，以达到最佳运行效果的目的。

0.4 中央空调工程施工与调试规范的新变化

为了保证中央空调工程施工与调试的质量，规范中央空调工程中各个环节的监督和验收，国家专门制定了中央空调工程施工与系统调试的相关规范。这些规范既反映了国际上中央空调工程施工与调试的新技术、新材料的变化，又总结了以往中央空调施工与调试的重要经验。

目前，我国规范中央空调工程施工与调试的规范主要有两个。第一个是国家规范——《通风与空调工程施工质量验收规范》（GB50243—2002）。该规范明确将中央空调工程的调试划分为两个阶段，一个是工程施工竣工验收阶段，另一个是工程交付使用的交工验收阶段。

第二个规范是根据建设部建标［2002］84 号文件的要求，由主编单位（中国安装协会）会同参编单位编制并完成的行业标准——《通风管道施工技术规程》。该规程参照了美国、日本、英国等国家有关标准和试验方法，结合我国先进的工程实践与基本现状，做到了既与先进国家标准基本保持一致，又符合我国国情，具有较强的可操作性。

表 0-1 列出了中央空调工程施工与调试过程中常用的主要标准与规范。这些规范与标准，同国家其他相关标准、中央空调施工设计图样、设备技术文件等，共同组成了中央空调工程施工与调试的“规章制度”。

表 0-1 中央空调工程施工与调试采用的标准与规范

序号	名　称	代　号
1	《通风与空调工程施工质量验收规范》	GB50243—2002
2	《制冷设备、空气分离设备安装工程施工及验收规范》	GB50274—1998
3	《现场设备、工业管道焊接工程施工及验收规范》	GB50236—1998
4	《自动化仪表工程施工及验收规范》	GB50093—2002
5	《建筑给水排水及采暖工程施工质量验收规范》	GB50242—2002
6	《建筑工程施工质量验收统一标准》	GB50300—2001
7	《工业金属管道工程施工及验收规范》	GB50235—1997
8	《建设工程项目管理规范》	GB/T50326—2006
9	《冷却塔验收测试规程》	CECS：118—2000
10	《压缩机、风机、泵安装工程施工及验收规范》	GB50275—1998
11	《机械设备安装工程施工及验收通用规范》	GB50231—2009

第1章　中央空调工程施工组织与施工方案

随着国民经济的快速发展，要求建筑业的整体水平不断提高，而中央空调工程施工具有较高的技术含量，因此，对建筑环境与设备工程人员的施工技术、管理能力和施工组织知识提出了更高的要求。中央空调工程施工组织和施工方案的好坏，对施工企业的成本控制和工期控制具有重要意义，同时，也对中央空调工程质量具有非常重要的影响。施工组织和施工方案涉及管理学、施工规范的相关知识。在施工管理岗位上能根据工程性质、施工图样和安全措施确保工程质量、工程进度、施工安全，是中央空调工程施工人员必须掌握的基本技能之一。

1.1　施工组织

中央空调工程的施工组织包括工程施工目标、施工组织总设计、单位工程施工组织设计、工地现场施工业务组织和工程施工的试验，以及施工进度管理、工程成本管理、工程质量管理、施工安全管理、工程技术管理等方面。本章重点论述和介绍施工过程中的组织，对于中央空调工程施工完工以后的调试过程，将在其他的章节中进行介绍。

1.1.1　工程实施目标

1.1.1.1　质量目标

质量目标是中央空调工程施工的重要目标之一。根据ISO9000：2000的定义，质量就是一组固有特性满足要求的程度。因此，质量应该是可以度量的、明确的、满足需要的。

质量目标一般要由施工企业技术负责人、项目经理等管理层经过认真分析施工项目的特点和企业的生产经营总目标后确定。按《建筑工程施工质量验收统一标准》（GB50300—2001）的要求，质量目标的基本要求是：施工项目竣工后在交付业主、用户使用时，质量要达到合同规定的所有使用功能要求或符合图样设计要求；检验批次、分项、分部、单位工程质量要达到施工质量验收统一标准，合格率为100%。此外，部分工程可能结合企业的发展战略有其他的要求，如“省优”、“国优”或行业的奖项要求等。

中央空调工程施工不同于一般的制造业，影响其质量的因素比较多，如设计、材料、机械、施工工艺、施工管理制度、技术手段等，比较难于形成规范的标准。因此，要制订切实、可行的工程质量目标。

1.1.1.2　安全目标

安全目标是在中央空调工程项目施工过程中安全工作所要达到的预期效果。中央空调工程施工过程中，安全目标是非常重要的指标。没有安全，就没有效益，甚至没有一切。因此，在中央空调工程施工过程中，要运用科学的理论、方法，通过法规、技术、组织、管理等手段，减少、避免或消除不安全因素，努力实现安全目标。

总的来说，中央空调工程施工的安全目标是要在施工过程中控制事故发生的指标，如杜绝死亡事故、杜绝重大伤痛事故、杜绝重大机械事故、杜绝重大交通事故、杜绝重大火灾事故等。总的安全目标确定后，还要按层次进行安全目标分解，形成安全目标体系，即施工项目总的目标、施工班组的安全目标、个人的安全目标等。在安全目标体系中，总的安全目标是最基本的安全目标，而下一级的目标值应略高一些，以保证上一级安全目标的实现。例如，要求项目总的安全目标中重大伤亡为零，则中层的安全目标就应除此之外，还要求重伤事故为零。

要实现安全目标，必须坚持安全管理的目的性，贯彻预防为主的方针，严格落实安全责任，进行安全教育和培训，并进行安全大检查（查思想、查管理、查制度、查隐患、查事故处理），落实安全措施（安全网、安全帽、安全带、防护栏等）。

1.1.1.3 工期与进度目标

工期与进度目标是中央空调工程施工组织的主要内容。中央空调工程的施工阶段是整个工程实体的形成阶段。按工期做好施工项目的进度计划并按计划实施是保证项目在预定时间内完成并交付使用的必要工作，也是施工项目管理的重要内容。如果中央空调工程施工项目的进度目标不合理，则必然会导致资源配置的不均衡，影响合同的履行，也会影响经济效益。

1. 进度目标 一般来说，有3种进度目标。

（1）以正常工期为施工目标工期的进度目标。正常施工进度是根据现有施工条件下制订的施工方案和企业经营的利润目标确定的，用以保证施工活动必要的劳动生产率，从而实现工程的施工计划。

（2）以合同工期为施工目标工期。这是在招标文件、投标文件或合同中双方确定的施工工期，如果违反了该工期，可能要赔偿或受到惩罚。因此，在中央空调施工过程中，要结合企业的施工条件，充分估计各种可能发生的风险，并适当留有余地，以免发生各种不可预料的意外因素而使工期延长。

（3）以总成本为最低的目标工期。一般来说，工期越长或工期越短，都会使施工的成本增加，因此，存在着一个最合适的工期，使整个安装、施工的成本最小。

2. 进度计划 中央空调工程施工工期和进度目标一旦确定，就要制订进度计划。进度计划要根据实际工程的情况和公司实力制订。既要有总进度计划，又要有阶段性计划；既要有单位工程进度计划，又要有分项进度计划。进度计划要坚持用文字和图表相结合的方式制订。

在中央空调工程施工时，要保证工程项目在合同规定的期限内完成，努力缩短工期，保证施工的均衡性和连续性；要尽量组织流水搭接，连续、均衡地施工，减少现场的停工、窝工、返工等现象；要尽可能节约施工费用，在合理范围内尽量缩小施工现场各种临时设施的规模；充分发挥施工机械的生产效率，特别是适当采用新技术、新工艺，以利于提高施工质量和施工进度；要尽可能保证施工安全。

1.1.2 施工组织管理

中央空调工程施工项目组织管理的主体是以施工项目经理为首的项目经理部，即项目管理层。管理的客体是中央空调工程的施工对象、施工活动以及相关的生产要素。管理的内容包括：建立施工项目管理组织，进行施工项目管理规划，进行施工项目的目标控制，对施工项目的生产要素进行优化配置和动态管理，进行施工项目的合同管理和信息管理等。

1.1.2.1　施工人员组织

建立健全的施工项目管理组织是中央空调工程施工组织的重要组成部分。施工企业要采取适当的方式选聘称职的人才充当施工项目经理，并且要根据工程项目管理的组织原则选择适当的组织方式，组建好施工项目管理机构以作为整个项目的领导管理力量，并在遵守企业规章制度的前提下，根据施工项目管理的需要，制定中央空调工程施工管理的各项规章制度，从而明确彼此的责任、权限和义务。图 1-1 所示为常见的中央空调工程施工的项目管理组织机构。

1. 项目经理　项目经理的主要职责有以下方面：

(1) 贯彻执行国家及地方政府制定的有关工程施工管理的法律法规以及施工和验收的标准、规范和规程，按照企业的各项管理制度组建项目经理部，代表企业履行具体工程项目的合同。

(2) 组织编制或完善施工组织设计，明确项目经理部内各类管理人员的具体职责和权限；制定现场管理的规章制度，对工程实施有效的控制，确保工程质量、工期、安全生产和文明施工，努力完成各项承包指标。

(3) 组织编制工程项目质量计划，确定工程项目质量总目标并了解分部工程目标；界定关键过程的特殊过程，负责发布所管理工程项目的质量计划并组织实施。

(4) 定期对质量计划实施情况进行检查，如施工情况发生变化，则需修改质量计划，并提出修改意见，办好报批手续；工程竣工验收后对实施情况进行总结，并向有关部门上交总结报告。

(5) 协调建设、监理、质检和其他单位的关系，参加工程现场协调会，解决随时出现的各种问题，并积极处理好与项目所在地政府及周围单位和地方管理机构的关系。

(6) 组织质量、安全、文明施工检查，及时纠正施工中的质量通病并消除安全隐患。

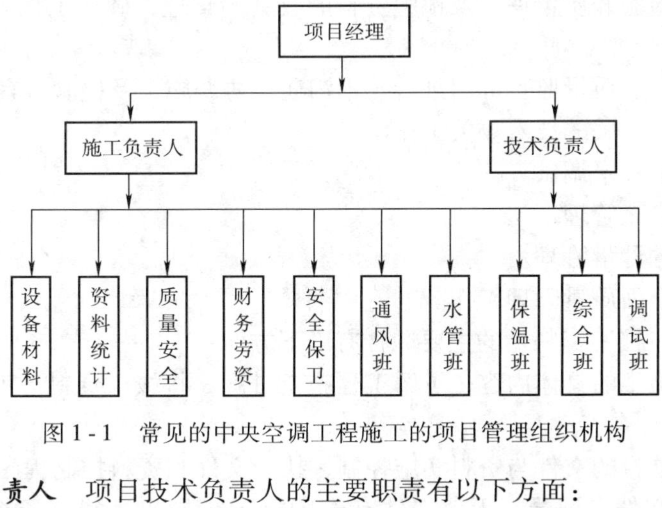

图 1-1　常见的中央空调工程施工的项目管理组织机构

2. 项目技术负责人　项目技术负责人的主要职责有以下方面：

(1) 组织编制施工组织设计、质量计划和专业施工方案等技术性文件，主持图样会审和技术交底工作。

（2）负责主持项目质量管理体系和安全管理体系的建立，并进行职能分配，落实质量责任制。

（3）制定项目技术管理制度，组织技术人员解决施工中出现的技术问题。

（4）组织技术骨干力量对本项目关键技术难题进行科技攻关。

（5）领导产品检验、验收资料、技术调试工作。

3. 施工员　施工员的主要职责有以下方面：

（1）按专业分别设置管道、电气、空调通风、调试等专业施工岗位。

（2）严格执行本专业施工的技术标准、工艺规范和工作规范，组织好本专业的施工，并协调与其他专业施工的配合工作，共同完成项目经理部的各项承包指标。

（3）执行项目经理编制的工程项目质量计划，确定本专业施工的主要过程以及所需用的技术工人、主要材料、施工设备和各项检验、试验所用的设备和仪器，列出施工、验收必须执行的标准、规范和规程，进行分项工程质量目标分解，编写本专业关键过程的作业指导书。

（4）向班组下达施工任务时，有针对性地进行安全、技术和产品保护措施交底，对关键过程和特殊过程按作业指导书要求严格监控，并指导施工班组高速、优质、低消耗地完成施工任务。

（5）接受项目经理指令，实施工程修改、变更，做好工程增补预算，并办好有关签认手续。

（6）及时做好本专业施工的各项质量记录。

（7）负责工程的竣工验收。

4. 安全员、质量检查员　安全员与质量检查员的主要职责有以下方面：

（1）负责各专业工种施工质量的检验、监督，以及有关标准、规范的贯彻执行和安全措施的落实、检查工作。

（2）协助施工员解决施工过程中的技术质量问题。

（3）负责工程检验和质量评定及检验资料的收集、整理，确保工程质量符合有关规程、规范。

（4）与监理单位、质量监督部门进行技术沟通，协调施工及检验事宜。

（5）主持与项目有关的技术攻关工作。

（6）负责工程的技术调试。

（7）负责施工安全管理。

（8）负责项目的计量管理。

（9）组织推行全面质量管理工作。

5. 档案资料员　档案资料员的主要职责有以下方面：

（1）掌握工程施工的具体内容，了解工程施工进度，将竣工资料与工程建设同步收集、整理。

（2）对本工程项目的文件与资料实施控制，执行文件和资料控制程序。

（3）做到受控文件有记录，无效文件有作废标志或撤出；竣工资料的收集整理要及时、完整、系统、标准，具体要做到工程名称要统一、工程项目要齐全、质保资料要真实、检测数据要准确、质量评定要合理、日期时间要相符、字迹清晰不涂改、签名盖章手续全。

在中央空调工程施工管理全过程中，必须服从指挥，团结一致，逐级对自己和上级负责。各相关人员必须明确各自的权、责、利，严格履行设计要求、施工规范、企业的工作标准和规章制度。

中央空调工程施工过程中，要求各级管理、技术人员努力做到具备责任心、进取心、耐心、拼搏心、爱心，以及勤动手、勤动脑和讲质量、讲效率，各负其责，确保工程施工管理工作顺利进行。

1.1.2.2　质量管理组织

施工质量管理是施工组织的重要内容。在中央空调工程的施工过程中，除遵照《通风与空调工程施工质量验收规范》及各地方政府所规定的条例外，还应结合工程的具体情况，制订质量和安全生产的具体措施。

1. 人员的控制　在中央空调工程的施工质量管理中，人力是首要的因素，不管是施工技术还是管理力量，都离不开人的素质。人员的控制包括整个施工队伍的整体素质和个人的技术水平、知识、能力、职业道德、质量意识等，要从发扬团队精神、调动人员的工作积极性和敬业精神入手来控制工程质量。例如，以项目经理的管理目标和管理职责为中心，强化施工项目全体人员的质量意识，加强操作人员的职业教育和技术培训，做到施工作业人员都持证上岗（特别是重要技术工种、特殊工种和高危工作），严格规范各项施工管理制度，规范相关操作人员的作业技术行为等。

2. 材料的控制　要实现中央空调施工质量目标，还应加强对施工材料的控制和管理，如对中央空调工程施工所需要的原材料、成品、半成品等的控制。中央空调工程施工涉及大量的材料，材料的质量和档次是施工项目质量形成的物质基础。应从材料的采购环节入手，根据工程特点、施工具体要求、施工合同等，保证按质、按量、按时地采购所需要的材料。例如，中央空调工程施工过程中欲采用新材料，则要经过充分论证、试验、检验等手段，健全和落实材料质量责任制。

3. 机械设备的控制　中央空调工程施工需要各种施工机械和设备，只有各种机械设备的类型、性能参数与施工现场的参数、施工工艺、技术要求等相匹配，才能达到施工的质量目标。当前，一些新设备、新机械在中央空调工程施工过程中大量应用，因此，要达到中央空调工程的质量目标，首先要按照技术上先进、生产上适用、经济上实用等原则选择施工机械和设备，并合理地组织施工。另外，也要正确使用、熟悉、保养各种施工机械，遵守各项操作规程。

4. 施工工艺的控制　施工工艺既受制于施工方案、施工技术，又受制于施工设备和人员素质。在中央空调工程施工过程中，要根据项目的特点选择施工工艺。既不能盲目地采用新技术、新工艺，又不能因循守旧、无所作为，盲目地选用落后、淘汰的施工工艺，否则，施工效率、施工质量都无法得到保证。

5. 环境的控制　施工环境的控制也是影响中央空调工程施工质量的重要因素。这里所说的环境，主要是指劳动环境，如夜间施工的环境。中央空调工程的安装和施工，往往因为施工场地狭窄而需要在高处吊装，因此，要预先做好施工平面图的合理规划和布置，做好各种管线和临时用水、用电、用气等环节，落实施工现场各种安全防护措施，加强现场的清理工作，加强施工环境的通风和照明管理等。

提高质量的主要措施有以下方面：

（1）正确选择管道制作工艺和管道连接方法，保证风管系统严密性，减少系统漏风量。

（2）避免风管内壁受到污染，提高风管制作和风管连接的严密性，保证空气洁净系统的运行效果。

（3）制作、安装不锈钢板和铝板风管时，应根据材质特性采取相应措施，防止降低风管耐蚀能力。

（4）制订各工种之间衔接配合的技术组织措施，以确保工程的整体进度。

（5）制订关键性设备试运转和系统、试验调整的技术措施。

总之，质量目标应从开工到竣工实施全过程的跟踪，要切实做好中央空调工程施工过程中每一个环节的工作，确保中央空调工程施工质量达到优良标准。

1.1.2.3 安全管理

根据“管生产、管安全”的原则，各级领导直至工人，必须认真贯彻国家和上级颁发的有关安全生产和劳动保护的政策、法规和规章制度。在编制的施工方案中必须有安全技术措施，以防止伤亡事故的发生。根据通风空调工程的作业特点，除按制订的安全技术措施施工外，还应对施工人员加强安全技术教育，遵守建筑安装工人安全操作规程。例如，施工人员进入施工现场，应严格遵守下列要求：

（1）进入施工现场，必须戴安全帽，禁止穿拖鞋或光脚，并正确地使用个人劳动保护用品。

（2）距地面3m以上作业时，要有防护栏杆、挡板或安全阀，如无安全设施，必须戴好安全带。

（3）从事高空作业时，要定期进行体格检查，凡患有高血压、心脏病、贫血病等不适于高空作业的人员，不得从事高空作业。

（4）高空作业所用的工具应放入工具袋（套）内，不准上下抛掷传递物体。

（5）梯子不得缺挡，不得垫高使用。使用梯子时，要将上端扎牢，并且下端应采取防滑措施。

（6）清洗设备时应使用煤油，并且清洗场地要通风良好，严禁烟火。

（7）设备试运转时，除遵守单项安全技术措施外，不准在设备运转时进行擦洗和修理，并严禁将头、手伸入机械行程范围内。

（8）操作风管卷圆机、咬口机等施工机械时，手不得直接推进工件。咬口时，手不准放在咬口机的传送轨道上；工件要扶稳，手指距轧辊的距离不应小于5cm。

（9）进行矿渣棉、玻璃纤维棉（毡）等保温作业时，衣领、袖口、裤口都应扎紧。

1.1.2.4 工期与进度目标

1. 进度的编制

（1）中央空调工程施工的进度编制依据：工程的设计图样及其他技术资料，业主具体要求，行业标准、规范及定额，技术设计及说明等。

（2）编制原则

1）在确保工程质量的前提下，使进度最快，工期最短。

2）坚持全面、系统、连贯的原则，重在责任落实。

3）作为总的具体规范和指导，成为详细编制的依据。

4）根据甲方预付款和进度计划支付，确保加工周期和施工周期。

（3）编制程序：中央空调工程施工进度的编制程序包括施工总进度计划的编制程序和单位工程施工进度计划的编制程序。

1）施工总进度计划的编制程序

① 计算中央空调工程施工总的工程量。

② 确定各单位工程的施工期限。各单位工程的施工期限应根据合同工期确定。

③ 确定各单位工程的开始时间和竣工时间，要合理地组织和搭接各单位工程的顺序，以便组织流水作业，尽量做到均衡施工。

④ 编制初步施工总进度计划，以工程量最大、最长的单项工程或单位工程为主导，组织中央空调工程施工流水线。

⑤ 编制正式的施工总进度计划。施工总进度计划初步确定后，要经过检查、调整和修改，看总工期是否符合合同要求，劳动力和物资供应是否能得到保证等。

2）单位工程施工进度计划是具体指导施工的重要文件，其编制程序如下：

① 划分作业项目。要根据计划和施工条件、施工方法等明确、具体地划分作业项目。

② 确定施工顺序。要根据中央空调工程的施工方案来确定施工顺序，以便符合施工工艺要求和经济合理原则。

③ 划分流水段，如制冷机组的吊装，冷却水管道、冷冻水管道、空调风管的安装等。

④ 确定各子项目的持续时间，绘制施工进度计划等。

2. 进度的控制　中央空调工程施工时，影响项目进度的因素有很多，如人力、技术、材料、资金、自然条件、甲方因素等。要用行政方法、经济方法和管理技术方法等手段进行施工进度的控制。例如，每隔一段时间对中央空调工程施工实际进度与总控制计划进行对比，用前锋线把实际进度在总控制计划图上进行标记，并在周度统计报表上作出分析，找出进度滞后的原因，提出整改措施。再如，如果实际施工进度滞后，危及总工期的按时完成，则必须及时提出抢回进度或调整总控制进度的计划。总控制计划的调整经批准后要重新编制工序流程图，并将其输入计算机编制出新的总控制计划，由项目经理签认，发布各有关人员落实执行。

3. 工期的保证

（1）组织保证措施。为保证中央空调工程施工的工期，要实行项目经理负责制，组建一个具有科学化、年轻化、知识化和富有管理经验、具有拼搏精神的项目经理部，并使之与建设、设计、监理等单位紧密配合，充分发挥公司的经济技术优势和精诚合作的诚意，严格按照施工组织设计施工，保证总进度的如期完成。

（2）实行责任制度与目标管理。要实行目标分解，责任到人，项目经理全面负责进度计划的实施，各专业工程要由具体领导执行；操作人员要服从安排，积极投入具体工作，并实行责任与利益挂钩的办法，做到制度率先，奖惩兑现；采用目标管理，分阶段实施，严格控制施工方法；在编排季度进度计划和月度进度计划时，要按施工组织的总进度计划进行安排，同时又要结合工程实际进展情况进行调整，在施工高峰期要增加劳动力的投入，实行多工种平行交叉作业。只有对劳动力实行动态管理，才能有效缩短施工周期，才能保证施工总进度计划的实现。

（3）制订周密的施工进度计划安排。在中央空调工程施工组织中，要编制好施工进度横道图，项目在施工过程中将按总进度的要求控制，分阶段进行流水作业和交叉作业控制，体现施工过程管理的科学性和合理性。同时，以方案中的总进度计划为基础，将总计划分解成季计划、月计划、旬计划、日计划。以计划为龙头，实行长计划短安排，并根据工程进展情况及时调整计划，以便投入足够的劳动力以及机械、材料，以确保总工期的实现。

1.2 施工方案

1.2.1 施工方案的选择与制订

1.2.1.1 中央空调工程施工的特点

由于一般只有公共建筑才有中央空调工程，而大型公共建筑功能较多，面积巨大，结构复杂，这就使中央空调工程施工具有独特的特点。例如，中央空调工程施工要求工期短，交叉作业多，配合土建预留预埋、二次装饰工程量大。再如，中央空调系统对设备的运行对减振、消声、吸声、降声方面的控制条件要求高。由于大型公共建筑的造价昂贵，业主为尽可能增加使用面积和空间，一般会倾向于尽量高地利用有限的设备空间。因此，在有限的空间内密集了空调送风管、回风管、新风管，排烟、排风管，空调冷水管、热水管，给排水管，消防喷淋管以及电缆桥架等，这些都增加了中央空调施工的难度。因此，在安装前应与各相关专业密切配合，统筹安排施工顺序及方式，有效利用时间和空间，并有效控制工程质量和进度，避免返工、浪费和质量事故的发生。

中央空调工程各管线施工顺序及方式原则上应按以下规则进行：

（1）先上面后下面，先里面后外面。

（2）小口径管道让大口径管道。

（3）有压管道让无压管道，低压管道让高压管道。

（4）常温管道让高温与低温管道。

（5）支管让主管。

（6）水管让风管。

1.2.1.2 施工方案的选择

在中央空调工程施工过程中，往往有不同的施工方法可供选择。在制订中央空调工程施工方案时，应根据工程特点、工期要求、施工条件等因素，进行综合权衡，选择适用于本工程最先进、最合理、最经济的施工方法，以达到降低工程成本和提高劳动生产率的预期效果。

1.2.2 施工流程

中央空调工程施工的一般流程如图 1 - 2 所示。其基本流程是熟悉图样，进行施工准备和班组交底，然后进行现场定位和安装准备，接着进行各专业、班组的安装和协调，再对管道和设备进行涂装、保温施工，清洁管道和设备，配合装饰安装末端设施。上述工作做好后可以进行调整、试验，进行单机试运转和联合调试，最后进行竣工、验收和交付使用。

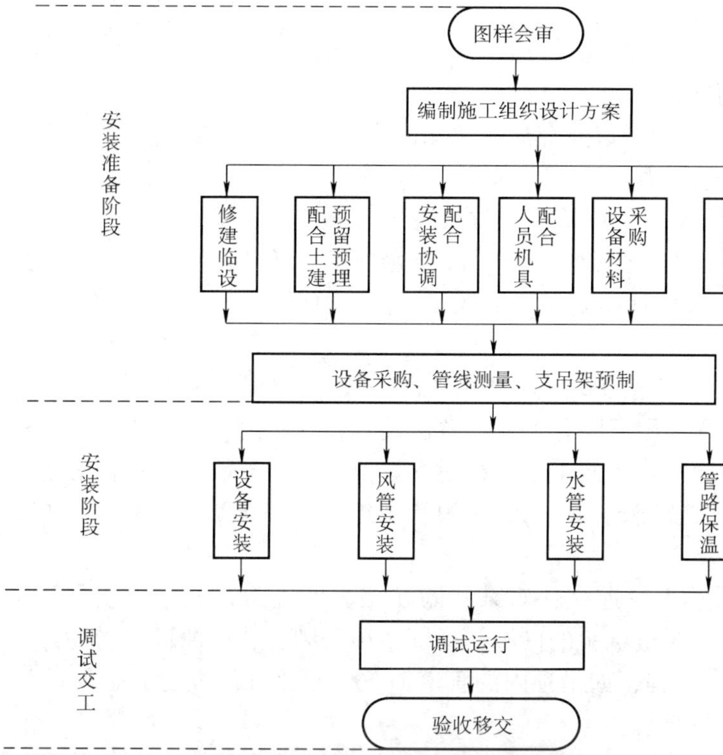

图1-2　中央空调工程施工的一般流程

1.2.3　施工方法

1.2.3.1　中央空调水系统的施工流程

1. 管道的施工　中央空调水系统的管道包括冷冻水管道、冷却水管道和冷凝水管道。这里以冷冻水管道为例进行介绍。冷冻水管道一般选用热镀锌钢管，外加保温材料，通过管道的支吊架固定在建筑结构上。管道的施工方法见本书第3章，本章只简单介绍一下管道的施工流程和施工方案。冷冻水管道的施工流程如图1-3所示。

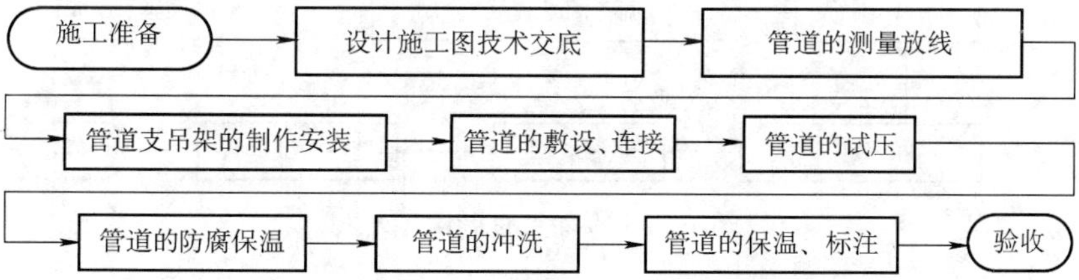

图1-3　冷冻水管道的施工流程

在冷冻水管道施工过程中，制作管道支吊架时要根据图样设计的要求进行选材、切割、焊接，并将制作好的支吊架编号或布置到相应的安装区域。支吊架安装前一定要先涂好防锈漆。所有金属构件在涂装前一定要对构件进行除锈、清理、去油污等表面处理工作。管道支吊架的安装位置要适当，要避免在构筑物薄弱位置建立管道支吊架。管道的支吊架采用角钢或槽钢焊接而成。对于多管道共用支吊架，支吊架间距根据现场的梁柱间距调整，并进行复核。

管道施工时，要从以下几个方面进行质量控制：

（1）支吊架的选择

1）按管道质量、数量以及介质等选用的支吊架应符合设计图样的要求，但应注意支吊架的结构形式和载重能力。

2）竖井管道较为复杂和特殊，重量较大，施工难度也大，若没有合理的支吊架设计和布置，将直接影响到施工和运行，甚至影响到工程质量。为此，应引起足够的重视，应待屋顶机房的最终设计确定后，结合建筑结构的预埋件，进行这部分管道的支吊架设计和布置。

（2）竖井管道内管道的安装。竖井管道一般采用倒装法施工，这样有利于安全作业和质量保证。其方法是在屋面竖井上方设置吊装点，管子由一层预留口吊入竖井内，在井道内的施焊位置搭设操作平台，便于坡口组对和焊工施焊。当坡口检查合格后，就将操作平台提升至一定高度做好安全固定，再吊入一根管子组对下一个坡口，每层坡口处均设操作平台，以便安装操作。

（3）注意与后续工序连接：对某些隐秘工程的施工，应采取提前进行管道水压试验、阀门强度试验、盘管风机试验的措施，保证吊顶天棚、装饰地板不受污染。

1）凡管道隐藏工程，如吊顶内的管道，在隐藏和封顶板之前必须进行水压试验，以及时发现泄漏点并进行修复。

2）对管道阀门的使用必须慎重，除严格把握进货质量外，还必须遵守规范的要求，按比例（主断阀门必须为100%）对阀门进行强度试验，以及时发现不合格品并进行更换。

3）空调机组、盘管风机是吊顶内数量最多的空调末端设备，应引起高度重视。首先应对盘管风机的电气部分进行测试，除检查调速开关的配合使用质量外，还应测量风机噪声是否满足设计要求，以及时发现不合格品并进行更换。

2. 冷冻水泵的安装施工 冷冻水泵的施工流程可以用图1-4表示。

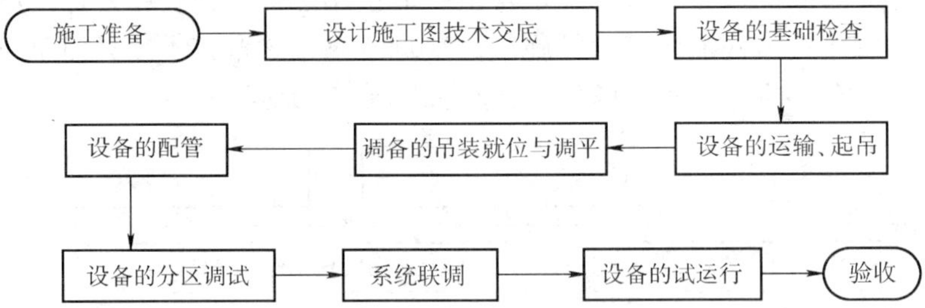

图1-4 冷冻水泵的施工流程

水泵要安装在减振器（或减振垫）上并用螺栓固定，要注意隔断振动源，并特别要注意低频噪声的隔断。一般情况下，高频噪声的消除比较容易。要注意，按设计图样的要求，在水管与泵或主机的连接处必须有减振软管接头（减振喉），并且软管两端必须有支承物，以将与软管相接的阀或管道支撑好。软管是不允许承受剪切力负荷的。

1.2.3.2 中央空调风管系统的施工流程

1. 风管的施工 中央空调风管系统的施工流程如图1-5所示。

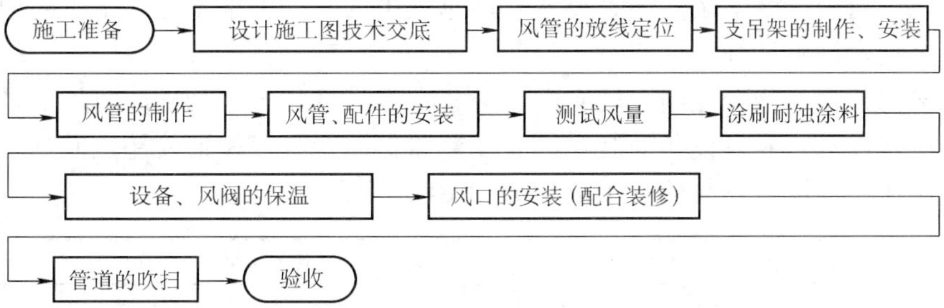

图 1-5　中央空调风管系统的施工流程

在进行风管施工时，要选取非金属或金属风管进行制作安装，并将其作为质量控制点。因为针对影响风管工程制造安装质量的因素进行有效的质量控制，是实现和保证整个中央空调工程施工质量的关键。对于大型的公共建筑，风管一般安装在吊顶内，因此，吊顶内管道测量综合布置及局部施工图的细化设计是重要的工作步骤之一。同时，吊顶内各类管道的施工布置也是历年来设计、施工的难点之一。

在安装风管时，选择走廊、电梯前室作为安装质量监控重点是做好此项工作的关键。吊顶内存在自动喷洒管道、空调水管道、电气管路、风管及其设备、附件、器材等，应统一到一个主支架或拖架上，这样便于布置，有利于各专业的施工配合和以后的维护管理。

风管的布置原则：一般是先确定风管位置，即空调水管沿走廊两侧的墙进行布置，自动喷洒干管沿其一侧墙布置，自动喷洒支管和电气管路沿风管两侧布置；焊接管让丝接管，钢管让 PVC 管；管间距以不妨碍施工为前提。进行综合布置时，应注意水管坡度，特别是要防止凝结水 PVC 管倒坡。

由于风管的安装是吊顶各专业施工的第一道工序，做好此项工作的好处有：为确保吊顶高度打下良好的基础；减少了各项交叉，既能保证工程质量，又能节约工程成本，还能加快工期，最终提高工作效率。

2. 设备的安装　设备安装人员在安装设备前，必须熟悉安装方案、施工图、有关规范和产品说明书等技术文件，不能胜任工作的人员不得上岗。施工机具、起重工具、检测仪器、量具必须是合格品或周检合格品，否则不得使用。设备开箱时，使用工具必须正确，不允许野蛮开箱，应完全按正确的方法进行操作，并保证开箱板不损坏周围的设备和设施。

在安装设备（如冷水机组）时，要进行基础复查，主要是控制基础或型钢基础外形尺寸、预留孔或地脚螺栓孔洞几何公差，尤其是孔壁垂直度不允许超差，孔内不得有油污和其他脏物。设备在安装放线时，应以轴线控制设备中心线，不得以预留孔或预埋地脚螺栓反控，另外还应做好光源及电线的安全检查工作。设备就位必须以设备安全作为前提，并保证其徐徐下落，以减少振动。

设备安装过程中的找正，即找中心、找水平、找标高，三者同等重要，因设备功能而异，一般不应低于规范公差标准。二次灌浆的标号必须高出混凝土基础一个至二个等级，并且捣实后地脚螺栓必须处于垂直状态，待混凝土强度达 75% 以上后方可进行下一步工作。设备装配（现场组装）时，其组装（装配）间隙是质量控制的前提，其次才是规范要求。

在进行设备吊装时，不论是制冷机组、供热机组、空调机组、新风机组还是盘管风机，都应在考虑安全系数的前提下制订出切实可行的设备吊装及运输方案，并组织好施工机械及专业人员实施。精密设备吊装运输是设备安装过程中的一个关键工序，施工时应编写专题施工方案和安全技术措施。

对于设备的减振、降噪控制，所有运转设备在设计选型与采购供应时均应选择低噪声或超低噪声的运转设备，并且设备安装时都要安装减振装置，以保证使用空间的安静舒适。

中央空调风系统设备安装的施工流程如图 1-6 所示。

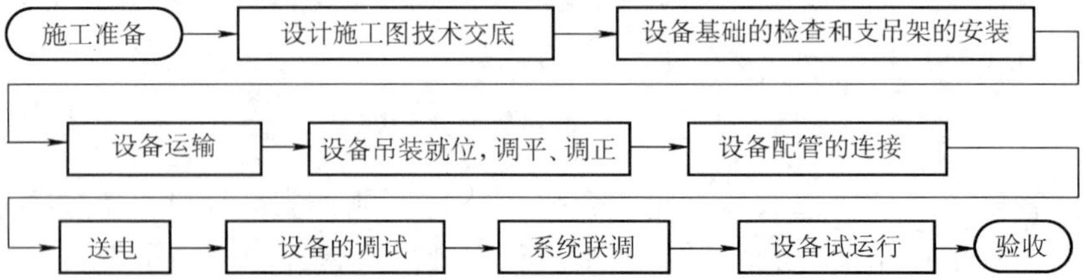

图 1-6　中央空调风系统设备安装的施工流程

3. 风机盘管　风机盘管一般是吊顶安装，因此风机盘管的安装必须牢固。在安装风机盘管时，其 4 个吊杆固定处上下各有一个螺母，要将这两个螺母拧紧，以免因产生振动而发出噪声。风机盘管下部的接水盘必须水平安装，这样才能保证接水盘内有一个合理的排水坡度。

风机盘管的施工流程如图 1-7 所示。

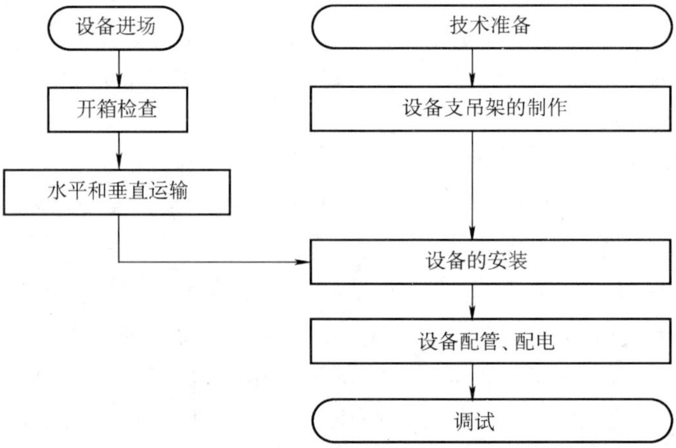

图 1-7　风机盘管的施工流程

1.2.4　施工方案的实施

1.2.4.1　施工总平面规划与布局

为了有效利用时间和空间，降低工程成本，施工临时设施应尽量利用已有建筑物或构筑物。在不能利用现场已有建筑物或构筑物时，修建施工临时设施应本着减少资金投入、紧凑合理、少占施工用地、方便生产、减少二次搬运、有利生活、安全防火、保护环境和劳动保护等原则进行平面规划。

各种施工生产设施应按功能划分，设置施工生产用房、办公室、工具房、材料设备库房和材料设备堆放场等。施工生产用房应尽量租用当地就近民房，不方便租用时，再进行现场规划。现场生活设施主要是宿舍和食堂，规划这些生活设施时，应考虑施工高峰期的人数。

中央空调施工时，生产、生活临时用电应采用业主提供的电源敷设施工用电电路，应按照施工现场实际情况周密考虑电、水、气等生活和生产条件，并尽量降低成本。

1.2.4.2　施工准备

为减少窝工和怠工现象，应在施工之前进行充分、认真的施工准备，如准备好管理、技术、人力队伍，筹划科学合理的施工方案，对先进的施工工艺和施工手段进行充分论证，以便在工程施工组织管理、材料管理、施工工艺管理、施工机械设备管理、缩短施工周期等方面采取降低成本措施，使施工企业的效益最大化。因此要认真学习、贯彻执行国家规定的质量方针、政策、标准规范和有关的技术政策，贯彻执行公司质量认证体系和程序文件要求，优化施工图设计方案。

中央空调工程通风管道连接及制作前的准备工作如下：

（1）审查施工图中风管的位置、规格和标高，检查风管与其管线、设备是否相撞，并进行图样会审。

（2）根据其他工种及进度计划确定施工计划。

（3）安排好风管及部件的加工制作。

（4）准备工具和起重吊装设备，如活扳手、呆扳手、钢丝钳、螺钉旋具、安全带、绞磨、滑轮和钢丝绳等。

（5）搭好脚手架或安装平台。

（6）安装施工现场应无障碍物，以确保施工顺利进行。

1.2.5　施工方案的注意事项

1.2.5.1　施工协调与配合

在中央空调工程施工组织与管理过程中，施工的配合与协调是施工组织与管理的重要内容，也是施工生产的关键环节。施工的配合与协调应贯穿在施工的全过程中。为了保证工程的顺利进行，从施工准备工作开始就要认真做好配合与协调。中央空调工程施工过程中，主要配合与协调以下几个方面的工作。

1. 与业主配合、协调

（1）在施工前做好施工组织设计及分部、分项目工程施工方案，并提交业主审查，争取业主的意见，在现场指挥部的统一领导下，统一指挥，统一调度，按计划、有步骤地组织实施。应及时地向甲方提供供货商的资质、材质证明，做好材料的认质、认价工作。积极配合业主对各分部、分项工程进行检查，并提前一天通知业主，对业主提出的问题坚决整改。对于甲方提供的设备材料，项目部应积极配合甲方做好设备材料的检查验收和保管工作，当好业主的参谋。

（2）及时提交工程月进度计划等文件，以便业主进行监督，并主动与业主保持密切联系与沟通。在施工过程中，严格按照经业主监理批准的“施工组织设计”及国家有关的规程、规范进行施工。

（3）根据工程情况，积极地向甲方提出合理化建议及优化方案，使设计更完善，使用效果更好。

2. 与现场监理配合、协调

（1）施工前编制的施工组织设计、施工方案及进度计划等文件应及时交给监理工程师，以便监理工程师及时进行监督检查。在施工过程中，对监理工程师提出的问题，应坚决加以整改。

（2）经常与监理工程师保持联系与沟通，按时参加由业主和监理主持的例会，积极配合监理工程师对工程施工过程中的检查验收，特别是隐藏工程的检查验收，对监理工程师提出的质量问题坚决整改。

（3）对图样中未明确的部分和做法，一定要与监理工程师取得一致意见，严格按规程、规范施工。对于所有进入现场使用的成品、半成品、设备、材料、器具，应主动及时向监理工程师提交相关产品合格证或质保书。

3. 与设计单位配合、协调

（1）在中央空调工程施工过程中，可能需要修改设计文件，这时，施工单位应积极参加施工图样会审，主动协助业主向设计院提出合理化建议及优化方法、方案，以完善设计内容。

（2）如果施工单位在施工过程中确实发现设计有不完善之处，最好及时向设计院反映，并协助设计院妥善处理。

4. 与土建装修施工单位配合、协调

（1）明确规定相互的配合、协调关系和施工的范围、工期、安全文明施工等要求，与土建单位及时取得联系，获得土建的总形象进度计划安排，以便及时地调整安装进度计划。

（2）向总包施工单位支付有关的配合费用，积极参加总包单位在现场召开的协调会，服从总包施工单位统一安排，统一平衡协调，并互为对方提供施工面，以创造施工条件。

（3）进场安装前提前通知总包施工单位，以便为单位留出施工面，并及时解决交叉施工中存在的问题。

（4）在施工组织上服从总包单位和业主监理的管理，所有进场材料按施工总平面设计点堆放。对于施工过程中的成品、半成品的自身保护和相互保护，应在总包施工单位牵头下共同拟订保护制度，组成成品保护小组，消除交叉污染和成品损伤。

5. 主体及基础施工阶段安装的配合措施

（1）主体与基础施工阶段安装配合的好坏，直接影响到今后土建和安装的质量，所以在施工前要认真领会设计意图，认真熟悉图样，做好施工前的班前技术交底。

（2）在施工过程中做好所有管线的预留、预埋，并在隐藏之前必须通知业主或甲方进行确认后，才可以隐蔽。

（3）及时地准备好安装的各项资料，特别是隐藏工程资料。

6. 与装饰工程配合、协调

（1）与装修公司要注意配合，如关于管线、管道的明装、暗装和装修等。在装饰吊顶前，所有的管线以及吊顶的设备、风管必须安装完毕。在地下防水施工前，所有穿越地下外墙的管道均应安装完毕，以免今后安装时造成破坏防水层的现象。管道穿地下外墙处应设置刚性防水套管，套管制作应按照国家相关标准图集进行。

（2）安装风口时应加强与装饰单位的配合工作。当然，也有一些中央空调工程的安装和装修是一个公司，这时，则不存在配合的问题。

7. 与设备、材料供应商配合、协调

（1）选择合格的供应商。在供货过程中，对于数量较大的材料，应做好供料进场计划，分期、分批地进场。

（2）供货过程中要及时向供货商索要产品的材质证明书、合格证等质量证明文件，并同供货商一起共同对材料进行现场验收。

（3）及时办理材料的交接手续。

1.2.5.2　工程安装的关键与控制

要针对中央空调工程施工的特点、重点和难点，抓住施工过程中的主要矛盾，找准施工过程的关键环节，才能把握工程的安全、质量。特别要注意，在施工过程中应抓好以下关键环节：

1. 选型与材料供应　中央空调工程安装的系统设备应满足使用功能的需要，设备技术偏差应符合设计要求，如正确选择水冷式螺杆机组、供热锅炉、组合空调器、新风机组、水泵、风机盘管、风机等空调系统设备。

2. 减振与噪声控制　要保持空调房间安静舒适的环境，必须对空调设备及其他动力设备进行减振处理，对大断面风管采取有效的加固措施，严格控制风速和风量，对系统风量进行有效的平衡和调整。

3. 水管道系统工程的清洗与水压试验　对于中央空调水系统的管道，应严格监控管道系统的水冲洗试验与水压强度试验，保证管道系统严密不漏、清洁不堵。

4. 中央空调风系统的制作安装与漏光试验　中央空调风系统的制作和安装是为用户创造舒适环境的重要工程，因此对空调风系统的制作安装与漏光试验应重点加以控制。

5. 中央空调系统综合效能的测试与调整　中央空调系统的系统检测与系统调试运行是针对设计、施工和设备性能等进行的一次全方位的综合考试与评价，也是实现用户对整个建筑使用功能进行全面考核的过程，更是使设计达到使用功能的综合要求。通过对中央空调的安装与调试，可使整个大楼达到设计预期目标。

6. 严格执行国家强制性标准条文　国家强制性标准条文是确保工程使用安全、节能和整体质量的规范性文件。施工时的技术指标必须符合标准条文的规定。

7. 配合与协调　为了更有效地利用人力和物力以及时间和空间，在施工组织与管理的全过程中应始终贯穿施工各方全方位的配合与协调。

1.2.5.3　中央空调工程施工的重点、难点

中央空调工程施工安装的重点和难点有以下几方面：

（1）施工的组织与管理。

（2）施工的协调与配合。

（3）对工程使用的设备、材料的供应与品质保证。

（4）空调风系统管道的制作与安装。

（5）空调水系统管道的焊接、安装与水压试验。

（6）空调主机设备与末端设备的检测试验与系统的调试运行。

（7）减振、消声及噪声控制。

（8）空调主机设备的运输与吊装。

应根据中央空调工程安装的特点，严格执行 GB/T19001—2008 国家质量管理体系标准，

对全过程工序进行质量控制，以实现产品质量目标。

1.2.5.4 竣工资料

中央空调工程施工要收集的档案资料包括：单位工程开工报告、图样会审和设计交底记录、单位工程竣工报告、技术变更核定单、分项工程质量检验评定表、分项工程质量抽查评定表、单位工程竣工图、各种材料（设备）的质量证明书、施工技术交底记录、设备基础复测记录、管道隐蔽检查记录、管道系统强度试验记录、管道系统严密性试验记录、通水试验记录、设备单体试运转记录、系统试运转记录等。

中央空调系统涉及的面较广，既有制冷（压缩机）又有制热（锅炉），以及管道、电器等，因而要求施工安装人员的知识广泛，对工作要认真、踏实。

第 2 章　中央空调工程施工的常用工具

2.1　起吊举重工具

中央空调工程中的空调机组、空气处理设备、冷水机组、风机、水泵等大型通风空调设备及管道安装施工时，为了保证施工质量和减轻施工工人的劳动强度，经常使用起吊举重机械或工具。

中央空调工程中使用的起吊举重机械或工具主要有链式起重机、卷扬机和小型升降机等。

本节主要介绍链式起重机、卷扬机和小型升降机的构造、工作原理及使用方法。

2.1.1　起重索具

2.1.1.1　钢丝绳

1. 钢丝绳的特点及分类　钢丝绳是吊装中的主要绳索。它具有挠性好、强度高、韧性好、耐磨、破断前易检查等优点。

钢丝绳是由许多根直径为 0.4 ~ 3.0mm、强度为 1400 ~ 2000MPa 的高强度钢丝捻成股，股再捻成绳而制成的。起吊机械中的钢丝绳都是交互捻绳，其中的钢丝捻成股的方向与股捻成绳的方向相反。这种捻绳方式使钢丝绳在使用过程中不易发生旋转和松散。

按绳股数和一股中的钢丝数，常用的钢丝绳分为 6 股 7 丝、6 股 19 丝、6 股 37 丝、6 股 61 丝等几种。

2. 钢丝绳的标准及选用　国家标准（GB8918—2006 和 GB/T20118—2006）给出了钢丝绳的代号、含义及强度等级。

钢丝绳作业中主要受的力是拉力，除此之外还承受弯曲、挤压和摩擦力等，因此选择钢丝绳时，应首先满足所受最大拉力。钢丝绳许用拉力按式（2-1）计算。

$$S = \frac{P}{K} \tag{2-1}$$

式中　S——钢丝绳的许用拉力（N）；

P——钢丝绳的破断拉力（N）；

K——钢丝绳的强度安全系数，见表 2-1。

表 2-1　钢丝绳的强度安全系数

用　　途	安全系数	用　　途	安全系数
缆风绳	3.5	无弯曲吊索	6 ~ 7
缆索起重机承重绳	3.75	捆绑吊索	8 ~ 10
手动起重设备	4.5	载人升降机	14
机动起重设备	5 ~ 6		

钢丝绳的破断拉力可由式（2-2）计算。

$$P = i\frac{\pi d^2}{4}\sigma \tag{2-2}$$

式中 i——钢丝绳中钢丝的总根数；

d——钢丝绳中钢丝的直径（mm）；

σ——钢丝绳的抗拉强度（MPa）；

P——钢丝绳的破断拉力（N）。

当钢丝绳的抗拉强度未知时，可用钢丝绳有效破断拉力乘以钢丝绳折减系数进行近似估算。钢丝绳折减系数的取值与钢丝绳种类有关，对于6股19丝，取0.85MPa；6股37丝，取0.82MPa；6股61丝，取0.80MPa。

钢丝绳在使用一定时间后会出现磨损、锈蚀、扭曲甚至断丝等损伤，应依据国家标准判断钢丝绳是否报废。

2.1.1.2 麻绳

麻绳轻而柔软，便于捆绑物体和打结，一般用于500kg以下重物的绑扎与吊装，或用作缆风绳、平衡绳和溜放绳等。需要注意的是，麻绳机械强度低，易磨损。

常用的麻绳有白棕绳、线麻绳和混合麻绳等，其中，白棕绳质量较好，应用较普遍。白棕绳有浸油和不浸油之分。浸油的白棕绳不易腐烂，但质料会变硬，并且不易弯曲，强度较不浸油的白棕绳低10%～20%。

使用麻绳时应注意：避免麻绳被割伤；不得使用有霉烂或断股的麻绳；严禁用于机械传动和摩擦力大、转速快的吊装作业；应防止麻绳受潮和化学介质的侵蚀。

2.1.2 起重机具

2.1.2.1 滑轮与滑轮组

在设备运输和吊装时，为了改变拉力方向或减小牵引力，经常使用滑轮和滑轮组。

滑轮的分类方法有：按滑轮的多少分为单轮、双轮、多轮等几种；按连接件的结构形式不同分为吊钩型、链环型、吊环型和吊梁型；按使用方法的不同分为定滑轮、动滑轮以及定滑轮和动滑轮组合成的滑轮组（见图2-1）；按其不同作用分为导向滑轮和平衡滑轮等。

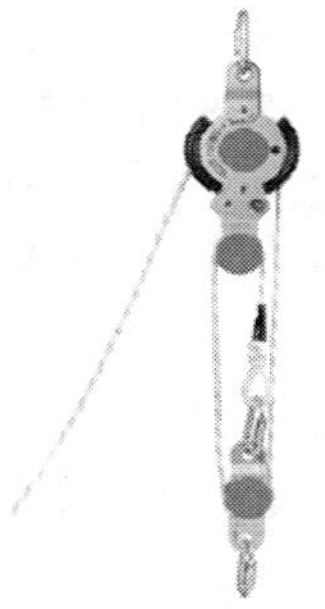

图2-1 滑轮组

在起吊时，应根据滑轮的允许载荷来选用滑轮，以保证施工安全。

2.1.2.2 起重杆

起重杆又称为抱杆或桅杆，是一种常用的起重工具，如图2-2所示。起重杆配合卷扬机、滑轮组和绳索等用以起吊重物。

起重杆是一立柱，用拉索（拖拉绳）拉紧立于地面，拉索一端系在起重杆顶部，另一端固定在地面锚桩上。拉索一般不少于3根，通常用4～6根。每根拉索预先用滑轮组拉紧，初拉力为10～20kN，拉索与地面成30°～45°夹角，各拉索在水平面投影的夹角不得大于120°。

起重杆可以垂直立于地面，也可倾斜立于地面（一般不大于10°），并且起重杆底部垫以枕木。起重杆上端装有悬梁或由特殊支承物所支持的起重滑轮组，用于起吊重物。滑轮组绳索从上滑轮导出，经固定在起重杆下部的导向滑轮引导到卷扬机上。

2.1.2.3 链式起重机

链式起重机是一种结构简单、小型、轻便的起重工具，适于小型设备的垂直起吊等。链式起重机也称为倒链或葫芦，一般有手动和电动两种。

1. 手拉葫芦 手拉葫芦的起重能力一般不超过10t，有的最大可达20t，起重高度为3～5m。图2-3和图2-4分别是HS型和WA型手拉葫芦。

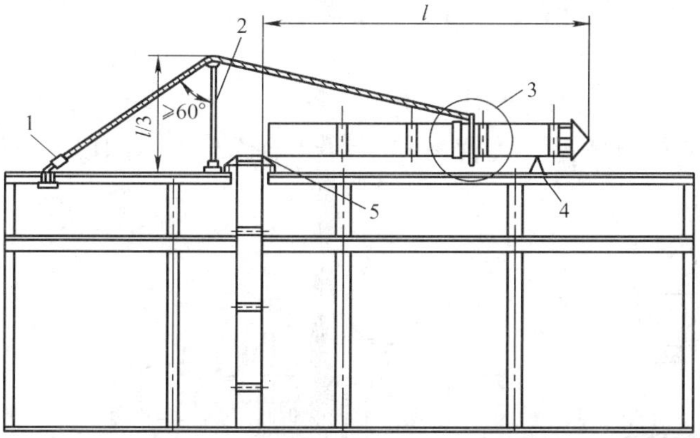

图2-2 用起重杆起吊风管

1—安装倒链 2—桅杆 3—系固节点 4—垫木 5—转动铰链

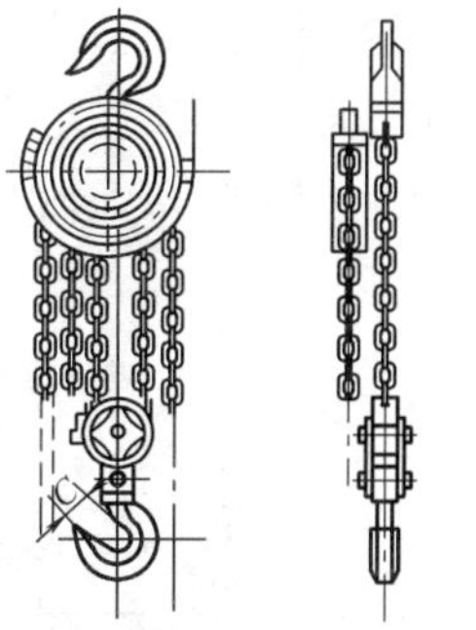

图2-3 HS型手拉葫芦

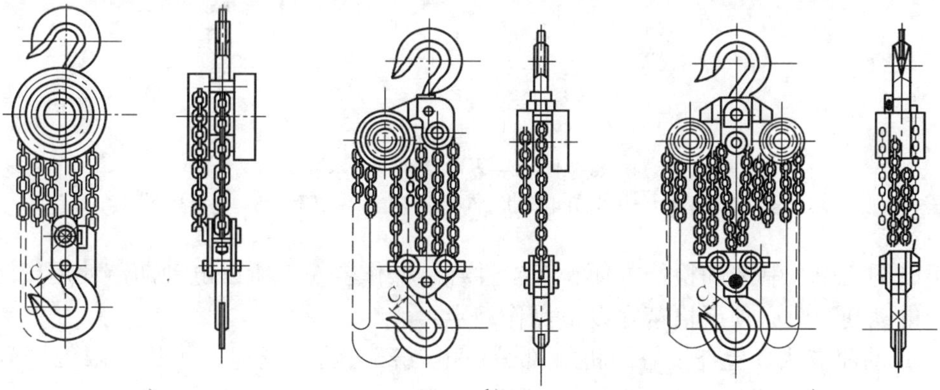

a) b) c)

图2-4 WA型手拉葫芦

a) 1～5t b) 10t c) 20t

使用手拉葫芦时应注意以下几个方面：

（1）严禁超负荷起吊或斜吊，禁止吊拔埋在地下或凝结在地面上的重物。

（2）悬挂手拉葫芦的支承点必须牢固、稳定。

（3）吊挂、捆绑用钢丝绳和链条的安全系数应不小于6。

（4）不允许抛掷手拉葫芦。

（5）起吊前应检查各机件是否完好无损，传动部分及起重链条润滑是否良好，空运转是否正常。

（6）起重链条不得扭转和打结，双行链手拉葫芦的下吊钩组件不得翻转。

（7）吊钩应在重物重心的铅垂线上，严防重物倾斜、翻转。

（8）严禁用2台及2台以上的手拉葫芦同时起吊重物。

（9）作业时，操作者不得站在重物上面操作，也不得将重物吊起后停留在空中而离开现场。

（10）不得使用非手动驱动方式起吊重物。发现拉不动时，不得增加拉力，而要立即停止使用，检查重物是否与其他物件牵连、重物重量是否超过了额定起重量、手拉葫芦机件有无损坏等。

更多细节参考《手拉葫芦　安全规则》（JB/T9010—1999）。

2. 电动葫芦　电动葫芦通常安装在单轨吊、旋臂吊和手动单梁行车上，用以起升和移动重物，如图2-5所示。

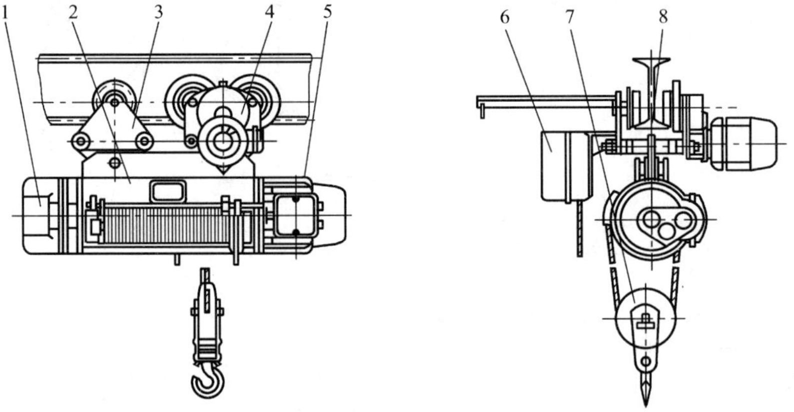

图2-5　电动葫芦

1—减速器　2—卷筒　3—双轮小车

4—电动小车　5—起升电动机　6—控制箱　7—吊钩　8—连接架

由于结构简单、制造和检修方便、互换性好、操作容易，所以电动葫芦使用广泛。

使用电动葫芦时必须严格遵守以下操作规定：

（1）开动前应认真检查设备的机械部分、电气部分、钢丝绳、吊钩、限位器等是否完好可靠。

（2）不得超负荷起吊。起吊时，手不准握在绳索与物件之间。

（3）使用拖挂线电气开关起动时，绝缘必须良好。正确按动按钮，操作时注意站立的位置。

（4）单轨电动葫芦在轨道转弯处或接近轨道尽头时，必须减速运行。

2.1.2.4　卷扬机

卷扬机又称为绞车，是最常用、最简单的起重吊装机械之一，广泛应用在各种工程施工过程中。卷扬机既可单独使用，又可作为其他起重吊装机械上的主要工作机构。

卷扬机是由人力或机械动力驱动卷筒卷绕绳索来完成牵引工作的装置。

1. 卷扬机的分类　卷扬机的种类很多，按动力装置分为电动式、内燃式和手动式3种，其中电动式占多数；按工作速度分为快速、慢速和调速3种；按卷筒的数量分为单卷筒、双卷筒和多卷筒。

在起重吊装作业中，常用的是电动单筒慢速卷扬机，其起重能力一般为 1 ~ 20t。

2. 卷扬机的构造和工作原理　在中央空调安装工程中常用的是电动单筒慢速卷扬机。图 2-6 所示为 JM 系列电动单筒慢速卷扬机示意图。它主要由卷筒、电动机、减速器以及控制器等组成。其主要技术参数见表 2-2。

卷扬机的工作原理是：电动机起动后，通过联轴器将动力传输给减速器，减速器使旋转速度下降到要求值后，再带动卷筒旋转，从而收放钢丝绳进行正常工作。

图 2-6　JM 系列电动单筒慢速卷扬机示意图
1—卷筒　2—电动机　3—减速器

表 2-2　JM 系列单筒慢速卷扬机的主要技术参数

型号	额定静拉力/kN	卷筒			钢丝绳		电动机			外形尺寸			整机质量/t
		直径/mm	长度/mm	容绳量/m	直径/mm	绳速/(m/min)	型号	功率/kW	转速/(r/min)	长/mm	宽/mm	高/mm	
JM0.5	5	236	417	150	9.3	15	Y100L2—4	3	1420	880	760	420	0.25
JM1	10	260	485	250	11	22	Y132S—4	5.5	1440	1240	930	580	0.6
JM1.5	15	260	440	190	12.5	22	Y132M—4	7.5	1440	1240	930	580	0.65
JM2	20	320	710	230	14	22	YZR2—31—6	11	950	1450	1360	810	1.2
JM3	30	320	710	150	17	20	JZR2—41—8	11	705	1450	1360	810	1.2
JM5	50	320	800	250	23.5	18	JZR2—42—8	16	710	1620	4620	890	2
JM8	80	550	800	450	28	10.5	YZR225M—8	21	750	2120	2146	1185	3.2
JM10	100	750	1312	1000	31	6.5	JZR2—51—8	22	720	1602	1770	960	4.2

3. 操作卷扬机时应注意的事项

(1) 安装卷扬机时，基座必须平稳牢固，应设置可靠的地锚并搭设工作棚。操作人员的位置应能看清指挥人员和拖动或起吊的物件。

(2) 以机械动力驱动的卷扬机，卷筒旋转方向应和操作开关上指示的方向一致。

(3) 从卷筒中心线到第一个导向滑轮的距离，带槽卷筒应大于卷筒宽度的 15 倍，无槽卷筒应大于 20 倍。当钢丝绳在卷筒中间位置时，滑轮的位置应与卷筒轴心垂直。

(4) 卷扬机自动操纵杆的行程范围内不得有障碍物。

(5) 卷筒上的钢丝绳应排列整齐，如发现重叠和斜绕时，应停机重新排列。严禁在卷扬机转动时用手或脚拉、踩钢丝绳。钢丝绳不许放完，最少应保留 4 圈。

(6) 钢丝绳不许打结、扭绕，在一个节距内断线超过 10% 时，应予更换。

(7) 作业中，任何人不得跨越钢丝绳；物件提升后，操作人员不得离开卷扬机。休息时，物件或吊笼应降至地面。如遇停电，应切断电源，将提升物降至地面。

（8）作业完毕，应断开电源，锁好开关箱。

2.1.2.5 千斤顶

千斤顶是一种单动作的起重机具，具有体积小、自重轻及使用灵活、方便的特点。它可以移动或调整吊装物体的高度，也可用于校正钢构件的变形。

千斤顶按其结构不同可分为齿条式、螺旋式和液压式。齿条式千斤顶的起重能力一般为3~5t，最大可达15t，起重高度最大可达400mm。齿条式千斤顶的技术性能见表2-3。螺旋式千斤顶的起重能力为5~50t。液压千斤顶的起重能力一般为1.5~320t，最大的起重能力可达500t，起重高度为90~200mm。

表2-3 齿条式千斤顶的技术性能

型号		01型	02型
起重量	静负荷/t	15	15
	动负荷/t	10	10
最大起重高度/mm		280	330
钩面最低高度/mm		55	55
机座尺寸/mm		166×260	166×260
外形尺寸（长×宽×高）		370mm×166mm×525mm	414mm×166mm×550mm
自重/N		260	250

使用千斤顶时应注意以下3个方面.

（1）使用千斤顶时，应使千斤顶的额定承载能力略大于被顶起物体的重量，防止超负荷工作。

（2）千斤顶工作时要有坚实的基础或支承物，以免工作时发生倾斜，造成事故。

（3）还要注意千斤顶的保养，使其在工作中动作灵活并延长其使用寿命。

2.1.2.6 绞磨

绞磨是一种手动起重工具，具有结构简单、操作方便的特点，适合在没有电源时用人力起重。绞磨由推杆、磨头、卷筒、磨架、制动器等部件组成。其结构示意图如图2-7所示。

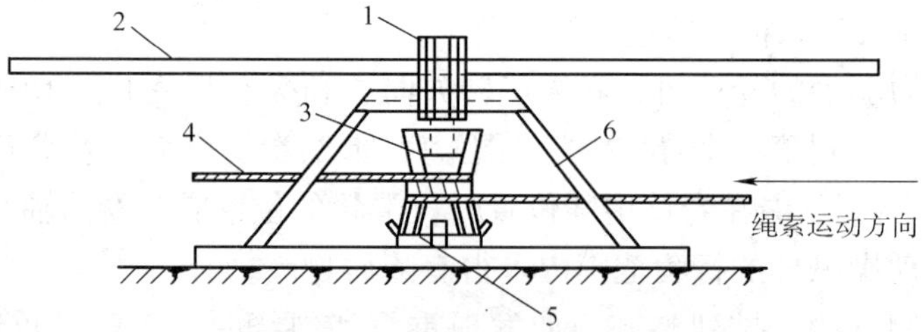

图2-7 绞磨结构示意图

1—磨头 2—推杆 3—磨腰 4—拉梢绳 5—制动器 6—磨架

使用绞磨时应注意以下两个方面：

（1）使用绞磨时，锚桩必须牢固，缠绕在卷筒上的牵引绳不少于 4 圈，以防止绞磨和牵引绳在工作中产生滑脱。

（2）严禁用手在卷筒上调节或放松牵引线，还要注意防止绞磨反转及上转轴被拔出等事故发生。绞磨推杆上需施加的推力按式（2-3）计算。

$$P = \frac{Sr}{R}K \tag{2-3}$$

式中　P——施加在绞磨推杆上的力（kN）；

S——绳索的拉力（重物的重量）（kN）；

r——卷筒半径（m）；

R——推力作用点距磨腰盘体中心的距离（m）；

K——磨腰盘体阻力系数，取 1.1～1.2。

2.1.3　吊装工具

2.1.3.1　撬杠与滚杠

撬杠与滚杠是移动重物和校正设备最常用的工具。

撬杠是用圆钢或六棱形钢（35 钢或 45 钢）锻制而成的。它的一头做成尖锥形，另一头做成鸭嘴形或虎牙形，弯折 40°～45°，并对弯折部分及弯折点附近 60～70mm 的直线部分进行淬火和回火处理。弯折部分的硬度要求为 40～45HRC。

滚杠一般采用钢管制成，它的长短粗细可根据需要和现场条件加工。

2.1.3.2　吊钩

常用的吊钩为单钩。吊钩是由整块钢材（常用 20 钢）锻造而成的，并且锻成后要进行退火处理，以消除其残余的内应力，增加其韧性，要求硬度达到 95～135HBW。吊钩表面应光滑，不得有剥裂、刻痕、锐角、裂缝等缺陷存在，不允许对磨损或有裂缝的吊钩进行补焊修理，因为补焊后吊钩会变脆，致使其受力后裂断而发生事故。

2.1.3.3　吊索

吊索是用钢丝绳插制而成的绳扣，主要用于起吊时绑扎设备及零部件。吊索按结构不同，分为闭式吊索和开式吊索，如图 2-8 所示。

a)　　　　b)

图 2-8　吊索

a）闭式吊索　b）开式吊索

使用吊索时应注意以下几个方面：

（1）严禁使用无标志和检验证书的钢丝绳吊索。

（2）使用前应进行日常检查，发现钢丝绳或金属附件的损伤超过报废标准时，应严禁投入使用。

（3）严禁超载荷使用钢丝绳吊索。

（4）钢丝绳吊索肢间夹角不得大于 120°。

（5）装置吊钩、吊环、链条等金属附件的钢丝绳吊索，相互间应用卸扣连接，其额定载荷应相等。

（6）钢丝绳吊索起吊要平稳，并应避免受冲击载荷的作用。

（7）采取有效措施避免钢丝绳在锐角处发生弯折或与载荷碰撞。

（8）不得在低于 -60℃和高于100℃温度的条件下使用，不得暴露在腐蚀性的气体、液体或蒸汽中使用。

2.1.3.4 卡环

卡环又称为卸扣，在起重吊装作业中用于吊索与滑轮组的固定或吊索与各种构件和设备的连接。因此，卡环是起重作业中应用最多的拴连类部件。

卡环由马蹄形的钢环和止动横销组成。根据横销固定方法的不同，卡环可分为销子式和螺旋式两种。工程中应用最多的为螺旋式，其结构示意图如图2-9所示。

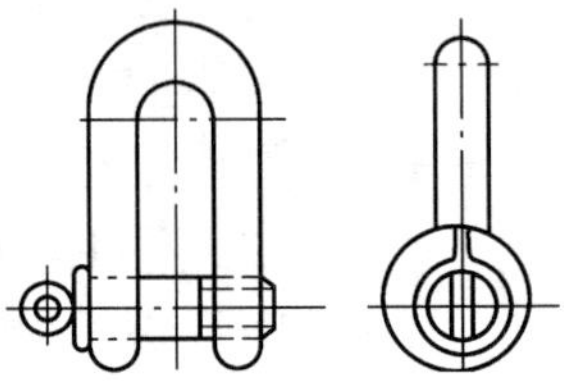

图2-9 螺旋式卡环的结构示意图

卡环是标准件，可根据荷载要求从相关标准中选取。

2.2 切断工具

中央空调安装工程中用到的切断工具分为钢板切断工具和钢管切断工具。

2.2.1 钢板切断工具

风管及其部件、配件在安装前需要根据设计要求加工制作。风管及其部件、配件的加工可以在施工现场通过手工操作和使用一些小型轻便机械进行，也可以在专门的加工厂或预制厂集中制作成半成品或成品后运到施工点。前者适用于规模较小的工程中，后者适用于规模较大、安装要求高的工程中。

中央空调工程中金属材料应用广泛。这里主要介绍金属板材的加工切断工具。

金属板材按加工设备的类型和工作原理分为剪切、铣切、冲切及切割下料等。风管的加工制作通常使用手剪、电剪、手动滚轮剪等剪切工具以及剪板机和冲剪机等机械进行剪切下料。其配件及部件的加工制作通常使用切割设备进行切割下料。

2.2.1.1 手剪

手剪刃口为硬质合金，用于切割薄钢板，并且钢板厚度不应大于1.5mm。

手剪分直线剪和弯剪两种。直线剪适用于剪直线、圆及弧线的外侧边，弯剪用于剪曲线及弧线的内侧边。

2.2.1.2 电剪

电剪的剪刀应用高速工具钢或硬质合金钢制作。电剪用于薄钢板的直线切割与曲线切割。图2-10所示为电剪外形示意图。电剪主要由单相串励电动机、减速机构、机壳、刀杆、刀架和上下刀头等组成。

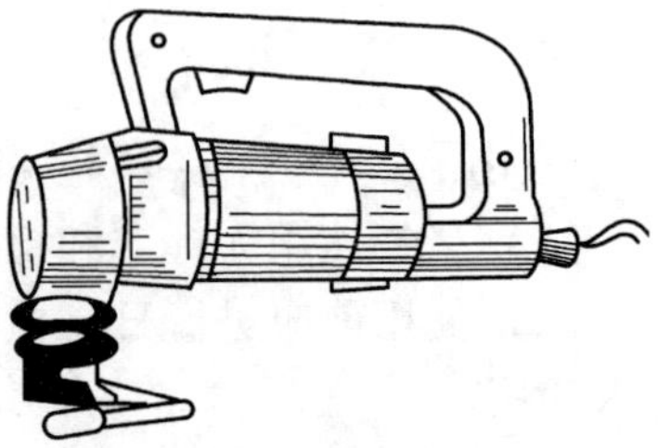

图2-10 电剪外形示意图

电剪的主要技术数据见表2-4。

表 2-4　电剪的主要技术数据

指　标	数　据		
	J1J—1.5 型	J1J—2 型	J1J—2.5 型
剪切最大厚度/mm	1.5	2	2.5
剪切最小半径/mm	30	30	35
电压/V	220	220	220
电流/A	1.1	1.1	1.75
输出功率/W	230	230	340
刀具往复次数/（次/min）	3300	1500	1260
剪切速度/（m/min）	2	1.4	2
持续率（%）	35	35	35
质量/kg	2	2.5	2.5

使用电剪时应注意以下几个方面：

（1）使用前，先空转检查电剪的传动部分，必须灵活无障碍，方可剪切。

（2）使用前要调整好上下刀具刀刃的横向间隙，刀刃的横向间隙应根据剪切板的厚度而定，一般为板厚的 7% 左右。

（3）刀杆处于最高位置时，上下刀刃应搭接，并且上刀刃斜面最高点应大于剪切板的厚度。

（4）作业时，不能用力过猛，遇到刀轴往复次数急剧下降的情况时，应立即减少推力，以防过载。电剪突然刹停时，应立即切断电源。

（5）要保持减速器、轴承等部位润滑脂的清洁，定期添加或更换润滑脂。

2.2.1.3　手动滚轮剪

手动滚轮剪（见图 2-11）可以用于切割直线及曲线薄钢板。在铸钢机架下部固定有下滚刀，机架上部固定有上滚刀、棘轮和手柄。利用上下两个互成角度的滚轮相切转动，可将板材剪开。

图 2-11　手动滚轮剪

2.2.1.4　剪板机

剪板机常用来剪裁直线边缘的板料毛坯，适用于批量加工或质量要求高的工程中。常用的剪板机有龙门剪板机、直线剪板机、滚剪机、振动剪板机等。

剪板机的工作原理如图 2-12 所示。上刀片固定在刀架上，下刀片固定在下床面上；床面上安装有托球，以便于板料的送进移动；后挡料板用于板料定位，位置由调位销进行调节；液压压料筒用于压紧板料，以防止板料在剪切时翻转；栅板是安全装置，以防止发生工伤事故。

1. 龙门剪板机　龙门剪板机是应用较多的剪板机，由于剪板机机架没有喉口，所以只能剪切长度（或宽度）比刀片长度短的板材。龙门剪板机刀片的倾斜角小，刚性大，压板力大，每分钟行程次数多，能进行精密剪切。

图 2-13 所示的龙门剪板机主要由床身、电动机、带轮、离合器、制动器、压料器、挡料器及刀片等组成。

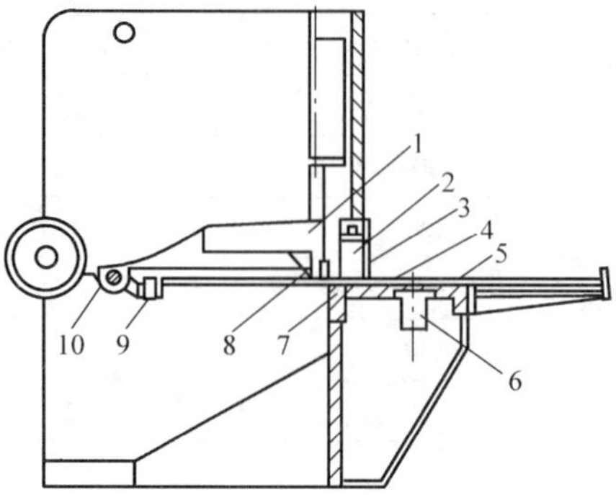

图 2-12　剪板机的工作原理

1—刀架　2—压料筒　3—棚板
4—下床面　5—板料　6—托球　7—下刀片
8—上刀片　9—后挡料板　10—调位销

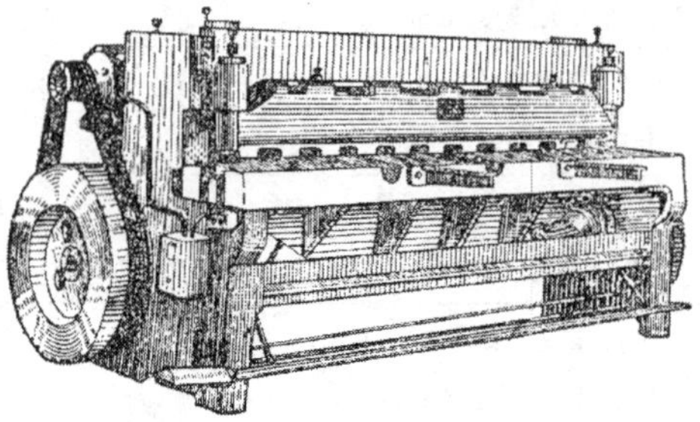

图 2-13　龙门剪板机

电动机通过带传动和齿轮传动驱动偏心轮，使床身上的上刀片上下运动完成板料的剪切。

2. 直线剪板机　图 2-14 所示为直线剪板机。它由机架、刀架梁及持紧器、电磁控制器的传动装置、离合器、制动器、后挡板、电动机、护板、踏板、开关等组成。

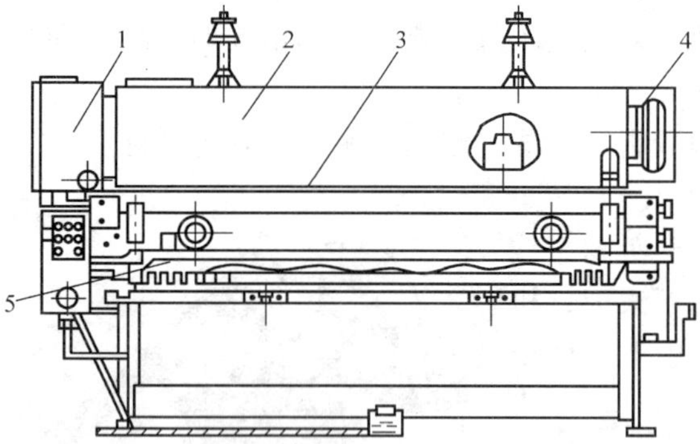

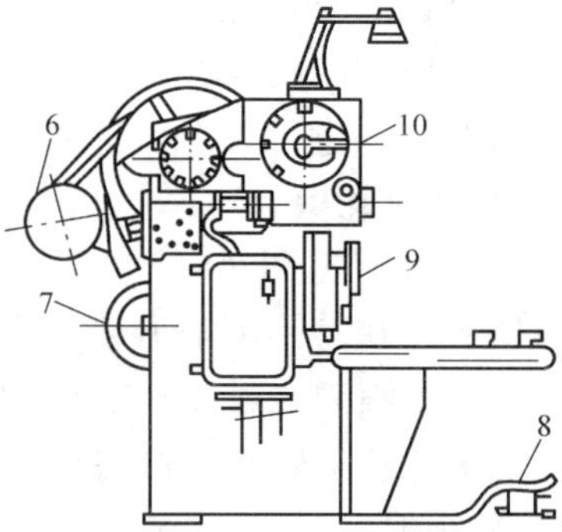

图 2-14　直线剪板机

1—电磁控制器的传动装置　2—机架　3—刀架梁及持紧器
4—制动器　5—护板　6—电动机　7—后挡板　8—踏板　9—开关　10—离合器

直线剪板机切割金属板材时，上刀片沿两端导轨槽上下运动，板料由刀架梁固定，后挡板限制剪切量。剪板机可间断运行，也可连续运行。护板为保护装置，用于防止事故发生。

3. 滚剪机　图 2-15 所示为滚剪机。它是用两个圆盘状的旋转刀，按划线进行一般曲线剪切的剪切机，用于异形坯料和一般曲线的剪切。如果安装回转附件，它也可进行圆形坯料剪切，剪切厚度一般为 1 ~ 6mm。

滚剪机机座上装有 C 形滚剪机架，工件支承机架则根据需要配置。滚剪机架上有上下剪刀座，分别由电动机通过减速装置驱动，作同速反向转动；上剪刀座安装在导轨上，用手轮控制其上下移动；工件支承机架的下支承台可自由转动。液压缸带动与液压缸活塞杆相连的上压头上下移动，起压紧板料的作用。滚剪时，上压头与板料一起绕活塞杆中心自由转动。活动挡块沿导杆调整，剪切圆料时，挡块靠在剪切面的边缘上，起平衡自动送料力的作用。滚剪机架和工件支承机架的相对位置可根据滚剪板料的大小进行调整。

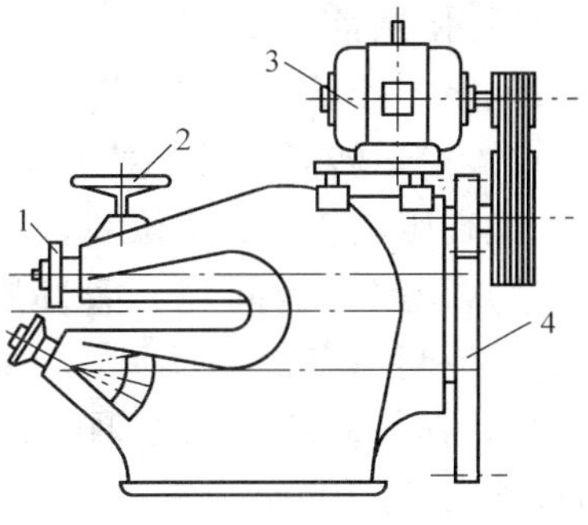

图 2-15　滚剪机

1—圆盘剪刀　2—手轮
3—电动机　4—齿轮

4. 振动剪板机　振动剪板机除用于板材的曲线剪切外，还可以完成板材的冲孔、冲型、冲槽、切口、翻边、成形等，用途广泛。通风与中央空调工程使用的振动剪板机一般只用于剪切曲线板料及切除零件边角。

图 2-16 所示为振动剪板机。在 C 形焊制机架的上悬臂上紧固有支架，支架上通过铰链安装着台板，台板上装有电动机，电动机带动滑块作往复运动，滑块上固定有上刀片。在机架的上悬臂的下部紧固有导轨，定心器沿导轨移动使钢板预制件以其为轴心作旋转运动。定心器可以沿导轨固定在所要求的位置上。下刀片装在机架工作台下方的部件上。工作台位置可以通过调整螺钉予以保持。

振动剪板机主要用于板材的曲线剪切，也可用于板材的直线剪切，但效率低，质量差。

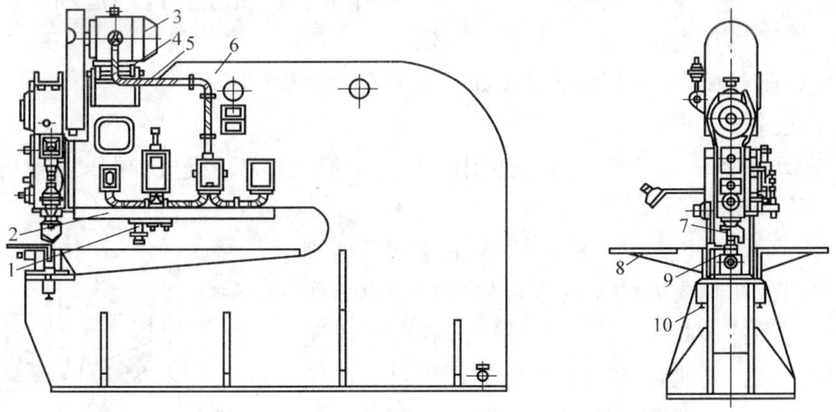

图 2-16　振动剪板机

1—定心器　2—导轨　3—电动机　4—台板　5—支架
6—上悬臂　7—上刀片　8—工作台　9—下刀片　10—调整螺钉

2.2.1.5　冲剪机

在风管的加工制作过程中，常用机械传动的联合冲剪机剪切板材和型材，或进行板材的冲孔和开三角凹槽等，也可用于制作风管部件及各种支吊架。

图 2-17 所示为联合冲剪机。联合冲剪机工作时，电动机通过带传动和齿轮传动使偏心轴转动，再通过连杆使刀架绕机身上的支点摆动来完成冲孔和剪切动作。大带轮轴以滚动轴承支撑于机身，其他各轴及连杆大小端轴承均为滑动轴承。冲头和刀架均设有平衡弹簧以消除重力对剪切的影响，冲头和刀架的运动由离合器控制。

使用联合冲剪机时应注意以下几个方面：

1）使用前检查刃口（或冲模）有无裂缝、崩牙、卷刃现象，拧紧固定刃具螺栓，调整刃口角度。

2）空运转正常后，使冲刃或剪刃空冲或空剪1～2次，检查压紧装置、定位装置后，方可进行剪冲作业。

3）调整刀板间隙，剪冲厚度为2～12mm的板料时，刀板间隙应为0.15～0.5mm。

4）在剪冲圆钢或方钢时，一般进料孔的尺寸比材料尺寸大2～10mm。

5）合理使用模具，剪冲材料应与模具相适应，方钢和圆钢剪切模具不许互用。

6）剪冲时，压料器必须压住被剪冲材料。不许剪冲短料；剪冲长料时，必须在架平长料两端后才能进行剪冲。

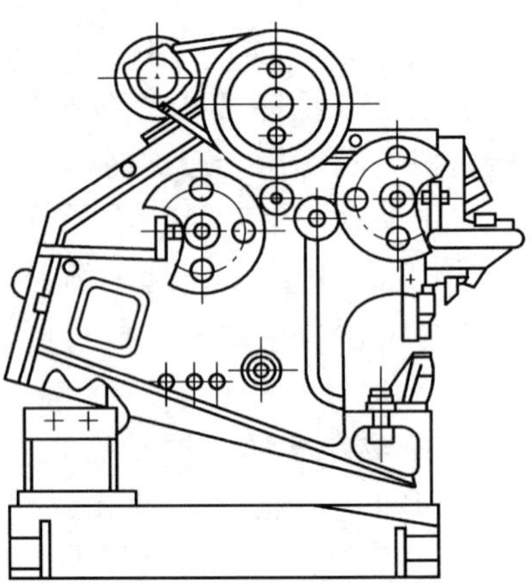

图2-17　联合冲剪机

7）剪冲薄板时，按线条和定位距离调整压料器，不允许连剪。

8）剪冲孔时，调整上、下模具使其对中，并将其摆平摆正，四周间隙应保持均匀。

9）成批剪冲时，应根据料长加设定位挡板，进行连续剪冲。剪冲过程中，不允许移动定位挡板，并随时检查剪冲尺寸。

10）一般情况下，不允许同时进行两项剪切作业。在机械允许的范围内，同时进行两项剪切作业时，要相互配合，以防止出现故障。

11）不允许随意剪冲经过热处理（如淬火）的材料。

2.2.1.6 切割设备

1. 等离子切割设备　等离子切割使用的等离子弧是电弧经过机械压缩效应、热压缩效应和电磁压缩效应形成的。

如图2-18所示，将被切割板材放置在等离子切割头和支承头之间，切割头内的氮气在电极发出的电弧作用下电离成温度高达50000K的等离子流，等离子流通过喷嘴形成离子束，高能量的离子束喷射到板材上，使板材熔化、气化而进行切割。喷射水流除控制离子束的大小外，还有冷却被切割板材的作用。氮气电离所产生的有害气体NO_2，以及熔化、气化的金属等有害物质分别从吸出口和下支承头排出。

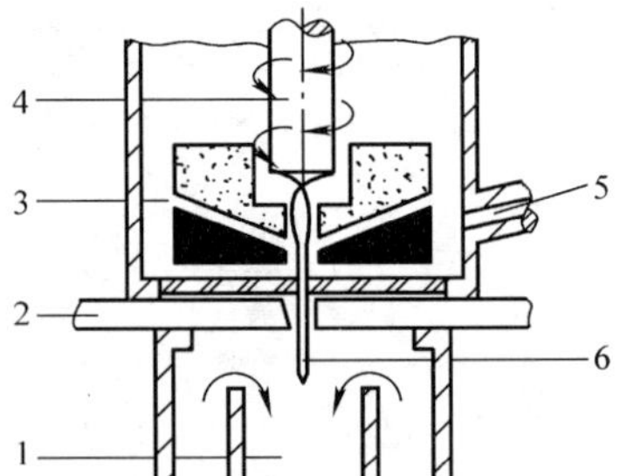

图2-18　等离子切割原理
1—液压排除熔渣　2—板材　3—喷射水流　4—电极　5—吸出口　6—等离子束

等离子弧分为转移电弧和非转移电弧。转移电弧用于较厚材料的切割，非转移电弧用于薄件或非金属材料的切割。

等离子弧切割设备由电源、割炬、控制系统、气路系统及冷却系统等组成。机械切割还要配置小型切割机或数控切割机等。

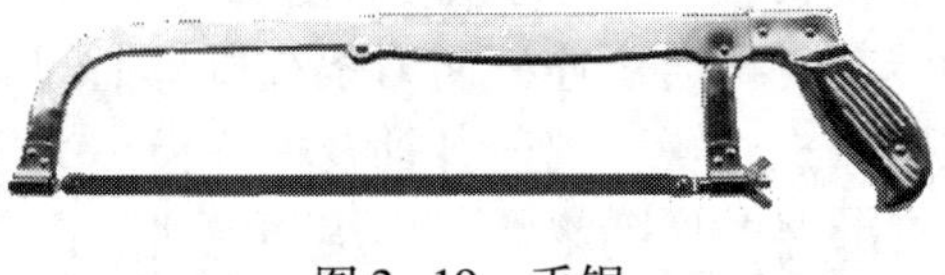

图2-19　手锯

2. 手锯　手锯（见图2-19）用于锯割钢材。手锯锯片规格见表2-5。

表 2-5　手锯锯片规格

中心间距（长度）/mm	宽度/mm	厚度/mm	齿距/mm				
250	13	0.65	0.8	1	—	—	2.25
300	13	0.65	0.8	1	1.25	1.6	—
300	15	0.8	—	—	1.25	1.6	—

3. 电动曲线锯　电动曲线锯可在金属或塑料板上开出小曲率半径的几何形体。使用的锯条有粗、中、细 3 种，切割金属板材厚度为 3mm。切割时，较硬的板材要用细锯条，塑料板可用粗锯条。

电动曲线锯的结构示意图如图 2-20 所示。

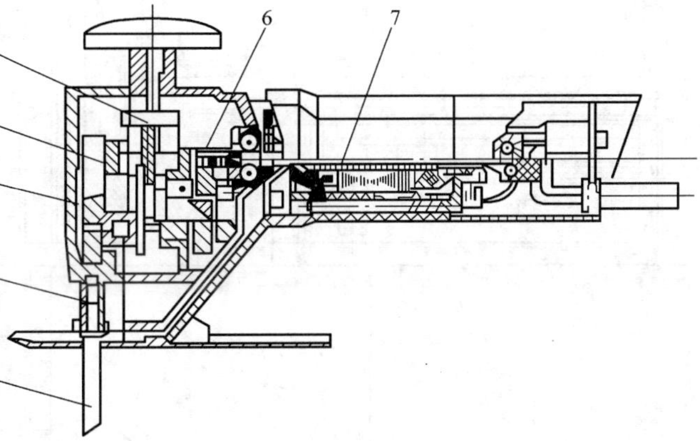

图 2-20　电动曲线锯的结构示意图
1—锯条　2—导套　3—导杆　4—曲柄　5—平衡块　6—齿轮机构　7—电动机

4. 垫料切割机具　垫料用作法兰接口、空气过滤器与风管和空调器各处理段等连接部位的衬垫，以确保接口处的严密性。中央空调系统常用的垫料有橡胶板、乳胶海绵板、闭孔海绵橡胶板、软聚氯乙烯塑料板及密封粘胶带等，特殊情况下才使用耐酸橡胶板和石棉绳。

垫料切割机有手动和电动两种。

（1）手动垫料滚刀切割机如图 2-21 所示。手动垫料滚刀切割机是一种用手工进行垫料切割的工具，由机架、手轮、轴套、卷尺、滚刀轮、冲棒等组成。切割时，先用冲棒在垫料上打出中心孔，并将中心孔对准活动轴，用卷尺测量尺寸，使活动轴至滚刀的距离等于所需垫片的半径。固定好活动轴，用手摇动手轮，通过主轴带动滚刀轮转动，然后用另一只手揿压压柄，使滚刀轮向垫料进刀以实现切割。

手动垫料滚刀切割机可切割石棉橡胶板或橡胶板，切割的最大厚度为 3mm。

（2）电动垫料切割机如图 2-22 所示。电动垫料切割机是切割非金属垫料的专用设备，由机架、支柱、调节滑块、电动机、减速装置、滚刀等组成。

电动垫料切割机的切割能力强，速度快，对垫片料的加工质量高，可切割电料的最大厚度为 4mm，切割速度为 3 ~ 5m/min。

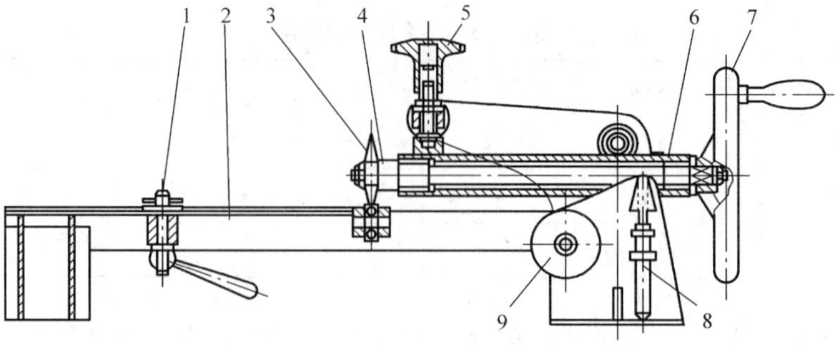

图 2-21 手动垫料滚刀切割机

1—活动轴 2—机架 3—滚刀轮 4—轴 5、7—手轮轴套 8—冲棒 9—卷尺

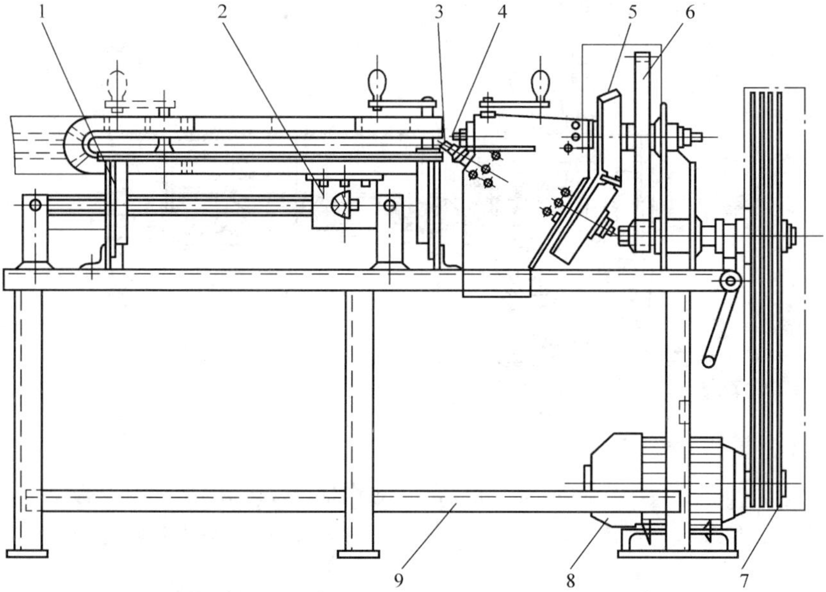

图 2-22 电动垫料切割机

1—支柱 2—调节滑块 3、4—滚刀 5—锥齿轮副 6—圆柱齿轮副 7—带轮 8—电动机 9—焊制机架

2.2.2 钢管切断工具

中央空调施工过程中，管道的安装是主要内容之一。管道的安装需要根据设计要求的尺寸、形状将管子切断成管段。钢管切断的方法有很多，归纳起来分为两类，即手工切断和机械切断。在工厂里切断钢管时可采用大型切管机，而对于工地则宜用小型切管机具。现将常用的小型切管机具及其使用方法作以下介绍。

2.2.2.1 钢锯

用钢锯切断管子是广泛应用的方法，它适用于切断管径在 50mm 以下的小管子。

钢锯的规格是以锯条的规格标称的，锯管子最常用的锯条规格是中齿（齿距为 1.4mm）和细齿（齿距为 1.1mm）两种。如图 2-23 所示，常用的锯条长约 300mm，宽 13mm，厚 0.6mm。锯条由碳素工具钢制成。

手工钢锯切断的优点是设备简单，灵活方便，节省电能，切口不收缩、不氧化；缺点是速度慢，劳动强度大，对于切口平正较难掌握。

锯切壁厚不同的管子时，应选用不同规格的锯条。锯切薄壁管子时，应用牙数多的（俗称细牙）锯条，因为其齿低及齿距小，进给量小，不致卡掉锯齿。

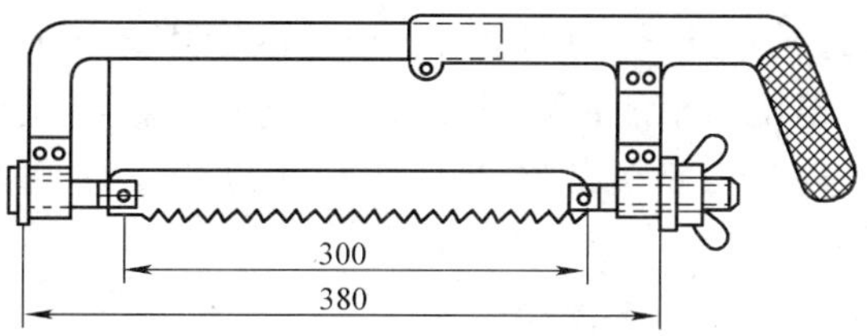

图 2-23　钢锯

操作时，锯条平面必须始终保持与管子垂直，以保证断面平整。切口必须锯到底，不能采用不锯完而掰断的方法，以免切口残缺不整齐，影响套螺纹或焊接。

2.2.2.2　滚刀切管器

滚刀切管器也称为割刀，是用带有刃口的圆盘形刀片，在压力作用下边进刀边沿管壁旋转而将管子切断（见图 2-24），一般适用于管径为 40 ~ 150mm 的管子。

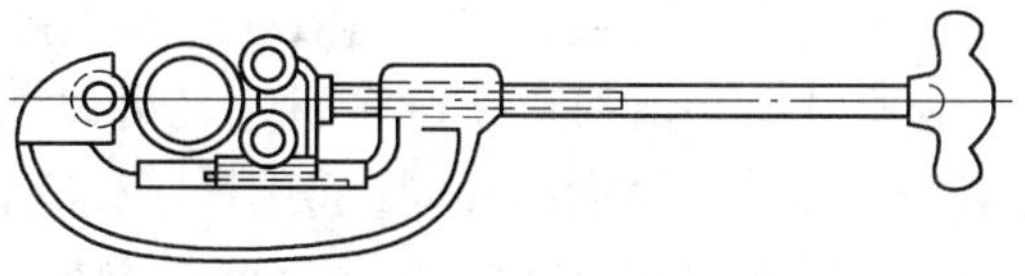

图 2-24　滚刀切管器

操作滚刀切管器时，先将管子在管子压钳内夹牢固，再把切割器套在管子上，使管子夹在割刀和滚轮之间，并使刀刃对准管子切割线，拧动手把，使滚轮夹紧管子，然后沿管子切线方向转动螺杆，同时拧动手把，就可以使滚刀不断切入管壁，直至将管子切断为止。

使用滚刀切管器时，必须使滚刀垂直于管子，否则易损坏刀刃。

滚刀切管器切割速度快，切口平整，但切断面因受挤压而易产生缩口，因此必须用铰刀刮平缩口部分。

目前，工地常用的是电动切管套丝机，如图 2-25 所示。该切管器同时具有套丝机、切管器和绞刀的功能，并以电动机代替手工切断，减轻了体力劳动强度，提高了切割速度。

2.2.2.3　砂轮切割机

砂轮切割机的结构示意图如图 2-26 所示。它不但用于切割管子，还可用于切断角钢、圆钢等各种型钢，是工地上常用的切割设备。

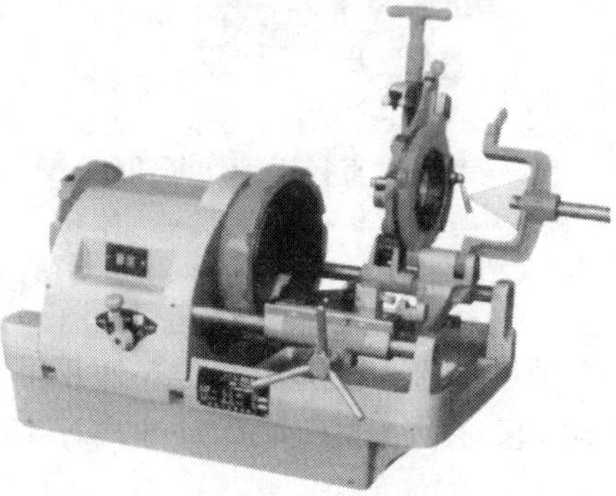

图 2-25　电动切管套丝机

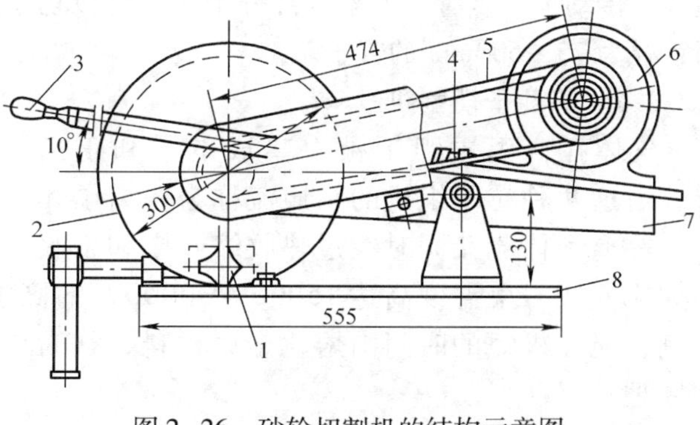

图 2-26　砂轮切割机的结构示意图

1—夹管器　2—金刚砂锯片　3—手柄　4—张紧装置
5—传动装置　6—电动机　7—摇臂　8—工作台面

砂轮切割机的工作原理是：高速旋转的砂轮片与管壁接触进行摩擦切削，将管壁磨透后切断。使用砂轮切割机时，要使砂轮片与管子保持垂直，夹紧被锯材料后，再将手把下压进刀，但用力不能过猛或过大，以免砂轮破碎飞出伤人。

砂轮切割机的特点是切管速度快，移动方便，适合现场施工，但噪声大，切口常有毛刺。

2.2.2.4 射吸式割炬

射吸式割炬俗称为气割枪，如图 2-27 所示。它是利用氧气及乙炔气的混合气体为热源，对管壁或钢板的切割处进行加热，将钢材烧至呈黄红色（1100～1150℃），然后喷射高压氧气，使高温的钢材在纯氧中燃烧生成四氧化三铁熔渣，熔渣松脆易被高压氧气吹开，进而使管子切断。

图 2-27 射吸式割炬

射吸式割炬既可以切割管材，又可以切割钢材。管径为 100mm 以上的大管子一般采用气割。根据管壁厚度的不同，切割时应采用不同规格的割炬。1 号割炬的割嘴孔径为 0.6～1.0mm，用于切割厚度为 1～30mm 的钢材；2 号割炬切割钢材的厚度为 10～100mm；3 号割炬切割钢材的厚度为 80～300mm。

用手工进行气割时，在气割前应在切口划线，并用冲子在线上打上若干点，以便操作时能按线切割。气割后的管口，应用砂轮磨口机打磨平整并除去铁渣，以利于焊接。

采用射吸式割炬的优点是省力，速度快，能割弧形切口；缺点是切口不够平整，且有氧化铁熔渣。

2.2.2.5 大直径钢管切断机

大直径钢管除用气割切断外，也可以采用切断机械。如图 2-28 所示的大直径钢管切断机较为轻便，对埋于地下的管子或其他管网中长管的中间切断尤为方便，可以切割壁厚为 12～20mm、直径为 600mm 以下的钢管。

图 2-29 所示为切断坡口机。这种切断机切管的同时可以完成坡口加工。它由单相电动机、主体、传动齿轮装置、刀架等部分组成，可以切断管径为 75～600mm 的管子。

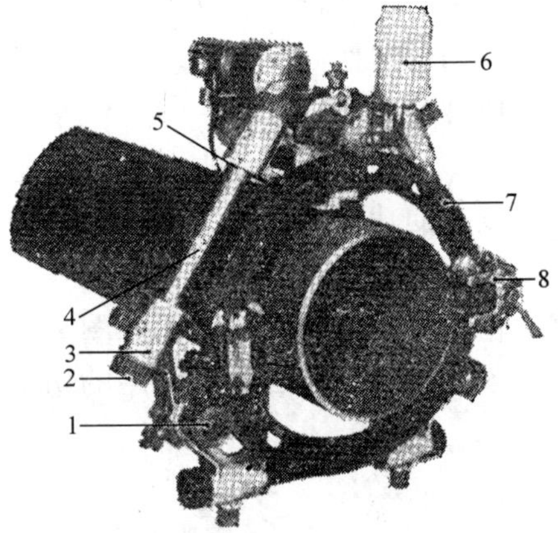

图 2-28 大直径钢管切断机
1—倒角刀架 2、4—连接杆 3—主体 B
5—主体 A 6—油罐 7—齿轮 8—切断刀架

2.2.2.6 等离子切割机

气体在高温电弧下被电离成电子和正离子，由这两种粒子组成的物质流称为等离子体流。等离子体流又同时经过热收缩效应和磁收缩效应变成一束温度高达 15000～30000℃ 的高能量密度热气流。这种气流的速度可以控制，能在极短的时间内熔化金属材料，称为等离子切割。图 2-30 所示为等离子切割的原理。

等离子切割机可用来切割合金钢、非铁金属和铸铁等。我国生产的等离子切割机有手把式和自动式两种。

图2-29　切断坡口机

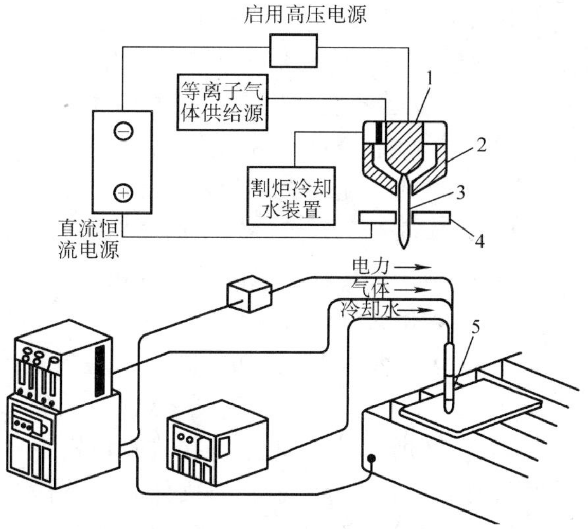

图2-30　等离子切割的原理
1—电极　2—喷嘴　3—等离子弧
4—被切割材料　5—等离子割炬

2.3　连接工具

2.3.1　钢板连接工具

2.3.1.1　咬口机

薄钢板风管咬口成形是利用滚弯（压）原理，在咬口机上进行滚弯（压）。滚弯（压）可获得板材的板边横截面形状为咬口连接所需的折曲线钩状。

咬口机械的类型较多，本章主要介绍单平咬口机、按扣式咬口机、联合角咬口机及弯管咬口机。

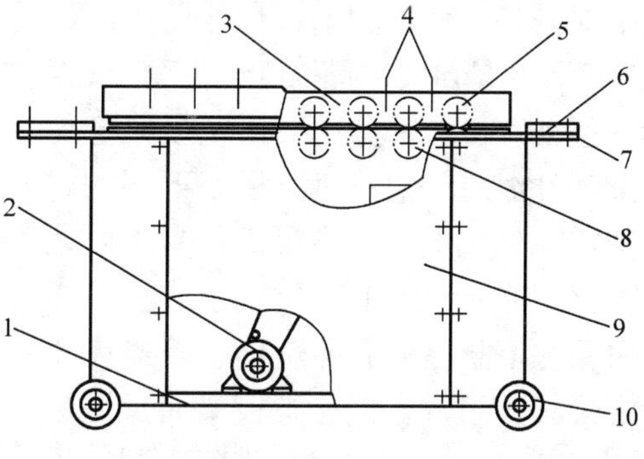

图2-31　YZD3-16型单平咬口机结构示意图
1—机架　2—电动机　3—机芯部分　4—调节螺栓　5—上辊轮
6—导尺　7—工作台面　8—下辊轮　9—护罩　10—脚轮

1. 单平咬口机

（1）单平咬口机的构造。单平咬口机主要用于板材连接和圆风管闭合连接的咬口加工。图2-31所示的YZD3—16型单平咬口机主要由机架、机芯部分、电动机、工作台面、导尺及护罩等组成。

机架部分是型钢焊接结构件，电动机、机芯部分、导尺、工作台和护罩均安装在机架上。机芯部分主要由上横梁和下横梁组成，并通过定位销和调节螺栓连接组成工作机构。上横梁由两块墙板通过横梁连杆连接。墙板上有7个辊轮轴，每根辊轮轴上均安装有中辊轮、外辊轮和齿轮。下横梁由两块下墙板通过横梁连杆和固定轴连接。墙板上安装有7个辊轮轴，每个辊轮轴上均有与上横梁辊轮轴上齿轮相啮合的齿轮。减速齿轮和轴安装在下横梁的下部，通过6个传动齿轮与下辊轮轴上的7个齿轮相啮合。下横梁用螺栓固定在机架中部。

上、下横梁靠定位销定位，以使上横梁可沿定位销与下横梁相对移动来调整上下辊轮的间隙，并通过调节螺栓调整滚压压力。电动机安装在机架底部，经带传动和齿轮传动，使上、下辊轴作同步运转。所有齿轮传动均为开式传动。

（2）单平咬口机的维护和保养。

1）开机前，在每个辊轮表面加注润滑油，以防止镀锌皮粘在辊轮上而影响加工质量。

2）操作前，必须盖好安全防护罩。

3）必须保证传动齿轮的正常润滑。

4）电动机必须有接地保护装置。

2. 按扣式咬口机 按扣式咬口机主要用于加工矩形风管、弯管、三通和四通管连接的咬口。

图 2-32 所示的 YZA 型按扣式咬口机主要由电动机、机架部分、上横梁部分、下横梁部分和传动部分组成。机架部分由型材和板材焊接而成。上、下横梁部分由横梁板、辊轮轴、辊轮和齿轮等组成。传动部分由带传动机构和减速机等构成。

图 2-33 所示的 XFA—10 型按扣式咬口机主要由机架部分、机芯部分和传动部分组成。机架部分是由角钢和钢板焊接而成的结构件，底部安装有 4 个脚轮，可根据要求在施工现场移动。机芯部分主要由上横梁部件和下横梁部件组成，它通过下横梁下部的定位螺孔固定在机架上。上横梁部件是由两块墙板、9 个辊轮轴和 8 个定位轴组成。下横梁部件由两块墙板、9 个辊轮轴、减速齿轮和齿轮定位轴等组成。上、下横梁通过定位销钉及调节螺栓连接，间隙大小可用调节螺栓进行调整。电动机安装在机架底部，经带传动和齿轮传动使上、下辊轮同步运转。

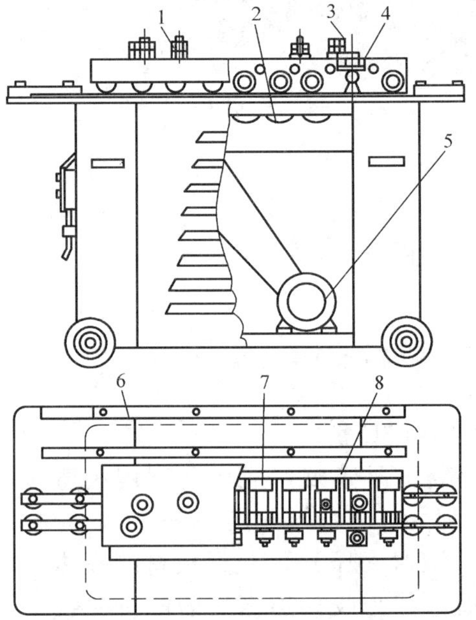

图 2-32 YZA 型按扣式咬口机结构示意图

1—中辊调节螺栓 2—下辊 3—调节螺栓 4—外辅助轮 5—电动机 6—进料导轨 7—中辊轮 8—外辊轮

按扣式咬口机的维护保养方法与单平咬口机的维护保养方法相同。

3. 联合角咬口机 联合角咬口机主要用于加工矩形风管、弯管、三通和四通管连接的咬口。

（1）联合角咬口机的结构。图 2-34 所示的 XFJ—12 型联合角咬口机主要由机架部分、机芯部分和传动部分组成。机架部分由型材和板材焊接而成，底部装有 4 只脚轮。机芯部分主要由上横梁部分和下横梁部分组成。上横梁是由两块墙板、6 个辊轮轴和定位轴组成，每个辊轮轴上装有内、外辊轮和齿轮。下横梁由两块墙板、6 个辊轮轴减速齿轮及齿轮轴组成，每个辊轮轴上装有内、外辊轮和齿轮。下横梁用螺钉固定在机架之上。上、下横梁通过定位销钉及调节螺栓联接，上、下横梁的间隙可用调节螺栓进行调整。电动机安装在机架底部，经带传动和开式齿轮传动，使上、下辊轮同步运转。

图 2-35 所示的 YZL3—16 型联合角咬口机主要由机架、机芯部分、电动机、工作台面、导尺及护罩等构成。机架部分是由型材和板材焊接的结构件。电动机、机芯部分和护罩均安装在机架上，导尺和工作台面安装在机架顶部。机芯部分主要由上横梁部分和下横梁部分组成，通过定位销和调节螺栓装配成咬口机的工作机构。上横梁的两块墙板通过横梁连杆连接。墙板上有 7 个辊轮轴，每个辊轮轴上均安装有中辊轮、外辊轮和传动齿轮。下横梁的两块墙板通过横梁连杆和固定轴连接。墙板上安装有 7 个辊轮轴，每个辊轮轴均安装有齿轮（同时与上横梁辊轮轴和减速齿轮轴上齿轮啮合）。6 个减速齿轮轴安装在下横梁下部。下横梁用螺栓固定在机架的中部。上、下横梁靠定位销定位，上横梁可沿定位销与下横梁相对移动，以调整上下辊轮的间隙，并通过调节螺栓调整滚压压力。电动机安装在机架的底部，经带传动和开式齿轮传动，使上、下辊轮轴作同步运转。

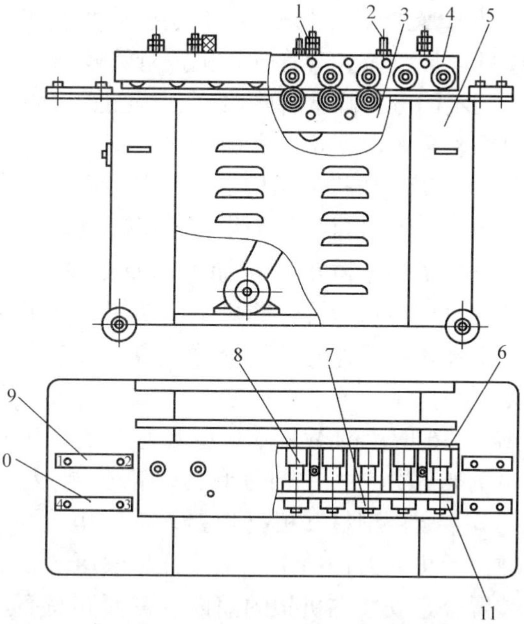

图 2-33　XFA—10 型按扣式咬口机结构示意图

1—中辊横梁调节螺栓　2—外辊横梁调节螺栓　3—下横梁部件　4—上横梁部件　5—机架　6、11—上墙板　7—外辊轮　8—中辊轮　9—中辊进料导尺　10—外辊轮进料导尺

联合角咬口机的维护保养方法与单平咬口机的维护保养方法相同。

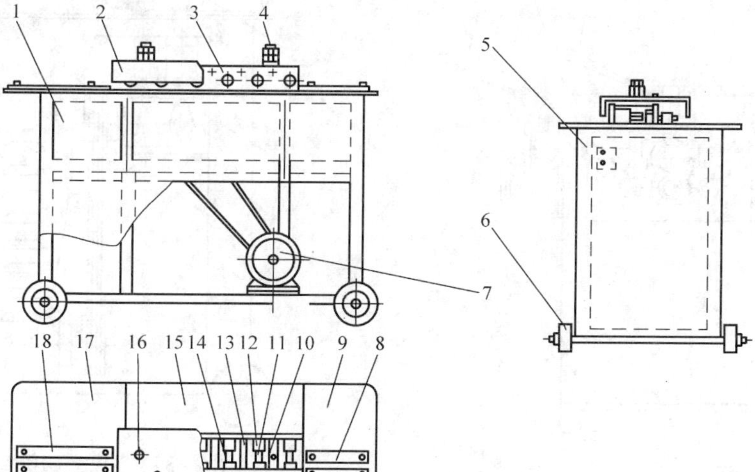

图 2-34　XFJ—12 型联合角咬口机结构示意图

1—外护板　2—防护罩　3—上横梁　4—调节螺栓　5—按钮　6—脚轮　7—电动机　8—出料导尺　9—工作台面Ⅰ　10—外辊轮　11—辊轮轴　12—中辊轮　13—定位轴　14—齿轮　15—工作台面Ⅱ　16—外调节螺栓　17—工作台面Ⅲ　18—进料导尺

4. 弯管咬口机 弯管咬口机主要用于加工弯管的连接咬口。弯管咬口机按弯管咬口连接方式的不同分为圆弯管咬口机、按扣式弯管咬口机和联合角弯管咬口机。

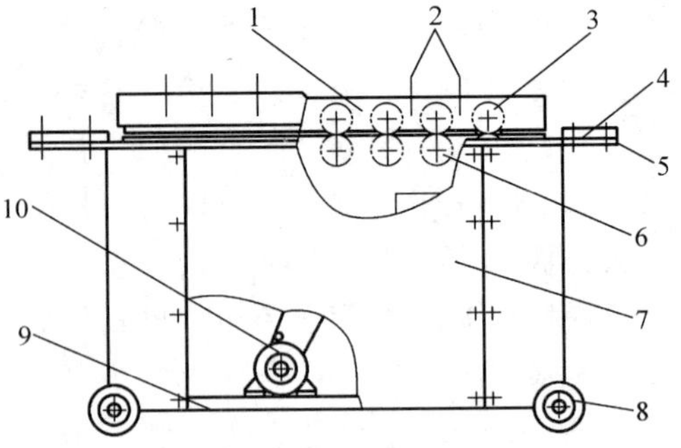

图 2-35 YZL3—16 型联合角咬口机结构示意图
1—机芯部分 2—调节螺栓 3—上辊轮 4—导尺
5—工作台面 6—下辊轮 7—护罩 8—脚轮
9—机架 10—电动机

(1) 弯管咬口机的结构

1) 圆弯管咬口机的结构。圆弯管咬口机是中央空调工程中圆形弯管加工的专用设备。圆弯管咬口机与圆弯管合缝机配套使用，加工的咬口工件表面平整光滑，尺寸一致，有较高的质量。

图 2-36 所示的 WY—10 型圆弯管咬口机主要由机架部分、机芯部分和传动部分组成。机架部分主要由型材和板材焊接而成。电动机（安装在机架底部）经 V 带、蜗杆副及三级齿轮减速后将动力传递于滚压部分。滚压部分主要由辊轮、齿轮、偏心轮和手柄构成。三组滚压装置分别安装在机架的前面、左面和右面。

2) 按扣式弯管咬口机的结构。按扣式弯管咬口机是与按扣式咬口机配套用于加工矩形弯管的专用设备。

图 2-37 所示的 YWA—10 型按扣式弯管咬口机主要由机架部分、机头部分和传动减速部分组成。机架主要由型材和板材焊接加工而成，机架下部装有 4 只脚轮。机头主要由上主

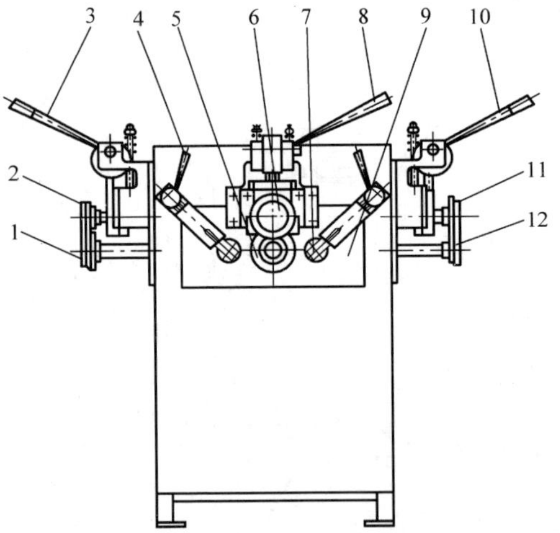

图 2-36 WY—10 型圆弯管咬口机结构示意图
1—左下成形辊 2—左上成形辊 3—左压下手柄
4—校圆偏心手柄 5—前下成形辊 6—前上成形辊
7—校圆轮 8—前压下手柄 9—前定位板
10—右压下手柄 11—右上成形辊 12—右下成形辊

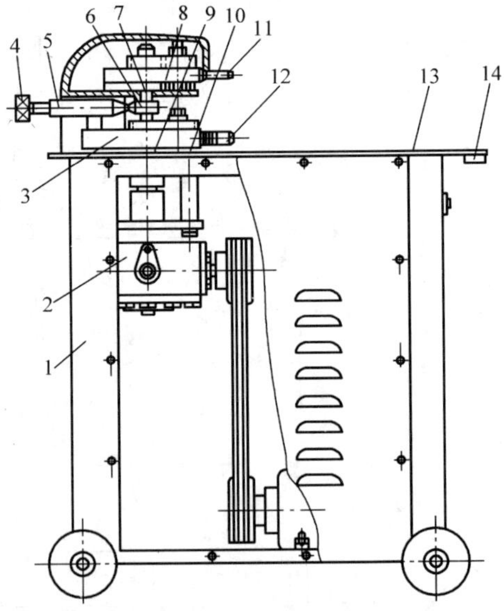

图 2-37 YWA—10 型按扣式弯管咬口机结构示意图
1—机架 2—蜗杆副减速箱 3—机头
4—自动导向调节螺栓 5—套筒 6—自动导向架
7—上主辊轮 8—上副辊轮 9—下主辊轮
10—下副辊轮 11—上辊轮调节螺栓
12—下辊轮调节螺栓 13—台板 14—槽口

辊轮、上副辊轮和自动导向调节螺栓等组成，机头部分安装在工作台面上。传动减速部分由电动机、V 带及蜗杆副减速箱组成。电动机（安装在机架底部）经 V 带、蜗杆副减速箱（悬挂在工作台面下）和齿轮减速后将动力传递于主、副辊轮。

3）联合角弯管咬口机的结构。联合角弯管咬口机是与联合角咬口机配套用于加工矩形弯管的专用设备。

图 2 - 38 所示的 YWL—12 型联合角弯管咬口机主要由机架部分、机头部分和传动部分组成。机架主要由型材和板材焊接而成。工作台安装在机架顶部，机架下部安装有 4 只脚轮。机头部分安装在工作台面上，主要由主辊轮、副辊轮和自动导向调节螺栓等组成。

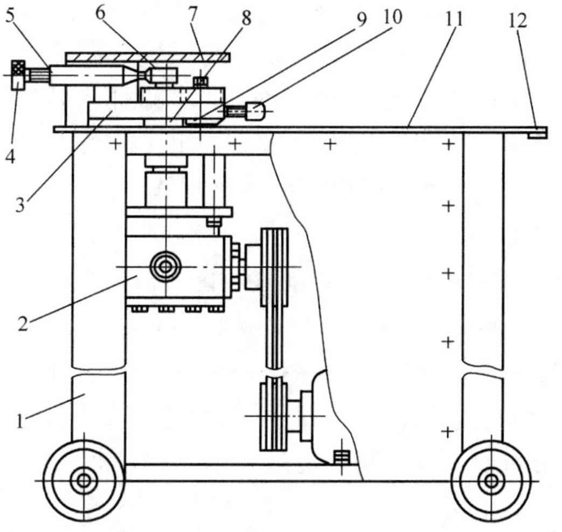

图 2 – 38　YWL—12 型联合角弯管咬口机结构示意图

1—机架　2—蜗杆副减速箱　3—机头　4—自动导向调节螺栓　5—套筒　6—自动导向架　7—机头盖　8—主辊轮　9—副辊轮　10—辊轮调节螺栓　11—台板　12—槽口

（2）弯管咬口机的使用和维护

1）圆弯管咬口机的使用和维护

① 工作前应检查待制的毛坯是否合格，切口是否光滑，电动机起动后运转是否正常。

② 双口成形操作。将风管端部靠近下成形辊定位面（见图 2 - 39a），用手轻扳手柄将上成形辊压下，并逐渐加力，使端面逐渐辊压成形，如图 2 - 39b 所示。继续辊压，同时用手向上扳动风管，并控制 90°的成形效果，如图 2 - 39c 所示。

③ 单口成形操作。将风管端部靠近下成形辊定位面（见图 2 - 40a），用手轻扳手柄将上成形辊压下，并逐渐加力，同时用手向上扳动风管控制成形达 90°的折边效果，如图 2 - 40b 所示。

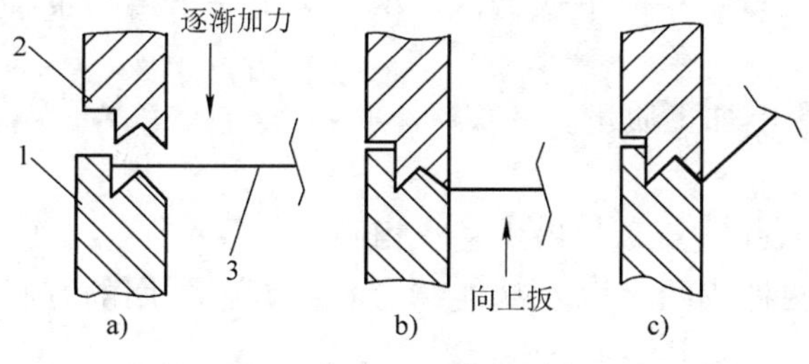

图 2 - 39　双口成形过程

1—下成形管　2—上成形管　3—风管

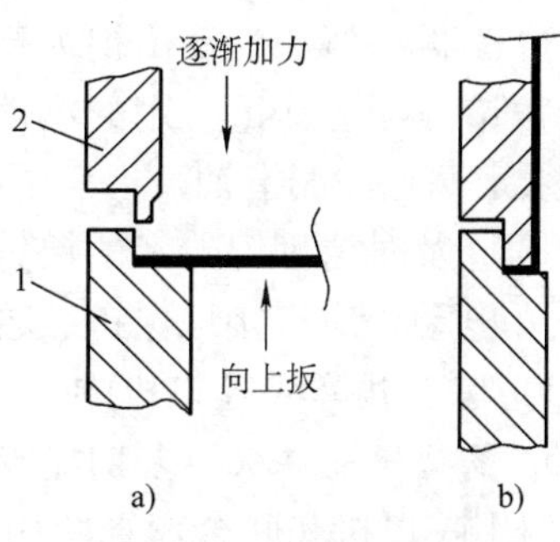

图 2 - 40　单口成形过程

1—下成形辊　2—上成形辊

④ 双口校圆操作。双口初成形的形状不规整时，应进行校圆修正。操作时先将定位板定位，轻抬手柄压下上辊轮并逐渐加力，直至修正校圆为止。

⑤ 咬口深度的调整（见图2-41）。当需要调整咬口深度时，首先松开锁紧螺母，向里轻轻敲击锁紧销，使调节套能自由转动，用 ϕ5mm 的小棒插入调节套小孔转动调节套。顺时针转动，咬口深度减小；逆时针转动，深度增加，但咬口深度不得超过设计标准。调整结束后，拧紧锁紧螺母。

⑥ 偏心轮预压力的调整。由于圆风管有一条合缝产生的"厚筋"，为使该部位顺利通过，咬口时需要适当调整螺母，使压缩弹簧保持一定的预压载荷。

⑦ 每班应在上梁顶部压注油杯并在下轮架导轨处加注润滑油，减速机应通过油窗观察油量并及时补充油量。

⑧ 每年应至少更换一次滚动轴承和减速机润滑油。

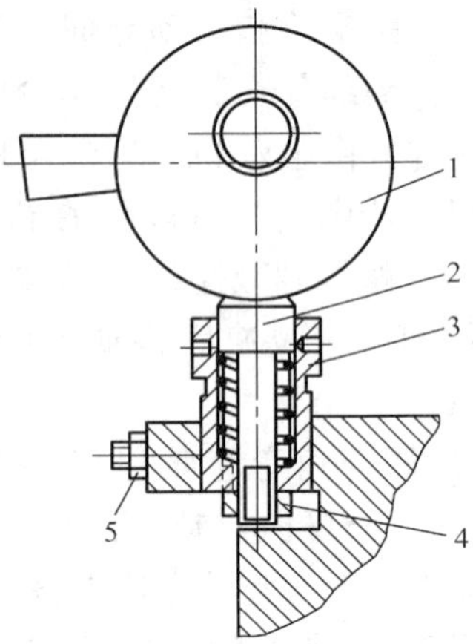

图2-41 咬口深度调整示意图
1—偏心轮 2—调节杆 3—调节套
4—螺母 5—锁紧螺母

2）按扣式弯管咬口机的使用与维护

① 根据加工板材的厚度和弯曲半径的大小，将自动导向调节螺栓调整至适当的位置。当板材厚度大于成形弯曲半径时，套筒里的弹簧对自动导向架的压力应加大，反之应减小。

② 板材边缘不符合规定或成形不成直角时，可拧紧自动导向调节螺栓以加大压力。

③ 下端折边工序和上端滚压孔工序，应按照板材厚度，先分别拧紧上、下端辊轮调节螺栓，然后再反拧90°左右的角度。

④ 如果辊轮调节螺栓拧得过紧，板材滚压成形后将产生波浪状起伏，此时应将调节螺栓拧松。如果起伏较小，可把自动导向架板调至停止位置，取出板材重新滚压，波浪状起伏即可消除。

⑤ 工作时先将板材的边角在台板的槽口处折弯，送入下端主、副辊轮之间，然后再送入上端按扣的主、副辊之间。为了起步顺利，可微调上、下端辊轮的调节螺栓，同时在起步时加辅助力。当把所折的边送入主、副辊轮后，板料即可在自动导向架的作用下自动滚压。

⑥ 当板料弯曲半径由很大突然过渡到很小时，要用手在自动导向架上加辅助力。

⑦ 减速箱应保证一定的润滑油位，并且每半年应更换一次润滑油。上、下主副辊轴轴承必须定期加注润滑油。

⑧ 应及时清理辊轮上的镀锌皮，以免影响加工质量。

⑨ 电动机应有接地保护装置。

3）联合角弯管咬口机的使用与维护与按扣式弯管咬口机基本相同。

5. 多功能咬口机 多功能咬口机是将两种或两种以上功能结合在一起，常用的有联合单平两用咬口机和联合弯管两用咬口机。

（1）联合单平两用咬口机。联合单平两用咬口机综合单平咬口机和联合角咬口机的功能特点，既能加工单平咬口，又能加工联合角咬口，如图2-42所示。

（2）联合弯管两用咬口机。联合弯管两用咬口机综合联合角咬口机和联合角弯管咬口机的功能特点，既能加工联合角咬口，又能加工联合角弯管咬口，如图2-43所示。

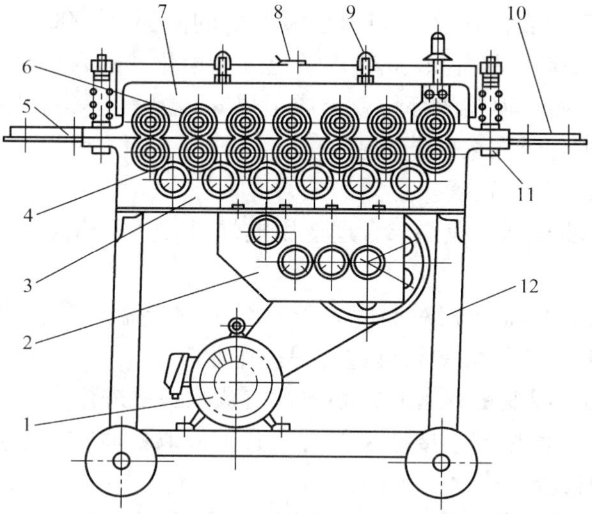

图 2-42　XYZL0.5—1.2 型全封闭箱式联合单平两用咬口机结构示意图

1—电动机　2—减速箱　3—下滚压箱　4—下辊　5—进料导尺 A（联合角）B（单平口）
6—上辊　7—上滚压箱　8—加油孔　9—调节螺栓　10—出料导尺　11—压力调节杆　12—机架

2.3.1.2　焊接机械

焊接是利用焊件原子间产生的结合实现连接的。焊接的方法有很多，按焊接过程的特点可分为熔焊、压焊和钎焊三大类。在风管和风管配件及部件加工制作过程中，主要使用属于熔焊类的气焊和电弧焊，属于压焊类的定位焊和缝焊，以及属于钎焊类的锡焊。这里仅介绍管道风管加工连接过程中常用的气焊设备和电弧焊设备。

1. 气焊设备　气焊是利用可燃气体在纯氧中燃烧时所产生的热量来熔化金属进行焊接的。气焊常用的可燃气体是乙炔，所以又称为氧乙炔焊。进行气焊时，连接部位被高温气体火焰加热到熔化状态。用气体焰加热时，被焊焊件的边缘熔化，焊件之间的间隙由填充焊丝填充。

气焊所用的设备由氧气瓶、减压器、乙炔发生器、回火保险器、焊炬和橡胶管等组成，如图 2-44 所示。

2. 电弧焊设备　在风管和风管配件及部件加工制作过程中，应用最多的电弧焊是焊条电弧焊。在不锈钢风管和铝板风管和风管配件及部件的加工制作过程中，应用的则是氩弧焊。

（1）焊条电弧焊设备。焊条电弧焊以外部涂有涂料的焊条作电极和填充金属。焊接时，电弧

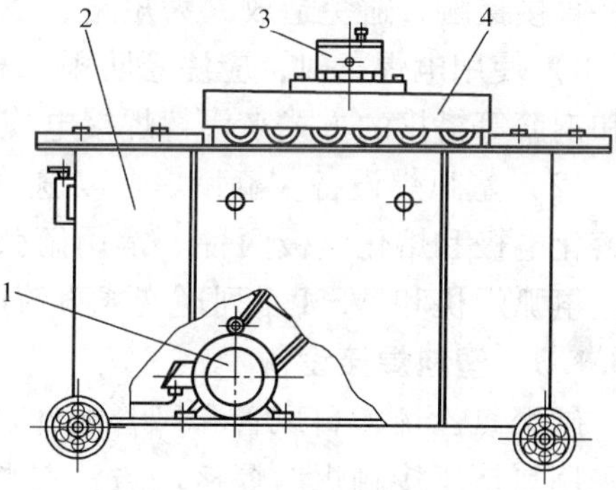

图 2-43　XFJW—12 型联合弯管两用咬口机结构示意图

1—电动机　2—机架　3—弯头咬口机芯
4—联合角咬口机芯

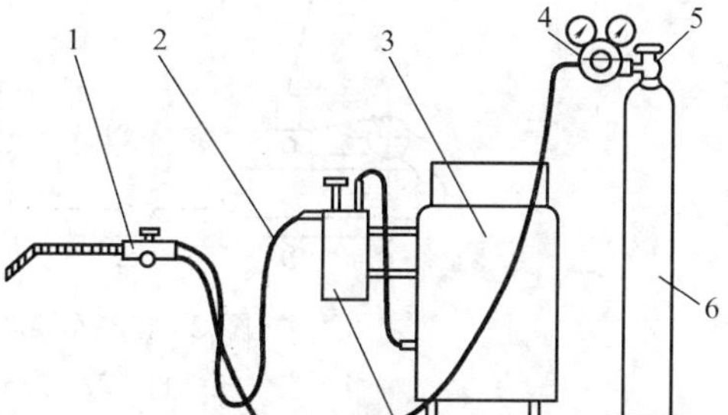

图 2-44　气焊设备示意图

1—焊炬　2—乙炔管道　3—乙炔发生器　4—减压阀
5—瓶阀　6—氧气瓶　7—回火保险器　8—氧气管道

在焊条的端部和被焊工件表面燃烧，利用电弧产生的高温（6000~7000℃）使连接处的母材熔化（熔点一般在1500℃左右），此时焊条也逐渐熔化并进入连接处，冷却后便将连接的母材凝结成一个整体，而在连接的部位就形成了焊缝。焊条电弧焊机有交流和直流两种。

使用焊条电弧焊机时应注意以下事项：

1）电焊机电源接入必须正确。

2）焊接作业前，要根据作业要求合理选用电焊机，并严格按电焊机铭牌上规定的技术数据使用，不准超载。

3）电焊机不允许在高湿（相对湿度大于90%）和高温（周围空气温度大于40℃）以及有害的工业气体、易燃或易爆物附近进行焊接作业。

4）焊接电流的调节或变更频繁时，必须在空载状态下进行。

5）多台电焊机集中使用同一接地装置时，必须采取并联方式，严禁串联。焊接作业未结束前不准随意拆除接地线。

6）在同一现场使用多台电焊机时，电焊机必须分别接在三相电路上，以使三相负载平衡。

7）电焊机不允许长时间处于短路状态，特别要注意的是在停止焊接时，不要使焊钳与焊件直接接触，避免造成人为短路。

8）使用电焊机时，应注意防雨水和防潮湿。焊接时若电缆线长度不够，不允许采用钢板和钢筋等搭接的方式来代替焊接电缆。

（2）氩弧焊设备。氩弧焊是以氩气作为保护气体的熔焊。氩弧焊所使用的电极可分为不熔化电极和熔化电极两种。常用氩弧焊机有WS系列晶闸管直流氩弧焊机、WSE系列交直流氩弧焊机和WSM系列逆变式直流脉冲氩弧焊机。

2.3.1.3 塑料焊接设备

硬聚氯乙烯塑料风管和风管配件及部件主要采用电热焊枪焊接，板厚在10mm以上时，可采用热挤压接触焊。焊接的方法是将塑料加热到190~200℃，使之成为塑性流动状态，在不大的压力下使之相互黏合。

1. 硬聚氯乙烯塑料焊接机 硬聚氯乙烯塑料焊接机如图2-45所示。它主要由空气压缩机、空气过滤器、热风焊枪、调压变压器和输气胶管等组成。

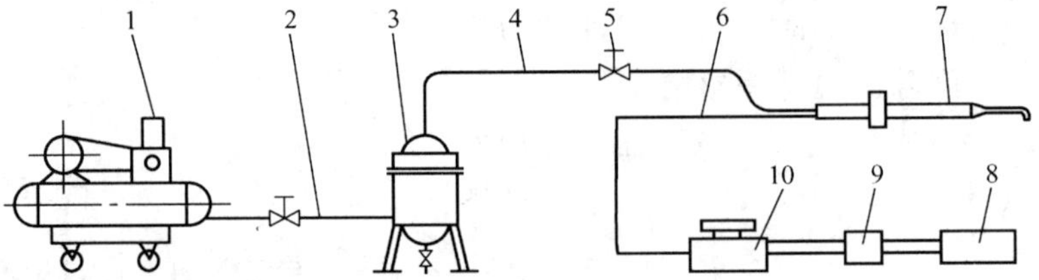

图2-45 硬聚氯乙烯塑料焊接机及其连接方式

1—空气压缩机 2—供气管 3—空气过滤器 4—气管 5—控制阀
6—电源线 7—热风焊枪 8—电源 9—漏电保护器 10—调节变压器

焊接时，连接的板材或管材应做坡口，坡口形式可根据设计规范或标准图册进行选用。坡口角度要合适，焊缝处要平直，背面应留0.5~1mm的间隙。

塑料焊接场地要通风良好，操作人员要戴上防护用品，电气部分要接地良好。

2. 硬聚氯乙烯塑料对挤焊接机　硬聚氯乙烯塑料对挤焊接机是一种硬聚氯乙烯塑料直缝焊接设备，由它焊接的焊缝强度高，不需焊条，焊接速度快，质量好。

聚氯乙烯塑料对挤焊接机主要由电加热器、平台及夹具、传动机构、电源和温控系统等部分组成。

2.3.1.4　铆接机械

铆接利用铆钉将工件连接在一起，属于永久性机械连接。铆接可有效地连接绝大多数材料。铆钉及铆接装配的价格较低。铆接的局限性是铆钉的疲劳强度比螺栓和螺钉的小，大的拉伸负载可将铆钉头拉脱，剧烈的振动会使接头松弛。

铆接可采用冷铆和热铆。铆接机械按压力供给类型分为手动铆接器、电动拉铆枪、气动铆接机和液压铆接机。这里仅介绍风管加工连接过程中常用的手动铆接器、电动拉铆枪。

1. 手动铆接器　手动铆接器又称为拉铆钳，使用带插杆的专用铆钉，专用于铆接薄钢板。手动铆接器的外形如图 2-46 所示。其主要技术参数见表 2-6。

表 2-6　手动铆接器的主要技术参数

指　　标	数　　据
铆钉直径/mm	3 ~ 5.3
铆杆直径/mm	1.8 ~ 2.5
被铆接钢板的总厚度/mm	5
外形尺寸（长 × 宽 × 高）	230mm × 24mm × 94mm
质量/kg	0.4

2. 电动拉铆枪　电动拉铆枪（见图 2-47）用于固定抽芯铆钉，主要由电动机、齿轮机构、离合器及拉铆机构等组成。电动拉铆枪的主要技术参数见表 2-7。

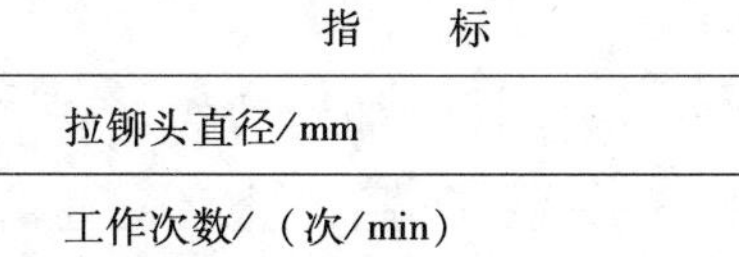

图 2-46　手动铆接器的外形

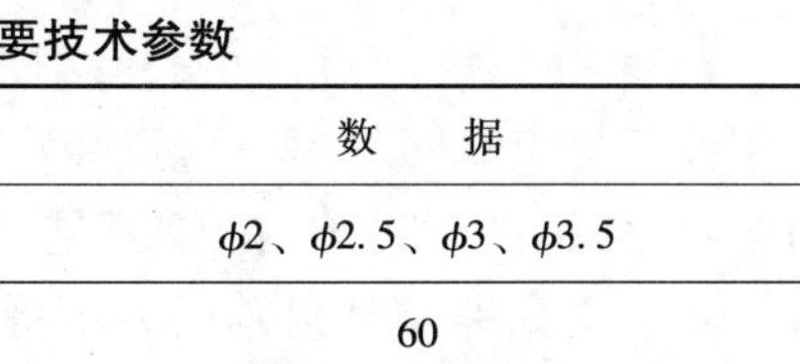

图 2-47　电动拉铆枪的外形

表 2-7　电动拉铆枪的主要技术参数

指　　标	数　　据
拉铆头直径/mm	ϕ2、ϕ2.5、ϕ3、ϕ3.5
工作次数/（次/min）	60
拉铆范围/mm	ϕ3.5 ~ ϕ5（抽芯铆钉）
额定拉力/N	8000
质量/kg	2.3

使用电动拉铆枪时，先在铆接部位钻好孔，放入抽芯铆钉，然后将枪头套住铆钉轴并靠在被铆接处，通电拉上离合器，很快拉断铆钉轴，风管便被铆钉固定。

2.3.2　钢管连接工具

在中央空调工程中，管道需按设计要求进行连接。根据管径、管材及承压情况的不同，常用的连接方法有螺纹联接、焊接、法兰连接等。不同的连接方法所需工序不同，所用工具各异。这里主要介绍螺纹联接中常用的加工和连接工具，包括人工铰板和电动套丝机、管钳和链钳，以及焊接中常用的工具，包括坡口机、电焊机、气焊炬等。

2.3.2.1　人工铰板和电动套丝机

钢管螺纹联接是在管段端部加工螺纹，然后拧上带内螺纹的管子配件（管箍、三通、弯头、活接头等），再和其他管段连接起来构成管道系统。中央空调工程中，一般管径为15～40mm的管子都采用螺纹联接。定期检修的设备也采用螺纹联接，以便拆卸安装。螺纹联接适用于低压流体输送用的焊接钢管、硬聚氯乙烯塑料管等。

管螺纹加工分为手工加工和电动机械加工两种方法，即采用人工铰板或轻便电动套丝机套螺纹。这两种机械的套螺纹机构基本相同，即铰板上装着4块板牙，以切削管壁而产生螺纹。图2-48a所示为管子铰板的结构。在铰板的板牙架上设有4个板牙孔，用于装置板牙。板牙的进、退调节靠转动带有滑轨的活动标盘进行。铰板后部设有4个可调节松紧的卡子，套螺纹时用以把铰板固定在管子上。图2-48b所示为板牙的结构。套螺纹时，板牙必须依1、2、3、4的顺序装入板牙孔内，不可将顺序颠倒，否则就套不出合格的螺纹而出现乱丝。板牙每组4块，能套两种管径的螺纹。使用时，应按管子规格选用对应的板牙，不可乱用。

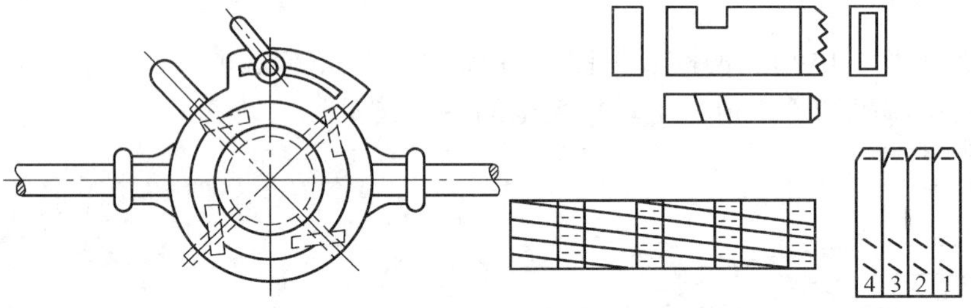

a)　　b)

图2-48　管子铰板的结构

a）铰板　b）板牙

使用铰板加工管螺纹时，应避免产生以下情况：

（1）螺纹不正。其产生的原因是铰板上卡子未卡紧，因而铰板的中心线和管子中心线不重合，或手工套螺纹时两臂用力不均，铰板被推歪。另外，管子端面锯切不正也会引起套螺纹不正，或是由于管壁厚薄不均匀而造成螺纹不正。

（2）细丝螺纹。它是由于板牙顺序弄错或板牙活动间隙太大而造成的，或者是由前一遍与后一遍套螺纹的轨迹不重合造成的。

（3）螺纹不光或断丝缺扣。这是由套螺纹时板牙进给量太大或板牙的牙刃不锐利，又或者牙有损坏处以及切下的铁渣积存等原因引起的。在套螺纹时，用力过猛或用力不均匀也会出现这些缺陷。为了保证螺纹质量，套螺纹时一次进给量不可太大，管径为 15 ~ 20mm 的管子宜分两次套成，25mm 以上的管子如用手工套螺纹，则应不少于 3 次套成。有时管子端头因被切成坡口而出现铰板打滑现象，这是由板牙进给量太大造成的，应减小进给量并用锤子将坡口打平再套螺纹。

（4）管螺纹竖向或横向出现裂缝。螺纹竖向有裂缝，是由焊接钢管的焊缝未焊透或焊缝不牢所致。螺纹横向有裂缝，是因板牙进给量太大或管壁较薄而产生。薄壁管及一般无缝钢管不能采用套螺纹联接。

2.3.2.2　管钳

管钳为螺纹接口的主要拧紧工具。其结构如图 2 - 49 所示。其规格及适用范围见表 2 - 8。管钳规格是以钳头张口中心到手柄尾端的长度来标称的，此长度代表转动力臂的大小。

使用管钳时应当注意，小管径的管子若用大号管钳拧紧，虽因手柄长而省力，容易拧紧，但也容易因用力过大拧得过紧而胀破管件；大直径的管子用小号管钳拧紧时，费力且不容易拧紧，而且易损坏管钳。所以安装不同管径的管子应选用对应规格的管钳。使用管钳时，不允许用管子套在管钳手柄上加大力臂，以免拉断钳颈或破坏钳颚。

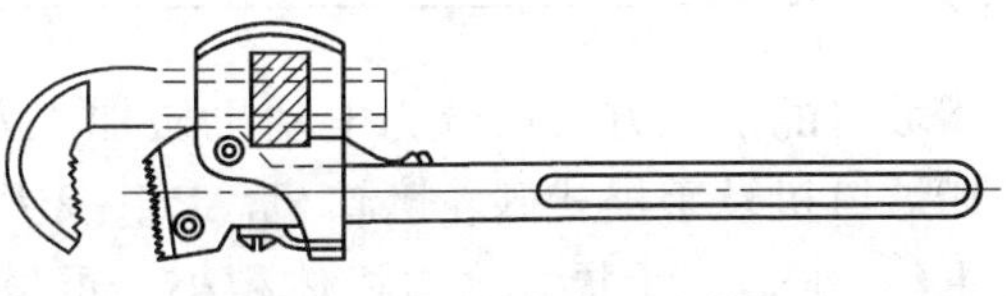

图 2 - 49　管钳结构示意图

表 2 - 8　管钳的规格及适用范围

规　格	150	200	250	300	350	450	600	900	1200
工作范围（管径）/mm	4 ~ 8	8 ~ 10	8 ~ 15	10 ~ 20	15 ~ 25	32 ~ 50	50 ~ 80	65 ~ 100	80 ~ 125

2.3.2.3　坡口机

随着工业生产的发展，管道直径越来越大，高温高压的管道日益增多，螺纹联接远不能满足需要，而焊接的应用则颇为广泛。

为了保证焊缝的抗拉强度，焊缝必须达到一定的熔深，因此要对焊接的管口切坡口和钝边。施焊时，两管口间要留一定的间距（见表 2 - 9 和表 2 - 10），其间距大小可根据焊件的厚薄确定，一般是焊件厚度的 30% ~ 40%。电焊法间距可比气焊法间距略小一些。焊肉底不应超过管壁内表面，更不允许在内表面产生焊瘤。

表 2 - 9　手工电焊弧坡口形式及要求

接头名称	坡口形式	接头尺寸				备　注
		壁厚(δ)/mm	间隙(c)/mm	钝边(p)/mm	坡口角度(α)/(°)	
管子对接V形坡口	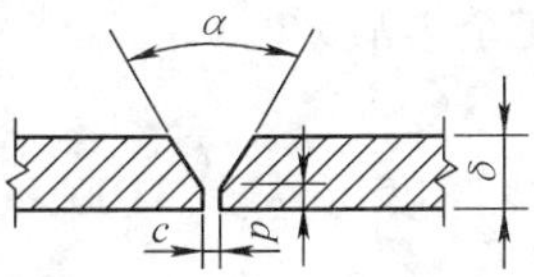	5 ~ 8	1.5 ~ 2.5	1 ~ 1.5	60 ~ 70	$\delta \leq 4$mm 的管子对接时，如能保证焊透，可不开坡口
		8 ~ 12	2 ~ 3	1 ~ 1.5	60 ~ 65	

表 2-10 氧乙炔焊坡口形式及要求

接头名称	坡口形式	接头尺寸			
		壁厚(δ)/mm	间隙(c)/mm	钝边(p)/mm	坡口角度(α)/(°)
对接 不开坡口	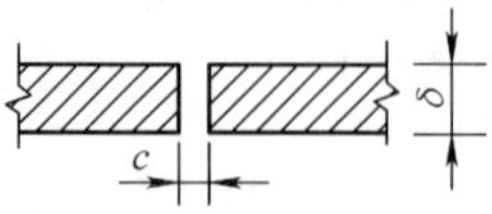	<3	1~2	—	—
对接 V形坡口	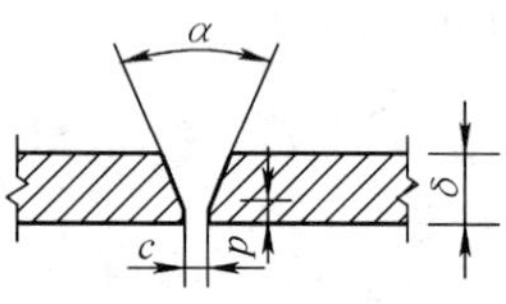	3~6	2~3	0.5~1.5	70~90

坡口的加工方法可分为电动机械加工及手工开坡口两种方法。电动机械有 PG—2 型管子切坡口机及手提式砂轮磨口机。PG—2 型管子切坡口机适用于直径为 32~219mm 的钢管，机重约 200kg；手提式磨口机体积小、重量轻，便于现场携带，使用方便。

手工开坡口方法经常被用于现场条件较复杂的情况。其特点是操作方便，受条件限制少，有锤子和扁铲凿坡口、风铲打坡口及用氧气割坡口等几种方法。其中以氧气割坡口法用得较多，但气割的坡口必须将氧化铁渣清除干净，并将凸凹不平处磨平整。

2.3.2.4 电焊机

钢管焊接是将管子接口处及焊条加热，使之达到使金属熔化的状态，进而使两个被焊件连接成一个整体。焊接的方法有很多，一般管道工程上常用的是焊条电弧焊及氧乙炔焊，尤其是焊条电弧焊用得多，而氧乙炔焊一般用于公称通径大于 57mm、壁厚小于 3.5mm 的管道焊接。

电弧焊接可分为自动焊接和焊条电弧焊接两种方式。大直径管口的焊接用自动焊，既节省劳动力，又可提高焊接质量和速度。在现场施工时，常使用焊条电弧焊。

焊条电弧焊采用直流电焊机或交流电焊机均可。用直流电焊机时电流稳定，焊接质量较好，但施工现场往往只有交流电，所以现场施工时一般采用交流电焊机进行焊接。

使用电焊机时应注意以下几点：

1）电弧光中有强烈的紫外线，对人的眼睛及皮肤均有损害。焊接人员必须注意防止电弧光对人体的照射，电焊操作时必须带上防护面罩和手套。

2）在敲击热焊渣时应注意防止其飞溅烫伤皮肤，并防止其溅入周围易燃材料中酿成火灾。过早地敲掉焊渣对防止坡口金属氧化也不利，故焊渣应待冷却后除去为宜。

3）当电线与电焊钳接触不良时，焊钳会发高热而烫手，影响操作。

4）电焊机应放置在避雨干燥的地方，防止短路漏电和出安全事故。

2.3.2.5 气焊

气焊是用氧乙炔焊进行焊接的。氧和乙炔的混合气体燃烧温度可达到 3100~3300℃，借助于化合过程所放出的大量化学热熔化金属，进而进行焊接。

在焊接过程中，为了获得优质美观的焊缝，常使焊炬和焊丝进行各种均匀协调的摆动，并且使焊接火焰指向未焊部分，焊丝位于火焰的前方。用气焊进行钢管焊接时，可采用定位焊法，目的是使焊件的装配间隙在焊接过程中保持不变，以防焊后工件产生较大的变形。管子进行定位焊时，直径小于 50mm 的管子坡口只需两点定位焊，管径较大时应采用对称定位焊。

第3章　中央空调水管施工的方法与技术措施

中央空调系统中的管路系统按用途分为冷水管、热水管、冷却水管、冷凝水管以及辅助管路（排气管、泄水管、补水管等）。小型中央空调系统还有制冷剂管路。在这些管路中，除了制冷剂管路输送的介质为制冷剂外，其他管路中的介质为水，有特殊要求时也可以是盐溶液或有机物水溶液。根据管路的用途、工作压力及其中介质的不同，应采用不同的管材及附件。管材不同，相应的施工安装方法也不同。

本章以中央空调系统中用得最多的水管为主，简要介绍中央空调水管施工的方法，并对目前一些新技术的安装方法作一些简单介绍。

3.1　管材及管件

3.1.1　管材及其附件的通用标准

管道一般由管材和附件组成，它们通常称为通用材料。通用材料应符合国家统一标准的规定，便于生产厂制造和用户选用。

管材及其附件的通用标准包括公称通径、公称压力、试验压力和工作压力以及管螺纹的标准等内容。

3.1.1.1　公称通径

为了便于管道工程施工，管子、管件、法兰、阀门等部件的尺寸必须统一起来，这一统一尺寸称为公称通径（或称为公称直径），用符号 DN 表示，单位为 mm。除特殊情况外，一般尺寸数字后面的单位不标出。例如，公称通径 50mm 的管子或管件，表示为 DN50。

在实际使用时，也有习惯用英寸（″）[⊖]来表达的。现将我国现行管材及其附件的公称通径标准列于表 3-1 中。

表 3-1　管材及其附件公称通径

公称通径/mm	相当的管螺纹	公称通径/mm	相当的管螺纹	公称通径/mm	相当的管螺纹	公称通径/mm	相当的管螺纹
1	—	5	—	25	1″	100	4″
1.5	—	6	—	32	$1\frac{1}{4}$″	125	5″
2	—	8	$\frac{1}{4}$″	40	$1\frac{1}{2}$″	150	6″
2.5	—	10	$\frac{3}{8}$″	50	2″	175	7″
3	—	15	$\frac{1}{2}$″	65	$2\frac{1}{2}$″	200	8″
4	—	20	$\frac{3}{4}$″	80	3″	225	9″

⊖ 英寸（in）为法定计量单位，1in = 0.0254m。

（续）

公称通径/mm	相当的管螺纹	公称通径/mm	相当的管螺纹	公称通径/mm	相当的管螺纹	公称通径/mm	相当的管螺纹
250	10″	600	—	1200	—	2000	—
300	12″	700	—	1300	—	2200	—
350	—	800	—	1400	—	2400	—
400	—	900	—	1500	—	2600	—
450	—	1000	—	1600	—	2800	—
500	—	1100	—	1800	—	3000	—

其中 DN15、DN20、DN25、DN32、DN40、DN50、DN65、DN80、DN100、DN125、DN150、DN200、DN250、DN300、DN400、DN500、DN600、DN700、DN800、DN900、DN1000 是工程上常用的公称通径规格。

管材及其管件的实际生产制造规格如下：

（1）阀门等附件，公称通径等于其内径。

（2）内螺纹管件，公称通径等于其内径。

（3）各种管材，公称通径既不等于其实际内径，也不等于其实际外径，只是个名义直径，但无论管材的实际内径和外径的数值是多少，只要其公称通径相同，就可用相同公称通径的管件相连接，具有通用性和互换性。

3.1.1.2　公称压力、试验压力和工作压力

工程上常以基准温度（200℃）下工件所允许承受的工作压力作为该工件的耐压强度标准，称为公称压力，用符号 PN 表示。其后面的数字表示公称压力数值，单位为 MPa。例如，PN10 表示公称压力为 10MPa。通常将压力分为低、中、高三级：低压是 2.5MPa 以下，中压是 2.6～10MPa，高压是 10.1～32MPa。

试验压力是在常温下检验管子和附件机械强度及严密性能的压力标准。试验压力以 P_s 表示。水压试验采用常温下的自来水，试验压力为公称压力的 1.5～2 倍，公称压力较大时倍数值取小的，公称压力值较小时倍数值取大的。当公称压力达到 20～100MPa 时，试验压力取公称压力的 1.25～1.4 倍。

工作压力是指管道内流动介质的工作压力，用字母 P 表示，右下角附加的数字为输送介质最高温度 1/10 的整数值，后面的数字表示工作压力数值。例如，介质最高温度为 300℃，工作压力为 10MPa，用 $P_{30}10$ 表示；介质最高温度为 425，工作压力为 10MPa，用 $P_{42}10$ 表示。

试验压力、公称压力、工作压力之间的关系是：$P_s > \mathrm{PN} \geqslant P$，这是保证系统安全运行的重要条件。

输送热水、过热水和蒸汽的热力管道和附件，由于温度升高而产生热应力，使金属材料机械强度降低。因而，热力管道的承压能力随着温度的升高而降低，所以热力管道的工作压力随着工作温度的提高而应减小其最大允许值。

为保证管道系统安全可靠地运行，用各种材料制造的管子附件均应按相关标准中的压力标准试压。对于机械强度的检查，待配件组装后，用试验压力等于公称压力的水压试验进行密封性检验和强度检验，以检验密封、填料和垫片等的密封性能。压力试验必须遵守该项产品的技术标准。例如，用青铜制造的阀门，按产品技术标准应符合公称压力小于或等于1.6MPa，则对阀门构件（如阀体）应进行2.4MPa的水压试验，装配后再进行1.6MPa的水压试验，以检验其密封性。

综上所述，公称压力也表示管子附件的一般强度标准，因而就可以根据所输送介质的参数选择管子附件及管子，而不必再进行强度计算。这样既便于设计，又便于安装。

3.1.1.3　管螺纹标准

为了便于通用附件的应用，对用螺纹联接的管子及其附件以及其他采用螺纹联接的机器设备接头的螺纹规定了统一标准，即螺纹的齿形及尺寸标准。

管螺纹是管道采用螺纹联接的通用螺纹。管螺纹按其结构形式分为55°非密封管螺纹和55°密封管螺纹两种。管螺纹的齿形如图3-1所示。管螺纹尺寸见表3-2。这种螺纹的齿形及尺寸对55°密封管螺纹与55°非密封管螺纹都适用。一般情况下，钢管采用55°密封管螺纹（外螺纹），管子附件、配件的管接口采用55°非密封管螺纹（内螺纹），见GB/T7306.1—2000。

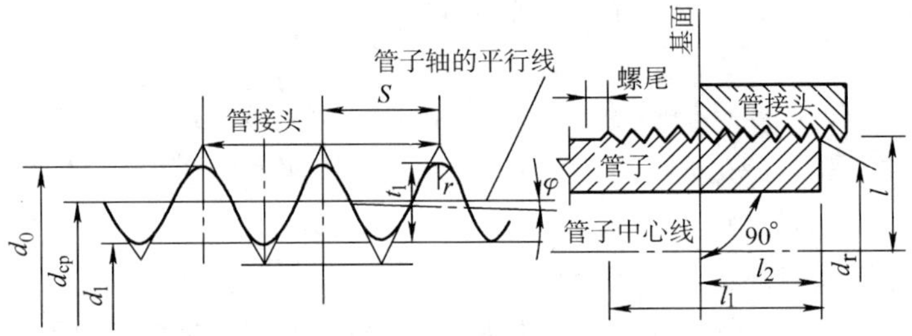

图3-1　管螺纹的齿形

表3-2　管螺纹尺寸　（单位：mm）

管子通径	螺距	最小工作长度	由管端到基面	基面直径			管端螺纹内径	螺纹工作高度	圆弧半径	每英寸扣数
				中径	外径	内径				
DN	S	l_1	l_2	d_{cp}	d_0	d_1	d_r	t_1	r	n
15	1.814	15	7.5	19.794	20.956	18.632	18.632	1.162	0.249	14
20	1.814	17	9.5	25.281	26.442	24.119	23.524	1.162	0.249	14
25	2.309	19	11	31.771	33.250	30.293	29.606	1.479	0.317	11
32	2.309	22	13	40.433	41.912	38.954	38.142	1.479	0.317	11
40	2.309	23	14	46.326	47.805	44.847	43.972	1.479	0.317	11
50	2.309	26	16	58.137	59.616	56.659	55.659	1.479	0.317	11
65	2.309	30	18.5	73.708	75.187	72.230	71.074	1.479	0.317	11
80	2.309	32	20.5	86.409	87.887	84.930	83.649	1.479	0.317	11
100	2.309	38	25.5	111.556	113.034	110.077	108.483	1.479	0.317	11
125	2.309	41	28.5	136.957	138.445	135.478	133.697	1.479	0.317	11
150	2.309	45	31.5	162.357	163.836	160.879	158.910	1.479	0.317	11

注：1. 基面为指定剖面，在此剖面中55°密封管螺纹直径（外径、中径、内径）尺寸与同样的55°非密封管螺纹直径完全相等。

2. 表中所列 d_r 尺寸系列仅供参考。

3.1.2　管材

中央空调水系统所用管材主要有钢管和塑料管。

3.1.2.1　钢管

钢管产量大、品种多、价格低廉，同时又具有较好的物理性能和焊接、加工等性能，因此在流体输送中得到广泛应用。

钢管分为无缝钢管、有缝钢管和铸铁管。在中央空调工程中，一般选用无缝钢管和有缝钢管。有缝钢管又分为直缝钢管和螺旋缝焊接钢管。

1. **无缝钢管**　无缝钢管采用碳素钢或合金钢制造，一般以 10 钢、20 钢、35 钢及 45 钢用热轧或冷拔两种方法生产。热轧无缝钢管的外径为 57 ~ 426mm，共分 31 种。其壁厚为 3.5 ~ 11mm，共分 11 种。冷拔管的外径为 5 ~ 133mm，共分 72 种。其壁厚为 0.5 ~ 12mm，共分 30 种，其中以壁厚小于 6mm 者最为常用。热轧无缝钢管的长度一般为 4 ~ 12.5m，冷拔无缝钢管的长度为 1.5 ~ 7m。在管道安装工程中，管径大于或等于 50mm 的管道一般采用热轧管，小于 50mm 的管道一般采用冷拔管。

无缝钢管的力学性能应符合表 3-3 的规定。它所能承受的水压试验压力值以式（3-1）确定，但最大压力不超过 40MPa。

$$P_s = \frac{200SR}{D} \tag{3-1}$$

式中　S——最小壁厚（mm）；

R——允许应力（MPa），用碳素钢制作的钢管的允许应力采用抗拉强度的 35%；

D——钢管的内径（mm）。

表 3-3　钢管的力学性能

钢　号	软钢管		低硬钢管		硬钢管	
	抗拉强度/MPa	伸长率/%	抗拉强度/MPa	伸长率/%	抗拉强度/MPa	伸长率/%
08 和 10	320	20	380	12	400	5
15	360	18	410	10	450	4
20	400	17	450	8	500	3
Q215	340	20	360	12	—	—
Q235	380	18	400	10	—	—
Q255	420	17	440	8	—	—

安装工程上所选用的无缝钢管应有出厂合格证，如无出厂合格证时需进行质量检查试验，否则不得随意使用。

无缝钢管适用于高压供热系统和高层建筑的热水管和冷水管。一般工作压力在 0.6MPa 以上的管道都应采用无缝钢管。

无缝钢管一般不用公称通径表示，而是用外径 × 壁厚表示，如外径为 159mm 及壁厚为 4.5mm 的无缝钢管，则可写为 ϕ159mm ×4.5mm。无缝钢管管壁较有缝管薄，故一般不用螺纹联接，而采用焊接。

2. 焊接钢管 焊接钢管材质采用易焊接的碳素钢。按生产方法的不同，焊接钢管分为对焊管、叠边焊管和螺旋焊管，如图3-2所示。

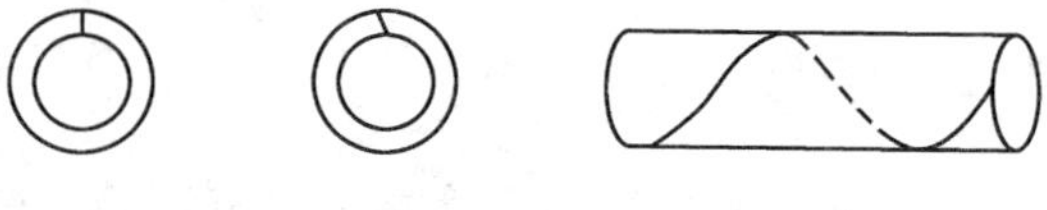

图3-2 焊接钢管
a）对焊 b）叠边焊 c）螺旋焊

焊接钢管在使用中有很多名称。因焊接钢管有焊缝，常称为有缝钢管。水、煤气的输送主要采用有缝钢管，故常常将有缝钢管称为水煤气管。这种管材制造较简单，能承受一般要求的压力，因而也常称为普通钢管。由于制造材料为钢铁金属，所以焊接钢管又称为黑铁管。

将黑铁管镀锌后则称为白铁管或镀锌钢管。镀锌钢管能防锈蚀，可以保护水质，常用于生活饮用水管道、热水供应系统及消防喷淋系统，但由于其耐蚀性不够好，会出现黄水、红水等现象，造成二次污染，因此原建设部等四部委规定，在城镇新建住宅中禁止将冷镀锌钢管用于室内给水管道，并根据当地实际情况逐步限时禁止使用热镀锌钢管。

有缝钢管根据壁厚可分为一般管及加厚管。低压流体输送用焊接钢管及镀锌钢管的规格见表3-4。有缝管质量检验标准与无缝管的检验标准相同。有缝管内外表面的焊缝应平直光滑，符合强度标准，不得有开裂现象。镀锌钢管的锌镀层应完整和均匀。两头带有55°密封管螺纹的黑铁管及镀锌钢管的长度一般为4~9m，并带一个管接头（管箍）。无螺纹的黑铁管长度为4~12m。镀锌钢管比不镀锌钢管质量大3%~6%。

焊接钢管是以公称通径标称的，其最大的公称通径为150mm。此外，还有大口径的卷焊钢管，管径的大小和管壁的厚薄根据需要用钢板卷制成直缝管或螺纹缝管。直缝卷焊钢管长度一般为6~10mm，螺纹卷焊钢管长度为8~18m，壁厚大于7mm。

焊接钢管所能承受的水压试验压力，一般钢管和轻型钢管为2MPa，加厚钢管为2.5MPa。集中采暖系统及燃气管道的工作压力一般不超过0.4MPa，因此，采用普通焊接钢管最为合适，易于加工及连接，而且经济。

卷焊钢管一般应用于供热网及燃气网的管道，其管径及承受试验压力见表3-5。

表3-4 低压流体输送用焊接钢管及镀锌钢管的规格

公称通径		管子					螺纹				每6m加一个接头计算的钢管质量/（kg/m）
mm	in	外径/mm	一般管子		加厚管		基面外径/mm	每英寸扣数	退刀部分前面的螺纹		
			壁厚/mm	理论质量/(kg/m)	壁厚/mm	理论质量/(kg/m)			55°密封管螺纹/mm	55°非密封管螺纹/mm	
8	1/4	13.5	2.25	0.62	2.75	0.73	—	—	—	—	—
10	3/8	17	2.25	0.82	2.75	0.97	—	—	—	—	—
15	1/2	21.3	2.75	1.26	3.25	1.45	20.956	14	12	14	0.01
20	3/4	26.8	2.75	1.63	3.50	2.01	26.442	14	14	16	0.02
25	1	33.5	3.25	2.42	4.00	2.91	33.250	11	15	18	0.03
32	$1\frac{1}{4}$	42.3	3.25	3.13	4.00	3.78	41.912	11	17	20	0.04
40	$1\frac{1}{2}$	48	3.50	3.84	4.25	4.58	47.805	11	19	22	0.06

（续）

公称通径		管　子					螺　纹				每6m加一个接头计算的钢管质量/（kg/m）
		外径/mm	一般管子		加厚管		基面外径/mm	每英寸扣数	退刀部分前面的螺纹		
mm	in		壁厚/mm	理论质量/（kg/m）	壁厚/mm	理论质量/（kg/m）			55°密封管螺纹/mm	55°非密封管螺纹/mm	
50	2	60	3.50	4.88	4.50	6.16	59.616	11	22	24	0.09
65	$2\frac{1}{2}$	75.5	3.75	6.64	4.50	7.88	75.187	11	23	27	0.13
80	3	88.5	4.00	8.34	4.75	9.81	87.887	11	32	30	0.2
100	4	114	4.00	10.85	5.00	13.44	113.034	11	38	36	0.4
125	5	140	4.50	15.04	5.50	18.24	138.435	11	41	38	0.6
150	6	165	4.50	17.81	5.50	21.63	163.836	11	45	42	0.8

注：轻型管壁厚比表中一般管壁的壁厚小0.75mm，不带螺纹，易于焊接。

表 3-5　卷焊钢管管径及承受试验压力

管径/mm	245	273	299	325	351	377	426	478	529	630	720
压力/MPa	8.6	7.6	6.9	6.4	5.9	5.4	4.8	4.3	3.8	3.2	2.8

3.1.2.2　塑料管

塑料管是一种由高分子合成材料做成的管子，具有良好的耐蚀性、化学稳定性和力学性能，水力学性能好，密度小，价格较低，可进行机械加工和热加工，并且施工方便，在给排水、供暖、空调、城市燃气等领域得到广泛应用。塑料管的缺点是强度低、易老化、不耐高温。

塑料根据其用途分为通用塑料和工程塑料和耐高温塑料三大类。根据中央空调流体温度范围，管道工程上常用通用塑料，包括聚氯乙烯（PVC）、聚乙烯（PE）、聚丙烯（PP）。表3-6给出了常用塑料管材的应用温度范围。

表 3-6　常用塑料管材的应用温度范围

管材名称		最高温度/℃		最低温度/℃
		连续使用	无内压力下短期间歇使用	
ABS 管		60～80	80	-30
硬聚氯乙烯管	高耐冲	50～60	60～70	-20
	未增塑	60～70	70～90	-40
聚丙烯管		80	80～100	0
聚乙烯管	低密度	50	60	-20
	高密度	50～60	60～70	0

塑料管种类有很多，各类塑料管性能差异很大。这里只介绍中央空调工程中应用的塑料管，包括PVC、PE、PP等塑料管。

1. 聚氯乙烯管　聚氯乙烯（PVC）管和改性聚氯乙烯（UPVC）管的化学稳定性高，适用于输送工作压力在0.6MPa以下，温度在0～60℃之间的大部分碱、酸、盐类介质。在大多数情况下，它对中等浓度酸、碱介质的耐蚀性能良好，但不宜作为酯类、酮类和含氯芳香族液体的输送管道。硬聚氯乙烯管强度较低，且具有脆性，线胀系数较大，不能靠近输送高温介质的管道敷设，也不能安装在温度高于60℃的热源附近。

建筑给水用硬聚氯乙烯管材的规格尺寸应符合表3-7的要求，并且当公称通径小于或等于40mm时，应选用公称压力为1.6MPa的管材；当公称通径大于40mm时，应选用公称压力为1.0MPa或1.6MPa的管材。

表3-7 管材规格尺寸

公称通径/mm	相应公称压力下的公称壁厚/mm			
	0.8MPa	1.0MPa	1.25MPa	1.6MPa
20	—	—	—	2.0
25	—	—	—	2.0
32	—	—	2.0	2.4
40	—	2.0	2.4	3.0
50	2.0	2.4	3.0	3.7
63	2.5	3.0	3.8	4.7
75	2.9	3.6	4.5	5.6
90	3.5	4.3	5.4	6.7
110	3.9	4.8	5.7	7.2
125	4.4	5.4	6.0	7.4
(140)	4.9	6.1	6.7	8.3
160	5.6	7.0	7.7	9.5
(180)	6.3	7.8	8.6	10.7
200	7.3	8.7	9.6	11.9

注：1. 带括号的公称通径为非常用规格。
2. 本表中的公称压力是指管材在20℃条件下输送20℃水时的最大工作压力。

2. 聚乙烯管 常用的聚乙烯管有一般聚乙烯（PE）管、交联聚乙烯（PE－X）管和耐热聚乙烯（PE－RT）管。

聚乙烯、交联聚乙烯、耐热聚乙烯是热塑性材料。聚乙烯管道长期工作温度不大于40℃，只能用于普通水管或空调冷凝水管；交联聚乙烯管道长期工作温度不大于90℃；耐热聚乙烯管道长期工作温度不大于82℃。生活用水的温度不超过70℃，所以交联聚乙烯和耐热聚乙烯管道均可用于输送普通给水、生活热水以及空调冷热水。由于聚乙烯管材具有可燃性，所以不得将其用于消防系统，也不得用于生活给水和消防用水合用的管道系统。

聚乙烯、交联聚乙烯、耐热聚乙烯管材或管件的内外表面应平整、光滑、洁净，颜色应均匀一致。

3. 无规共聚聚丙烯管 无规共聚聚丙烯（PP－R）的聚合方式为在聚丙烯的分子结构中无规则地嵌入其他烯烃。

无规共聚聚丙烯管道系统的设计压力不应大于1.0MPa，设计温度不应低于0℃且不应高于70℃。无规共聚聚丙烯多用于生活热水系统，也可用于给水和饮用净水系统。

冷水管道使用温度小于或等于40℃，热水管长期使用温度小于或等于70℃，冷、热水管道的管系列 S 可根据设计压力按表 3-8 选择。

表 3-8　冷水管、热水管系列的选择

类别	材料	设计压力/MPa		
		$P \leqslant 0.6$	$0.6 < P \leqslant 0.8$	$0.8 < P \leqslant 1.0$
冷水管	PP-R	S5	S5	S4
	PP-B	S5	S4	S3.2
热水管	PP-R	S3.2	S2.5	S2

管材规格用外径×壁厚表示。不同管系列的公称通径和公称壁厚应符合表 3-9 的规定。聚丙烯冷水管系列最小为 S5，聚丙烯热水管系列最小为 S3.2。

表 3-9　管材的管系列和规格尺寸　（单位：mm）

公称通径	平均外径		管系列				
			S5	S4	S3.2	S2.5	S2
	最小	最大	公称壁厚				
20	20.0	20.3	—	2.3	2.8	3.4	4.1
25	25.0	25.3	2.3	2.8	3.5	4.2	5.1
32	32.0	32.3	2.9	3.6	4.4	5.4	6.5
40	40.0	40.4	3.7	4.5	5.5	6.7	8.1
50	50.0	50.5	4.6	5.6	6.9	8.3	10.1
63	63.0	63.6	5.8	7.1	8.6	10.5	12.7
75	75.0	75.7	6.8	8.4	10.3	12.5	15.1
90	90.0	90.9	8.2	10.1	12.3	15.0	18.1
110	110.0	111.0	10.0	12.3	15.1	18.3	22.1

注：管材长度一般为 4m 或 6m，长度不应有负偏差。壁厚不得低于表中的数值。

3.1.2.3　其他管材

1. 铝塑复合（PAP）管　铝塑复合管以焊接铝管为中间层，内外层均为高密度聚乙烯或交联聚乙烯，铝管与聚乙烯（或交联聚乙烯）管之间以热熔胶黏合。它集中了金属管和塑料管的优点。该管具有强度高、可弯曲、延伸率大、耐高温、耐高压、耐腐蚀、使用寿命长等特点，目前已广泛用于室内给水、采暖、空调用水管上。

2. 钢塑复合管　钢塑复合管兼有钢管强度高和塑料管耐腐蚀、保持水质的优点。它分为衬塑和涂塑两类，也生产有相应的配件、附件。将塑料粉末涂料涂敷于钢管内表面并经加工而形成的复合管称为涂塑复合管；用紧衬复合工艺将塑料管材衬于钢管内壁而形成的复合管称为衬塑复合管。根据所用钢管的不同，钢塑复合管又分为涂（衬）塑焊接钢管和涂（衬）塑无缝钢管。当管道系统工作压力小于或等于 1.0MPa 时，宜采用涂（衬）塑焊接钢管、可锻铸铁衬塑管件。管径小于或等于 100mm 时，宜采用螺纹联接；管径大于 100mm 时，宜采用法兰或沟槽式连接。当管道系统工作压力大于 1.0MPa 但不大于 1.6MPa 时，宜采用涂（衬）塑无缝钢管、无缝管件或球墨铸铁涂（衬）塑管件，并采用法兰或沟槽式连接。

3. 铜管　铜管具有良好的导电性、导热性、可塑性、低温性能和较好的耐蚀性能。它分为纯铜管和黄铜管。纯铜管常用的牌号有 T2、T3、T4 和 TUP 等。黄铜管常用的牌号有 H68、H62 和 HFe59－1－1 等。目前，其连接配件、阀门等也配套生产。根据我国几十年的使用情况，其效果优良。只是由于铜管材价格较高，现在多用于宾馆等较高级的建筑中，管径通常较小，连接时以焊接为主。

4. **不锈钢管** 不锈钢是在碳钢中加入合金元素（如铬、镍、钼、钴等）而形成的合金。不锈钢管有良好的耐蚀性能，但价格高，用于化工、医药、食品工业的工艺管道。

3.1.3 管件

3.1.3.1 钢管用管件

在水、暖、燃气输送系统中，管道除直通部分外还有分支、转弯和变管径部分，因此就要有各种不同形式的管子配件与管子配合使用。

无缝钢管的管件包括弯头、三通、法兰、异径管等。焊接管的管件包括活接头、补心、三通、对丝等。

大管径的管子采用焊接法连接，配件种类较少，而小管径螺纹联接的管子，其配件种类较多。这里着重介绍用于螺纹联接的管子配件，如三通、弯头、大小头、活接头等。

管件主要用可锻铸铁或软钢制造而成。管件的材质要求密实坚固并有韧性，便于机械切削加工。管件也分黑铁与白铁两种。

常用管件如图 3-3 所示。按照使用用途，管件可分为以下几种：

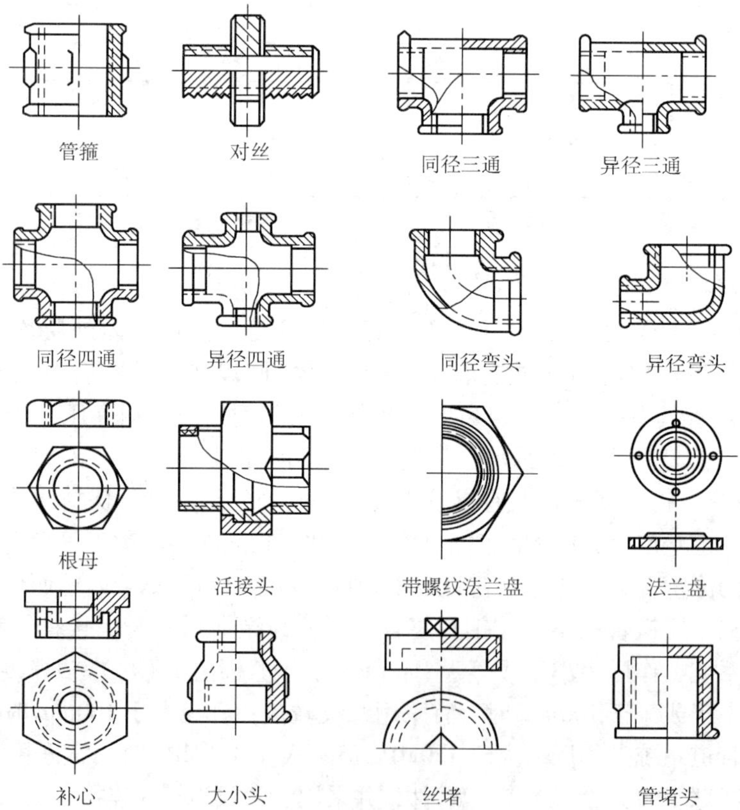

图 3-3 常用管件

（1）管道延长连接用配件：管箍、对丝（内接头）。

（2）管道分支连接用配件：三通（丁字管）、四通（十字管）。

（3）管道转弯用配件：90°弯头、45°弯头。

（4）节点碰头连接用配件：根母（六方内丝）、活接头、带螺纹法兰盘。

（5）管子变径用配件：补心（内外丝）、异径管箍（大小头）。

（6）管子堵口用配件：丝堵、管堵头。

在管道连接中，法兰盘是一个多用途配件，既能用于钢管，又能用于铸铁管；可以螺纹联接，也可以焊接；既可以用于管子延长连接，又可作为节点碰头连接用。

管子配件的规格和所对应的管子是一致的，是以公称通径标称的。同一种配件有同径和异径之分，如三通管分为同径和异径两种。同径管件规格的标记可以用一个数值表示，也可以用 3 个数值表示，如规格为 25 的同径三通可以写为⊥25 或写为⊥25×25×25。异径管件的规格通常要用两个管径数值表示，前一个数表示大管径，后一个数表示小管径，如异径三通⊥25×15，大小头▷32×20。对各种管件的规格组合可按表 3-10 确定。

表 3-10　管子配件的规格

同径管件	异径管件							
15mm×15mm	—	—	—	—	—	—	—	—
20mm×20mm	20mm×15mm	—	—	—	—	—	—	—
25mm×25mm	25mm×15mm	25mm×20mm	—	—	—	—	—	—
32mm×32mm	32mm×15mm	32mm×20mm	32mm×25mm	—	—	—	—	—
40mm×40mm	40mm×15mm	40mm×20mm	40mm×25mm	40mm×32mm	—	—	—	—
50mm×50mm	50mm×15mm	50mm×20mm	50mm×25mm	50mm×32mm	50mm×40mm	—	—	—
65mm×65mm	65mm×15mm	65mm×20mm	65mm×25mm	65mm×32mm	65mm×40mm	65mm×50mm	—	—
80mm×80mm	80mm×15mm	80mm×20mm	80mm×25mm	80mm×32mm	80mm×40mm	80mm×50mm	80mm×65mm	—
100mm×100mm	100mm×15mm	100mm×20mm	100mm×25mm	100mm×32mm	100mm×40mm	100mm×50mm	100mm×65mm	100mm×80mm

管子配件的试压标准：可锻铸铁配件应能承受的公称压力为 0.8MPa，软钢配件应能承受的公称压力为 1.6MPa。

管子配件的内螺纹应端正、整齐、无断丝，壁厚均匀一致，外形规整，材质严密无砂眼。

3.1.3.2　塑料管用管件

塑料管管件一般采用与管材相同的材料，也有采用铜管件的。根据管径的不同，塑料管管件的连接分为螺纹联接、承插熔焊连接（包括热熔和电熔）和法兰连接。

3.1.4 常用紧固件

常用紧固件主要是指用于各种管路及设备的拉紧与固定所用的器件，如螺母、螺栓（钉）、铆钉及花篮螺钉等。这里仅介绍中央空调安装工程中常用的螺母、螺栓（钉）及铆钉。

螺母与螺栓的螺距通常分为粗牙和细牙两种。粗牙普通螺距用字母“M”和公称直径表示，如M16表示公称直径为16mm。细牙普通螺纹用字母“M”和公称直径×螺距表示，如M10×1.25表示螺距为1.25mm，公称直径为10mm的细牙螺纹。安装工程中，粗牙螺母和粗牙螺栓用得较多。

3.1.4.1 螺母

螺母分为六角螺母和方螺母两种，按加工方式的不同可分为精制、粗制和冲压3种螺母。常用的六角螺母规格见表3-11。

表3-11 常用的六角螺母规格 （单位：mm）

公称直径	2	2.5	3	4	5	6	8	10	12	14	16	18	20	22	24	30
螺母厚度	1.6	2	2.4	3.2	4	5	6	8	10	11	13	14	16	18	19	24

3.1.4.2 螺栓

螺栓分为六角头、方头和双头（无头）螺栓3种，按加工要求分为粗制、半精制、精制3种。其规格用公称直径×长度表示。米制六角头螺栓规格见表3-12。

表3-12 米制六角头螺栓规格 （单位：mm）

公称直径	3	4	5	6	8	10	12	16	20	24
螺栓长度	4~35	5~40	6~50	8~75	10~85	12~180	14~220	18~220	25~240	32~260

3.1.4.3 垫圈

垫圈分平垫圈和弹簧垫圈两种。平垫圈垫于螺母下面，可以增大螺母与被紧固件间的接触面积，降低螺母作用在单位面积上的压力，并起保护被紧固件表面不受磨损的作用。平垫圈规格见表3-13。

表3-13 平垫圈规格

公称直径/mm	3	4	5	6	8	10	12	14
垫圈直径/mm	3.2	4.2	5.5	6.5	8.5	10.5	12.5	14.4
1000个垫圈的质量/kg	0.331	0.508	1.051	1.421	2.327	3.981	5.76	10.61
公称直径/mm	16	18	20	22	24	30	36	40
垫圈直径/mm	16.5	19	21	23	25	31	38	44
1000个垫圈的质量/kg	13.90	15.90	24.71	30.44	34.51	63.59	117.6	165.1

注：公称直径指配合螺栓规格。

弹簧垫圈富有弹性，能防止螺母松动，适用于常受振动处。它分为普通与轻型两种，规格与所配合使用的螺栓一致，以公称直径表示。

3.1.4.4　膨胀螺栓

膨胀螺栓又称为胀锚螺栓，可用于固定管道支架及作为设备地脚的专用紧固件。

采用膨胀螺栓可以省去预埋件及预留孔洞，能提高安装速度和工程质量，降低成本，节约材料。膨胀螺栓形式繁多，但大体上可分为两类，即锥塞型（YG1 型，见图 3-4）和胀管型（YG2 型，见图 3-5）。这两类螺栓如果采用钢材制造，则又称为钢制膨胀螺栓。工程上也有采用塑料胀管、尼龙胀管的。

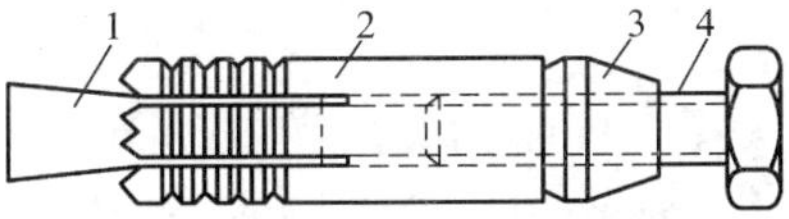

图 3-4　锥塞型膨胀螺栓

1—锥塞　2—胀管　3—锥套　4—螺钉

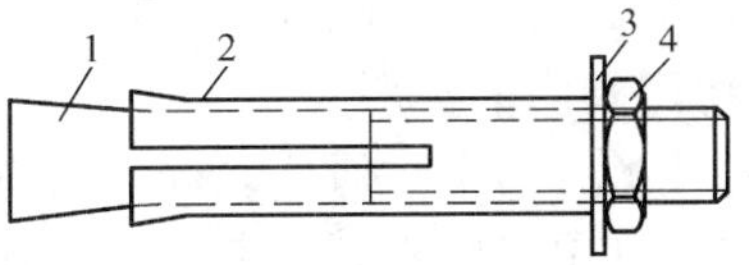

图 3-5　胀管型膨胀螺栓

1—带锥螺杆　2—胀管　3—垫圈　4—螺母

锥塞型膨胀螺栓适用于钢筋混凝土建筑结构。它是由锥塞（锥台）、带锥套的胀管（也有不带锥套的）、六角螺栓（或螺杆和螺母）3 个部件组成。使用时靠锥塞打入胀管，于是胀管径向膨胀使胀管紧塞于墙孔中。

胀管型膨胀螺栓适用于砖、木及钢筋混凝土等建筑结构。它是由带锥头的螺杆、胀管及螺母组成。使用时，随着螺母的拧紧，胀管随之膨胀紧塞于墙孔中。对于受拉或受动载荷作用的支架、设备宜用这种膨胀螺栓。

用聚氯乙烯树脂作胀管的膨胀螺栓，使用时将它打入钻好的孔中，当拧紧螺母时，胀管被压缩而沿径向向外鼓胀，因而螺栓更加紧固于孔中。当螺母放松后，聚氯乙烯树脂胀管又恢复原状，螺栓可以取出再用。这种螺栓对钢筋混凝土、砖及轻质混凝土等低密度材质的建筑结构均适用。

3.1.4.5　铆钉

铆钉是用于板材、角钢法兰与金属风管间连接的紧固件，按形式不同分为圆头（蘑菇顶）铆钉和平头铆钉，按材质不同分为钢铆钉和铝铆钉。铝铆钉又分为实芯、抽芯、击芯等 3 种形式。铆钉形式及其连接方式如图 3-6 和图 3-7 所示。

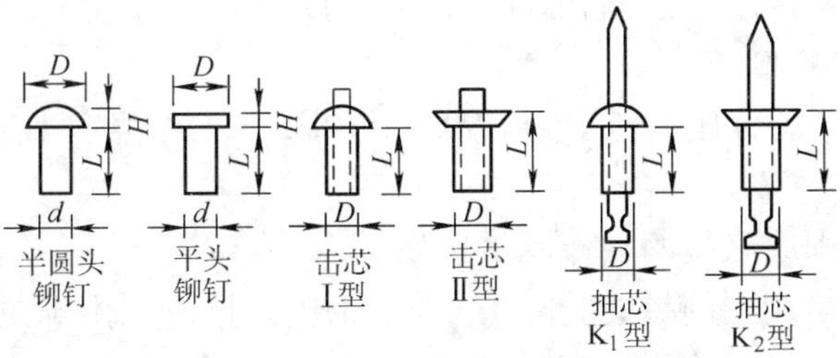

图 3-6　铆钉

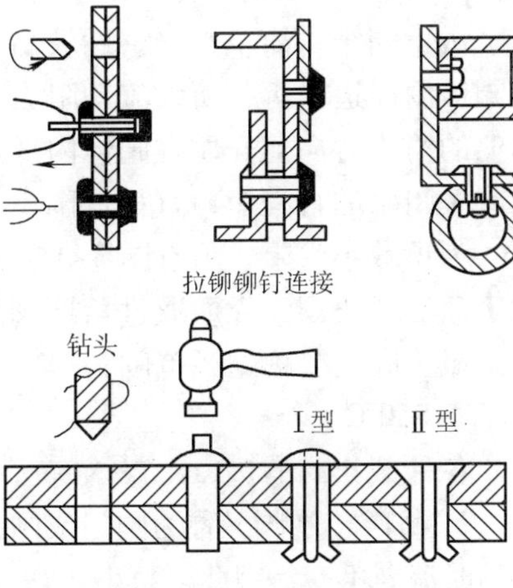

图 3-7　铆接

铆钉规格用铆钉直径×钉杆长度表示，如5mm×8mm。通风工程常用的铆钉直径为3~6mm。铝板风管应用铝铆钉，钢铆钉在使用前要进行退火处理。

3.1.5 水管阀门

在中央空调水管道系统中，需要阀门来控制系统的开启和关闭，并调节流量、压力、温度等参数，所以阀门是用于控制和调节各种管道及设备内流体工况的一种机械装置。它一般是由阀体、阀瓣、阀盖、阀杆及手轮等部件组成的。

3.1.5.1 常用阀门的类型

阀门的种类有很多，但按其动作特点可以分为两大类，即驱动阀门和自动阀门。

驱动阀门是用手操作或其他动力操作的阀门。靠人力操作手轮、手柄或链轮来驱动的阀门称为手动阀门。利用各种动力源进行驱动的阀门称为动力驱动阀门。截止阀、节流阀(针型阀)、闸阀、旋塞阀等，均属于驱动阀门。自动阀门是借助于介质本身的流量、压力或温度参数发生的变化而自行动作的阀门，如单向阀、溢流阀、浮球阀、减压阀、放气阀、疏水阀等，均属自动阀门。

阀门按承压能力可分为低压阀门（≤1.6MPa)、中压阀门（2.5~6.4MPa)、高压阀门(10~80MPa)、超高压阀门（>100MPa)。一般暖通空调工程上所采用的阀门多为低压阀门。

本节仅介绍冷水、热水、蒸汽等一般管路的常用阀门，包括截止阀、闸阀、旋塞阀、球阀、蝶阀、隔膜阀、单向阀、节流阀、溢流阀、减压阀和蒸汽疏水阀等。

1. 截止阀 截止阀主要用于热水供应及高压蒸汽管路中以接通或截断管道中的介质。

截止阀（见图3-8a）的阀体为三通形筒体，其间的隔板中心有一圆孔，上面装有阀座(又称为密封圈)。阀杆穿过阀盖，其下端连接有阀瓣。该阀瓣并非紧固于阀杆上，而是活动地连接在一起，这样可以在阀门关闭时，阀瓣能够正确地落在阀座上而严密贴合，同时这样也可以减少阀瓣与阀座之间的磨损。阀杆的上部有梯形螺纹，并旋入阀杆螺母内，上端固定有操作手轮。当手轮逆时针方向转动时，阀门便开启；手轮顺时针方向转动时，阀门则关闭。所以改变阀瓣与阀座间的距离，就可以改变流体通道截面的大小，从而控制阀门的开、关程度。为了避免介质从阀杆与阀盖之间的缝隙漏出，在阀盖内填充有弹性填料（又称为盘根)，借助于填料压盖和两个螺栓的作用，将填料紧压在阀杆上而不致其泄漏。

截止阀结构简单，严密性较高，制造和维修方便，是应用最广泛的阀门品种之一。但因其阀体内通道曲折，所以流动阻力比较大。同时，因其介质流向受限，安装时应注意按照阀体上的箭头方向使介质在阀体内低进高出，而不能接反。截止阀长度大，但阀的高度小，开启或关闭时的行程短，直径范围小。

为了减小水阻，另有图3-8b所示的流线形阀体的截止阀和图3-8c所示直流式截止阀。对于角形截止阀，介质通过角形阀后流向改变90°角。

截止阀的公称通径范围为DN6~DN200，公称压力范围为PN0.6~PN32，工作温度小于或等于550℃。

各种截止阀的进、出口均有法兰连接和螺纹联接两种产品供选用。

2. 闸阀 闸阀又称为闸门或闸板阀，它是利用闸板的升降来控制开闭的阀门。流体通过阀门时流向不变，因此阻力小。它广泛用于冷、热水管道系统中。图3-9所示是几种闸阀的结构。图3-9a是阀杆不向外移动的楔形闸阀，此外还有平行闸板和双盘式闸板等形式。

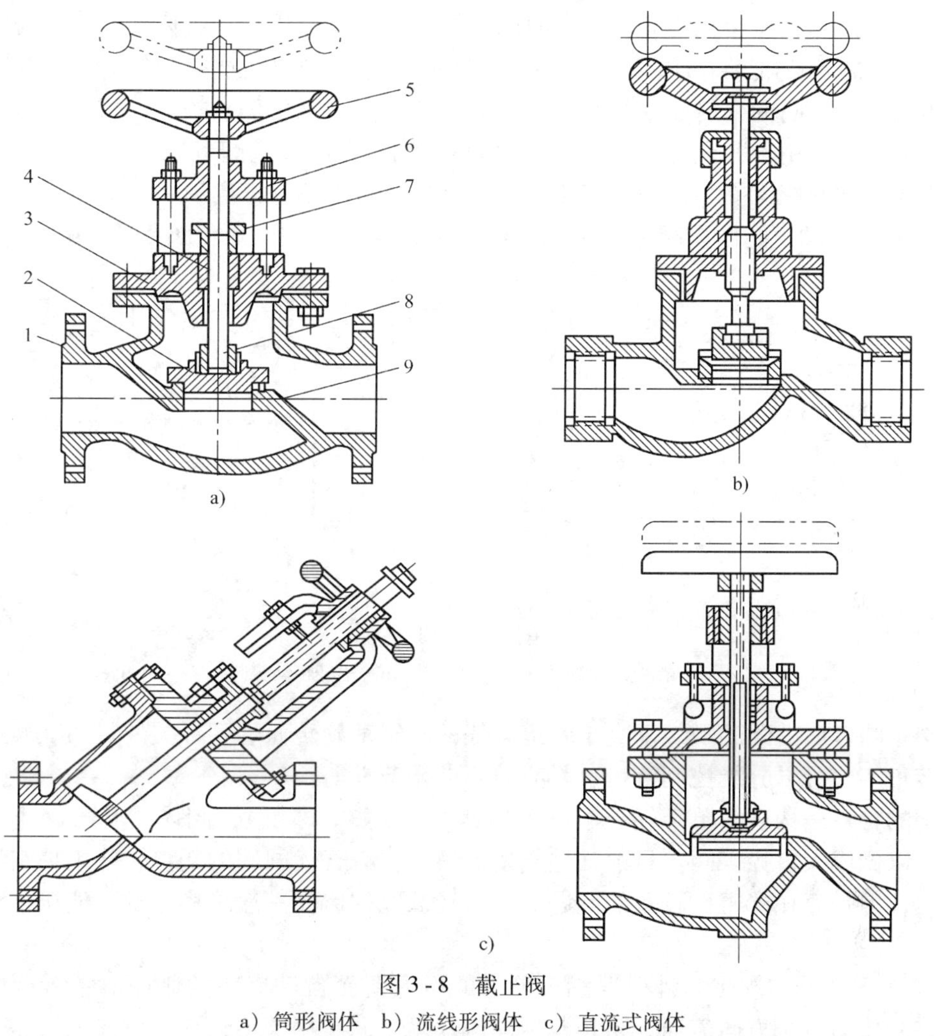

图 3-8　截止阀

a）筒形阀体　b）流线形阀体　c）直流式阀体

1—阀体　2—阀瓣　3—阀盖　4—弹性填料　5—操作手轮　6—阀杆螺栓　7—填料压盖　8—阀杆　9—阀座

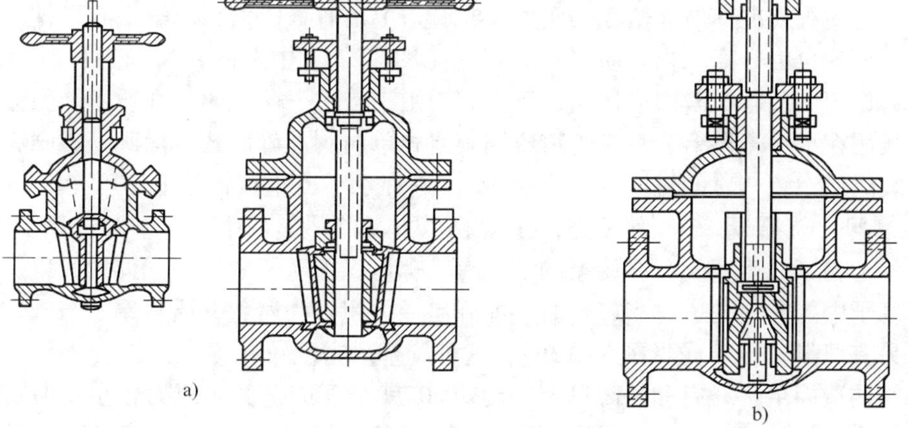

图 3-9　闸阀

a）楔形闸板　b）平行闸板

闸阀和截止阀相比，在开启和关闭时闸阀较省力，水阻较小，阀体比较短；当闸阀完全开启时，其阀板不受流动介质的冲刷磨损。但是闸阀也有缺点：严密性较差，尤其启闭频繁时，闸板与阀座之间的密封面易受磨损；不完全开启时，水阻仍然较大。因此，闸阀一般只作为截断装置，即用于完全开启或完全关闭的管路中，而不宜用于需要调节开度大小和启闭频繁的管路中。闸阀无安装方向，但不宜单侧受压，否则不易开启。

3. 蝶阀 蝶阀由阀体、阀座、阀瓣、转轴和手柄等部件组成，如图 3-10 所示。

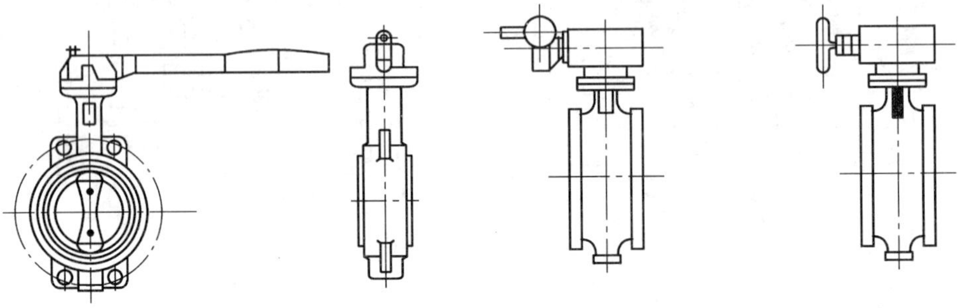

a) b) c)

图 3-10 蝶阀

a）对夹式蝶阀 b）电动蝶阀 c）蜗杆传动蝶阀

蝶阀靠圆盘形的阀芯围绕垂直于管道轴线的固定轴旋转而达到开关的目的。通过改变阀芯的旋转角度，可以分级控制流量，具有较好的调节性能。

蝶阀的特点是构造简单、轻巧，开关迅速（旋转 90°即可），阀体比闸板阀还短小，质量轻，可以做成大口径蝶阀。目前，蝶阀发展很快，有替代闸阀的趋势，在中央空调系统中应用广泛，但是存在严密性较差的问题。大口径蝶阀的启闭一般采用电动、液压传动或蜗杆传动。

4. 单向阀 单向阀是一种根据阀瓣前后的压力差而自动启闭的阀门。它有严格的方向性，只许介质向一个方向流通，阻止其逆向流动。单向阀用于不让介质倒流的管路上，如用于水泵出口的管路上作为水泵停泵时的保护装置。

根据结构不同，单向阀可分为升降式和旋启式（见图 3-11）。升降式的阀体与截止阀的阀体相同，为使阀瓣准确地坐落在阀座上，在阀盖上设有导向槽，阀瓣上有导杆，这样阀瓣就可在导向槽内自由升降。当介质自左向右（见图 3-11a 中左图，右图为自右向左）流动时，在压力作用下顶起阀瓣即成通路，反之阀瓣由于自重下落关闭，介质不能回流。升降式单向阀只能用在水平管道上，垂直管道应用旋启式单向阀。旋启式单向阀是靠阀瓣转动来启闭的，安装时应注意介质的流向（箭头所示）。它在水平或垂直管路上均可应用。

5. 旋塞阀 旋塞阀又称为考克，主要由阀体和塞子（圆锥形或圆柱形）构成。图 3-12a 所示为扣紧式旋塞阀，在旋塞的下端有一螺母，把塞子紧压在阀体内，以保证密封严密。旋塞塞子中部有一孔道，当旋转时，即开启或关闭。为避免介质从塞子与阀体之间的缝隙渗漏，另有填料式旋塞（见图 3-12b），这种旋塞严密性较好。

旋塞阀构造简单，开启和关闭迅速，旋转 90°就全开或全关，阻力较小，但要保持其严密性比较困难。旋塞阀通常用于温度和压力不高的较小管路上，如用作泄水阀、放气阀，现在逐渐被球阀代替。

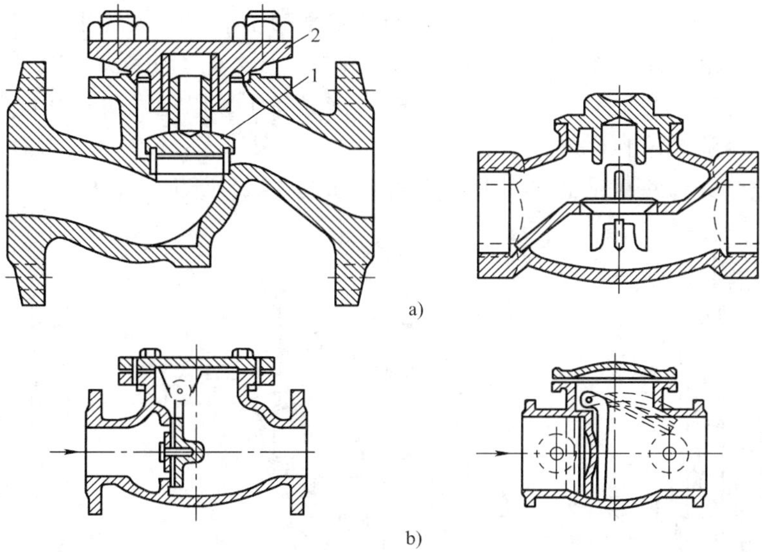

图 3 - 11　单向阀

a）升降式　b）旋启式

1—阀瓣　2—阀盖

6. 球阀　球阀由阀体和中间开孔的球形阀芯组成，其结构如图 3 - 13 所示。球阀靠旋转球体来控制阀的启闭。球阀只能全开或全关，不允许作节流用。

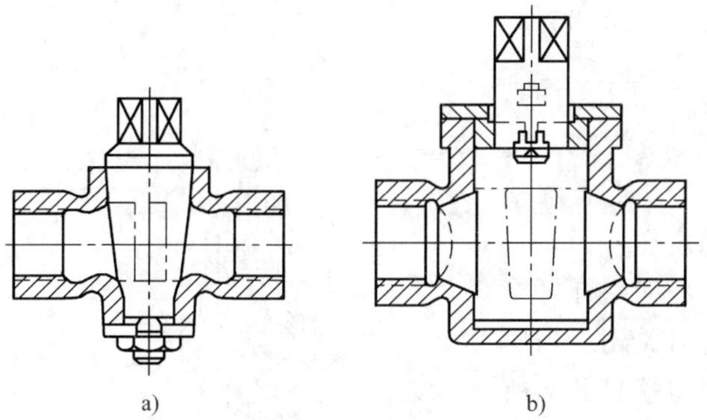

图 3 - 12　旋塞阀

a）扣紧式　b）填料式

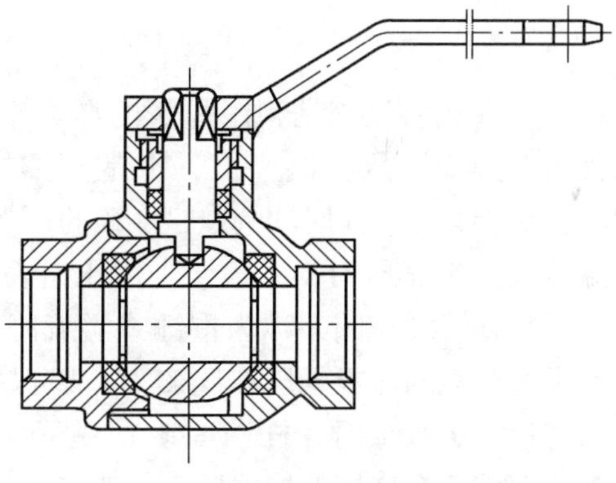

图 3 - 13　球阀

球阀的特点是构造简单、体积较小、零部件少、质量较轻、开关迅速、阻力小、介质流向不限。球阀克服了旋塞阀的一些缺点，密封性较好，启闭省力，但是对制造精度要求高，加工工艺难度大。

7. 节流阀　节流阀借阀瓣开关改变流道断面大小从而达到调节介质流量和压力的目的，其结构如图 3 - 14 所示。

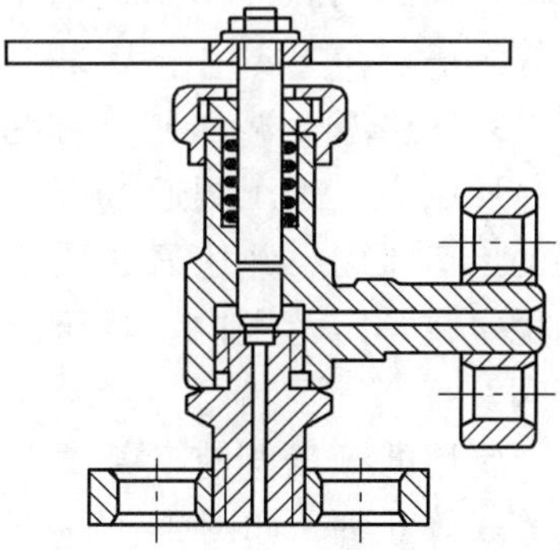

图 3 - 14　节流阀

节流阀的阀瓣为锥体，与阀座间形成一条狭窄通道，流体流过时，便被节流降压。节流阀多用于小的管道上，如安装压力表所用的阀门时常用节流阀。节流阀流道孔径小，流体流速高，易磨损，不宜用于粘度大和含尘砂的不洁净的流体中。

8. 溢流阀　溢流阀是一种安全装置，当管路系统或设备（如锅炉、冷凝器等压力容器）中介质的压力超过规定数值时，便自动开启阀门排气降压，以免发生爆炸危险。当介质的压力恢复正常后，溢流阀又自动关闭。

溢流阀一般分为弹簧载荷式和杠杆式两种，如图 3-15 所示。

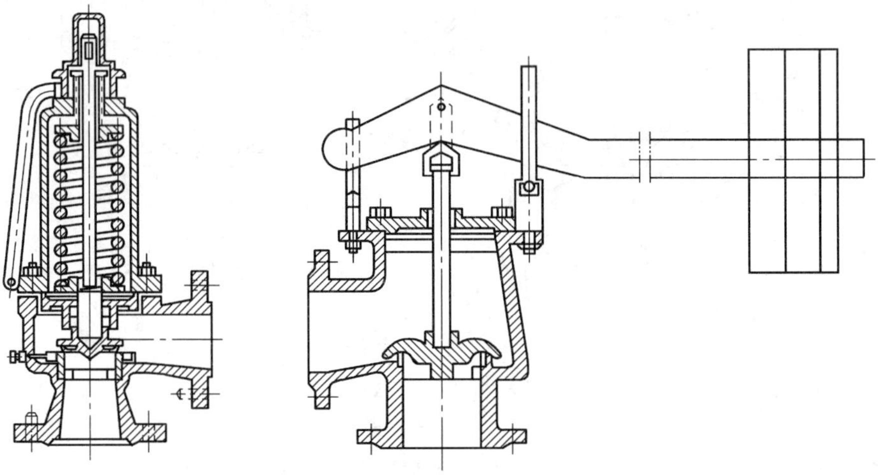

a)　　　　b)

图 3-15　溢流阀

a）弹簧载荷式　b）杠杆式

弹簧式溢流阀是利用弹簧的压力来平衡介质压力的。阀瓣被弹簧紧压在阀座上，平常阀瓣处于关闭状态，转动弹簧上面的螺母，即改变弹簧的压紧程度，便能调整溢流阀的工作压力，一般要先用压力表参照定压。

杠杆式溢流阀又称为重锤式溢流阀，它是利用杠杆将重锤所产生的力矩紧压在阀瓣上，以保持阀门关闭。当压力超过额定数值时，杠杆重锤失去平衡，阀瓣就打开。所以改变重锤在杠杆上的位置，就改变了溢流阀的工作压力。

现在也有脉冲式溢流阀。它将主阀和副阀连在一起，并通过副阀的脉冲作用驱动主阀，具有动作灵敏、密封性好等优点，主要用于大口径溢流阀。

9. 减压阀　减压阀又称为调压阀，在管路中用于降低介质压力。减压阀通过调节，将进口压力减至某一需要的出口压力，并依靠介质本身的能量，使出口压力自动稳定在一定范围内。减压阀的进、出口一般要伴装截止阀。

常用的减压阀有活塞式、薄膜式、弹簧薄膜式及波纹管式等几种，如图 3-16 ~ 图 3-19 所示。

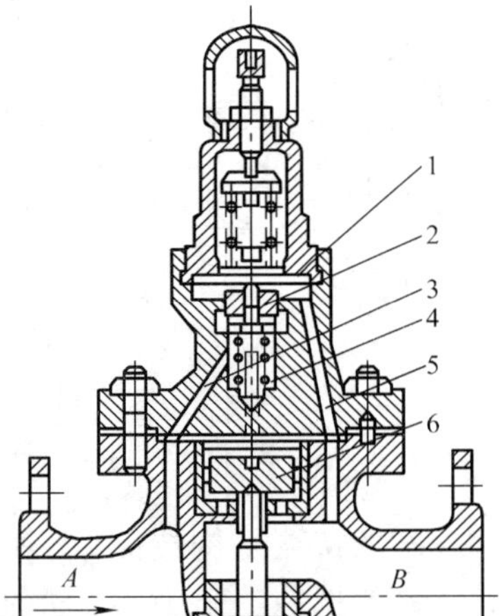

图 3-16　活塞式减压阀

1—膜片　2—脉冲阀　3—α 通道　4—S 通道　5—β 通道　6—活塞

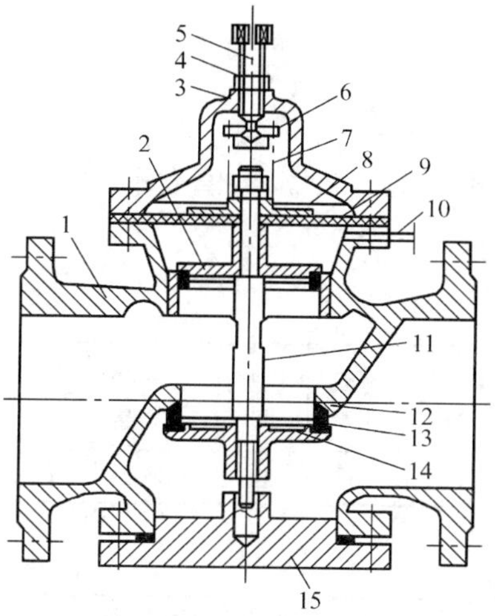

图 3-17　薄膜式减压阀

1—阀体　2—平衡盘　3—阀盖
4—锁紧螺母　5—调节螺钉　6—弹簧座
7—弹簧　8—圆盘　9—氯丁橡胶薄膜
10—低压连通管　11—阀杆　12—阀座
13—密封圈　14—阀盘　15—底盖

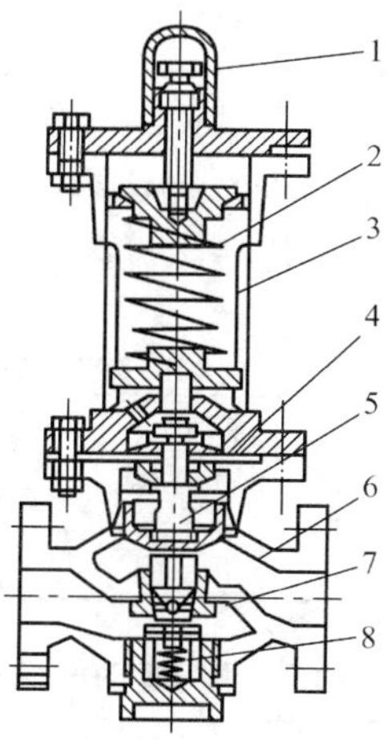

图 3-18　弹簧薄膜式减压阀

1—调节螺钉　2—调节弹簧
3—阀盖　4—薄膜
5—阀杆　6—阀体
7—阀瓣　8—主阀弹簧

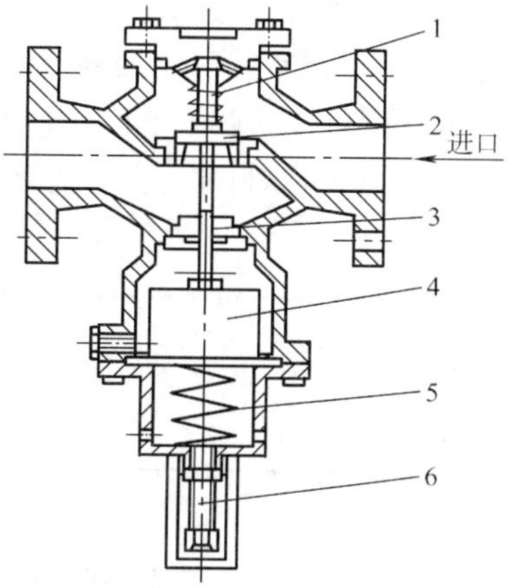

图 3-19　波纹管式减压阀

1—顶紧弹簧　2—阀瓣
3—压力通道　4—波纹箱
5—调节弹簧　6—调节螺钉

10. 蒸汽疏水阀　蒸气疏水阀又称为疏水器，它的作用在于阻气排水，以提高蒸汽汽化热利用率，还可防止管道中发生水锤、振动等现象，属于自动作用阀门。

常用的蒸汽疏水阀有浮桶式、热动力式以及波纹管式等，如图 3-20 所示。

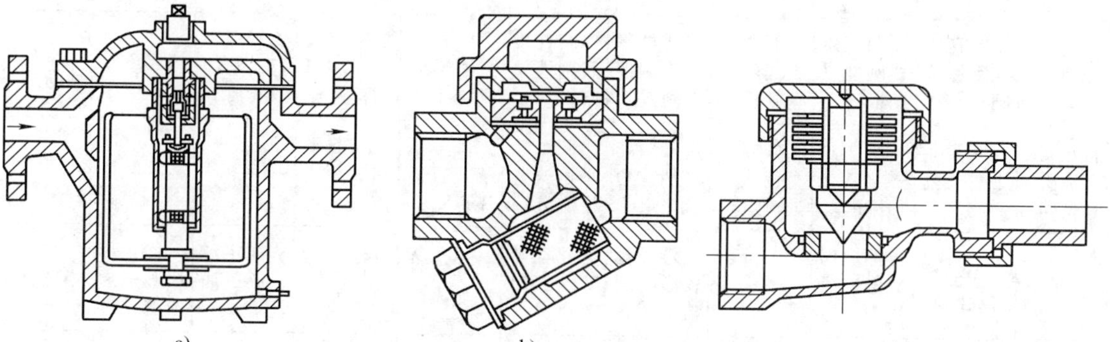

a)　b)　c)

图 3-20　蒸汽疏水阀

a）浮桶式　b）热动力式　c）波纹管式

3.1.5.2　阀门规格型号的表示方法

按照我国现行标准 JB/T308—2004 规定，阀门的规格型号由 7 部分组成，通常用拼音字母和数字按横式书写，其后注明公称通径，每个字母和数字都有特定的含义。

1	2	3	4	5	—	6	7

1——阀门类型，用汉语拼音字母作代号，见表 3-14。

2——驱动方式，用一位数字作代号，见表 3-15。

3——连接形式，用一位数字作代号，见表3-16。
4——结构形式，用一位数字作代号，见表3-17。
5——阀座密封面或衬里材料，用汉语拼音字母作代号，见表3-18。
6——压力代号或工作温度下的工作压力代号，直接用公称压力（PN）数值表示。
7——阀体材料，用汉语拼音字母作代号，见表3-19。

表3-14 阀门类型代号

阀门类别	闸阀	截止阀	节流阀	隔膜阀	球阀	旋塞阀	单向阀和底阀	蝶阀	蒸汽疏水阀	弹簧载荷安全阀	减压阀	柱塞阀	杠杆式安全阀	排污阀
代号	Z	J	L	G	Q	X	H	D	S	A	Y	U	GA	P

表3-15 阀门驱动方式代号

驱动方式	蜗轮	直齿圆柱齿轮	锥齿轮	气动	液动	气—液动	电动	电磁动	电磁—液动	电—液动
代号	3	4	5	6	7	8	9	0	1	2

注：代号1、代号2、代号8用在阀门启闭时，需用两种动力源同时对阀门进行操作。

表3-16 阀门连接形式代号

链接形式	内螺纹	外螺纹	法兰式	焊接式	对夹	卡箍	卡套
代号	1	2	4	6	7	8	9

表3-17 阀门结构形式代号

项目	1	2	3	4	5	6	7	8	9	0
闸阀	明杆楔式刚性单闸板	明杆楔式刚性双闸板	明杆平行式刚性单闸板	明杆平行式刚性双闸板	暗杆楔式刚性单闸板	暗杆楔式刚性双闸板	平行式刚性单闸板	暗杆平行式刚性双闸板	—	楔式弹性闸板
截止阀 节流阀 柱塞阀	阀瓣非平衡式直通流道	阀瓣非平衡式Z形流道	阀瓣非平衡式三通流道	阀瓣非平衡式角式流道	阀瓣非平衡式直流流道	阀瓣平衡式直通流道	阀瓣平衡式角式流道	—	—	—
球阀	浮动球直通流道	浮动球Y形三通流道	—	浮动球L形三通流道	浮动球T形三通流道	固定球四通流道	固定球直通流道	固定球T形三通流道	固定球L形三通流道	固定球半球直通流道
旋塞阀	—	—	填料密封直通流道	填料密封T形三通流道	填料密封四通流道	—	油密封直通流道	油密封T形三通流道	—	—
单向阀	直通升降式	立式升降式	角式升降式	单瓣旋启式	多瓣旋启式	双瓣旋启式	蝶形止回式	—	—	—
蝶阀	密封中心垂直板	密封双偏心	密封三偏心	密封连杆机构	非密封单偏心	非密封中心垂直板	非密封双偏心	非密封三偏心	非密封连杆机构	密封单偏心
蒸汽疏水阀	浮球式	—	浮桶式	液体或固体膨胀式	钟形浮子式	蒸汽压力式或膜盒式	双金属片式	脉冲式	圆盘热动力式	—

（续）

项目	1	2	3	4	5	6	7	8	9	0
减压阀	薄膜式	弹簧薄膜式	活塞式	波纹管式	杠杆式	—	—	—	—	—
弹簧式溢流阀	封闭微启式	封闭全启式	不封闭且带扳手微启式或双联阀	封闭带扳手全启式	—	带控制机构全启式	不封闭带扳手微启式	不封闭带扳手全启式	脉冲式	弹簧式带散热片全启式
杠杆溢流阀	—	单杠杆	—	双杠杆	—	—	—	—	—	—
隔膜阀	屋脊流道	—	—	—	直流流道	直通流道	—	Y 形角形流道	—	—

表 3-18 阀座密封面或衬里材料代号

密封面或衬里材料	铜合金	Cr13 系不锈钢	渗氮钢	巴式合金	蒙乃尔合金	硬质合金	奥氏体不锈钢	橡胶
代号	T	H	D	B	M	Y	R	X
密封面或衬里材料	渗硼钢	尼龙塑料	塑料	陶瓷	衬铅	搪瓷	衬胶	氟塑料
代号	P	N	S	G	Q	C	J	F

注：密封面由阀体直接加工的（无密封圈），代号为 W。

表 3-19 阀体材料及代号

阀体材料	灰铸铁	可锻铸铁	球墨铸铁	Cr13 系不锈钢	铜及铜合金	铅合金	铝合金	铬钼系钢	铬镍系不锈钢	铬镍钼系不锈钢	铬钼钒钢
代号	Z	K	Q	H	T	B	L	I	P	R	V

注：CF3、CFB、CF3M、CF8M 等材料牌号可直接标注在阀体上。

3.1.5.3 阀门的选用

阀门的选用应根据阀门的用途、介质种类、介质参数（温度、压力）、使用要求和安装条件等因素，综合比较，正确选用。其中，应注重阀体材料和密封材料的应用条件。可参照下列步骤进行选用：

（1）根据介质种类和介质参数选定阀体材料。

（2）根据介质参数、压力和温度确定阀门的公称压力级别。

（3）根据公称压力、介质性质和温度选定阀门的密封材料。

（4）根据流量、流速要求和相连接的管道管径确定阀门的公称通径。

（5）根据阀门用途、生产要求、操作条件确定阀门的驱动方式。

（6）根据管道的连接方法、阀门的构造和公称通径确定阀门的连接方式。

（7）根据公称压力、公称通径、阀体材料、密封材料、驱动方式、连接形式等，再参考产品说明书（或阀门参数表）提供的技术条件，进行综合比较，并根据价格和供货条件最后确定阀门的类别及型号规格。

3.2 水管施工与安装的方法

中央空调水管施工与安装范围包括室内管道和室外管道的安装以及管道与设备的连接。中央空调水管安装的内容包括管道加工、管道连接、管道施工和安装。

3.2.1 管道加工

钢管在搬运、装卸、存放过程中，由于操作不当常会出现弯曲、管口变成椭圆或局部撞瘪的现象，安装时必须进行处理。

3.2.1.1 钢管调直

钢管调直适用于公称通径小于或等于100mm的管子，公称通径大于100mm的管子一般不易产生弯曲，即使有弯曲部分，也可将弯曲部分去掉。钢管调直的方法有冷调法和热调法。

1. 冷调法 冷调法一般用于DN50以下并且弯曲程度不大的管子。根据具体操作方法的不同，冷调法可分为杠杆（扳别）调直法、锤击调直法、平台调直法和调直台调直法。

（1）杠杆（扳别）调直法是将管子弯曲部位作支点，用手加力于施力点。调直时，要不断变动支点部位，使弯曲管均匀调直而不变形损坏。

（2）锤击调直法是用一把锤子顶在管子的凹面，用另一把锤子稳稳地敲打凸面，两把锤子之间应有50～150mm的距离，经过反复敲打，将管子调直。该方法用于小直径长管的调直。

（3）平台法是将管子置于平的工作台上，用木锤锤击弯处。

（4）调直台调直法就是用图3-21所示的调直台调直。该方法适用于管径较大，并在DN100之内的管子。

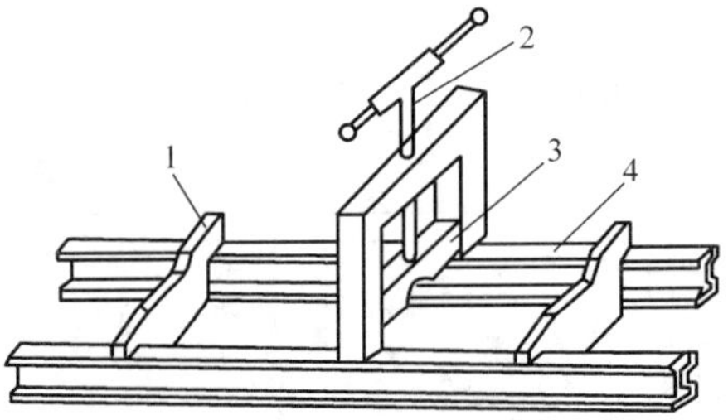

图3-21 调直台

1—支块 2—螺纹杠 3—压块 4—工作台架

2. 热调法 热调法是先将管子放到红炉上加热至600～800℃，呈樱桃红色，然后将其抬至平行设置的钢管上，使管子靠其自身重量（不灌沙子）在来回滚动的过程中调直。弯管和直管部分的接合部在滚动前应浇水冷却，以免直管部分在滚动过程中产生变形。热调法操作较麻烦，适用于管径大于100mm而冷调法不易调直的管子。

3.2.1.2 钢管校圆

管口校圆的方法有锤击校圆、外圆对口器校圆、内校圆器校圆等。

（1）锤击校圆是指用锤子均匀敲击椭圆的长轴两端附近，并用圆弧样板检验校圆结果。

（2）利用特制外圆对口器校圆时，把圆箍（内径与管外径相同，制成两个半圆以易于拆装）套在圆口管的端部，并使管口探出约30mm，使之与椭圆的管口相对，然后在圆箍的缺口内打入楔铁，通过楔铁的挤压把管口挤圆，然后进行定位焊。该方法适用于大口径（DN426以上）并且椭圆较轻的管口，在对口的同时进行校圆。

（3）内校圆器适用于管子变形较大或有瘪口情况，如图3-22所示。

3.2.1.3 钢管截断

在管道安装过程中，经常要结合现场的条件对管子进行切断加工。常用的切割方法有手工切割、机械切割、气割等方法。

1. 手工切割　手工切割多用于小批量、小直径管子的截断。在中央空调工程中，管道截断的方法有手工锯切法、割管器切割法等。手工锯切法适用于截断各种直径不超过100mm的金属管、塑料管、胶管等。割管器切割法可用于DN100以内的除铸铁管、铅管外的各种金属管。

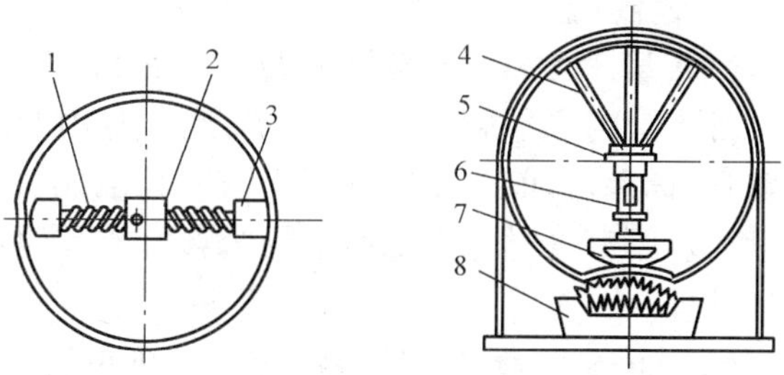

图3-22　内校圆器

1—加减螺纹　2—扳把轴　3—螺母　4—支柱
5—垫板　6—千斤顶　7—压块　8—火盆

2. 机械切割　机械切割适用于大批量、大直径管子的截断。该方法效率高，质量稳定，劳动强度低，应用广泛。中央空调工程中常用的截管方法有磨切、锯切等。

（1）磨切是指用砂轮切割机进行管子切割，俗称为无齿锯切割。根据所选用的砂轮品种的不同，利用磨切可切割金属管、合金管、陶瓷管等。

（2）锯切（锯床截切）是指利用往复式锯床截切，适用于大批量钢管的截断。常用的G72型锯床的最大锯管直径为250mm。

3. 气割　气割法是用氧乙炔焰将管子加热到熔点，再由割枪嘴喷出高速纯氧而将金属管熔化割断。这种方法适用于DN40以上的各种碳素钢管的切割，不适用于合金钢管、不锈钢管、铜管、铝管和需要套螺纹的管子的切割。

3.2.2　管件加工

3.2.2.1　弯管制作

弯管按其制作方法的不同，可分为煨制弯管、压制弯头和焊接弯管。弯管尺寸由管径、弯曲角度和弯曲半径三者确定。弯曲角度应根据图样和现场情况确定。弯曲半径应按设计图样及有关规定选定，既不能过大，又不能太小，一般热煨弯为$3.5D_W$（D_W为管外径），冷煨弯为$4D_W$，焊制弯管为$1.5D_W$，冲压弯头则大于或等于$1D_W$。管道最小弯曲半径的具体规定见表3-20。

表3-20　管道最小弯曲半径

管子类别	弯管制作方式		最小弯曲半径
中、低压钢管	热弯		$3.5D_W$
	冷弯		$4.0D_W$
	褶皱弯		$2.5D_W$
	压制		$1.0D_W$
	热推弯		$1.5D_W$
	焊制	公称通径大于或等于250mm	$1.0D_W$
		公称通径小于250mm	$0.75D_W$
高压钢管	冷、热弯		$5.0D_W$
	压制		$1.5D_W$
非铁金属管	冷、热弯		$3.5D_W$

1. 煨制弯管 煨制弯管又分冷煨和热煨两种。

（1）冷煨弯管。冷煨弯管是指在常温下依靠机具对管子进行煨弯。其优点是不需要加热设备，管内也不需充砂，操作简便。常用的冷煨弯管设备有手动弯管机、电动弯管机和液压弯管机等。目前，冷煨弯管机一般只能用来弯制公称通径不大于250mm的管子，当弯制大管径及厚壁管时，宜采用中频弯管机或其他热煨法。对于一般碳素钢管，冷弯后不需作任何热处理。

（2）热煨弯管。灌砂后将管子加热来煨制弯管的方法称为热煨弯管，是一种较原始的弯管制作方法。这种方法灵活性大，但效率低，能源浪费大，成本高，因此，目前在碳素钢管煨弯时已很少采用，但在一些非铁金属管、塑料管的煨弯中仍采用。弯曲塑料管的方法主要是热煨，加热方法通常采用的是灌冷砂法与灌热砂法。

2. 焊制弯管 焊制弯管是由管节焊接而成的。焊制弯管的组成形式如图3-23所示。对于公称通径大于400mm的弯管，可增加中节数量，但其内侧的最小宽度不得小于50mm。

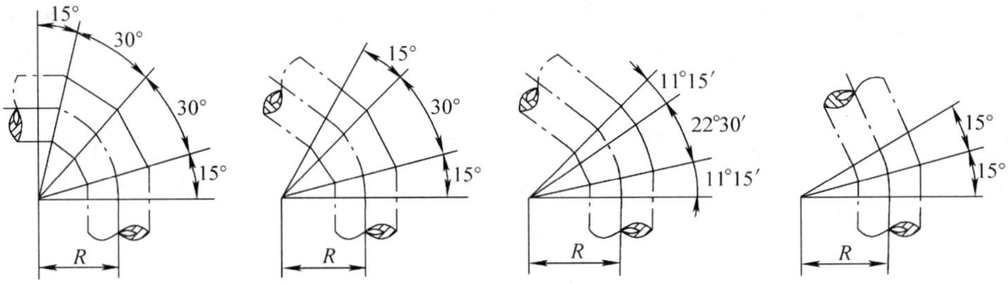

a) b) c) d)

图3-23 焊制弯管

a）90°弯管 b）60°弯管 c）45°弯管 d）30°弯管

焊制弯管的主要尺寸偏差应符合下列规定：

（1）周长偏差，公称通径大于1000mm时不超过±6mm，公称通径小于或等于1000mm时不超过±4mm。

（2）端面与中心线的垂直偏差不应大于外径的1%，且不大于3mm。

3. 压制弯头 压制弯头一般用于城镇供热管道或室外管道的制作。压制弯头又称为冲压弯头或无缝弯头，是用优质碳素钢、不锈钢耐酸钢和低合金钢无缝管在特制的模具内压制成形的。

压制弯头加工时的主要尺寸允许偏差见表3-21。

表3-21 压制弯头加工主要尺寸偏差 （单位：mm）

管件名称	管件形式	公称通径	25~70	80~100	125~200	250~400	
						无缝	有缝
弯头	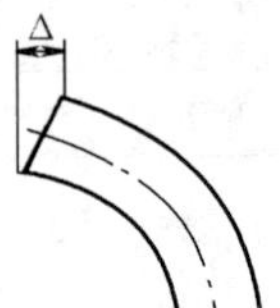	外径偏差	±1.1	±1.5	±2.2	±2.5	2.5
		外径椭圆	不超过外径偏差值				

3.2.2.2　支吊架的制作

支吊架也称为管架，用于支撑管道，限制管道变形和位移。根据用途和结构形式，支吊架分为固定支架和活动支架。活动支架又分为滑动支架、导向支架、摇动支架和半铰接支架。

支吊架制作应注意以下方面：

1）管道支吊架的形式、材质、加工尺寸、精度及焊接等应符合设计要求。

2）支吊架底板及支吊架弹簧盒的工作面应平整。

3）管道支吊架焊缝应进行外观检查，不得有漏焊、欠焊、裂纹、咬肉等缺陷，焊接变形应予校正。

4）制作合格的支吊架应进行防腐处理，并妥善保管。合金钢的支吊架应有材质标记。

3.2.3　管道连接

管道的连接方法有螺纹联接、法兰连接、焊接连接、承插连接、卡套连接等。

3.2.3.1　螺纹联接

钢管螺纹联接是在管段端部加工螺纹，然后拧上带内螺纹的管子配件（如管箍、三通、弯头、活接头等），再和其他管段连接起来构成管道系统。一般管径在 100mm 以下，尤其是管径为 15 ~ 40mm 的小管子都采用螺纹联接。定期检修的设备也采用螺纹联接，使拆卸安装较为方便。螺纹联接适用于低压流体输送用焊接钢管、硬聚氯乙烯塑料管等。

3.2.3.2　法兰连接

法兰连接就是把固定在两个管口上的一对法兰中间放入垫片，然后用螺栓拉紧使其接合起来的一种可拆卸的接头。在中、高压管道系统和低压大管径管道中，凡是需要经常检修的阀门等附件与管道之间的连接、管子与带法兰的配件或设备的连接一般都采用法兰连接。法兰连接的特点是结合强度高、严密性好、拆卸安装方便，但法兰接口耗用钢材、工时多，并且价格贵、成本高。

3.2.3.3　焊接连接

钢管焊接是指将管子接口处及焊条加热，使之达到使金属熔化的状态，进而使两个被焊件连接成一个整体。焊接的方法有很多，一般管道工程上常用的是焊条电弧焊及氧乙炔焊，尤其是焊条电弧焊用得多，而氧乙炔焊一般用于公称通径大于 57mm、壁厚小于 3.5mm 的管道焊接。

焊接连接的优点是接头强度高，牢固耐久，接头严密性高，不易渗漏，不需要接头配件，造价相对较低，工作性能安全可靠，不需要经常维护检修。焊接的缺点是接口是固定接口，不可分离，拆卸时必须把管子切断，并且接口操作工艺要求较高，需受过专门培训的焊工配合施工。

3.2.4　管道安装

中央空调管道的安装包括支吊架的安装、管道的安装和管件的安装。

3.2.4.1　支吊架的安装

1. 支吊架安装的规定　金属管道支吊架的形式、位置、间距、标高应符合设计或有关技术标准的要求。设计无规定时，应符合下列规定：

(1) 支吊架的安装应平整牢固，与管道接触紧密，管道与设备连接处应设独立支吊架。

(2) 冷（热）媒水以及冷却水系统管道机房内总、干管的支吊架应采用承重防晃管架，与设备连接的管道管架应有减振措施。当水平支管的管架采用单杆吊架时，应在管道起始点、阀门、三通、弯头及长度方向每隔 15m 设置承重防晃支吊架。

(3) 无热位移的管道吊架，其吊杆应垂直安装；有热位移的管道吊架，其吊杆应向热膨胀（或冷收缩）的反方向偏移安装。

(4) 滑动支架的滑动面应清洁、平整，其安装位置应从支承面中心向位移反方向偏移 1/2 位移值或符合设计文件规定。

(5) 竖井内的立管，每隔 2～3 层应设导向支吊架。在建筑结构负重允许的情况下，水平安装管道支吊架的间距应符合表 3-22 的规定。

(6) 管道支吊架的焊接应由合格持证焊工施焊，并不得有漏焊、欠焊或焊接裂纹等缺陷。支吊架与管道焊接时，管道侧的咬边量应小于 0.1 倍管壁厚。

表 3-22　钢管道支吊架的最大间距

公称通径/mm		15	20	25	32	40	50	70	80	100	125	150	200	250	300
支吊架的最大间距/m	L_1	1.5	2.0	2.5	2.5	3.0	3.5	4.0	5.0	5.0	5.5	6.5	7.5	8.5	9.5
	L_2	2.5	3.0	3.5	4.0	4.5	5.0	6.0	6.5	6.5	7.5	7.5	9.0	9.5	10.5
	大于 300mm 的管道，可参考 300mm 管道														

注：1. 表中数据适用于工作压力不大于 2.0MPa，不保温或保温材料密度不大于 $200kg/m^3$ 的管道系统。

2. L_1 用于保温管道，L_2 用于不保温管道。

2. 支吊架的选用

(1) 有较大位移的管段应设置固定支架。

(2) 在管道上无垂直位移或垂直位移很小的地方，可装活动支架或刚性支架。活动支架的形式应根据管道对摩擦作用要求的不同来选择：对由于摩擦而产生的作用力无严格限制时，可采用滑动支架；当要求减少管道轴向摩擦作用力时，可采用滚柱支架；当要求减少管道水平位移的摩擦作用力时，可采用滚珠支架。在架空管道上，当不便装设活动支架时，可采用刚性吊架。

(3) 在水平管道上只允许管道单向水平位移的地方，则应在铸铁阀件的两侧或Ⅱ型补偿器两侧适当距离的地方装设导向支架。

(4) 在管道具有垂直位移的地方，应装设弹簧吊架；在不便装设弹簧吊架时，也可采用弹簧支架；在同时具有水平位移时，应采用滚珠弹簧支架。

(5) 垂直管道通过楼板或屋顶时，应设套管，但套管不应限制管道位移和承受管道垂直负荷。

(6) 对于室外架空敷设的大直径管道的独立活动支架，为减少摩擦力，应设计为挠性、双铰接的支架或采用滚动支架，应避免采用刚性支架。

当要求沿管道轴线方向有位移和横向有刚度时，应采用挠性支架，并且挠性支架一般布置在管道沿轴向膨胀的直线上。补偿器应用两个挠性支架支撑，以承受补偿器重量和使管道膨胀收缩时不扭曲。此两个支架跨距一般为 3～4m，车间内部最大不超过 6m。

当仅承受垂直力，并允许管道在平面上作任何方向移动时，可采用双铰接支架，一般将其布置在自由膨胀的转弯点处。

3.2.4.2 管道的安装

管道的安装一般在支吊架安装完成后进行。

1. 管道安装的准备工作

（1）中央空调管道的安装多数为隐蔽管道工程，管道在隐蔽前必须经监理人员验收及认可签证。

（2）管子的检查和清洗

1）各种管材和阀件应具备检验合格证，外观检查时不得有砂眼、裂纹、重皮、夹层、严重锈蚀等缺陷。

2）对于洁净性要求较高的管道，安装前应进行清洗；对于忌油管道，安装前应进行脱脂处理。

（3）管材的下料切割

1）管道下料尺寸应为现场测量的实际尺寸。切断的方法有手工切割、氧乙炔焰切割和机械切割。公称通径小于或等于 50mm 的管子用手工或割刀切割，公称通径大于 50mm 的管子可用氧乙炔焰切割或机械切割。

2）管子切口表面应平整，不得有裂纹、重皮，如有毛刺、凸凹、缩口、熔渣、氧化铁、铁屑等，应予以清除；切口表面倾斜偏差为管子直径的 1%，但不得超过 3mm。

（4）阀门宜采用闸阀，施工前应进行单体试压。

（5）管道弯制弯管的弯曲半径，热弯时不应小于管道外径的 3.5 倍，冷弯时不应小于管道外径的 4 倍，焊接弯管不应小于管道外径的 1.5 倍，冲压弯管不应小于管道外径的 1 倍。弯管的最大外径与最小外径的差不应大于管道外径的 8/100，管壁减薄率不应大于 15%。

（6）焊接钢管、镀锌钢管不得采用热煨弯制方法。

2. 管道安装的技术与要求

（1）一般较大管径时可采用焊接钢管，连接方式为焊接；较小管径可采用镀锌钢管，连接方式为丝扣连接。敷设在管井内的空调水立管，全部采用焊接，保温前需进行试压，土建管井应在立管安装、保温完毕后再砌筑。管井如设有阀门，阀门位置应在管井检查门附近，并且手轮朝向易操作面处。

（2）管道穿越墙体或楼板处应设钢制套管，管道接口不得置于套管内，钢制套管应与墙体饰面或楼板底部平齐，上部应高出楼层地面 20 ~ 50mm，并不得将套管作为管道支撑。保温管道与套管四周间隙应使用不燃保温材料填塞紧密。

（3）空调供水、回水水平干管应保证有不小于 3‰的敷设坡度，空调供水干管为逆坡敷设，回水干管顺坡敷设，在系统干管的末端设自动排气阀。当自动排气阀设置在吊顶内时，排气阀下面应作一接水托盘，防止因自动排气阀工作失灵跑水而污染吊顶，托盘可接出管道与系统中凝结水管连通。

（4）凝结水管用于排除夏季空调设备中表冷器或风机盘管表面因结露而产生的冷凝水，以保证空调设备正常运行。凝结水因是靠重力流动的，因此凝节水管应具有足够的坡度，一般不宜小于 8‰，并顺坡敷设。凝结水汇合后可排至附近的地漏或拖布池内。凝节水管应作开式排放，不允许与污水管、雨水管作闭式连接。

（5）冷热水管道与支吊架之间应有绝热衬垫，其厚度不应小于保温层厚度，宽度应大于支吊架支承面的宽度。衬垫的表面应平整，衬垫接合面的空隙应填实。

（6）当管道安装间断时，应及时封闭敞开的管口。

（7）管道与设备的连接应在设备安装完毕后进行，与水泵、制冷机组的接管必须为柔性接口。柔性短管不得强行对口连接，与其连接的管道应设置独立支吊架。

3. 管道安装后的工作

（1）管道绝热施工（见本章3.3节）。

（2）管道冲洗：冷热水及冷却水系统应在系统冲洗、排污合格（目测，排出口的水色和透明度应与入口处对比相近，无可见杂物）后再循环试运行2h以上，且水质正常后才能与制冷机组、空调设备相贯通。

3.2.5　新型中央空调系统的安装技术

3.2.5.1　低温热水地板辐射采暖系统的安装

目前，低温热水地板辐射采暖系统在许多建筑尤其是住宅采暖中得到广泛应用。

低温热水地板辐射采暖系统采用耐久的塑料管材作加热管，并将其埋压在细石混凝土垫层内，在管道内送入40~50℃的低温热水将地板表面加热，使室温达到20℃左右，再通过辐射方式和部分对流方式进行室内散热。

低温热水地板辐射采暖系统中加热管的布置是关键技术。加热管布管方式主要有图3-24所示的3种方式，其中以回字形和蛇形居多。

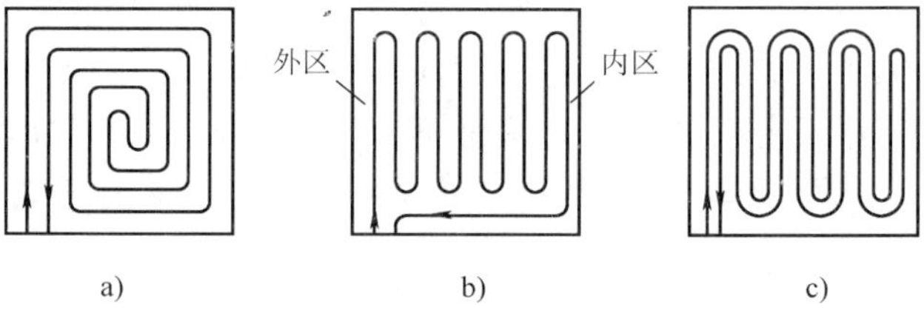

图3-24　低温热水地板辐射采暖系统的加热管布管方式
a）回字形盘管　b）平行盘管　c）蛇形盘管

低温热水地板辐射采暖系统施工的工艺流程为：楼面标高找平放线→清理楼面基层并找平→敷设保温板、保护层→敷设加热盘管→调整间距、固定管材→安装分/集水器及管件，并将其与加热盘管连接→边角保温→打压试验→浇细石混凝土垫层→再次试压检查→试验合格后做地面面层。

（1）清理现场，并确认敷设地板辐射供暖系统区域内的隐蔽工程全部完成并验收；平整地面，不能满足高低差小于或等于8mm时，应设找平层。找平层制作方法见《建筑地面工程施工质量验收规程》（GB50209—2002）。

（2）与土壤或空气接触的地板处应设置防潮层。防潮层的制作方法见《建筑地面工程施工质量验收规程》。

（3）在供暖房间所有墙、柱与楼（地）板相交的位置敷设边角保温带。边角保温带应高于精装修地面标高（待精装修地面施工完成后，切除高于地板面以上的边界保温带）。

（4）敷设绝热层。绝热层应错缝、严密拼接。当设置保护层时，保护层搭接处至少应重叠80mm，并用胶带粘牢。

（5）安装分/集水器，按照施工图核对分/集水器位置。当水平安装时，一般将分水器安装在上，集水器安装在下，中心间距为200mm，并且集水器中心距地面不应小于300mm。当立管系统未清洗时，暂不与其连接。设置房间温度控制器的系统时，还应检查温度控制器的位置、分水器处的电源接口及温度控制器信号线套管（预埋）、金属箱体的接地保护等。集配装置可在加热管敷设前安装，也可在加热管敷设和填充层完成后与阀门水表一起安装。

（6）设置伸缩缝。

（7）敷设加热塑料管：按照设计图样敷设塑料管材，间距误差应小于 10mm；穿越伸缩缝的环路应预先穿套管，并且按设计环路连接分/集水器的上下管口；管道弯曲半径应大于相关产品标准中规定的最小值。

（8）固定加热塑料管。管道系统应扣紧以使其水平和竖直位置保持不变，敷设现浇层前后，管道垂直位移不应大于 5mm。塑料管固定点的间距取决于管材、管道尺寸和系统形式。设计图样没有要求时，管卡间距不宜大于 500mm；大于 900mm 的弯曲管段的两端和中点均应固定。

（9）在安装过程中，应防止涂料、沥青或其他化学溶剂污染塑料类管道，应及时封堵管道系统安装间断或敞口处。

（10）检查环路外观：每个并联环路中不应有接头，弯管处的管道截面不应变形。

（11）试压。关闭分/集水器前端的阀门，从注水排气阀（或适当位置）注入清水进行水压试验。试验压力为工作压力的 1.5 ~2 倍，但不小于 0.6MPa（升压时间不应少于 15min）；稳压 1h 内压力降低不应大于 0.05MPa，且以不渗漏为合格。

（12）填充层施工。土建施工人员在完成混凝土的搅拌后填充混凝土时，不应迫使管子移动，并避免砂浆进入绝热层及边界保温带的接缝处，应手工铺平、压实混凝土。现浇层施工和养护期间，塑料管中应保持试验压力。当敷设现浇层时，砂浆和室内温度不应低于 5℃，且保持在不低于 5℃ 至少 3 天。

（13）清洗立管或干管。应在连接分/集水器前对立管或干管进行清洗，直至进水和出水的浑浊度、色度一致为止。

（14）系统试压。立管或干管与分/集水器连接后，应进行系统试压。试验压力为系统顶点工作压力加 0.2MPa，且不小于 0.6MPa。10min 内压力降不大于 0.02MPa，并且降至工作压力后，以不渗漏为合格。

（15）系统试热。现浇层施工 21 天后应进行试热。试热时，初始供水温度应为 20 ~25℃，保持 3 天，然后以最高设计温度保持 4 天，同时应完成系统（平衡）的调试。

3.2.5.2　地源热泵系统管道的安装技术

地源热泵系统利用地下数十米到一二百米以内土壤或岩石的温度，实现对建筑物的供冷或供暖。地源热泵按照热源的来源可分为地下水源热泵、地表水源热泵及地埋管地源热泵。

1. 地源热泵系统的管材及管件　地源热泵系统的管道部分主要采用聚乙烯（PE）（PE100、PE80 级）管道和聚丁烯（PB）管道两种。其中，PE 管道由于其显著的经济性，在很多工程中被广泛采用。

地源热泵的管道部分主要包含连接热泵机组的主管（集合管）、进行热交换的埋地管和连接整个管路系统的各种配件。

（1）主管。主管一般采用 DN40 ~ DN63 规格，部分大型项目可采用 DN110 左右的主管。主管的压力等级一般采用 1.0MPa 以上，管材的相关尺寸参照 PE 给水管材国家标准 GB/T13663—2000。主管的长度根据工程设计确定。

为避免管道在冬季结冰，主管需埋设于冻土层以下，连接室内机组时才出地面。主管在冻土层以上的部分一般需用聚苯或橡塑材料做保温处理。

（2）地埋管。地埋管有DN16、DN20、DN25、DN32、DN40等规格，但大多数为DN25、DN32，尤其以DN32规格居多。由于埋地深度一般达100m左右，其压力等级多为1.0MPa以上，以1.6MPa最为多见。地埋管材的相关尺寸要求也参照国家标准GB/T13663—2000。地埋管材一般为盘卷形式，长度由工程设计要求决定，每根在80～100m之间。

若采用双U管形式埋设，则每个单元的管材长度还需增加3倍，一般由4根100m左右的管材通过特制的双U形弯管件连接后，统一盘卷，盘卷的内径约为1m。若采用垂直螺旋埋设，盘卷的直径需根据设计单位的要求定做。

（3）管件。地源热泵管道系统中的埋地管采用垂直方式敷设时，需采用U形弯头和固定支吊架等管件。

U形弯头的作用是保持2根管材间的连通，形成水路循环系统。目前，管材与U形弯头的连接一般采用电熔套筒连接。由于下井较深，井中的水对管材的浮力较大，需在U形弯头的中间部位设置一个长螺栓，施工人员利用金属杆，并通过长螺栓将管材压到预定深度的水中。

固定支架的作用是使埋地管材之间保持固定的距离，以免管材之间由于距离过近而影响导热效果。在井下，一般每隔1～2m需要配备1只固定支架，因此固定支架的用量较大。

一口井中如果只敷设2根管材，采用单U形弯头和双孔支架。如果一口井中敷设4根管材，则需采用双U形弯头和四孔支架。

埋地管材与主管间一般采用热熔承插变径管件，如异径直通和异径三通，规格多为DN40～DN63。主管与热泵机组或其他材料管道的连接一般采用活接或法兰连接，规格多为DN40～DN63。

我国于2006年初实施了地源热泵系统的国家标准《地源热泵系统工程技术规范（2009版）》（GB50366—2005），详细规定了地源热泵系统的施工和设计要求，并在附录中规定了地源热泵用PE管道的尺寸要求。其尺寸要求实际上与PE给水管材一致，因此可以采用PE给水管道国家标准GB/T13663—2000组织生产地源热泵系统用PE管道产品。

2. 地源热泵埋地管的施工 地源热泵埋地管材水平敷设一般可细分为水平直管敷设和水平螺旋敷设两种。

地源热泵埋地管材采用水平埋设方式时，要求最上层埋管顶部应在冻土层以下0.4m，且距地面不应小于0.8m。

采用水平敷设的方式时，工程施工相对简单，难度较小，工程投资相对较小，但占地面积较大。目前，我国很少采用水平敷设的方式。

地源热泵埋地管材垂直敷设一般细分为垂直直管敷设和垂直螺旋敷设两种。其中，直管敷设又分单U管、双U管及多U管（目前，国内曾采用过的最多为由16根管材组成的8U管）敷设。目前，我国采用较多的敷设方式为双U管敷设。采用单U管敷设时，需采用单U形弯头管件和两孔固定支吊架。采用双U管敷设时，需采用双U形弯头管件和四孔固定支吊架。相应的固定支吊架应根据规格的大小和期望达到的效果来决定其支吊架间距，一般在1～2m之间为宜。

采用垂直敷设时，埋管深度应大于20m，钻孔孔径不应小于0.11m，钻孔间距以3～6m为宜，水平主管的深度应在冻土层以下0.6m，且距离地面不应小于1.5m。

采用垂直敷设的方式时，占地空间相对较小，热交换充分，但钻孔的工程造价较高，且需配套相应的 U 形弯头和固定支架等管件。

目前，我国大多数地源热泵工程采用的是双 U 管垂直敷设的方式。

3.3　水管节能的技术措施

中央空调系统水管通过输送冷水或热水将冷量或热量输送给用户。由于与环境存在温差，在冷量或热量输送过程中存在冷量或热量损失，为此需要采取节能措施。减少冷量或热量损失的措施一般是采用对管道和设备保温，即增加介质与环境间的热阻。

绝热是减少系统热量向外传递（即保温）和外部热量传入系统（即保冷）而采取的一种工艺措施。因此，绝热包括保温和保冷。

保温的主要目的是减少冷、热量的损失，节约能源，提高系统运行的经济性。此外，对于高温设备和管道，保温能改善管道周围的劳动条件，保护操作人员不被烫伤，实现安全生产。对于低温设备和管道（如制冷系统），保温能提高外表面的温度，避免外表面结露或结霜，也可以避免人的皮肤与之接触受冻。对于空调系统，保温能减小送风温度的波动范围，有助于保持系统内部温度的恒定。对于高寒地区的室外回水或给排水管道，保温能防止水管冻结。

3.3.1　保温材料

保温材料要求热导率小而且随温度变化小。根据热导率（λ）的大小，将保温材料分为四级：$\lambda<0.08$W/（m·K）为一级，0.08W/（m·K）$\leqslant\lambda<0.116$W/（m·K）为二级，0.116W/（m·K）$\leqslant\lambda<0.174$W/（m·K）为三级，0.174W/（m·K）$\leqslant\lambda<0.209$W/（m·K）为四级。

理想的保温材料除热导率小外，还应具备重量轻、有一定机械强度、吸湿率低、抗水蒸气渗透性强、耐热、不燃、无毒、无臭味、不腐蚀金属、能避免鼠咬虫蛀、不易霉烂、经久耐用等特点。

目前，保温材料的种类有很多，比较常用的保温材料按材质可分为 10 大类，即珍珠岩类、水泥蛭石类、硅藻土类、泡沫混凝土类、软木类、玻璃纤维类、石棉类、泡沫塑料类、矿渣棉类、岩棉类等。各厂家生产的同一保温材料的性能均有所不同，应按照厂家的产品样本或使用说明书中所给的技术数据选用。现将常用的保温材料及其性能特点列于表 3-23。

表 3-23　保温材料及其制品的主要技术性能

材料名称	密度/(kg/m^3)	热导率/[W/(m·K)]	适用温度/℃	抗压强度/kPa	备　注
膨胀珍珠岩类					密度小，热导率小，化学稳定性强，不燃，不腐蚀，无毒，无味，价廉，产量大，资源丰富，应用广泛
散料（一级）	<80	<0.052	—	—	
散料（二级）	80～150	0.052～0.064	约 200	—	
散料（三级）	150～250	0.064～0.076	约 800	—	
水泥珍珠岩板、管壳	250～400	0.058～0.087	≤600	500～1000	
水玻璃珍珠岩板、管壳	200～300	0.056～0.065	<650	600～1200	
憎水珍珠岩制品	200～300	0.058	>500	—	

（续）

材料名称	密度/(kg/m³)	热导率/[W/(m·K)]	适用温度/℃	抗压强度/kPa	备　注
普通玻璃棉类					耐酸，耐腐，不烂，不蛀，吸水率小，化学稳定性好，无毒，无味，价廉，寿命长，热导率小，施工方便，但刺激皮肤
中级纤维淀粉黏结制品	100~130	0.040~0.047	-35~300	—	
中级纤维酚醛树脂制品	120~150	0.041~0.047	-35~350	—	
玻璃棉沥青黏结制品	100~170	0.041~0.058	-20~250	—	
超细玻璃棉类					密度小，热导率小，特点同普通玻璃棉，但对皮肤刺激小
超细棉（原棉）	18~30	≤0.035	-100~450	—	
超细棉无脂毡和缝合垫	60~80	0.041	-120~400	—	
超细棉树脂制品	60~80	0.041	-120~400	—	
无碱超细棉	60~80	≤0.035	-120~600	—	
超细玻璃棉管壳	40~60	0.03~0.035	400	—	
微孔硅酸钙类					含水率小于4%，耐高温
超轻微孔硅酸钙	<170	0.055	650	抗折>200	
微孔硅酸钙（管壳）	200~250	0.059~0.060	650	500~1000	
蛭石类					适用于高温，强度大，价廉，施工方便
膨胀蛭石	800~280	0.052~0.070	-20~1000	—	
水泥蛭石管壳	430~500	$0.093+0.00025t_p$	<600	250	
硅藻土类					热导率太大，一般不用
硅藻土保温管及板	<550	$0.063+0.00014t_p$	<900	500	
石棉硅藻土胶泥	<600	$0.151+0.00014t_p$	<900	500	
矿渣棉类					密度小，热导率小，耐高温，价廉，货源广，填充后易沉陷，施工时刺激皮肤，且尘土大
普通矿渣棉	110~130	0.043~0.052	<650	—	
沥青矿渣棉毡	100~125	0.037~0.049	<250	—	
酚醛树脂矿渣棉管壳	150~180	0.042~0.049	<300	—	
沥青矿渣棉制品	100~120	0.047~0.052	250	抗折150~200	
石棉类					耐火，耐酸碱，热导率较小
石棉绳	590~730	0.070~0.209	<500	—	
石棉碳酸镁管	360~450	$0.064\sim0.00033t_p$	<300	—	
硅藻土石棉灰	280~380	$0.066\sim0.00015t_p$	<900	—	
泡沫石棉	40~50	$0.038\sim0.00023t_p$	500	—	
岩棉类					密度小，热导率小，适用温度范围广，施工简便，但刺激皮肤
岩棉保温板（半硬质）	80~200	0.047~0.058	-268~500	—	
岩棉保温毡（垫）	90~195	0.047~0.052	-268~400	—	
岩棉保温带	100	—	200	—	
岩棉保温管壳	100~200	0.052~0.058	-268~350	—	

（续）

材料名称	密度/(kg/m³)	热导率/[W/(m·K)]	适用温度/℃	抗压强度/kPa	备　注
泡沫塑料类					密度小，热导率小，施工简便，不耐高温，适用于60℃以下的低温水管道保温 聚氨酯可现场发泡浇注成型，强度高，但成本也高。此类材料可燃，防火性差，分自熄型与非自熄型两种，应用时需注意
可发性聚苯乙烯塑料板	20～50	0.031～0.047	-80～75	>150	
可发性聚苯乙烯塑料管壳	20～50	0.031～0.047	-80～75	>150	
硬质聚氨酯泡沫塑料制品	30～50	0.023～0.029	-80～100	≥250～500	
软质聚氨酯泡沫塑料制品	30～42	0.023	-50～100	—	
硬质聚氯乙烯脂泡沫塑料制品	40～50	≤0.043	-35～80	≥180	
软质聚氯乙烯脂泡沫塑料制品	27	0.052	-60～60	500～1500	

注：t_p 为保温层材料工作时的平均温度，单位为℃。

在管道保温工程中，常采用膨胀珍珠岩制品、超细玻璃棉制品、蛭石制品、矿渣棉制品和岩棉制品。在管道保冷工程中，多采用可发性自熄聚苯乙烯泡沫塑料制品、自熄聚氨酯硬质泡沫塑料制品和软木制品等，目前也有超细玻璃棉制品应用于冷水管道中。

3.3.2　保温结构的组成及作用

保温结构一般由防锈层、保温层、防潮层（对保冷结构而言）、保护层、防腐蚀及识别标志层等构成。

1. 防锈层　防锈层所用的材料为防锈漆等涂料，它直接刷涂于清洁干燥的管道或设备的外表面。

无论是保温结构还是保冷结构，其内部总有一定的水分存在，因为保温材料在施工前不可能绝对干燥，而且在使用（包括运行或停止运行）过程中，空气中的水蒸气也会进入到保温材料中去。金属表面受潮后会生锈腐蚀，因此管道或设备在进行保温之前，必须在表面刷涂防锈漆，这对保冷结构尤为重要。保冷结构可选择沥青冷底子油或其他防锈能力强的材料作防锈层。

2. 保温层　保温层在防锈层的外面，是保温结构的主要部分。其作用是减少管道或设备与外部的热量传递，起保温、保冷作用。

3. 防潮层　对保冷结构以及地沟内和埋地的保温结构，在保温层外面要做防潮层。目前，防潮层所用的材料有沥青及沥青油毡、沥青胶或防水冷胶料玻璃布、聚乙烯薄膜、铝箔等。防潮层的作用是防止水蒸气或雨水渗入保温材料，以保证保温材料良好的保温效果和使用寿命。

4. 保护层　保护层设在保温层或防潮层外面，主要是保护保温层或防潮层不受机械损伤。保护层材料应具有密度小、耐压强度高、化学稳定性好、不易燃烧、外形美观等特点。常用的材料分为 3 类，即金属保护层、包扎式复合保温层和涂抹式保护层。

5. 防腐蚀及识别标志层 保温结构的最外面为防腐蚀及识别标志层，用于防止保护层被腐蚀，一般采用耐候性较强的涂料直接刷涂于保护层上。因这一层处于保温结构的最外层，为区分管道内的不同介质，常采用不同颜色的涂料进行刷涂，所以防腐层同时也起识别管内流动介质的作用。

3.3.3 保温结构施工

从上面的保温结构可以看出，其中的防锈层和防腐蚀及识别标志层所用材料为油漆涂料，并且直接进行刷涂。保温结构施工时最关键的是保温层、防潮层、保护层的施工方法。

3.3.3.1 保温层施工

1. 保温层的施工方法 保温层的施工方法主要取决于保温材料的形状和特性。常用的保温方法有以下几种形式：

（1）涂抹法保温。涂抹法保温适用于石棉粉、硅藻土等不定形的散状材料。涂抹时，将其按一定的比例用水调成胶泥涂抹于需要保温的管道设备上。这种保温方法整体性好，保温层和保温面结合紧密，且不受保温物体形状的限制。

涂抹法多用于热力管道和热力设备的保温，其结构如图 3 - 25 所示。施工时，应分多次进行涂抹。为增加胶泥与管壁的附着力，第一次可用较稀的胶泥涂抹，厚度为 3 ~ 5mm，待第一层彻底干燥后，用干一些的胶泥涂抹第二层，厚度为 10 ~ 15mm，以后每层为 15 ~ 25mm，并且均应在前一层完全干燥后进行，直到涂抹到要求的厚度为止。

利用涂抹法进行保温时，不得在环境温度低于 0℃ 的情况下施工，以防胶泥冻结。为加快胶泥的干燥速度，可在管道或设备内通入温度不高于 150℃ 的热水或蒸汽。

（2）绑扎法保温。绑扎法保温适用于预制保温瓦或板块料。绑扎法是用镀锌铁丝将保温材料绑扎在管道的壁面上，是目前国内外热力管道最常用的一种保温方法。其结构如图 3 - 26 所示。

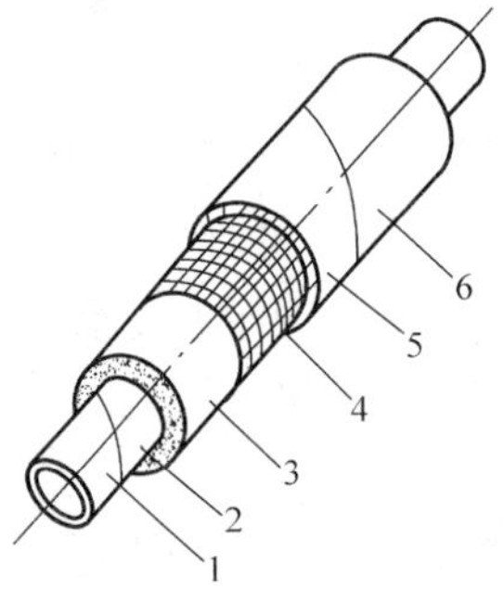

图 3 - 25 涂抹法保温结构

1—管道 2—防锈漆 3—保温层

4—铁丝网 5—保护层 6—防腐漆

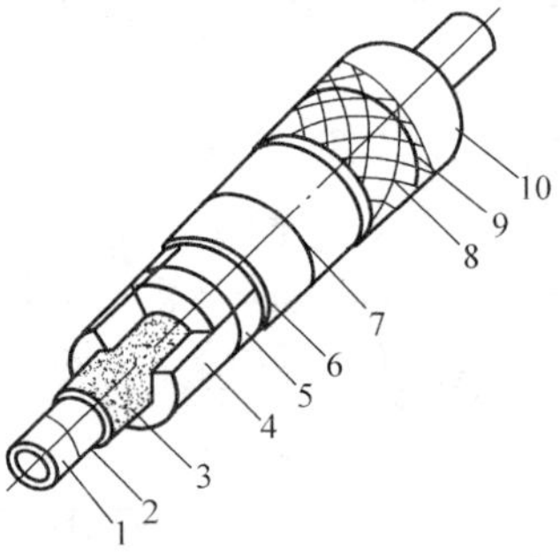

图 3 - 26 绑扎法保温结构

1—管道 2—防锈漆 3—胶泥

4—保温材料 5、7、9—镀锌铁丝

6—沥青油毡 8—玻璃丝布 10—防腐漆

为使保温材料与管壁紧密结合，保温材料与管壁之间应涂抹一层 3 ~ 5mm 厚的石棉粉或石棉硅藻土胶泥，然后再将保温材料绑扎在管壁上。对于矿渣棉、玻璃棉、岩棉等矿纤材料预制品，因其抗水湿性能差，可不涂抹胶泥而直接绑扎。

绑扎保温材料时，应将横向接缝错开，双层绑扎的保温预制品应内外盖缝。如保温材料为管壳，应将纵向接缝设置在管道的两侧。非矿纤材料制品的所有接缝，均应用与保温材料性能相近的材料配成胶泥填塞；矿纤材料制品采用干接缝。绑扎保温材料时，应尽量减小两块之间的接缝。制冷管道及设备采用硬质或半硬质隔热层管壳，管壳之间的缝隙不应大于2mm，并用黏结材料将缝填满。采用双层结构时，第一层表面必须平整，不平整时，矿纤材料应用同类纤维状材料填平，其他材料用胶泥抹平，第一层表面平整后方可进行下一层保温。

绑扎用的铁丝直径一般为 1 ~ 1.2mm，绑扎的间距为 150 ~ 200mm，并且每块预制品至少应绑扎两处，每处绑扎的铁丝不应少于两圈，其接头应放在预制品的接头处，以便将接头嵌入接缝内。

（3）粘贴法保温。粘贴法保温适用于各种保温材料加工成形的预制品。它靠黏结剂与被保温的物体固定，多用于空调系统及制冷系统的保温。其结构如图 3-27 所示。

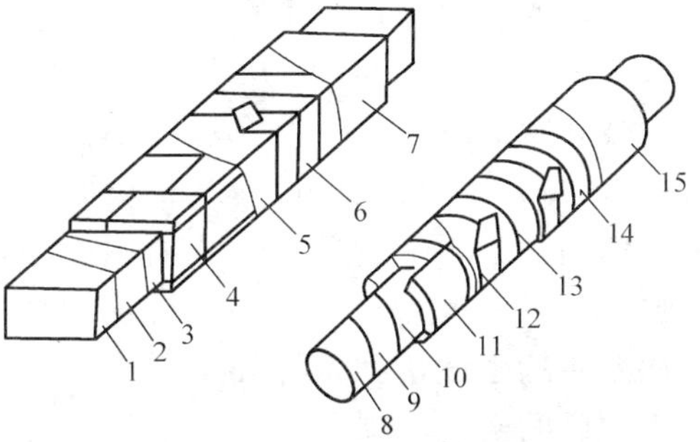

图 3-27　粘贴法保温结构

1、8—风管（水管）　2、9—防锈漆

3、5、10、12—黏结剂　4、11—保温材料

6、14—玻璃丝布　7、15—防腐漆　13—聚氯乙烯薄膜

目前，大部分材料都可用沥青玛碲脂作黏结剂。对于聚苯乙烯泡沫塑料制品，要求使用温度不超过 80℃。温度过高，材料会受到破坏，故不能用热沥青或沥青玛碲脂作黏结剂，可选用聚氨酯预聚体（即 101 胶）或乙酸乙烯乳胶、酚醛树脂、环氧树脂等材料作黏结剂。

刷涂黏结剂时，要求粘贴面及四周接缝上各处的黏结剂应均匀饱满。粘贴保温材料时，应将接缝相互错开。错缝的方法及要求与绑扎法保温相同。

（4）聚氨酯硬质泡沫塑料的保温。聚氨酯硬质泡沫塑料由聚醚和多元异氰酸酯加催化剂、发泡剂、稳定剂等原料按比例调配而成。施工时，应将这些原料分成两组（A 组和 B 组），A 组为聚醚和其他原料的混合液，B 组为异氰酸酯。只要两组混合在一起，即起泡而生成泡沫塑料。

聚氨酯硬质泡沫塑料现场发泡工艺简单，操作方便，施工效率高，附着力强，不需要任何支承件，没有接缝，热导率小，吸湿率低，可用于 -100 ~ +120℃的保温。其缺点是：异氰酸酯及催化剂有毒，对上呼吸道、眼睛和皮肤有强烈的刺激作用，另外，施工时需要一定的专用工具或模具，价格较贵。

聚氨酯硬质泡沫塑料一般采用现场发泡，其施工方法有喷涂法和灌注法两种。喷涂法施工就是用喷枪将混合均匀的液料喷涂于被保温物体的表面上。为避免喷涂垂直壁面时液料下滴，要求发泡的时间要快一些。灌注法施工就是将混合均匀的液料直接灌注于需要成形的空间或事先安置的模具内，经发泡膨胀而充满整个空间。为保证有足够的操作时间，要求发泡的时间应慢一些。

在同一温度下，发泡的快慢主要取决于原料的配方。各生产厂的配方均有所不同，施工时应按原料供应厂提供的配方及操作规程等技术文件资料进行施工。为防止因配方或操作错误而使原料报废，应先进行试操作，以掌握正确的配方和施工操作方法，在有了可靠的保证之后，方可正式喷涂或灌注。

聚氨酯硬质泡沫塑料不宜在气温低于5℃的情况下施工，否则应对液料加热，其温度在20～30℃为宜。被涂物表面应清洁干燥，可以不涂防锈层。为了喷涂和灌注后便于清洗工具和脱模，在施工前可在工具和模具的内表面涂上一层油脂。调配聚醚混合液时，应随用随调，不宜隔夜，以防原料失效。异氰酸酯及其催化剂等原料，均为有毒物质，操作时应戴上防毒面具、防毒口罩、防护眼镜、橡胶手套等防护用品，以免中毒和影响健康。

（5）缠包法保温。缠包法保温适用于卷状的软质保温材料（如各种棉毡等）。施工时，需要将成卷的材料根据管径的大小剪裁成适当宽度（200～300mm）的条带，以螺旋状包缠到管道上，如图3-28a所示。也可以根据管道的圆周长度进行剪裁，以原幅宽对缝平包到管道上，如图3-28b所示。不管采用哪种方法，均需边缠、边压、边抽紧，以使保温后的密度达到设计要求。一般矿渣棉毡缠包后的密度不应小于150kg/m³，玻璃棉毡缠包后的密度不应小于100kg/m³，超细玻璃棉毡缠包后的密度不应小于40kg/m³。

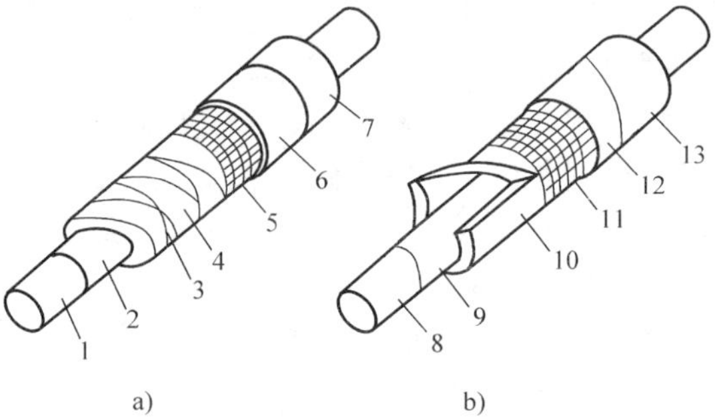

图3-28　缠包法保温结构

a）螺旋状缠包法　b）对缝平包法

1、8—管道　2、9—防锈漆　3—镀锌铁丝

4、10—保温毡　5、11—铁丝网

6、12—保护层　7、13—防腐漆

如果棉毡的厚度达不到规定的要求，可采用两层或多层缠包。缠包时横向接缝应紧密结合，如有缝隙，应用同等材料填充。纵向搭接缝应放在管子上部，搭接宽度应大于50mm。

保温层外径小于或等于500mm时，在保温层外面用直径为1.0～1.2mm的镀锌铁丝绑扎，间距为150～200mm，禁止以螺旋状连续缠绕。当保温层外径大于500mm时，还应加镀锌铁丝网缠包，再用镀锌铁丝绑扎牢固。

（6）套筒式保温。套筒式保温是将矿纤材料加工成形的保温筒直接套在管道上。这种方法施工简单、工效高，是目前冷水管道较常用的一种保温方法。施工时，只要将保温筒上的轴向切口扒开，借助矿纤材料的弹性便可将保温筒紧紧地套在管道上。为便于现场施工，在生产厂里多在保温筒的外表面涂一层胶状保护层，因此在一般室内管道保温时，可不需再设保护层。对于保温筒的轴向切口和两筒之间的横向接口，可用带胶铝箔黏合。其结构如图3-29所示。

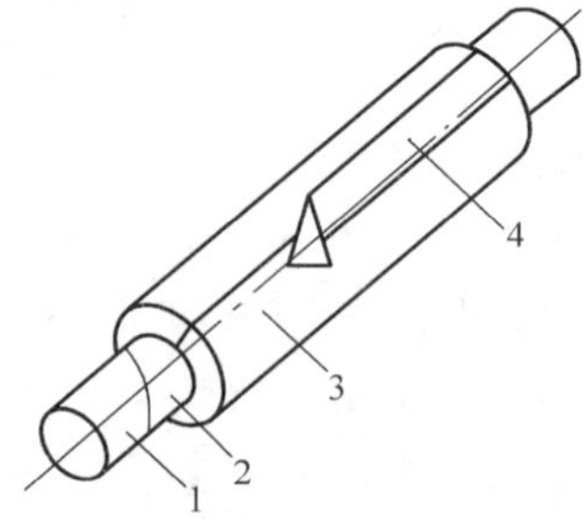

图3-29　套筒式保温结构

1—管道　2—防锈漆

3—保温筒　4—带胶铝箔带

2. 保温层施工的技术要求　对保温层施工的技术要求如下：

（1）凡垂直管道或倾斜角度超过45°、长度超过5m的管道，应根据保温材料的密度及抗压强度设置不同数量的支承环（或托盘），一般3～5m设置一道，其形式如图3-30所示。图3-30中，径向尺寸A为保温层厚度的1/2～3/4，以便将保温层托住。

（2）用保温瓦或保温后呈硬质的材料作为热力管道的保温层时，应每隔 5～7m 留出间隙为 5mm 的膨胀缝，弯头处留 20～30mm 的膨胀缝（见图 3-31），并且膨胀缝内应用柔性材料填塞。设有支承环的管道，膨胀缝一般设置在支承环的下部。

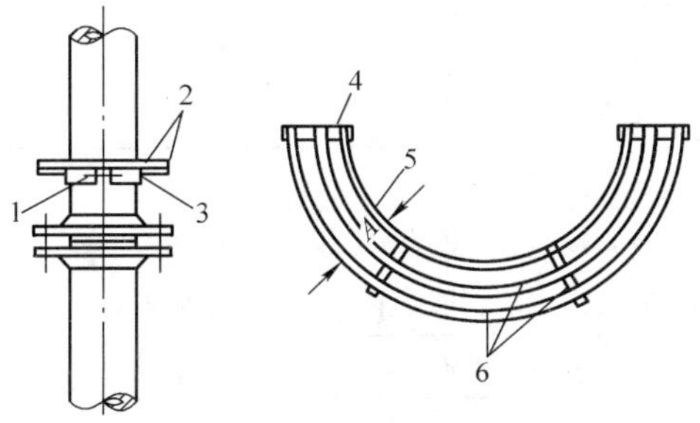

图 3-30　包箍式支承环
1、4—角钢　2、6—圆钢　3、5—扁钢

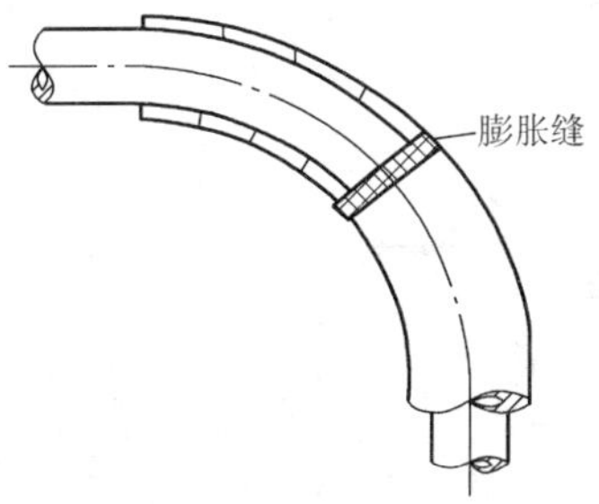

图 3-31　硬质材料弯头的保温

（3）除寒冷地区的室外架空管道的法兰、阀门等附件应按设计要求保温外，一般法兰、阀门、套管伸缩器等管道附件可不保温，但两侧应留 70～80mm 的间隙，并在保温层端部抹 60°～70°的斜坡。设备和容器上的人孔、手孔或可拆卸部件附近的保温层端部，应做成 45°斜坡。

3.3.3.2　防潮层施工

对于保冷结构和敷设于室外的保温管道，需设置防潮层。

目前，用于防潮层的材料有两种，一种是以沥青为主的防潮材料，另一种是聚乙烯薄膜防潮材料。

以沥青为主体材料的防潮层有两种结构和施工方法：一种是用沥青或沥青玛碲脂粘沥青油毡；另一种是以玻璃丝布作胎料，两面涂刷沥青或沥青玛碲脂。沥青油毡因其过分卷折会断裂，只能用于平面或较大直径管道的防潮，而玻璃丝布能用于任意形状的粘贴，故其应用广泛。聚乙烯薄膜防潮层是直接将薄膜用黏结剂粘贴在保温层的表面，施工方便。但由于黏结剂的价格较贵，此方法应用尚不广泛。

以沥青为主体材料的防潮层施工时，应先将材料剪裁下来。对于油毡，多采用单块包裹法施工，因此油毡剪裁的长度为保温层外圆加搭接宽度（搭接宽度一般为 30～50mm）。对于玻璃丝布，多采用包缠法施工，即以螺旋状包缠于管道或设备的保温层外面，因此需将玻璃丝布剪成条带状，其宽度视保温层直径的大小而定。

包缠防潮层时，应自下而上地进行，先在保温层上刷涂一层 1.5～2mm 厚的沥青或沥青玛碲脂（如果采用的保温材料不易涂上沥青或沥青玛碲脂，可在保温层上包缠一层玻璃丝布，然后再刷涂），再将油毡或玻璃丝布包缠到保温层的外面。纵向接缝应设在管道的侧面，并且接口向下，接缝用沥青或沥青玛碲脂封口，外面再用镀锌铁丝绑扎，间距为 250～300mm，铁丝接头应接平，不得刺破防潮层。缠包玻璃丝布时，搭接宽度为 10～20mm，并且应边缠、边拉紧、边整平，缠至布头时用镀锌铁丝扎紧。将油毡或玻璃丝布包缠好后，最后在其上面刷涂一层 2～3mm 厚的沥青或沥青玛碲脂。

3.3.3.3　保护层施工

不管是保温结构还是保冷结构，都应设置保护层。用作保护层的材料有很多，使用时应随使用的地点和所处的条件以及经技术经济比较后决定。常用的材料分为3类，即金属保护层、包扎式复合保温层和涂抹式保护层。

(1) 金属保护层。金属保护层适用于室外或室内保温。常用金属保护层及其适用范围见表3-24。

表3-24 常用金属保护层及其适用范围

材料名称	适用范围
镀锌薄钢板	选用厚度为0.3~0.5mm的薄板（DN200以下管道宜采用0.3mm厚薄板）
铝合金板	选用厚度为0.4~0.7mm的薄板（DN200以下管道宜采用0.4mm厚薄板）
不锈钢板	选用厚度为0.3~0.5mm的薄板（DN200以下管道宜采用0.3mm厚薄板）

(2) 包扎式复合保温层。包扎式复合保温层适用于室内、室外及地沟内保温。其常用材料见表3-25。

表3-25 包扎式复合保温层常用材料

材料名称	特性和应用
玻璃布	厚度为0.1~0.16mm的中碱平纹布，价廉，质轻，材料来源广，外涂料易变脆、松动、脱落，日晒易老化，防水性差
改性沥青油毡	用于地沟或室外架空管作防潮层，质轻、价廉，材料来源广，防水性能好，防火性能差，易燃，易撕裂
玻璃布铝箔或阻燃牛皮纸夹筋铝箔	可用于室外温度较高的架空管道，外形不易挺括，易损坏
玻璃钢	以玻璃布为基材，外涂不饱和聚酯树脂涂层
玻璃钢薄板	具有阻燃性能，厚度为0.4~0.8mm
铝箔玻璃钢薄板	采用玻璃钢薄板为基材与铝箔复合而成，玻璃钢本身应具有阻燃性能，厚度为0.4~0.8mm
玻璃布乳化沥青涂层	乳化沥青采用各种阴阳离子型水乳沥青涂料（如JG型沥青防火涂料）
玻璃布CPU涂层	CPU涂胶分A、B两个组分，使用时按1∶3的质量比混合，随用随配
CPU卷材	由密纹玻璃布经处理作基布，然后用厚度为0.2~0.3mm的CPU涂料在卷用涂抹设备上生产的卷制成品

(3) 涂抹式保护层。涂抹式保护层适用于室内及地沟内保温，常用的材料有沥青胶泥和石棉水泥。自熄性沥青胶泥保护层的配方见表3-26。抹面层厚度，当保温层外径小于或等于200mm时为15mm，当外径大于200mm时为20mm，平壁保温时厚度为25mm。

表3-26 自熄性沥青胶泥保护层的配方

材料名称	质量/kg	百分比（%）	材料名称	质量/kg	百分比（%）
5号沥青	1.5	26.3	四氯乙烯	1.5	26.3
橡胶粉（32目）①	0.2	3.5	氯化石蜡	0.5	8.8
中质石棉泥	2.0	35.1			

① 32目对应的标准筛孔径为0.56mm。

第4章 中央空调风管施工的方法与技术措施

4.1 中央空调工程中常用的管材及附件

中央空调工程中的管道按所用材料分为风管和风道。风管是指用金属板材、硬聚氯乙烯板材及玻璃钢等制成的方形或圆形风管，其尺寸以外边长或外径为准；风道是指用砖、混凝土、炉渣石膏板材、炉渣混凝土等制成的风管，其尺寸以内径或内边长为准。

中央空调工程的部件是指通风空调系统的各类风口、阀门、排气罩、风帽、检查门、测定孔和支吊架等。中央空调工程的配件是指通风空调系统的弯管、三通、四通、异径管、静压箱、导流片和法兰等。

4.1.1 风管常用材料

中央空调工程中风管常用的材料有金属材料、非金属材料和复合材料3大类。其中，复合材料是近年才出现的风管材料，它将保温和管道功能结合为一体。

4.1.1.1 金属材料

中央空调工程中常用的金属材料主要有普通薄钢板（黑铁皮）、镀锌薄钢板（白铁皮）和型钢等材料，有特殊需要时，可采用不锈钢板、铝板、塑料复合钢板等。金属板面应平整、光滑、无脱皮现象，不得有裂缝、结疤及锈坑，厚薄应均匀一致，边角规则成矩形，有较好的延展性，适宜咬口加工。

1. 普通薄钢板 薄钢板用于制作风管、风管配件及部件。普通薄钢板俗称为黑铁皮，具有良好的加工性能和机械强度，应用广泛。但其表面易生锈，故在使用前应刷油防腐。普通薄钢板有板材和卷材两种。普通薄钢板厚度为0.5~2.0mm，常用规格有750mm×1800mm，900mm×1800mm，1000mm×2000mm。常用普通薄钢板分为热轧板和冷轧板两种，其规格见表4-1和表4-2。

表4-1 热轧普通薄钢板常用规格 （单位：mm）

钢板厚度	钢板宽度								
	500	600	710	750	800	850	900	950	1000
	钢板长度								
0.6，0.7，0.75	500 2000	800 2000	420 2000	800 2000	1600 2000	1700 2000	1800 2000	1900 2000	1500 2000
0.8，0.9	1000 1500	1200 1420	1420 2000	1500 1800 2000	1500 1600 2000	1500 1700 2000	1500 1800 2000	1500 1900 2000	1500 2000
1.0，1.1，1.2，1.25，1.4，1.5，1.6，1.8	1000 1500 2000	1200 1420 2000	1000 1420 2000	1000 1500 1800 2000	1500 1600 2000	1500 1700 2000	1000 1500 1800 2000	1500 1900 2000	1500 2000
2.0	—	—	—	—	—	—	1000	—	—

表 4-2 冷轧普通薄钢板常用规格 （单位：mm）

钢板厚度	钢板宽度											
	500	600	700	750	800	850	900	1000	1100	1250	1400	1500
	钢板长度											
0.6	1000 1500	1800 2000	1800 2000	1800 2000	1800 2000	1800 2000	1500 1800	1500 2000	—	—	—	—
0.7，0.75	1000 1500	1200 1800 2000	1420 1800 2000	1500 1800 2000	1500 1800 2000	1500 1800 2000	1500 1800	1500 2000	—	—	—	—
0.8，0.9	1000 1500	1200 1800 2000	1420 1800 2000	1500 1800 2000	1500 1800 2000	1500 1800 2000	1500 1800 2000	1500 2000	2000 2200	2000 2500	—	—
1.0，1.1	1000	1200	1420	1500	1500	1500	—	—	—	—	2800	2800
1.2，1.4，1.5，1.6	1500	1800	1800	1800	1800	1800	1800	—	2000	2000	3000	3000
1.8，2.0	2000	2000	2000	2000	2000	2000	2000	2000	2200	2500	3500	3500

2. 镀锌薄钢板 镀锌薄钢板俗称为白铁皮，由普通钢板镀锌后制成，因为锌镀层起防锈作用，所以使用时一般不再刷防锈漆，在中央空调工程中使用广泛。

镀锌薄钢板的规格尺寸与普通薄钢板相同，厚度一般为 0.25～2.0mm，锌镀层厚度大于或等于 0.02mm，中央空调工程中常用的厚度为 0.5～1.5mm。镀锌薄钢板表面光滑洁净，且具有热镀锌特有的结晶花纹。

风管钢板厚度一般在设计时给定，未注明时可参考表 4-3 选用。薄钢板的理论质量见表 4-4。

表 4-3 一般送风、排风风管钢板的最小厚度 （单位：mm）

矩形风管最长边或圆形风管直径	钢板厚度		
	输送空气		输送烟气
	风管无加强构件	风管有加强构件	
<450	0.5	0.5	1.0
450～1000	0.8	0.6	1.5
1000～1500	1.0	0.8	2.0
>1500	根据实际情况		

注：排除腐蚀性气体时，风管壁厚除满足强度要求外，还应考虑腐蚀余量，此时风管壁厚一般大于或等于 2mm。

表 4-4 薄钢板的理论质量（每平方米）

钢板厚度/mm	理论质量/kg	钢板厚度/mm	理论质量/kg	钢板厚度/mm	理论质量/kg
0.10	0.785	0.75	5.888	2.0	15.70
0.20	1.57	0.80	6.28	2.5	19.63
0.30	2.355	0.90	7.065	3.0	23.55
0.35	2.748	1.00	7.85	3.5	27.48
0.40	3.14	1.10	8.635	4.0	31.40
0.45	3.533	1.20	9.42	4.5	35.33
0.50	3.925	1.25	9.813	5.0	39.25
0.55	4.318	1.40	10.99	5.5	43.18
0.60	4.71	1.50	11.78	6.0	47.10
0.70	5.495	1.80	14.13	7.0	54.95

3. 不锈钢板　不锈钢板也称为不锈耐酸钢板。通风空调工程中所采用的不锈钢是奥氏体不锈钢，它在常温下无磁性。

不锈钢板具有较高的塑性、韧性和机械强度，耐腐蚀，线胀系数大，导热性较小，焊接性强，硬度也高。当其厚度大于 1mm 时，加工比较困难，需用电弧焊或氩弧焊焊接。不锈钢板常用于化工工业高温环境下的耐腐蚀通风空调系统中。风管或配件用不锈钢板的厚度见表 4-5。

为了不影响不锈钢板的表面质量，在不锈钢板加工和堆放时，应注意不使表面划伤或擦毛，避免与碳素钢接触，以保护其表面形成的钝化膜不受破坏。

表 4-5　风管或配件用不锈钢板的厚度　（单位：mm）

圆管直径或矩形管长边尺寸	板材厚度
100 ~ 500	0.5
560 ~ 1120	0.75
1250 ~ 2000	1.0

4. 铝板　铝板有纯铝板和合金铝板两种，通风空调工程中用的铝板以纯铝板居多。

铝板加工性能好，适宜咬口连接，有良好的耐蚀性能和导热性能，并且在摩擦时不会产生火花，常用于有防爆要求的场所。用铝板制作的风管和配件的厚度见表 4-6。

使用铝板时要注意保护其表面的氧化膜，避免刻划或拉毛，放样划线时不得使用划针。铆接加工铝板时必须用铝铆钉，而不能用碳素钢铆钉，以防止出现电化学腐蚀。铝板风管用角钢作法兰时，必须进行防腐绝缘处理。铝板焊接后，应用热水洗刷焊缝表面的焊渣残药。

表 4-6　用铝板制作的风管和配件的厚度　（单位：mm）

圆管直径或矩形管长边尺寸	板材厚度
100 ~ 320	1.0
360 ~ 630	1.5
700 ~ 2000	2.0

5. 塑料复合钢板　塑料复合钢板是将普通钢板表面喷涂一层 0.2 ~ 0.4mm 厚的塑料。它既具有塑料耐腐蚀的特点，又具有普通钢板的切断、弯曲、钻孔、铆接、咬合、折边等加工性能和强度，常用于防尘要求高的空调系统和温度为 -10 ~ 70℃ 的耐腐蚀系统。塑料复合钢板的规格见表 4-7。

表 4-7　塑料复合钢板的规格　（单位：mm）

厚度	宽度	长度
0.35，0.4，0.5，0.6，0.7	450 500	1800 2000
0.8，1.0，1.5，2.0	1000	2000

6. 型钢　在中央空调工程中，型钢主要用于设备框架、风管法兰盘、加固圈以及管道的支架、吊架、托架等。常用的型钢种类有扁钢、角钢、圆钢、槽钢和工字钢等。

（1）扁钢：扁钢主要用于制作风管法兰盘、加固圈、抱箍和管道支架等。常用扁钢的规格见表 4-8。

表 4-8 常用扁钢的规格

厚度/mm	理论质量（每米）/kg																
	宽度/mm																
	10	12	14	16	18	20	22	25	28	30	32	35	40	45	50	55	60
3	0.24	0.28	0.33	0.38	0.42	0.47	0.52	0.59	0.66	0.71	0.75	0.82	0.94	1.06	1.18	—	—
4	0.31	0.38	0.44	0.50	0.57	0.63	0.69	0.79	0.88	0.94	1.01	1.10	1.26	1.41	1.57	1.73	—
5	0.39	0.47	0.55	0.63	0.71	0.79	0.86	0.98	1.10	1.18	1.25	1.37	1.57	1.73	1.96	2.16	2.36
6	0.47	0.57	0.66	0.75	0.85	0.94	1.04	1.18	1.32	1.41	1.50	1.65	1.88	2.12	2.36	2.59	2.83
7	0.55	0.66	0.77	0.88	0.99	1.10	1.21	1.37	1.54	1.65	1.76	1.92	2.20	2.47	2.95	3.02	3.30
8	0.63	0.75	0.88	1.00	1.13	1.26	1.38	1.57	1.76	1.88	2.01	2.20	2.51	2.83	3.14	3.45	3.77
9	—	—	—	1.15	1.27	1.41	1.55	1.77	1.98	2.12	2.26	2.47	2.83	3.14	3.53	3.89	4.24
10	—	—	—	1.26	1.41	1.57	1.73	1.96	2.20	2.36	2.54	2.75	3.14	3.53	3.93	4.32	4.71

注：长度通常为 3 ~ 9m。

（2）角钢：角钢常用于制作风管法兰盘、各种箱体容器设备框架、管道支架等。角钢有等边角钢和不等边角钢之分，风管法兰盘和管道支架多采用等边角钢。等边角钢和不等边角钢的规格分别见表 4-9 和表 4-10。

表 4-9 等边角钢规格

尺寸/mm		理论质量（每米）/kg	尺寸/mm		理论质量（每米）/kg
边宽	厚		边宽	厚	
20	3	0.889	56	3	2.624
	4	1.145		4	3.446
25	3	1.124		5	4.251
	4	1.459		6	6.568
30	3	1.373	63	4	3.907
				5	4.822
	4	1.786		6	5.721
				8	7.469
36	3	1.656	70	4	4.372
	4	2.163		5	5.397
	5	2.654		6	6.406
40	3	1.852		7	7.398
	4	2.422		8	8.373
	5	2.976	75	5	5.818
45	3	2.088		6	6.905
	4	2.736		7	7.976
	5	3.369		8	9.030
	6	3.985		10	11.089
50	3	2.332	80	5	6.211
	4	3.059			
	5	3.770		8	9.658
	6	4.465			

注：通常边宽为 20 ~ 40mm 时，长度为 3 ~ 9m；边宽为 45 ~ 80mm 时，长度为 4 ~ 12m。

表 4-10　不等边角钢

尺寸/mm			理论质量（每米）/kg
长边宽	短边宽	边厚	
25	16	3	0.911
32	20	3	1.170
		1	1.523
40	25	3	1.480
		4	1.937
45	28	3	1.681
		4	2.199
50	32	3	1.900
		4	2.489
56	36	3.5	2.810
		4	2.979
		5	3.462
63	40	4	3.173
		5	3.911
		6	4.033
		8	6.031
70	45	4.5	3.977
		5	4.391
75	50	5	4.795
		6	5.688
		8	7.431
80	50	5	4.990
		6	5.924
90	56	5.5	6.172
		6	6.700
		8	8.773
100	63	6	7.526
		7	8.704
		8	9.866
		10	12.142
110	70	6.5	8.985
		7	9.638
		8	10.933
125	80	7	11.038
		8	12.529
		10	15.465
		12	18.338

（3）槽钢：槽钢主要用于箱柜体的框架结构、风机等设备的基座以及大风管的托架。常用槽钢的规格见表 4-11。

表 4-11　常用槽钢的规格

型号	尺寸/mm			理论质量（每米）/kg	备注
	高（*h*）	宽（*b*）	厚（*d*）		
5	50	37	4.5	5.44	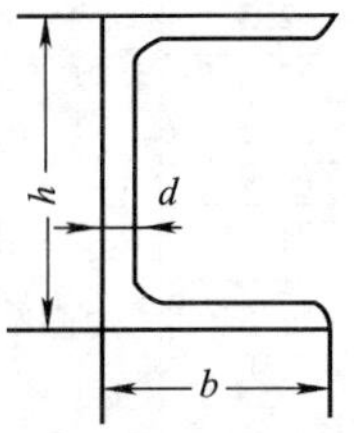 通常长度： 5～8 号为 5～12m； 8～18 号为 5～19m； 18 号以上为 6～19m
6.3	63	40	4.8	6.63	
8	80	43	5	8.04	
10	100	48	5.3	10	
12.6	126	53	5.5	12.37	
14a	140	58	6	14.53	
14b	140	60	8	16.73	
16a	160	63	6.5	17.23	
16b	160	65	8.5	19.74	
18a	180	68	7	20.17	
18b	180	70	9	22.99	
20a	200	73	7	22.63	
20b	200	75	9	25.77	

（4）圆钢：圆钢主要用于管道吊架拉杆、支架卡环等，其规格见表 4-12。

表 4-12 圆钢规格

直径/mm	允许偏差/mm	理论质量（每米）/kg	直径/mm	允许偏差/mm	理论质量（每米）/kg
5.5	±0.2	0.186	20	±0.3	2.47
6	±0.2	0.222	22	±0.3	2.98
8	±0.25	0.395	25	±0.3	3.85
10	±0.25	0.617	28	±0.3	4.83
12	±0.25	0.888	32	±0.4	6.31
14	±0.25	1.21	36	±0.4	7.99
16	±0.25	1.58	38	±0.4	8.90
18	±0.25	2.00	40	±0.4	9.86

注：轧制的圆钢有直条和盘条两种，一般直径为 5～12mm 的为盘条。直条直径小于或等于 25mm 时长度为 4～10m，直条直径大于或等于 26mm 时长度为 3～9m。

4.1.1.2 非金属材料

通风空调工程中，风管常用的非金属材料主要有聚氯乙烯塑料板和玻璃钢。

1. 聚氯乙烯塑料板 通风空调工程中用的聚氯乙烯塑料板也称为硬塑料板，是热塑性塑料的一种，由聚氯乙烯树脂加稳定剂和增塑剂热压加工而成。

聚氯乙烯塑料板对各种酸碱类的作用均很稳定，但对强氧化剂如浓硝酸、发烟硫酸和芳香族碳氢化合物以及氯化碳氢化合物是不稳定的。其强度较高，弹性好，但热稳定性差，高温时强度下降，低温时变脆易裂，一般使用温度为 -10～60℃；易于加工成形，用于加工制作风管、风机及配件；线胀系数小，热导率不大，为 0.15W/（m·K）。

聚氯乙烯塑料板表面应平整、无痕，不得含有气泡，厚薄应均匀一致，应无离层现象。聚氯乙烯塑料板材的规格见表 4-13。板材采用焊接连接，所用焊条规格见表 4-14。

表 4-13 聚氯乙烯塑料板材的规格

厚度/mm	宽度/mm	长度/mm	质量		厚度/mm	宽度/mm	长度/mm	质量	
			kg/块	kg/m^3				kg/块	kg/m^3
2.0	≥700	≥1200	2.5	3.0	10	≥700	≥1200	12.6	15.0
2.5			3.51	3.75	12			15.1	18.0
3.0			3.78	4.50	14			17.4	21.0
3.5			4.41	5.25	15			18.9	22.5
4.0			5.04	6.00	16			20.2	24.0
4.5			5.67	6.75	18			22.7	27.0
5			6.30	7.50	20			25.2	30.0
6			7.56	9.00	22			27.7	33.0
7			8.82	10.5	24			30.2	36.0
8			10.1	12.0	25			31.5	37.5
9			11.3	13.5	28			35.3	42.0

表 4-14　聚氯乙烯塑料板材焊接用焊条的规格

直径/mm		长度（≥）/mm	每根焊条质量（≥）/kg	适用焊条厚度/mm
单焊条	双焊条			
2.0	2.0	500	0.24	2～5
2.5	2.5	500	0.37	6～15
3.0	3.0	500	0.53	16～20
3.5	—	500	0.72	—
4.0	—	500	0.94	—

2. 玻璃钢　玻璃钢是由玻璃纤维与合成树脂组成的一种轻质高强度的复合材料，具有较好的耐蚀性、耐火性和成形工艺简单等优点，常用于制作冷却塔和排除带有腐蚀性气体的风管。玻璃钢强度好，但刚性差。

玻璃钢风管管段或配件采用法兰连接。一般在加工风管和配件时应连同两端法兰一起加工成形，法兰与风管轴线垂直，法兰平面的平面度允许偏差为 2mm。常用的玻璃钢风管见表 4-15。

表 4-15　常用的玻璃钢风管厚度　（单位：mm）

钢管直径或矩形管长边尺寸	壁厚	钢管直径或矩形管长边尺寸	壁厚
≤200	1.0～1.5	800～1000	2.5～3.0
250～400	1.5～2.0	1250～2000	3.0～3.54
500～630	2.0～2.5	—	—

4.1.1.3　复合材料

制作风管用的复合材料主要是指不燃材料面层复合保温材料板。

1. 酚醛铝箔复合板　酚醛铝箔复合板的内外表面都是涂层铝箔，中间层为酚醛泡沫材料。它具有不燃、热导率低、耐腐蚀、抗老化、吸声性能好等特点，广泛应用于通风空调管道、冷热输送管道中。表 4-16 为酚醛铝箔复合夹芯板的主要技术指标。

表 4-16　酚醛铝箔复合夹芯板的主要技术指标

项　目	检验值	备　注
密度/（kg/m^3）	45～70	—
压缩强度/kPa	448	GB/T 8813—2008
质量吸水率（%）	3.7	GB/T 8810—2005
尺寸稳定性（70±2）℃（%）	0.66	GB/T 8811—2008
热导率/［W/（m·K）］	0.028	GB/T 10294—2008
平均烟气温度/℃	99（技术指标为 125℃）	检验方法（GB/T 8625—2005）
烟气毒性/（mg/L）	符合要求	检验方法（GA/T 506—2004）
烟密度等级	2（技术指标≤15）	检验方法（GB/T 8627—2007）

2. 聚氨酯铝箔复合板 聚氨酯铝箔复合板的内外表面都是涂层铝箔，中间层为聚氨酯泡沫材料。它具有黏结性能好、保温性能优良、耐蚀性能好、质量稳定、生产效益高等优点。表4-17是聚氨酯铝箔复合保温风管板材的主要技术指标。

表4-17 聚氨酯铝箔复合保温风管板材的主要技术指标

种类	60μm 铝箔	80μm 铝箔
尺寸	4000mm×1200mm	4000mm×1200mm
厚度/mm	21	21
泡沫密度/（kg/m^3）	40	40~48
泡沫质量（每平方米）/kg	1.2	1.4~1.7
铝箔质量（每平方米）/g	162	218
最低温度/℃	-30	-30
最高温度/℃	120	120

3. 聚苯乙烯铝箔复合板 聚苯乙烯铝箔复合板为双面敷铝箔的硬质隔热复合板，保温层为硬制难燃B1级聚苯乙烯泡沫。表4-18是聚苯乙烯铝箔复合板的主要技术指标。

表4-18 聚苯乙烯铝箔复合板的主要技术指标

特性	测试方法	性能指标
表面密度/（kg/m^3）	—	48
热导率/[W/（m·K）]	YS/T 63.3—2006	0.027
压缩强度/kPa	GB/T 8813—2008	250
弯曲强度/MPa	—	1.06
尺寸稳定性（%）	GB/T 8811—2008	≤2
质量吸水率（%）	GB/T 8810—2005	≤1.5
透湿系数/[ng/（m·s·Pa）]	QB/T 2411—1998	≤3
燃烧性能	GB 8624—2006	B1
热膨胀系数	—	28.71×10^{-6}

4. 玻璃纤维复合板 玻璃纤维复合板是制作玻璃纤维复合板风管的骨架。玻璃纤维是一种无机非金属材料，其突出特点是强度大、弹性模量高、伸长率低，同时还具有电绝缘、耐腐蚀等优点，通常作为复合材料中的增强材料、电绝缘材料和保温材料等。

玻璃纤维复合板是由玻璃纤维无捻粗纱布作为增强材料，与热固性塑料和热塑性塑料复合制作而成。表4-19、表4-20分别给出了玻璃纤维复合板材的规格和主要技术指标。

表4-19 玻璃纤维复合板材的规格 （单位：mm）

型号	长度	宽度	厚度
475型	3000/4200	1200	25
800型	3000/4200	1200	38

表 4-20　玻璃纤维复合板材的主要技术指标

性能		技术指标
最高运行温度/℃		121
最大风速/（m/s）		28
静压极限/Pa		1000
热导率/［W/（m·K）］		0.033
热阻/（m^2·K/W）	475 型	0.8
	800 型	1.11
抑菌效果		抑菌率大于 99.54%
纤维脱落情况		无纤维脱落
防火等级		A 级复合（夹芯）材料
质量吸水率（%）		0.81

4.1.2　风管类型和规格

风管是采用金属薄板、非金属薄板或玻璃钢等材料制作而成的，用作通风与空调工程中空气流通的管道。

4.1.2.1　风管类型

风管的种类较多，按使用材料分为金属材料风管、非金属材料风管和复合材料风管，按断面形状分为圆形风管、矩形风管和椭圆形风管等。

1. 金属材料风管　金属材料风管主要有普通薄钢板风管和镀锌薄钢板风管。镀锌薄钢板风管的内壁光滑，阻力小，不燃烧，承压高和密封性强，尤其适用于净化通风空调，用于潮湿和腐蚀环境时，可以采取涂装防腐处理，因而应用广泛。对净化空调工程或特殊要求的通风与空调工程，可采用塑料复合钢板、铝合金板或不锈钢板制作的风管。

图 4-1 是金属圆形风管的结构示意图。图 4-2 是金属矩形风管的结构示意图。

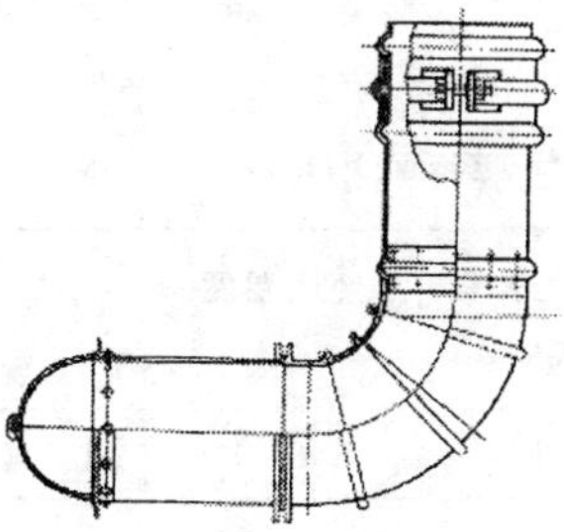

图 4-1　金属圆形风管的结构示意图

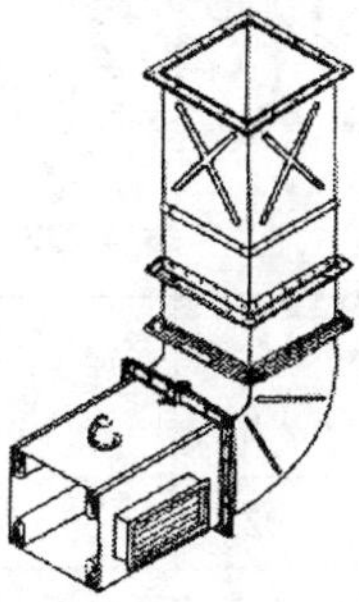

图 4-2　金属矩形风管的结构示意图

2. 非金属材料风管

（1）聚氯乙烯板风管：聚氯乙烯板风管主要用于有防潮和耐腐蚀要求的通风工程与空调工程中。

（2）玻璃钢风管：玻璃钢风管包括有机玻璃钢风管和无机玻璃钢风管。有机玻璃钢风管分为普通型和阻燃自熄型两种。普通型有机玻璃钢风管适用于潮湿或腐蚀环境，其缺点是易燃烧，不防火。阻燃自熄型有机玻璃钢风管在达到一定温度时，即使没有明火，也会无焰燃烧，使产品碳化、变脆。不管是火焰燃烧，还是无焰燃烧，都会释放出有害气体，严重伤害人身，这使有机玻璃钢的应用受到限制。

无机玻璃钢风管采用玻璃纤维增强材料和石膏粉、菱苦土和白水泥等添加剂黏合而成。无机玻璃钢风管除具有耐潮湿和耐蚀性能外，其突出的优点是不燃烧（氧指数达99），缺点是密度较大（$200kg/cm^3$）。

3. 复合材料风管

（1）酚醛铝箔复合板风管：酚醛铝箔复合板风管由酚醛复合夹芯板和专用法兰配件制成，具有保温性良好、消声性能佳、密度小、安装方便、使用寿命长、外形美观、适合明装等特点。因此，酚醛铝箔复合板风管可广泛适用于工业与民用建筑、酒店、医院、写字楼以及其他有特殊要求的场所。表4-21为酚醛铝箔复合板风管的主要技术指标。

表4-21 酚醛铝箔复合板风管的主要技术指标

风管风速/（m/s）	4	6	8	10	12	14	16	18
沿壁内阻/（Pa/m）	1.03	2.07	3.50	5.30	7.3	9.7	12.64	15.80
沿壁摩擦阻力系数	0.0238	0.0213	0.0203	0.0196	0.0188	0.0183	0.0183	0.0181

风管内静压/Pa		500	800	1000	1200	1500
漏风量/[$m^3/(h \cdot m^2)$]	标准值	1.00	1.36	1.57	1.77	2.04
	检验值	0.68	1.05	1.26	1.42	1.62
耐压/Pa（风管内静压）	标准值	500	800	1000	1200	1500
	检验值	532	835	1034	1257	1535
风管壁变形量（%）	标准值	1.00	—	—	—	—
	检验值	0.37	0.47	0.53	0.6	0.7

（2）聚氨酯铝箔复合板保温风管：聚氨酯铝箔复合板保温风管是以两面覆盖铝箔的聚氨酯泡沫板或苯酚泡沫板直接切割或黏结，采用隐形法兰结构或加置铝合金构件补强，将风管和保温材料集于一体。其主要性能指标见表4-22。

表4-22 铝箔聚氨酯保温风管的主要性能指标

表观密度/（kg/m^3）	热导率/[W/（m·K）]	铝箔厚度/μm	承压/Pa	质量吸水率（%）	使用温度/℃	氧指数
40~62	0.019~0.022	60~80	900	<1	-40~80	33.7（自熄型可燃材料）

聚氨酯铝箔复合板保温风管有优良的保温性能，风管内壁覆盖铝箔光滑层，气流阻力小，能防止湿气浸渗，外壁覆盖铝箔或同时涂敷防护漆，起保护作用。

（3）玻璃纤维铝箔复合板风管：玻璃纤维铝箔复合板风管由离心玻璃纤维板、贴敷在离心玻璃纤维板外壁的铝箔、内壁阻燃玻璃纤维布以及风管特型加强框架在高温高压条件下用燃烧等级为A级的胶粘剂黏合而成，集风管、保温、消声、防火和防潮于一体，密度小，加工和安装简便，占用建筑空间小，外形美观。玻璃纤维铝箔复合板风管的主要技术指标见表4-23。

表 4-23　玻璃纤维铝箔复合板风管的主要技术指标

表观密度 /（kg/m³）	热导率 /［W/（m·K）］	表面粗糙度值 /μm	承压 /Pa	质量吸水率（%）	消声性能（每米）/（dB）	胶粘剂
64	0.029	*Ra*1.01～1.10	1000～1200	≤1.5	3	燃烧等级为 A 级，属不燃材料

4. 柔性风管　柔性风管作为一种新型材料，在工业发达国家的通风空调工程中应用已相当广泛。近年来，国内一些厂家引进专门设备生产新型柔性风管，经过实际使用，效果较好，现已逐步得到推广。

柔性风管由金属骨料和涂覆纤维织物（或金属薄膜）壁料以缠绕方式加工成形，金属骨料为支承构架，使风管具有必需的强度；涂覆织物（或金属薄膜）以其高度柔性使风管具有可弯曲、伸缩、减振、消声等特点。柔性风管的主要技术指标见表 4-24。

表 4-24　柔性风管的主要技术指标

型号	柔性风管名称	额定承压/Pa	适用温度/℃	主要材料	适用范围
FAB1	空调柔性管	2990	-40～121	玻璃纤维布、铝箔、镀锌钢带	空调、通风
T/L	铝合金伸缩管	2990	-51～315	铝合金薄板带	空调、通风
T/L—G	镀锌钢伸缩管	2990	-20～426	镀锌钢薄板带	空调、通风
T/L—SS	不锈钢伸缩管	2990	-51～1150	不锈钢薄板带	高温高压通风
TYPE100	工业通风柔性管	4980	-51～121	聚酯纤维、金属带料	除尘通风
TYPE500	工业通风柔性管	4980	-34～93	聚乙烯纤维布、不锈钢薄板带	腐蚀气体排放

4.1.2.2　风管规格

1. 风管尺寸规格　金属风管宜以外边长（或外径）为标注尺寸，非金属风管宜以内边长（或内径）为标注尺寸。矩形风管的长边与短边之比不宜大于 4:1，圆形风管应优先选用基本系列。

根据《通风与空调工程施工质量验收规范》（GB 50243—2002）的规定，圆形风管规格见表 4-25，矩形风管规格见表 4-26。

表 4-25　圆形风管规格　（单位：mm）

外径		外径	
基本系列	辅助系列	基本系列	辅助系列
100	80 90 100	200	190 200
120	110 120	220	210 220
140	130 140	250	240 250
160	150 160	280	260 280
180	170 180	320	300 320

（续）

外径		外径	
基本系列	辅助系列	基本系列	辅助系列
360	340 360	900	850 900
400	380 400	1000	950 1000
450	420 450	1120	1060 1120
500	480 500	1250	1180 1250
560	530 560	1400	1320 1400
630	600 630	1600	1500 1600
700	670 700	1800	1700 1800
800	750 800	2000	1900 2000

表 4-26　矩形风管规格

外边长（长×宽）	外边长（长×宽）	外边长（长×宽）	外边长（长×宽）
120mm×120mm	320mm×320mm	630mm×500mm	1250mm×400mm
160mm×120mm	400mm×200mm	630mm×630mm	1250mm×500mm
160mm×160mm	400mm×250mm	800mm×620mm	1250mm×630mm
200mm×120mm	400mm×320mm	800mm×400mm	1250mm×800mm
200mm×160mm	400mm×400mm	800mm×500mm	1250mm×1000mm
200mm×200mm	500mm×200mm	800mm×630mm	1600mm×500mm
250mm×120mm	500mm×250mm	800mm×800mm	1600mm×630mm
250mm×160mm	500mm×320mm	1000mm×320mm	1600mm×800mm
250mm×200mm	500mm×400mm	1000mm×400mm	1600mm×1000mm
250mm×250mm	500mm×500mm	1000mm×500mm	1600mm×1250mm
320mm×160mm	630mm×250mm	1000mm×630mm	2000mm×800mm
320mm×200mm	630mm×320mm	1000mm×800mm	2000mm×1000mm
320mm×250mm	630mm×400mm	1000mm×1000mm	2000mm×1250mm

2. 风管板材厚度

（1）金属风管板材厚度

1）钢板矩形风管板材厚度：钢板矩形风管板材厚度不应小于表 4-27 的规定。

表 4-27　钢板矩形风管板材厚度　（单位：mm）

风管长边（b）	一般用途风管		除尘系统风管
	中、低压系统	高压系统	—
$b \leqslant 320$	0.5	0.75	1.5
$320 < b \leqslant 450$	0.6	0.75	1.5
$450 < b \leqslant 630$	0.6	0.75	2.0

（续）

风管长边（b）	一般用途风管		除尘系统风管
	中、低压系统	高压系统	—
$630 < b \leq 1000$	0.75	1.0	2.0
$1000 < b \leq 1250$	1.0	1.0	2.0
$1250 < b \leq 2000$	1.0	1.2	按设计
$2000 < b \leq 4000$	1.2	按设计	

注：1. 不适用于地下人防与防火隔墙的预埋管。
2. 排烟系统风管的钢板厚度可按高压系统选用。
3. 特殊除尘系统风管的钢板厚度应符合设计要求。

2）钢板圆形风管板材厚度：钢板圆形风管板材厚度应符合表 4-28 的规定。

表 4-28　钢板圆形风管板材厚度　（单位：mm）

风管直径（D）	低压风管		中压风管		高压风管	
	螺旋缝	直缝	螺旋缝	直缝	螺旋缝	直缝
$D \leq 320$	0.5		0.5		0.5	
$320 < D \leq 450$	0.5	0.6	0.5	0.75	0.6	0.75
$450 < D \leq 1000$	0.6	0.75	0.6	0.75	0.6	0.75
$1000 < D \leq 1250$	0.75	1.0	0.75	1.0	1.0	—
$1250 < D \leq 2000$	1.0	1.2	1.2		1.2	
$D > 2000$	1.2	按设计				

3）不锈钢板风管板材厚度：不锈钢板风管板材厚度不应小于表 4-29 的规定。

表 4-29　不锈钢板风管板材厚度　（单位：mm）

圆形风管直径（D）或矩形风管长边尺寸（b）	不锈钢板厚度
D（b）≤ 500	0.5
$500 < D$（b）≤ 1120	0.75
$1120 < D$（b）≤ 2000	1.0
$2000 < D$（b）≤ 4000	1.2

4）铝板风管板材厚度：铝板风管板材厚度不应小于表 4-30 的规定。

表 4-30　铝板风管板材厚度　（单位：mm）

圆形风管直径（D）或矩形风管长边尺寸（b）	铝板厚度
D（b）≤ 320	1.0
$320 < D$（b）≤ 630	1.5
$630 < D$（b）≤ 2000	2.0
$2000 < D$（b）≤ 4000	按设计

(2) 非金属材料风管板材厚度

1) 硬聚氯乙烯风管板材厚度：硬聚氯乙烯风管板材厚度应符合表4-31和表4-32的规定。

表4-31 硬聚氯乙烯圆形风管板材厚度 (单位：mm)

风管直径 (D)	板材厚度
D≤320	3.0
320<D≤630	4.0
630<D≤1000	5.0
1000<D≤2000	6.0

表4-32 硬聚氯乙烯矩形风管板材厚度 (单位：mm)

风管长边尺寸 (b)	板材厚度
b≤320	3.0
320<b≤500	4.0
500<b≤800	5.0
800<b≤1250	6.0
1250<b≤2000	8.0

2) 玻璃钢风管板材厚度：有机玻璃钢风管板材厚度不应小于表4-33的规定，无机玻璃钢风管板材厚度应符合表4-34的规定。

表4-33 有机玻璃钢风管板材厚度 (单位：mm)

圆形风管直径 (D) 或矩形风管长边尺寸 (b)	壁厚
D (b) ≤200	2.5
200<D (b) ≤400	3.2
400<D (b) ≤630	4.0
630<D (b) ≤1000	4.8
1000<D (b) ≤2000	6.2

表4-34 无机玻璃钢风管板材厚度 (单位：mm)

圆形风管直径 (D) 或矩形风管长边尺寸 (b)	壁厚
D (b) ≤300	2.5~3.5
300<D (b) ≤500	3.5~4.5
500<D (b) ≤1000	4.5~5.5
1000<D (b) ≤1500	5.5~6.5
1500<D (b) ≤2000	6.5~7.5
D (b) >2000	7.5~8.5

（3）复合材料风管板材厚度。复合材料风管板材厚度应符合表 4-35 的规定。

表 4-35　复合材料风管板材厚度　（单位：mm）

风管类别	管板厚度
酚醛铝箔复合板风管	≥20
聚氨酯箔复合板风管	≥20
玻璃纤维复合板风管	≥25

4.1.3　风管系统附件

空调工程风管系统附件是指通风空调系统的各类风口、阀门、排气罩、风帽、检查门、测定孔和支吊架等。这里将主要介绍空调系统中常用的风口、阀门等。

1. 风口

（1）风口类型：空调系统风口的类型很多，常用的有百叶风口、散流器和条缝形风口。

百叶风口是空调工程中常用风口，有联动百叶风口和手动百叶风口。百叶风口内可装对开式调节阀，以调节风口风量。百叶风口的外形有方形、矩形、圆形，叶片有单层和双层等。单层百叶风口可用于一般送风口或回风口，双层百叶风口用于调节风口垂直方向气流的角度。图 4-3 所示为双层百叶风口和单层百叶风口。

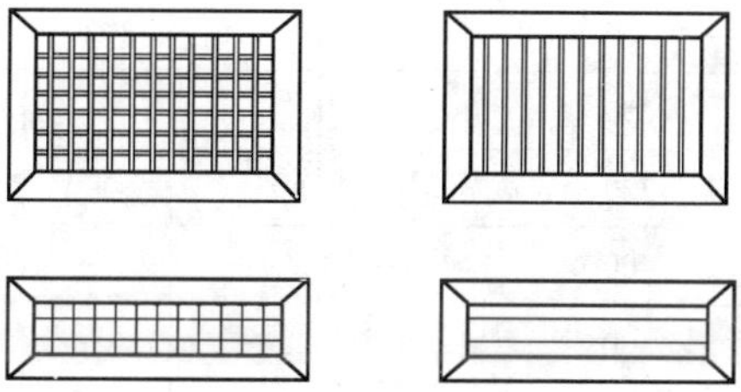

a)　b)

图 4-3　百叶风口

a）双层百叶风口　b）单层百叶风口

散流器外形有方形、圆形和矩形，如图 4-4 所示。

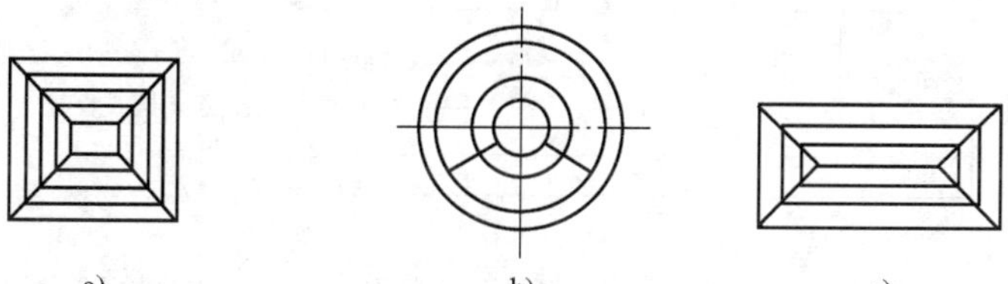

a)　b)　c)

图 4-4　散流器

a）方形　b）圆形　c）矩形

条缝形风口用于空调系统中，可安装在侧墙上和天花板上。条缝形风口有单条缝、双条缝和多条缝等，如图 4-5 所示。

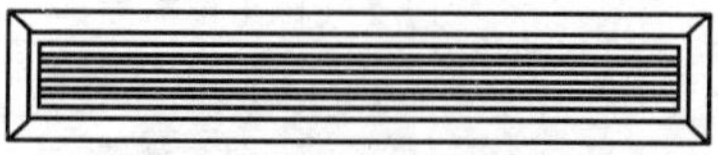

图 4-5　条缝形风口

除此之外，还有喷口、旋流风口、孔板风口及专用风口。

（2）风口的基本规格：风口的基本规格用颈部尺寸（与风管的接口尺寸）表示，见表 4-36和表 4-37。

表 4-36　圆形风口基本规格

直径/mm	100	120	140	160	180	200	220	250	280	320
规格代号	10	12	14	16	18	20	22	25	28	32
直径/mm	360	400	450	500	560	630	700	800	—	—
规格代号	36	40	45	50	56	63	70	80	—	—

表 4-37　方形、矩形风口基本规格

宽/mm 规格代号 高/mm	120	160	200	250	320	400	500	630	800	1000	1250
120	1212	1612	2012	2512	3212	4012	5012	6312	8012	10010	—
160	—	1616	2016	2516	3216	4016	5016	6316	8016	10016	12516
200	—	—	2020	2520	3220	4020	5020	6320	8020	10020	12520
250	—	—	—	2525	3225	4025	5025	6325	8025	10025	12525
320	—	—	—	—	3232	4032	5032	6332	8032	10032	12532
400	—	—	—	—	—	4040	5040	6340	8040	10040	12540
500	—	—	—	—	—	—	5050	6350	8050	10050	12550
630	—	—	—	—	—	—	—	6363	8063	10063	12563

散流器的基本规格可按相等间距（50mm、60mm、70mm）排列。

（3）风口型号表示方法。

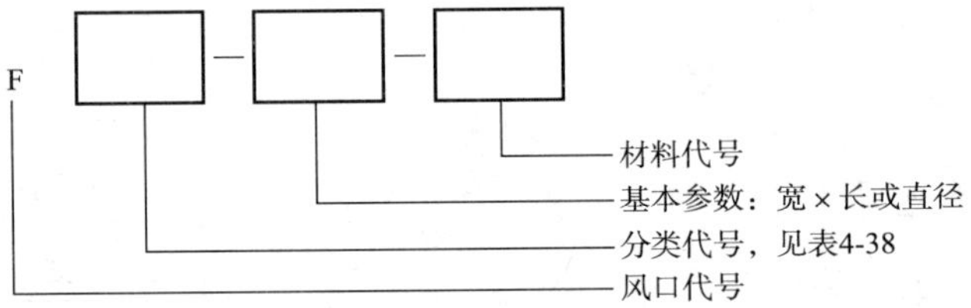

表 4-38　分类代号

序号	风口名称	分类代号	序号	风口名称	分类代号
1	单层活动百叶风口	BHD	10	活动叶片条缝形风口	HT
2	双层活动百叶风口	BHS	11	旋流风口	XL
3	圆形散流器	SY	12	孔板风口	KB
4	方形散流器	SF	13	网板风口	WB
5	矩形散流器	SJ	14	椅子风口	YZ
6	盘形散流器	SP	15	灯具风口	DJ
7	圆形喷口	PY	16	篦孔风口	BK
8	矩形喷口	PJ	17	固定叶片条缝形风口	GT
9	球形喷口	PQ	18	地用百叶风口	BDY

2. 阀门　通风与空调工程常用的阀门有蝶阀、多叶调节阀（平行式、对开式）、离心式通风机圆形瓣式起动阀，以及空气处理室中的旁通阀、防火阀和单向阀等，用于关断、调节风量和风压或阻断保护。

蝶阀是通风系统中最常见的一种风阀。按断面形状不同，蝶阀分圆形、方形和矩形 3 种；按调节方式不同，有手柄式和拉链式两类。

图 4-6　对开式多叶调节阀
a）手动阀门　b）电动阀门

空调工程中常用的对开式多叶调节阀分为手动式和电动式两种（见图 4-6），分别通过手轮和蜗杆进行调节，设有启闭指示装置，在叶片的一端均用闭孔海绵橡胶板进行密封。这种调节阀一般装有 2～8 个叶片，每个叶片长轴端部都装有摇柄，连接各摇柄的连动杆与调节手柄相连。操作手柄，各叶片就能同步开或闭。调整完毕，拧紧蝶形螺母，就可以固定位置。对叶片的要求是：应能贴合，间距均匀，搭接一致。

防火阀是高层建筑通风空调系统不可缺少的部件。当发生火灾时，它可以切断气流，防止火灾的蔓延。阀板开启与否，应有信号指示，并与通风机连锁。防火阀按阀门关闭驱动方式分类可分为重力式防火阀、弹簧力驱动式防火阀（或称为电磁式）、电动机驱动式防火阀以及气动驱动式防火阀等 4 种。其中，重力式防火阀是空调系统中常用的防火阀，它又可分为矩形和圆形两种。矩形防火阀有单板式和多叶片式两种，圆形防火阀只有单板式一种。重力式防火阀的结构如图 4-7～图 4-9 所示。防火阀在通风空调系统中平时处于常开状态，阀门的阀板式叶片由易熔片将其悬吊成水平或水平偏下 5°的状态。当火灾发生时，流过防火阀的空气温度只要高于 70℃，易熔片就会熔断，阀板或叶片靠重力自行下落，带动自锁簧片动作，使阀门关闭自锁，防止火焰通过管道蔓延。

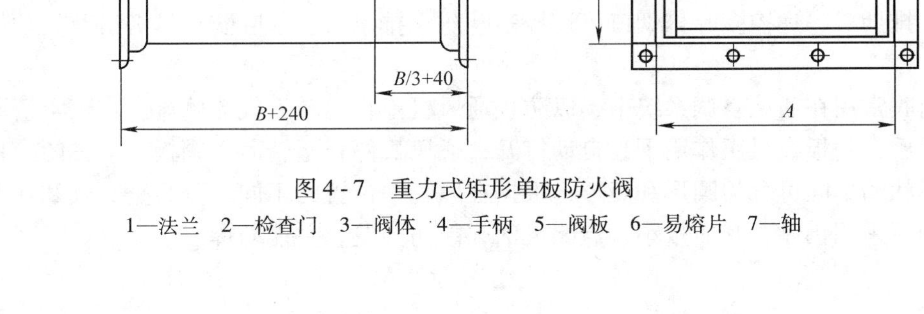

图 4-7　重力式矩形单板防火阀
1—法兰　2—检查门　3—阀体　4—手柄　5—阀板　6—易熔片　7—轴

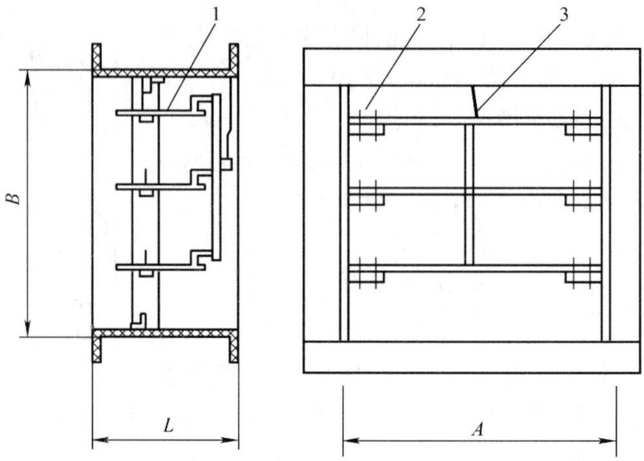

图 4-8 重力式矩形多叶片防火阀

1—阀板 2—轴 3—易熔片

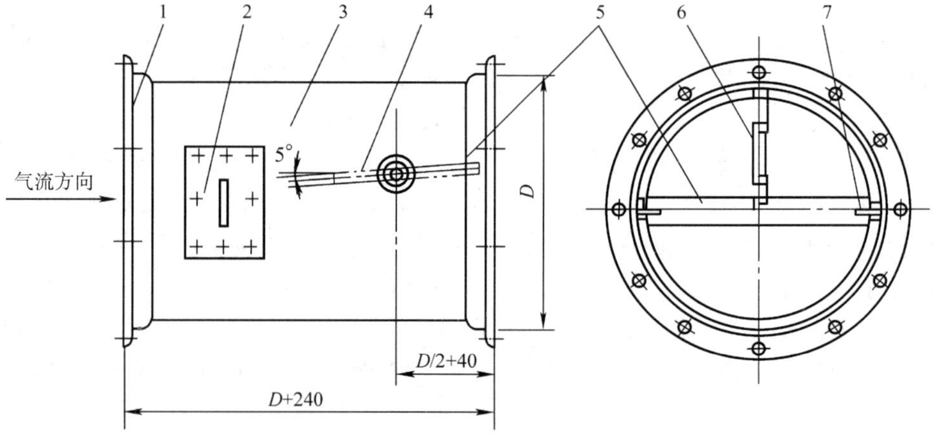

图 4-9 重力式圆形单板防火阀

1—法兰 2—检查门 3—阀体 4—手柄 5—阀板 6—易熔片 7—轴

图 4-7 所示的防火阀多用于水平气流风道中，若用于垂直气流风道，易熔片一端必须向下倾斜 5°，以便于阀板下落关闭。易熔片的熔点温度可根据设计需要决定。

排烟阀安装在排烟系统中，平时呈关闭状态，发生火灾时借助于感烟器、感温器能自动开启排烟阀门。常用的排烟阀包括排烟防火阀、远控排烟阀、远控排烟防火阀、板式排烟口、多叶排烟口、远控多叶排烟口、远控多叶防火排烟口、多叶防火排烟口及电动排烟防火阀等。

单向阀常用在通风空调系统中，以防止通风机停止运转后气流倒流。在正常情况下，通风机开动后，阀板在风压作用下会自动打开；通风机停止运转后，阀板自动关闭。单向阀根据管道形状的不同可分为圆形和矩形；根据在风管中位置的不同，分为垂直式和水平式。单向阀的阀板采用铝制，其质量小，启闭灵活，能防火花，并能防爆。

4.2　风管施工与安装的方法

4.2.1　风管及配件加工

4.2.1.1　风管的加工

风管和配件大部分是由平板加工而成的。从平板到成品的加工，其基本加工工序可分为划线、剪切、成形、连接以及安装法兰等步骤。

1. 划线　按照风管或配件的外形尺寸将其表面展成平面，在平板上依实际尺寸画出展开图，这个过程称为展开划线，也称为放样。划线的正确与否直接关系到风管或配件的尺寸大小和制作质量，所以划线必须要有足够的精度，这样才能保证成品的尺寸偏差不超过规定值。制作金属风管和配件的外径或外边长小于或等于 300mm 的，允许尺寸偏差为 1mm；外径或外边长大于 300mm 的，允许尺寸偏差为 2mm。常用的划线方法有平行线法、放射线法、三角形法等。

2. 剪切　金属薄板的剪切就是按划线的形状进行裁剪下料。板材剪切必须按划线形状进行裁剪，注意要留出接口留量（如咬口、翻边留量），并做到切口整齐、直线平直、曲线圆滑、角度准确。剪切分为手工剪切和机械剪切。

3. 折方和卷圆成形　折方用于矩形风管和配件的直角成形。手工折方时，先将厚度小于 1.0mm 的钢板放在方垫铁上（或用槽钢、角钢）打成直角，然后用硬木方尺进行修整，打出棱角，使表面平整；机械折方时则使用扳边机压制折方。

制作圆形风管时，卷圆的方法有手工卷圆和机械卷圆两种。手工卷圆一般只能卷厚度在 1.0mm 以内的钢板。将打好咬口边的板材在圆垫铁或圆钢管上压弯曲，卷接成圆形，使咬口互相扣合，并把接缝打紧合实，最后再用硬木尺均匀敲打找正，使圆弧均匀成正圆。机械卷圆利用卷圆机进行，适用于厚度 2.0mm 以内、板宽 2000mm 以内的板材卷圆。

4. 板材的连接　通风空调工程中制作风管和各种配件时，必须将板材进行连接。金属薄板的连接通常有 3 种方式，即咬口连接、铆钉连接和焊接。金属风管的咬口连接或焊接选用见表 4-39。

表 4-39　金属风管的咬口连接或焊接选用

<table>
<tr><th rowspan="2">板厚（δ）/mm</th><th colspan="3">材质</th></tr>
<tr><th>钢板（不包括镀锌钢板）</th><th>不锈钢板</th><th>铝板</th></tr>
<tr><td>$\delta\le1.0$</td><td>咬口连接</td><td>咬口连接</td><td rowspan="3">咬口连接</td></tr>
<tr><td>$1.0<\delta\le1.2$</td><td rowspan="3">焊接（电弧焊）</td><td rowspan="3">焊接（氩弧焊或电弧焊）</td></tr>
<tr><td>$1.2<\delta\le1.5$</td></tr>
<tr><td>$\delta>1.5$</td><td>焊接（气焊或氩弧焊）</td></tr>
</table>

板厚小于或等于 1.2mm 时，主要采用咬口连接。咬口缝的外观要求平整，并能够提高风管的刚度。咬口方法有手工咬口和机械咬口两种。

风管、部件或配件与法兰的连接常采用铆接。铆接是将连接的板材翻边搭接，用铆钉穿连并铆合在一起，如图 4-10 所示。

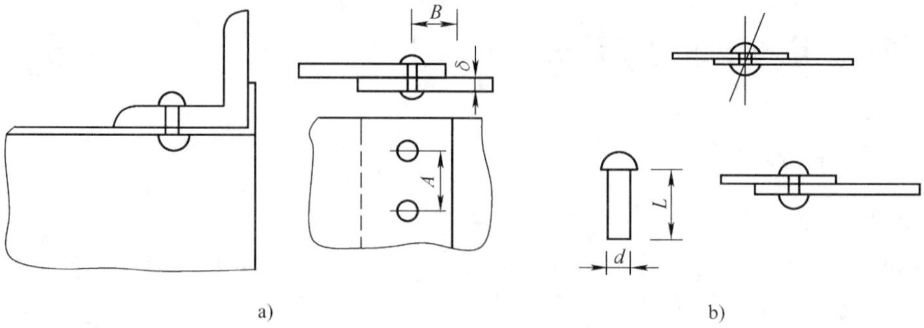

图 4-10　铆钉连接
a）法兰铆钉连接　b）风管铆钉连接

当普通（镀锌）钢板厚度大于 1.2mm（或 1.0mm），不锈钢板厚度大于 1.0mm，铝板厚度大于 1.5mm 时，应采用焊接。焊接焊缝表面应平整均匀，不应有烧穿、裂缝、结瘤等缺陷。

5. 制作　风管与风管之间、风管与部件和配件之间的连接通常采用法兰连接。圆形风管法兰用料规格见表 4-40，矩形风管法兰用料规格见表 4-41。

表 4-40　圆形风管法兰用料规格　（单位：mm）

圆形风管直径	法兰用料规格	
	扁钢	角钢
≤140	-20×4	—
150~280	-25×4	—
300~500	—	∟25×3
530~1250	—	∟30×4
1320~2000	—	∟40×4

表 4-41　矩形风管法兰用料规格　（单位：mm）

矩形风管大边长	法兰用料规格
≤630	∟25×3
800~1250	∟30×4
1600~2000	∟40×4

4.2.1.2　风管部件的加工

1. 风口的加工

（1）风口规格应以颈部外径或外长边为准，其尺寸的允许偏差值应符合表 4-42、表 4-43 的规定。

表 4-42　圆形风口尺寸允许偏差　（单位：mm）

直径	≤250	>250
允许偏差	-2~0	-3~0

表 4-43　矩形风口尺寸允许偏差　（单位：mm）

边长	<300	300~800	>800
允许偏差	-1~0	-2~0	-3~0
对角线长度	<300	300~500	>500
两对角线之差	≤1	≤2	≤3

（2）风口外表装饰面应平整光滑，其平面度允许偏差应符合表 4-44 的规定。

表 4-44　风口平面度允许偏差

表面积/m^2	<0.1	0.1~0.3	0.3~0.8
平面度允许偏差/mm	1	2	3

采用板材制作的风口外表装饰面拼接的缝隙应小于或等于 0.2mm，采用铝型材制作的应小于或等于 0.15mm。

（3）风口外表面不得有明显的划伤、压痕与花斑，颜色应一致，熔核应光滑。

（4）风口的转动调节部分应灵活，叶片应平直，同边框不得碰擦，定位后应无松动现象。

（5）百叶风口的叶片间距应均匀，两端轴的中心应在同一直线上。叶片中心线直线度允许偏差为 3/1000，叶片平行度允许偏差为 4/1000。手动式风口叶片与边框铆接松紧应适当。

（6）散流器的扩散环和调节环应同轴，径向间距分布应匀称。

（7）风口在安装前和安装后都应扳动一下调节柄或杆。因为在运输和安装过程中，风口都有可能变形，即使是最小的变形也能影响调节的灵活性。

在安装风口时，应注意风口与房间内的顶线和腰线协调一致。安装风管时，风口应服从房间的线条。吸顶安装的散流器应与顶面平齐。散流器的每层扩散圈应保持等距。散流器与总管的接口应牢固可靠。

2. 风阀的加工

（1）风阀的加工应满足下列规定：

1）阀门的制作应牢固，调节和制动装置应准确、灵活、可靠，并标明阀门启闭方向和调节角度。

2）电动与气动调节风阀的执行机构及连动装置的动作应可靠，其调节范围及指示角度应与阀板开启角度一致。

3）保温调节风阀的连杆设置在阀体外侧时，应加设防护罩。

4）安装阀门时，应注意将阀门调节装置设置在便于操作的部位，安装在高处的阀门也要使其操作装置处于离地面或平台 1~1.5m 处。阀门安装完毕后，应在阀体外部标出开、关的方向及开启程度。对保温的风管系统，应在保温层外设法作标志，以便于调试和管理。

（2）蝶阀的加工。手柄式蝶阀由短管、阀板和调节装置三部分组成，如图 4-11 所示。

短管用厚度为 1.2~2mm 的钢板（最好与风管壁厚相同）制成，长度为 150mm。加工时，穿轴的孔洞应在展开时精确划线、钻孔，钻好后再卷圆焊接。为便于连接风管，短管两端应分别设置法兰。

阀板可用厚度为 1.5 ~ 2mm 的钢板制成，直径较大时，可用扁钢进行加固。阀板的直径应略小于风管直径，但不宜过小，以免漏风。

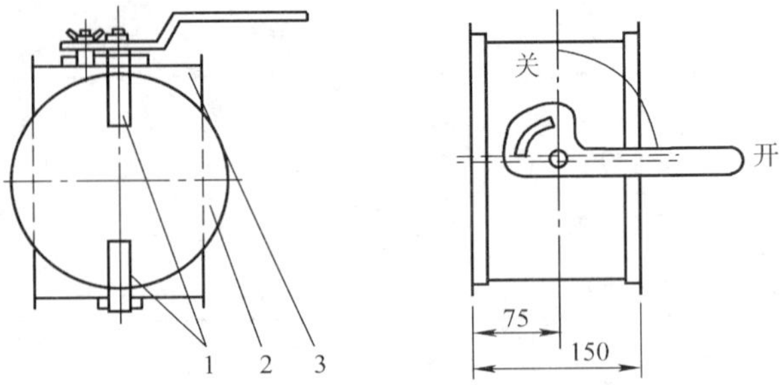

图 4-11　手柄式蝶阀

1—调节装置　2—阀板　3—短管

手柄用 3mm 厚的钢板制成，其扇形部分开有 1/4 圆周弧形的月牙槽，圆弧中心开有和轴相配的方孔，使手柄可按需要位置开关或调节阀板的位置。手柄通过焊在垫板上的螺栓和翼形螺母固定开关位置，垫板可通过焊在风管上进行固定。

组装蝶阀时，应先检查零件尺寸，然后把两根半轴穿入短管的轴孔，并放入阀板，用螺栓把阀板固定在两个半轴上，使阀板在短管中绕轴转动，并在转动灵活无卡阻的情况下，垫好垫圈。在短管外铆好螺栓的垫板和下垫板，再把手柄套入，并以螺母和翼形螺母固定。蝶阀轴应严格放平，阀门在轴上应转动灵活，手柄位置应能明确标明阀门的开或关。

（3）多叶调节阀的加工。在制作时，宜在原标准图的基础上增设法兰，并加强其刚度。组装后，调节装置应准确、灵活、平稳。其叶片间距应均匀，关闭后叶片应能互相贴合，搭接尺寸应一致。对于大截面的多叶调节风阀，应加强叶片与轴的刚度，适宜分组调节，并均应标明转动方向的标志，阀件均应进行防腐处理。

（4）防火阀、排烟阀的加工。防火阀、排烟阀应符合下列要求：

1）阀体外壳、叶片用钢板制作，板厚必须大于或等于 2mm，严防火灾时变形失效。

2）部件在任何时候都应转动灵活，并应采用耐腐蚀的材料制作，如黄铜、不锈钢和镀锌铁件等金属材料，并应转动灵活。

3）易熔件应为消防部门批准并检验合格的正规产品。易熔件的检验以在水中测试为准，其熔点温度应符合设计要求，允许偏差为 -2℃。易熔件应设在阀板迎风侧。

4）阀板关闭时应严密，以有效地阻隔气流。

5）阀门动作应可靠，其允许漏风量应符合表 4-45 的规定。

表 4-45　防火阀、排烟阀允许漏风量

阀门类型	两端压差/Pa	允许漏风量/ [m^3/ (h · m^2)]
防火阀	300	≤700
排烟阀	300	≤700
板式排烟口	250	≤150

（5）单向阀的加工。

1）单向阀的阀板用铝板加工，制作后的阀板应启闭灵活，关闭严密。

2）阀板的转轴与铰链一般采用不易腐蚀的黄铜经机械加工而成，加工精度应符合要求，转动必须灵活。

3）水平安装的单向阀，在弯轴上安装时可调坠锤，用来平衡和调节阀板的关启。坠锤应该平稳、可靠。

4.2.1.3　风管配件的加工

1. 弯头的加工　风管弯头是用以改变气流流动方向的管件。根据弯管截面形状的不同，有圆形弯头和矩形弯头；根据弯头使用位置的不同，有 90°弯头、60°弯头、45°弯头、30°弯头等。矩形弯头有内外弧形弯头、内弧形矩形弯头及内斜线矩形弯头。

圆形弯头的弯曲半径一般为弯管直径的 1 ~ 1.5 倍。矩形弯头的形式和曲率半径如图 4 - 12 所示。内弧形和内斜线弯头的外边长 $A \geqslant 500$mm 时，为改善气流分布的均匀性，弯头内应设导流片。

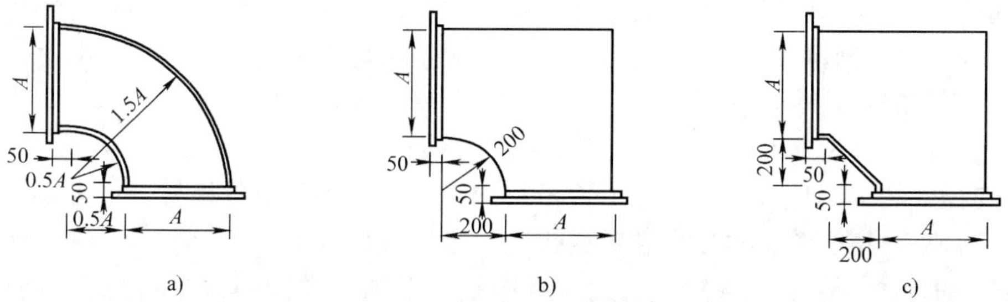

图 4 - 12　矩形弯头的形式和曲率半径
a）内外弧形矩形弯头　b）内弧形矩形弯头　c）内斜线矩形弯头

对于圆弯头，把剪切下的端节和中节先进行纵向接合的咬口折边，再卷圆咬口成各个管节，然后用手工或机械在管节两侧加工立咬口的折边，进而把各管节组合成弯头。对于弯头的咬口，要求咬口严密一致，各节的纵向咬口应错开，成形的弯头应与要求的角度一致。

当弯头采用焊接方法加工时，应先将各管节焊好，再次修整圆度后，进行节间组对定位焊，将其焊成弯管并整形，经检查合格后再进行焊接。定位焊点应沿弯头圆周均匀分布，按管径大小确定点数，最少不少于 3 处。施焊时，应防止弯管两面及周长出现受热集中现象。焊缝应采用对接焊缝。

矩形弯头可用转角咬口和联合咬口连接。为防止法兰套在弯头的圆弧上，可放出法兰余量，其余量为法兰角钢的边宽加 10mm 的翻边量。矩形弯头的加工可参考圆形弯头的步骤。

2. 三通的加工　圆形三通主管及支管下料后，即可进行整体组合。主管和支管结合缝的连接，可为咬口、插条或焊接连接。

当采用咬口连接时，采用覆盖法咬接。先把主管和支管的纵向咬口折边放在两侧，并把展开的主管平放在支管上，套好咬口缝，再用手将主管和支管扳开，把结合缝打紧打平，最后把主管和支管卷圆，并分别咬好纵向结合缝，打紧打平纵向咬口，进行主、支管的整圆修整。

当用插条连接时，主管和支管可分别通过咬口、卷圆加工成独立的部件，然后把对口部分放在平钢板上检查是否贴实，再进行接合缝的折边工作。折边时，主管和支管均为单平折边，如图 4 - 13 所示。

用加工好的插条，在三通的接合缝处插入，并用木锤轻轻敲打。插条插入后，用小锤子和衬铁打紧打平。

当采用焊接法使主管和支管连接时，应先用对接焊缝把主管和支管的结合缝焊好，在板料经平整消除变形后，将主管、支管分别卷圆，再分别对缝焊接，最后进行整圆的修整。

矩形三通的加工可参照矩形风管的加工方法进行咬口连接。当采用焊接方法连接时，矩形风管和三通可按要求采用角焊缝、搭接角焊缝或扳边角焊缝。

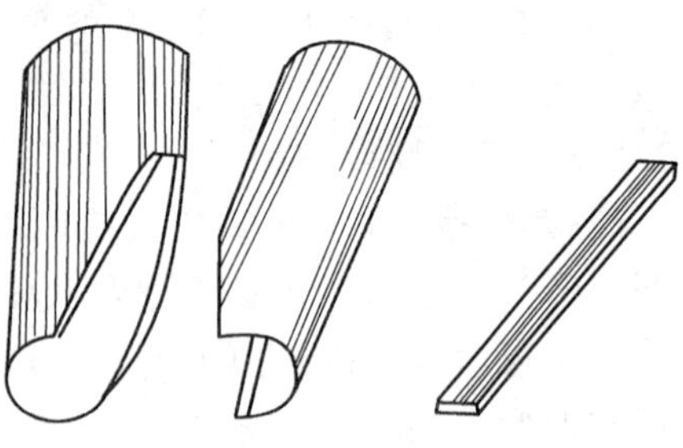

图 4-13 三通的插条法加工

3. 变径管的加工 圆形变径管下料时，咬口留量和法兰翻边留量应留得合适，否则会出现大口法兰与风管不能紧贴，小口法兰套进不去等现象。为防止这种现象出现，下料时可将相邻的直管剪掉一些，或将变径管高度减少，将减少量加工成正圆短管，套入法兰后再翻边。为使法兰顺利套入，下料时可将小口稍微放小一些，把大口稍微放大一些，从上边穿大口法兰，翻边后，再套入上口法兰进行翻边。

矩形变径管和天圆地方管，可用 1 块板材加工制成。为了节省板材，也可用 4 块小料拼接，即先咬合小料拼合缝，再依次卷圆或折边，最后咬口成形。

4. 法兰的加工 圆形风管法兰的加工顺序是：下料→卷圆→焊接→找平→加工螺栓孔及铆钉孔。矩形风管法兰的加工顺序是：下料→组合成形→找正→焊接和钻孔。

圆形风管法兰内径或矩形风管法兰的内边尺寸不得小于风管外径或外边尺寸，允许偏差为 ±2mm，平面度允许偏差为 2mm，以保证连接紧密不漏风。法兰上钻孔直径应比连接螺栓直径大 2mm，螺栓及铆钉的间距不应大于 150mm。

风管与扁钢法兰连接时，可采用翻边连接。风管与角钢法兰连接时，管壁厚度应小于或等于 1.5mm；采用翻边铆接时，铆接部位应在法兰外侧。管壁厚度大于 1.5mm 时，可采用翻边定位焊或沿风管的周边将法兰满焊，如图 4-14 所示。

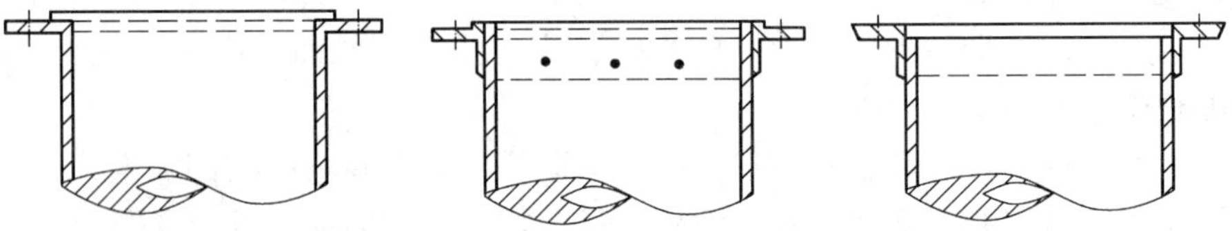

a) b) c)

图 4-14 法兰与风管的连接

a）翻边 b）铆接 c）焊接

当通风或空调系统采用法兰连接时，所有直风管、风管配件在加工后均应同时将两端的法兰装配好。

4.2.2 风管安装

安装风管系统前，应进一步核实风管及送回（排）风口等部件的标高是否与设计图样相符，并检查土建预留的孔洞、预埋件的位置是否符合要求。将预制加工的支吊架、风管及部件运至施工现场，根据工程量的大小分段进行安装。

施工工序一般为：支吊架的安装→风管的安装及连接→部件的安装。

4.2.2.1　支吊架的安装

支吊架的安装是风管系统安装的第一道工序。支吊架的形式应根据风管截面的大小及工程的具体情况选择，必须符合设计图样或国家标准图的要求。

（1）风管支吊架间距如无设计要求时，对于不保温风管，应符合表 4-46 的要求。对于保温风管，支吊架间距无设计要求时，应按表 4-46 要求的间距值乘以 0.85。螺旋风管的支吊架间距可适当增大一些。

表 4-46　支吊架的间距

圆形风管直径或矩形风管长边尺寸/mm	水平风管间距/m	垂直风管间距/m	最少支吊架数/副
≤400	≤4	≤4	2
≤1000	≤3	≤3.5	2
>1000	≤2	≤2	2

矩形保温风管的支架、吊架、托架宜设在保温层外部，不得损坏保温层。

风管转弯处两端加支吊架。穿楼板和穿屋面处，因竖风管支吊架只起导向作用，所以穿楼板处应加固定支吊架。

（2）安装支吊架时应注意，对于矩形风管，安装标高是从管底算起的，而圆形风管是从风管中心计算的。圆形风管的管径由大变小时，为保持风管中心线的水平，托架的标高应按变径的尺寸相应地提高。输送空气湿度较大的风管，为排除管内凝结水，安装时应保持设计要求的 1% ~1.5% 的坡度；托架标高也应按风管的要求坡度安装。安装在托架上的圆形风管，应设托座。

（3）相同管径的支架、吊架、托架应等距离排列，但不能将它们设置在风口、风阀、检视门及测定孔等部位，否则将影响系统的使用效果。矩形保温风管不能直接与支架、吊架、托架接触，应垫上坚固的隔热材料，其厚度与保温层相同，以防止产生"冷桥"，造成冷（热）量损失。

（4）矩形风管抱箍支架应紧贴风管，折角应平直，连接处应留有螺栓收紧的距离；圆形风管抱箍圆弧应均匀，且应与风管外径相一致，抱箍应能箍紧风管。

（5）支吊架上的螺孔应采用机械加工，不得用气割开孔。

（6）支架、吊架、托架的预埋件或膨胀螺栓的位置，应正确并牢固可靠。支架埋入砌体或混凝土中时应去掉油污（不得涂装），以保证结合牢固。填塞水泥砂浆应稍低于墙面，以便土建修饰墙面时补平。为防止圆形风管安装后变形，应在风管支吊架接触处设置托座。

（7）安装吊架时，应根据风管中心线找出吊杆敷设位置。单吊杆在风管中心线上，双吊杆按托架角钢的螺孔间距或风管中心线对称安装，但吊架不能直接吊在风管法兰上。在楼板上固定吊杆时，应尽量放在预制楼板的板缝中，如位置不合适，可用锤子、尖錾或电锤打孔，但不要破坏土建质量。

（8）安装立管卡环时，应先在卡环半圆弧的中心划线，按风管位置和埋墙深度将最上半个卡环固定好，再用线锤吊正，在保证垂直度的情况下再将下半个卡环固定。

（9）用于不锈钢、铝板风管的支架、抱箍，应按设计要求做好防腐绝缘处理，防止电化学或晶间腐蚀。

4.2.2.2 风管的连接

风管之间连接的方法包括有法兰连接和无法兰连接两大类。无法兰连接形式有插接式、插条式、抱箍式等。风管与部件之间的连接一般采用软管连接。在风管连接时，不允许将可拆卸的接口处装设在墙或楼板内。

1. 风管法兰连接 风管采用法兰连接时按设计要求装填垫料后，应把两个法兰先对正，穿上几个螺栓并戴上螺母，暂时不要紧固，待所有螺栓都穿上后，再把螺栓拧紧。为了避免螺栓滑扣，紧固螺栓时应按十字交叉，并对称均匀地拧紧。连接好的风管，应以两端法兰为准，拉线检查风管连接是否平直。如在10m长的范围内，法兰和线的差值在7mm以内，每副法兰相互间的差值在3mm以内，则为合格。

同时应注意以下问题：连接法兰的螺母应在同一侧；法兰如有破损（开焊、变形等），应及时更换、修理；不锈钢风管法兰连接的螺栓，宜用同材质的不锈钢制成，如用普通碳素钢标准件，应按设计要求喷涂涂料；铝板风管法兰连接应采用镀锌螺栓，并在法兰两侧垫镀锌垫圈；聚氯乙烯风管法兰连接，应采用镀锌螺栓或增强尼龙螺栓，并且螺栓与法兰接触处应加镀锌垫圈。

风管采用法兰连接时，法兰垫料的厚度，通风空调系统为3~5mm，空气洁净系统则不能小于5mm。法兰垫料的选用，如设计时无明确规定，可按表4-47要求选用。

表4-47 风管法兰垫料

风管类型	法兰垫料
输送空气或烟气温度低于70℃的风管	橡胶板或闭孔海绵橡胶板
输送空气或烟气温度高于70℃的风管	石棉绳或石棉橡胶板
输送含有腐蚀性介质气体的风管	耐酸橡胶板或软聚氯乙烯板
输送产生凝结水或含有蒸汽的潮湿空气的风管	橡胶板或闭孔海绵橡胶板
除尘系统的风管	橡胶板
输送洁净空气的风管	橡胶板或闭孔海绵橡胶板

法兰垫料要尽量减少接头，并且接头必须采用楔形或榫形连接，并涂胶粘牢。法兰均匀压紧后的垫料宽度，应与风管内壁取平。

2. 风管无法兰连接 风管采用无法兰连接时，接口处应严密、牢固，矩形风管四角必须有定位及密封措施；风管连接的两平面应平直，不得错位和扭曲。螺旋风管一般采用无法兰连接。

（1）抱箍式连接。抱箍式连接将每一管段的两端轧制成鼓筋，并使其一端缩为小口。安装时，按气流方向把小口插入大口，外面用钢制抱箍将两个管端的鼓筋抱紧连接，最后用螺栓穿在耳环中固定拧紧，如图4-15a所示。

（2）插接式连接。插接式连接主要用于矩形或圆形风管的连接。先制作连接管，然后插入两侧风管，再用自攻螺钉或拉铆钉将其紧密固定，如图4-15b所示。

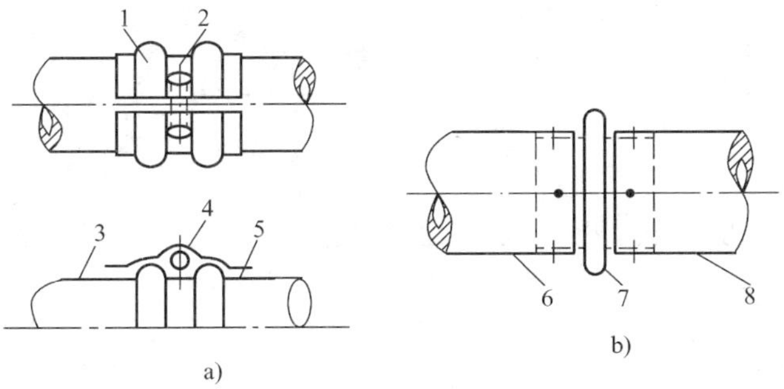

图4-15　无法兰连接形式

a）抱箍式连接　b）插接式连接

1、5—外抱箍　2—连接螺栓　3、6—风管　4—耳环　7—内接管　8—自攻螺钉

（3）插条式连接。插条式连接主要用于矩形风管的连接。将不同形式的插条插入风管两端，然后压实。其形状和接管方法如图4-16所示。

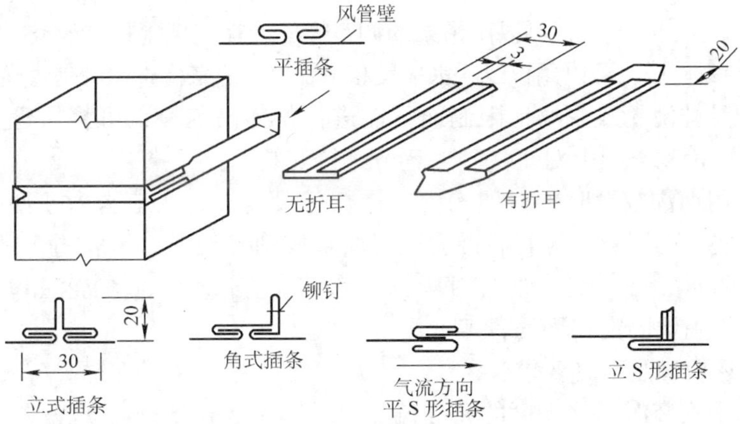

图4-16　插条式连接

3. 软管式连接　软管式连接主要用于风管与部件（如散流器、静压箱侧送风口等）的连接。安装时，软管两端套在连接管外，然后用特制软卡把软管箍紧。

4.2.2.3　风管的安装

风管应按顺序进行安装，先干管后支管，垂直风管一般从下向上安装。根据施工现场情况，可以在地面上将风管连成一定长度，然后采用吊装的方法就位，也可以把风管一节一节地放在支架上逐节连接。风管的具体安装方法参照表4-48和表4-49。

表4-48　水平风管的安装方式

建筑物	（单层）厂房，礼堂，剧场，（多层）厂房，建筑			
	风管标高小于或等于3.5m	风管标高大于3.5m	走廊风管	穿墙风管
主风管	整体吊装（升降机、倒链）	分节吊装（升降机、脚手架）	整体吊装（升降机、倒链）	分节吊装（升降机、高凳）
支风管	分节吊装（升降机、高凳）	分节吊装（升降机、脚手架）	分节吊装（升降机、高凳）	分节吊装（升降机、高凳）

注：括号中的内容为每种安装方式所对应的安装机具。

表 4-49　立风管的安装方式

风管标高/m	≤3.5	>3.5
室内	分节吊装（滑轮、高凳）	分节吊装（滑轮、脚手架）
室外	分节吊装（滑轮、脚手架）	分节吊装（滑轮、脚手架）

注：括号中的内容为每种安装方式所对应的安装机具。

吊装风管时应遵循以下步骤：

（1）吊装前，应根据现场的具体情况，在梁、柱的节点上挂好倒链或滑轮。

（2）用绳索将风管捆绑结实。塑料风管、玻璃钢风管或复合材料风管如需整体吊装，绳索不得直接捆绑在风管上，应用长木板托住风管底部，并且四周有软性材料作垫层时方可起吊。

（3）起吊时，先慢慢拉紧起重绳，当风管离地 200 ~ 300mm 时，应停止起吊，然后检查滑车的受力点和所绑扎的麻绳、绳扣是否牢固，风管的重心是否正确。当检查没问题后，再继续起吊到安装高度，把风管放在支吊架上，并加以稳固，这时才可解开绳扣。

（4）对于水平安装的风管，可以用吊架的调节螺栓或在支架上用调整垫块的方法来将其调整水平。风管安装就位后，可以用拉线、水平尺和吊线的方法来检查风管是否横平竖直。

（5）当不便悬挂滑轮或受场地限制而不能进行整体吊装时，可将风管分节用绳索拉到脚手架上，然后再抬到支架上对正法兰，逐节进行安装。

（6）风管采用地沟敷设时，在地沟内应进行分段连接。在地沟内不便操作时，可先在沟边将风管连接好，再用麻绳绑好后慢慢地将风管放到支架上。风管甩出地面或穿楼层时，甩头应不少于 200mm，敞口应作临时封堵。风管穿过基础时，应在浇灌基础前埋好预埋套管，并且套管应牢固地固定在钢筋骨架上。

安装风管时还应满足下列要求：

（1）风管水平安装时，水平度的允许偏差每米不应大于 3mm，总偏差不应大于 20mm。风管垂直安装时，垂直度的允许偏差每米不应大于 2mm，总偏差不应大于 20mm。风管沿墙敷设时，管壁到墙面至少保留 150mm 的距离，以便于拧法兰螺钉。

（2）输送产生凝结水或含有蒸汽的潮湿空气的风管，应按设计要求坡度安装，并且风管底部不宜设置纵向接缝，如有接缝，应作密封处理。

（3）风管穿出屋时应设防雨罩，如图 4-17 所示。防雨罩应设置在建筑结构预制的井圈外侧，使雨水不能沿壁面渗漏到屋内；穿出屋面超出 1.5m 的立管，应设拉索固定。拉索不得固定在风管法兰上，且严禁固定在避雷针或避雷网上。

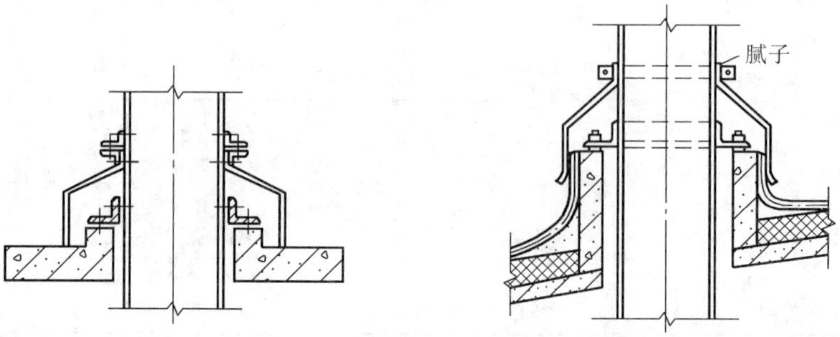

图 4-17　风管穿出屋面的防雨防漏措施示意图

（4）钢制套管的内径尺寸，应以能穿过风管的法兰及保温层为准，其壁厚不应小于2mm。套管应牢固地预埋在墙、楼板（或地板）内。

（5）输送易燃、易爆气体或在该环境下使用的风管应设接地，并且尽量减少接口，当通过生活间或辅助间时，不得设有接口。

（6）不锈钢风管安装在碳素钢支架上时，接触处应按设计要求喷涂涂料，或在支架与风管间垫以橡胶板、塑料板等非金属块，也可垫上零碎的不锈钢板下脚料。

（7）玻璃钢类风管树脂不得有破裂、脱落及分层，安装后不得扭曲。

（8）空气洁净系统的风管在安装前应进行擦拭，风管内表面应无油污、无浮尘。施工完毕或暂停施工时，应将管开口处封闭，防止灰尘进入。空气洁净系统风管安装后必须检漏，以检查系统的严密性。

4.2.2.4　铝板风管的安装

（1）铝板风管法兰的连接应采用镀锌螺栓，并在法兰两侧垫以镀锌垫圈，防止铝法兰被螺栓刺伤。

（2）铝板风管的支吊架、抱箍应镀锌或按设计要求作防腐处理。

（3）铝板风管采用角钢法兰时，应翻边连接，并用铝铆钉固定。采用的角钢法兰，其用料规格应符合相关规定，并应根据设计要求作防腐处理。

4.2.2.5　非金属风管的安装

非金属风管的安装与金属风管基本相同，但是由于塑料风管的力学性能和使用条件与金属风管有所不同，因此还应注意以下几点：

（1）塑料风管较重，加之塑料风管受温度和老化的影响，所以支架间距一般为 2～3m，一般以吊架为主。聚氯乙烯风管支架的参数见表 4-50。

表 4-50　聚氯乙烯风管支架的参数

矩形风管的长边或圆形管道的直径/mm	承托角钢规格	吊环螺栓直径/mm	支架最大间距/m
≤500	∟30mm×30mm×4mm	8	3.0
510～1000	∟40mm×40mm×5mm	8	3.0
1010～1500	∟50mm×50mm×6mm	10	3.0
1510～2000	∟50mm×50mm×6mm	10	2.0
2010～3000	∟60mm×60mm×7mm	10	2.0

（2）支架、吊架、托架与风管的接触面较大，这是因为硬聚氯乙烯管质脆且易变形。所以安装硬聚氯乙烯风管时，在接触面处应垫厚度为 3～5mm 的塑料垫片，并使其黏结在固定的支架上。

（3）硬聚氯乙烯的线胀系数大，因此支架抱箍不能将风管固定过紧，应当留有一定间隙，以便其伸缩。当塑料风管长度大于 20m 时，应安装伸缩节。

（4）塑料风管与热力管道或发热设备应有一定的距离，以防止风管受热变形。

（5）风管上所采用的金属附件，如支吊架、螺栓和保护套管等，应根据防腐要求刷涂防腐材料。

（6）风管的法兰垫料应采用 3～6mm 厚的耐酸橡胶板或软聚氯乙烯塑料板。螺栓可用镀锌螺栓或增强尼龙螺栓。在螺栓与法兰接触处应加垫圈以增加其接触面，并防止螺孔因螺栓的拉力而受损。

（7）水平安装的凝结水排除管，应有1%～1.5%的坡度。

（8）塑料风管穿墙和穿楼板时，应装金属套管保护。钢套管的壁厚不应小于2mm。如果套管截面大，其用料厚度也应相应增大。预埋时，钢制套管外表面不应涂装，但应除净油污和锈蚀。套管外应配有筋板，以便牢固地将其固定在墙体和楼板上。套管和风管间应留有5～10mm的间隙，或者以能穿过风管法兰为度，使塑料风管可以自由沿轴向移动。套管端应与墙面齐平，预埋在楼板中的套管要高出楼地面20mm。穿墙金属套管如图4-18a所示。

（9）塑料风管穿过屋面时，应由土建设置保护圈（见图4-18b），以防止雨水渗入，并防止风管受到冲击。

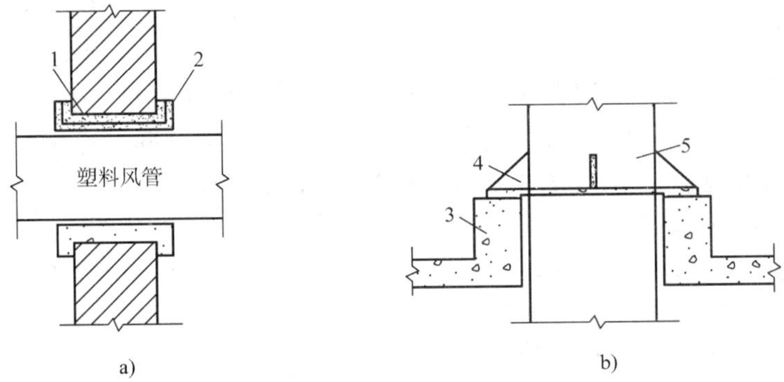

图4-18 塑料风管的保护套管

a）过墙套管 b）保护圈

1—耐酸水泥 2—金属套管 3—混凝土结构 4—塑料支承 5—塑料风管

（10）硬聚氯乙烯风管与法兰连接处应该加焊三角支承。

（11）室外风管的壁厚应适当增加，并且外表应刷涂两道铝粉漆或白油漆，以防止因太阳辐射而使塑料老化。

（12）塑料风管穿出屋面时，在1m处应加拉索，拉索的数量不应少于3根。

（13）支管的重量不得由干管承担，所以干管上要接较长的支管时，支管上必须设置支架、吊架、托架，以免干管因承受支管的重量而造成破裂现象。

4.2.3 空调系统部件安装

空调系统中的常用部件有风口、阀门、风帽、吸排气罩等。空调系统部件与风管大多采用法兰连接。

4.2.3.1 风口的安装

（1）对于矩形风口，要控制两对角线之差小于或等于3mm，以保证四角方正；对于圆形风口，则控制其直径，一般取其中任意两互相垂直的直径，并使两者的偏差小于或等于2mm。

（2）风口表面应平整、美观，与设计尺寸的允许偏差不应大于2mm。在整个空调系统中，风口是唯一外露于室内的部件，故对它的外形要求要高一些。

（3）多数风口是可以调节的，有的甚至是可以旋转的。凡是有调节、旋转部分的风口，都要保证活动件轻便灵活，并且叶片应平直，同边框不应有碰擦。

（4）在安装风口时，应注意风口与所在房间内线条应协调一致。尤其当风管暗装时，风口应服从房间的线条。另外，吸顶的散流器应与平顶平齐。散流器的扩散圈应保持等距，并且散流器与总管的接口也应牢固可靠。

除满足上述要求外，百叶风口在风管上安装时应直接固定在风管壁上，在墙上安装时应预留洞。预留洞的尺寸见表 4-51。散流器安装在吊顶上时，支管应以斜三通接出；每个散流器只能占据一块吊顶装饰板的位置，且居中安装；安装时应自上而下安装，不得另加装饰；散流器重量可由风管承担，也可由吊顶承担；散流器与风管连接时，应使风管法兰处于不铆接状态，待散流器按正确位置安装后，再准确定出风管法兰的安装位置，然后将法兰与风管铆接牢固。

表 4-51　排烟口、送风口预留洞的尺寸

排烟口、送风口规格（$A \times B$）	500mm × 500mm	630mm × 630mm	700mm × 700mm	800mm × 630mm	1000mm × 630mm	1250mm × 630mm
预留洞尺寸（$a \times b$）	765mm × 515mm	895mm × 645mm	965mm × 715mm	1065mm × 645mm	1265mm × 645mm	1515mm × 645mm
排烟口、送风口规格（$A \times B$）	800mm × 800mm	1000mm × 800mm	1000mm × 1000mm	1250mm × 1000mm	1600mm × 1000mm	—
预留洞尺寸（$a \times b$）	1065mm × 815mm	1265mm × 815mm	1265mm × 1015mm	1515mm × 1015mm	1865mm × 1015mm	—

注：$A \times B$ 表示风口规格尺寸长 × 宽，$a \times b$ 表示预留洞口尺寸长 × 高。

4.2.3.2　风阀的安装

安装风阀时应遵循以下规定：

（1）阀门的制作应牢固，调节和制动装置应准确、灵活、可靠，并标明阀门的启闭方向。

（2）阀门调节装置应设在便于操作的部位，安装在高处的阀门也要使其操作装置处于离地面或平台 1～1.5m 处。

（3）阀门在安装完毕后，应在阀体外部明显地标出“开”和“关”的方向及开启程度。对保温系统，应在保温层外面设法做标志，以便调试和管理。

（4）斜插板阀一般多用于除尘系统，安装时应考虑不产生积尘。因此，安装水平管上的斜插板阀时，应顺气流安装，而在安装垂直管（气流向上）时，斜插板阀就应逆气流安装。

（5）止回阀的阀轴必须灵活，阀板关闭应严密，铰链和转动轴应采用不易锈蚀的材料制作。

（6）防爆系统的部件必须严格按照设计要求制作，设计时要求使用的材料严禁用其他材料代用。

具体安装要求因阀门不同而异。

1. 防火阀的安装　风管中的防火阀大致可分为直滑式、悬吊式、百叶式3种。

（1）防火阀的安装除了应满足一般要求外，还需满足下列特殊要求：

1）外壳应能防止失火时变形失效，其厚度不应小于2mm。

2）转动部件在任何时候都应转动灵活，并应采用耐腐蚀材料制作，如黄铜、青铜、不锈钢和镀锌铁件等金属材料，否则会使防火阀失效。

3）易熔件的检验以在水浴中测试为准，其熔点温度应符合设计要求，允许偏差为-2℃。易熔件应设在阀板迎风侧，并且易熔件必须是经过有关部门批准的正规产品，不允许随便代用。易熔件应在安装工作完毕后再装，并且安装前应试验阀板的关闭是否灵活和严密。

4）防火阀门有水平安装和垂直安装，除此之外还有左式和右式之分，在安装时务必注意不能装反。

（2）防火阀楼板吊架和钢支座的安装如图4-19和图4-20所示。

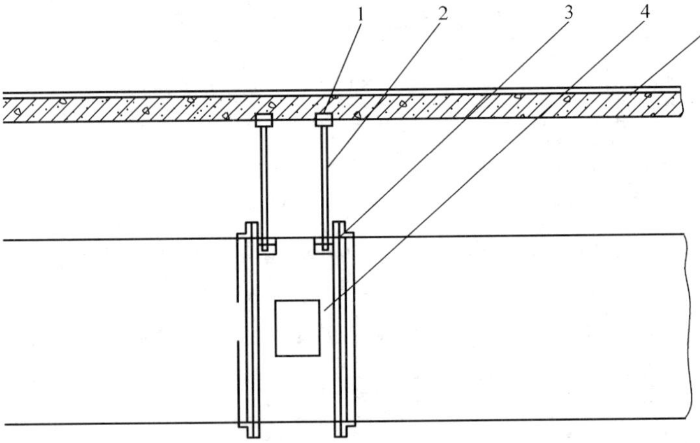

图4-19　防火阀楼板吊架的安装

1—楼板吊点　2—吊杆和螺母　3—吊耳　4—防火阀　5—楼板

（3）风管穿越防火墙时防火阀的安装如图4-21所示。要求防火阀单独设吊架，安装后应在墙洞与防火阀间用水泥砂浆密封。

（4）变形缝处防火阀的安装如图4-22所示。要求穿墙风管与墙之间保持50mm的距离，并用柔性非燃烧材料充填密封。

（5）风管穿越楼板时防火阀的安装如图4-23所示。要求穿越楼板的风管与楼板的间隙用玻璃棉或矿渣棉填充，外露楼板上的风管用钢丝网和水泥砂浆抹保护层。

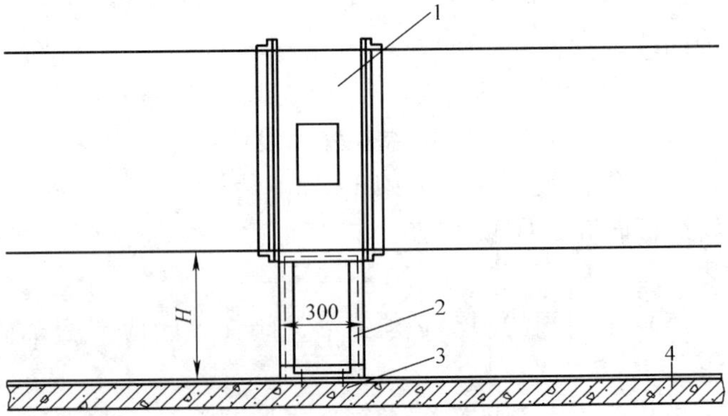

图4-20　防火阀楼板钢支座的安装

1—防火阀　2—钢支座　3—膨胀螺栓　4—楼板

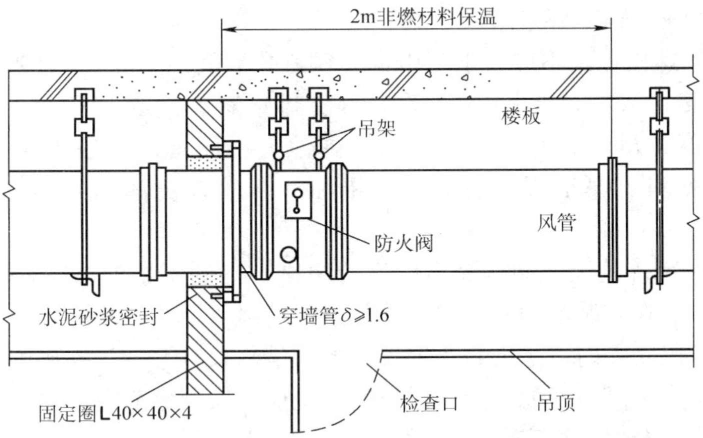

图 4-21　防火墙处防火阀的安装示意图

2. 止回阀的安装　止回阀宜安装在风机的压出管段上，开启方向必须与气流一致。水平安装时，坠锤的位置在侧面，而不能在上面或下面。坠锤摆动的角度约为 45°，如果摆幅不够，可能由卡阻或坠锤配重有问题引起，应查明原因加以纠正。垂直安装时，气流只能自下而上。止回阀的阀板靠风力推动开启，无风时或风向相反时，阀板靠重力回落封闭风道，阀上没有重锤，不能与水平安装的止回阀混用。

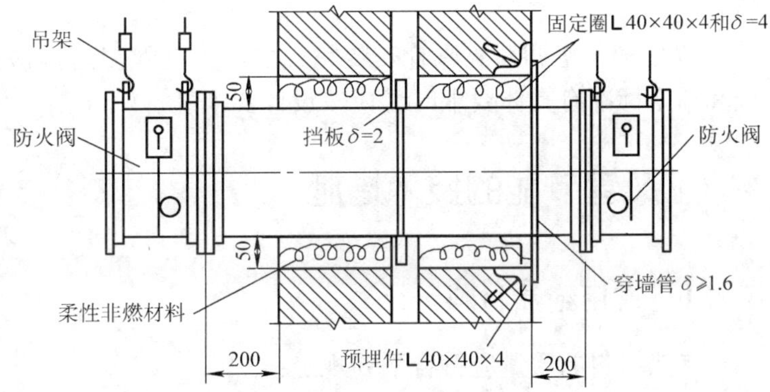

图 4-22　变形缝处的防火阀安装示意图

4.2.3.3　洁净系统的安装

空气洁净系统在施工过程中除了要求清洁外，还必须保持严密。为了保证系统的严密性，主要注意以下几点：

（1）制作风管、配件及法兰时，各项允许偏差必须符合规范规定。风管与法兰连接的翻边应均匀、平整，不得有孔洞和缺门。

（2）风管的咬口缝、铆钉缝、翻边四角等容易漏风的位置，应将表面的杂质、油污清除干净，然后涂密封胶密封。

（3）风管上的活动件、固定件及拉杆等应作防腐处理（如镀锌

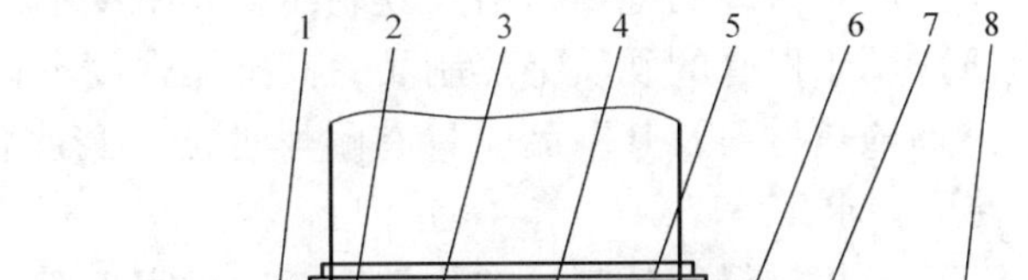

图 4-23　风管穿越楼板时防火阀安装示意图

1—膨胀螺栓　2—玻璃棉或矿渣棉　3—穿楼板风管
4—防火阀　5—固定支座　6—保护层　7—螺母　8—楼板

注：图中 A 指的是风管的边长。

等），与阀体的连接处不得有缝隙。

（4）风管法兰螺栓孔距不应大于120mm，铆钉孔的间距不应大于100mm。

（5）法兰连接、清扫口及检视门所用的密封垫料，应选用不漏气、不生尘、弹性好并具有一定强度的材料，其厚度根据材料弹性大小而定，一般为4～6mm，严禁使用乳胶海绵、泡沫塑料、厚纸板、石棉绳、铅油、麻丝以及油粘纸等含有孔隙和易生尘的材料。

（6）洁净空调系统的风管制作完后应进行擦拭，达到要求的洁净程度后，再将所有的孔口封住以待安装。在安装洁净系统时，要尽量保持风管清洁，不要急于打开封口，待一切准备工作完成并可以安装时，才能将需要安装的一端封口打开。当连接施工停顿时，必须将开口封闭。另外，安装高效过滤器处的封口时，也应待安装高效过滤器时才启封。因为高效过滤器的安装往往在全部系统安装完毕后才进行，甚至有时要等整个工艺系统安装结束并调试完成后再由使用单位自行安装，所以高效过滤器不宜早启封，这样才可保持系统内少受污染。

（7）净化空调系统风管安装完成之后，在保温之前应进行漏风检查。当设计对漏风检查和评定标准有具体要求时，应按设计要求进行。

4.3 风管节能的技术措施

4.3.1 常用绝热材料

绝热材料的质量应符合下列规定：

（1）用作保冷层的绝热材料及其制品，当其平均温度小于300K（27℃）时，热导率不得大于0.064W/（m·K）。绝热层材料应有随温度变化的热导率方程式或图表。

（2）用于保冷的绝热材料及其制品，其密度不得大于220kg/m³。

（3）用于保冷的硬质绝热制品，其抗压强度不得小于0.15MPa。

（4）绝热材料及其制品应具有耐燃性能、膨胀性能和防潮性能的数据或说明书，并应符合使用要求。

（5）绝热材料及其制品的化学性能应稳定，对金属不得有腐蚀作用。

（6）用于充填结构的散装材料，不得混有杂物及尘土。纤维类绝缘材料中，直径大于或等于0.5mm的渣球含量，矿渣棉小于10%，岩棉小于6%，玻璃棉小于0.4%；直径小于0.3mm的多孔性颗粒类绝热材料不宜使用。

常用保温材料及其性能见表4-52。

表4-52 常用保温材料及其性能

材料名称	密度/（kg/m³）	热导率/［W/（m·K）］	规 格
矿渣棉	120～150	0.044～0.052	散装
沥青矿渣棉毡	120	0.041～0.047	1000mm×750mm×（30～50）mm

（续）

材料名称	密度/（kg/m³）	热导率/［W/（m·K）］	规　格
玻璃棉	100	0.035～0.058	散装
沥青玻璃棉毡	60～90	0.035～0.047	5000mm×900mm×（25～50）mm
沥青蛭石板	350～380	0.081～0.105	500mm×250mm×（50～100）mm
软木板	250	0.06	1000mm×500mm×（25、38、50、65）mm
脲醛泡沫塑料	20	0.025	1050mm×530mm
防火聚苯乙烯塑料	25～30	0.035	500mm×500mm×（30～50）mm
甘蔗板	180～230	0.07	1000mm×500mm×（25～50）mm
牛毛毡	150	0.035～0.058	—
玻璃纤维板	90～120	0.03～0.04	—
水玻璃膨胀珍珠岩板	200～300	0.048～0.06	—
水泥膨胀珍珠岩板	250～350	0.06～0.07	—
玻璃纤维缝毡	80～110	0.04	—
超细玻璃棉毡	15～20	0.024～0.03	—

4.3.1.1　石棉板

石棉板是用石棉和黏结材料制成的板状材料。通风空调工程常用其作为电加热器前后风管的保温。石棉板的规格见表 4-53。

表 4-53　石棉板的规格

厚度/mm	1.6	3.2	4.8	6.4	8	9.6	11.2	12.7	14.3	15.9
宽度/mm	1000									
长度/mm	2000									
每平方米的质量/kg	1.85	3.75	5.55	7.4	9.25	11.10	12.95	14.80	16.65	18.50

4.3.1.2　岩棉及岩棉制品

岩棉是一种新型的保温、隔热及吸声材料，适用于风管及热交换器。岩棉板的规格见表 4-54。

表 4-54　岩棉板的规格

表观密度/（kg/m³）	规格/mm		
	长度	宽度	厚度
80	1000	910	30、50、60、70、80、100、120
100	1000	910	30、50、60、70、80、100、120
120	1000	910	30、50、60、70、80、100、120
150	1000	910	30、50、60、70、80、100、120
200	1000	910	30、50、60、70、80、100、120

4.3.1.3 玻璃棉及玻璃棉制品

玻璃棉及玻璃棉制品是一种高效的轻质、耐久的保温材料。玻璃纤维按其形态和长度分可分为连续纤维（又叫纺织纤维）、定长纤维、玻璃棉等。

1. **玻璃棉及其制品** 玻璃棉的性能见表4-55。

表4-55 玻璃棉的性能

名称	纤维直径/μm	表观密度/（kg/m^3）	常温热导率/［W/（m·K）］	耐热度/℃	吸声系数（厚50mm，频率为500～4000Hz）	使用特性
普通玻璃棉	<15	80～100	0.0523	≤300	—	使用温度不能超过300℃，耐腐蚀性差
普通超细玻璃棉	<5	20	0.0348	≤400	≥0.75	一般使用温度不超过300℃
无碱超细玻璃棉	<2	4～15	0.0325	≤600	≥0.75	一般使用温度为-120～600℃，耐蚀性强
高硅氧棉	<4	95～100	当温度为262～413℃时，高温热导率为0.0678～0.10269	≤1000	≥0.75	耐高温，耐蚀性强
中级纤维棉	15～25	80～100	≤0.058	≤300	≥0.75	一般使用温度不能超过300℃，耐蚀性较差

2. **普通玻璃棉制品** 普通玻璃棉制品的主要技术指标见表4-56。

表4-56 普通玻璃棉制品的主要技术指标

技术指标		中级纤维淀粉黏结制品	中级纤维酚醛树脂制品	玻璃棉沥青胶粘剂制品
纤维直径/μm		10～25	10～25	10～13
密度/（kg/m^3）		100～130	120～150	75～135（生产） 100～170（安装）
质量吸水率（%）		≤1	≤1	≤0.5
直径大于0.5mm渣球的含量（%）		≤1	≤1	≤3.5
常温热导率/［W/（m·K）］		0.0397～0.0467	0.0409～0.0467	0.0409～0.0584
使用温度/℃		-35～300	-35～350	-20～250
尺寸误差（%）	长度	±3		
	宽度	±5		
	厚度	±2		
	内径	-1，+3		—

玻璃棉因采用酚醛树脂作胶粘剂，当加热温度超过200℃时，在受热面一侧胶粘剂会发生分解，易产生变形及脱层和下沉现象。因此，对树脂制品，不但要控制胶粘剂的用量（质量分数，1%～8%），而且产品出厂前应进行耐热性检验。

3. **超细玻璃棉制品** 玻璃纤维的使用温度取决于其化学成分内碱金属氧化物的含量。

因受热时，碱金属氧化物将发生剧烈的热裂化现象，降低了玻璃纤维的耐热性和化学稳定性。普通玻璃纤维及超细玻璃棉的含碱量应限制在 15%（质量分数）范围内。无碱玻璃棉的总含碱量则应在 2%（质量分数）以内。超细玻璃棉制品对皮肤无刺激感，具有优良的绝热吸声性能和吸附过滤作用，在工程中应用较广。

超细玻璃棉制品的主要技术性能见表 4-57。表 4-57 中的超细棉无脂毡和缝合垫允许加入胶粘剂，但不应多于 1%（质量分数），其力学性能应满足的纵向断裂载荷不应小于表 4-58 的规定。

表 4-57　超细玻璃棉制品的主要技术指标

技术指标		超细棉无脂毡和缝合垫	超细棉树脂制品
平均纤维直径/mm		≤4	≤4
密度/（kg/m³）		40 ~ 60（生产） 60 ~ 80（安装）	60 ~ 80
直径大于 0.25mm 渣球的含量（%）		<0.4	<0.4
质量吸水率（%）		≤1	≤1
抗折强度/MPa		—	0.15 ~ 0.2
常温热导率/［W/（m·K）］		≤0.035	0.04
使用温度/°C		−120 ~ 400	−120 ~ 300
尺寸误差（%）	长度	±3	±3
	宽度	±5	±5
	厚度	±2	±2
	厚度负侧内偏差率	≤20	≤20

表 4-58　超细棉无脂毡和缝合垫的力学性能

试样平均质量/g	5 ~ 6	6 ~ 8	8 ~ 10	10 ~ 12	12 ~ 14
平均纵向断裂载荷/N	4	8	12	16	20

缝合垫是采用镀锌铁丝网双面或单面缝合，或采用中碱玻璃丝布贴面缝合成的制品。

中碱或低碱（含碱金属氧化物总量为 2% ~ 6%）超细玻璃棉制品可用于不受水湿的中低温工程。对于易燃部位和可能有油脂渗漏的部位，不应使用普通超细棉及其制品。

4. 无碱超细玻璃棉制品　无碱超细玻璃棉制品是采用碱金属氧化物总含量小于 2% 的超细玻璃纤维加入耐高温的胶粘剂或不加胶粘剂而直接成形的无树脂制品。其主要技术指标见表 4-59。

表 4-59　无碱超细玻璃棉制品的主要技术指标

技术指标	无碱超细玻璃棉无脂毡和缝合垫
纤维平均直径/μm	≤4
使用密度/（kg/m³）	40 ~ 60
安装密度/（kg/m³）	60 ~ 80

（续）

技术指标	无碱超细玻璃棉无脂毡和缝合垫				
直径大于0.25mm渣球的含量（%）	<0.4				
质量吸水率（%）	<1				
试样平均质量/g	5~6	6~8	8~10	10~12	12~14
平均断裂载荷不小于/N	4	8	12	16	20
常温热导率/［W/（m·K）］	≤0.035				
使用温度/℃	-120~600				

4.3.1.4 矿渣棉及矿渣棉制品

矿渣棉是利用矿渣为主要原料，经熔化、高速离心法或喷吹法等工序制成棉丝状的保温无机纤维材料。它具备了保温材料的性能。

矿渣棉有松散的和用沥青或酚醛树脂为胶粘剂加压成形而制成的各种规格的板、毡、管壳等。其技术性能及规格见表4-60~表4-62。

表4-60 矿渣棉的性能及规格

技术性能				杂质含量（质量分数）			规 格
表观密度/(kg/m^3)	热导率/[(W/(m·K)]	渣球含量(%)	烧结温度/℃	水分(%)	沥青或矿物油(%)	硫(%)	纤维直径/μm
一级：<100	<0.044	<6	800	<3	<1	<1	<6
二级：<150	<0.046	<10	800	<3	<1	<1	<8
114.3~130	0.0324~0.0407	2.63~7.5	780~820	—	—	—	3.63~4.2

表4-61 沥青矿渣棉毡的性能及规格

技术性能										规格/mm
表观密度/(kg/m^3)	热导率/[(W/(m·K)]	抗拉强度/MPa	相对恢复系数(%)	质量吸水率(%)	使用温度/℃	烧结温度/℃	纤维平均直径/μm	渣球含量(%)	沥青含量(%)	
一级：100	0.044	≥0.012	65~85	1.07	≤250	—		<25	3~5	1000×750(3~50)
二级：120	0.0465	≥0.008	65~85	1.07	≤250	—		<25	3~5	
135~160	0.048~0.052	—	—	—	—	650~700	8.97	19.5	7.74	1000×750(3~50)

表4-62 酚醛树脂矿渣棉制品的性能及规格

产品名称	产品性能						规格/mm
	表观密度/(kg/m^3)	抗拉强度/MPa	热导率/[W/(m·K)]	质量吸水率(%)	使用温度/℃	含水量(%)	
酚醛树脂矿渣棉板	<150 <200	0.20 0.15	≤0.0465 ≤0.0523	0.8~1.0 0.8~1.0	<300 <300	<3 <3	750×500×（40、50、60）
酚醛树脂矿渣棉管壳	<150 <200	0.2 0.15	≤0.0465 ≤0.0523	0.8~1.0 0.8~1.0	<300 <300	<3 <3	φ50，φ76，φ83，φ89 φ108，φ133，φ159，φ219 φ245，φ273，φ325，φ377

4.3.1.5　泡沫塑料

1. 聚氨酯泡沫塑料　聚氨酯泡沫塑料按所用原料不同，可分为聚醚型和聚酯型；按塑料的软硬程度，可分为软质和硬质两种。它是以聚醚树脂或聚酯树脂为基料，与甲苯二异氰酸酯、水、催化剂、泡沫稳定剂等按一定比例混合搅拌，并进行发泡，制成开孔（或闭孔）的泡沫塑料。

硬质聚氨酯泡沫塑料是闭孔结构，常用于保冷隔热，也可在施工现场发泡喷涂（或灌注），能自粘于金属、木材、水泥等基材上。软质聚氨酯泡沫塑料是开孔结构并富有弹性的泡沫体，除用于保冷隔热外，还可用于生活用品。

聚氨酯泡沫塑料可以在工厂中制造，也可以在施工现场喷涂或手工浇注成型。聚氨酯泡沫塑料的主要技术指标见表 4-63。

表 4-63　聚氨酯泡沫塑料的主要技术指标

技术指标	硬质	软质
密度/（kg/m^3）	30 ~ 50	30 ~ 42
压缩 10% 时的抗压强度/MPa	>0.2	—
常温热导率/［W/（m·K）］	0.0366 ~ 0.055	0.0233 ~ 0.047
质量吸水率（%）	0.2 ~ 0.3	—
体积吸水率（%）	0.03	—
使用温度/℃	-80 ~ 100	-50 ~ 100
防火性	可燃，离火 2s 自熄	
化学稳定性	耐全损耗系统用油，20% 盐酸、45% 氢氧化钠侵蚀 24h 无变化	

2. 聚氯乙烯泡沫塑料　聚氯乙烯泡沫塑料是将聚氯乙烯树脂与甲基丙烯酸甲酯（增塑剂）、偶氮二异丁腈（引发剂或同时作发泡剂）、碳酸铵及碳酸氢钠（发泡剂）磨细混合均匀，装入密闭的压模内，在高温及高压作用下使聚合物软化膨胀，并分解出气体，形成半胶凝体（整块毛坯），然后再将冲压模上升，使半胶凝体处于自由状态，用蒸汽、热水或热空气再度加热，毛坯继续发泡膨胀和熔合，而后冷却到室温即得密度小的高弹性泡沫塑料制品。它具有较高的抗压强度、刚度及表面不易破损的优点。它的吸水率和吸油率均小于软木板，故可用作寒带建筑的保温材料、各种冷水作业材料以及一般化工设备及管道的防腐蚀和绝热材料。其性能及规格见表 4-64。

表 4-64　聚氯乙烯泡沫塑料板的性能及规格

<table>
<tr><th rowspan="2">名称</th><th rowspan="2">规格/mm</th><th colspan="7">技术性能</th></tr>
<tr><th>抗压强度/MPa</th><th>表观密度/(kg/m³)</th><th>线收缩率(%)</th><th>吸水性/(kg/m³)</th><th>耐寒性/℃</th><th>可燃性</th><th>使用温度/℃</th></tr>
<tr><td rowspan="3">硬质聚氯乙烯泡沫塑料板</td><td>480×480×50，510×510×75，520×520×75，610×510×45</td><td>≥0.18</td><td rowspan="3">40 ~ 50</td><td>≤4</td><td>≤0.2</td><td>-35</td><td>—</td><td>—</td></tr>
<tr><td>480×480×65（质量小于 0.79kg/块），500×500×70（质量小于 0.85kg/块），520×520×75（质量小于 0.94kg/块），570×570×75（质量小于 1.15kg/块）</td><td>≥0.15</td><td>≤4</td><td><0.2</td><td>-35</td><td>—</td><td>—</td></tr>
<tr><td>550×450×（30、45、55、65）
580×480×（30、45、55、65）
610×510×（30、45、55、65）</td><td>≥0.18</td><td>≤2</td><td>≤0.2</td><td>-50</td><td>—</td><td>—</td></tr>
</table>

（续）

名称		规格/mm	技术性能						
			抗压强度/MPa	表观密度/(kg/m³)	线收缩率(%)	吸水性/(kg/m³)	耐寒性/℃	可燃性	使用温度/℃
硬质聚氯乙烯	泡沫塑料板	500×500×80，620×620×（30、75）	≥0.18	4.5	≤2	≤0.15	-35	—	—
		(450~550)×(200~300)×(20~55)	≥0.15	—	1.0	0.02	—	—	—
		500×500（15、20、25、30、35、40、45、50、55、60、65、70）	≥0.25	40~50	<4	<0.2	-35	—	—
软质聚氯乙烯	泡沫塑料板	600×300×(10~30)	0.5~1.5	≤27	≤15（体收缩率）	≤0.5	—	离开火源后10s自熄	±60
		450×450×17，500×500×(55、65)	抗拉强度≥0.1	—	≤15	≤1	—	—	热导率0.052W/(m·K)

3. 可发性聚苯乙烯泡沫塑料 可发性聚苯乙烯泡沫塑料的主要技术指标见表4-65。

表4-65 可发性聚苯乙烯泡沫塑料的主要技术指标

技术指标	数据（板、管壳）
密度/（kg/m³）	20~50
抗压强度（压缩10%）/MPa	0.12~0.18
抗拉强度/MPa	0.4
常温热导率/［W/（m·K)］	0.032~0.046
比热容/［kJ/（kg·K)］	1.47
蒸汽渗透系数/［g/（m²·h·Pa)］	1×10^{-5}~1.35×10^{-5}
质量吸水率（%）	0.11~0.40
体积吸水率（相对湿度为95%的空气中90天)(%)	0.035
防火性	易燃，但离火即熄
使用温度/℃	-80~75（在此温度下仍具有弹性）
化学稳定性	对淡水、海水、浓盐酸、浓硫酸、磷酸、50%氢氧化钾（钠）的侵蚀均稳定，仅溶解于丙酮、苯、混合汽油、香蕉水、乙醚等
制品加工性	易于切割，可用于聚酯酸乙烯乳、环氧树脂、酚醛树脂、聚氨酯预聚体等的黏结

4.3.1.6 软木制品

软木制品按其生产工艺的不同，可分为黏合型、碳化（焙烤法）型及蒸汽热压型等软木板和管制品。软木制品的技术指标见表4-66。

表 4-66　软木制品的技术指标

技术指标 \ 制品种类	板型		管型	
	Ⅰ	Ⅱ	Ⅰ	Ⅱ
密度/（kg/m^3）	≤180	≤240	≤200	≤204
常温热导率/［W/（m·K）］	0.058	0.081	0.07	0.081
抗压强度/MPa	0.4	0.4	—	—
质量吸水率（%）	<3	<5	<5	<6
防火性	碳化软木制品着火点为410℃，与乙炔火焰接触时，仅接触部分穿孔而不燃烧，为难燃烧材料；热压软木制品在1093℃火焰温度下烧0.5h，碳化层厚度仅为38.1mm			

软木管型制品的使用温度取决于成形工艺。如为黏合型制品，其使用温度不超过60℃，如为烘烧、蒸压型制品，则使用温度可达到130℃。

4.3.2　风管保温结构

与水管相同，风管的保温结构也由防锈层、保温层、防潮层（对保冷结构而言）、保护层、防腐蚀及识别标志层等构成，所用材料也基本相同。

4.3.3　风管保温施工

1. 保温施工的方法

（1）绑扎法保温。绑扎法保温是国内广泛采用的结构形式。它是将多孔材料或矿纤材料等制成的保温板、管壳、管筒或弧形块直接包覆在设备和管道上。

矩形风管的板材绑扎式保温结构如图 4-24 所示。其保温厚度按设计规定选取。

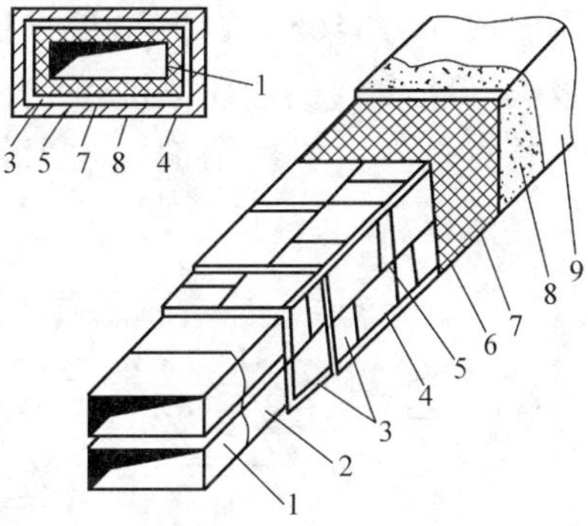

图 4-24　板材绑扎式风管保温结构
1—风管　2—红丹防锈漆　3—保温板
4—角形铁垫片　5—绑件　6—细钢丝
7—镀锌钢丝网　8—保护壳　9—调和漆

（2）木龙骨保温。木龙骨保温结构常用的保温材料有脲醛泡沫塑料、沥青矿渣棉毡、玻璃纤维缝毡、超细玻璃棉毡、聚氯乙烯泡沫塑料板（自熄性）。

龙骨保温的标准结构如图 4-25 和图 4-26 所示。

（3）黏结法保温。黏结法保温的特点是取消保温结构外表常用的钢丝网和抹面层，使用胶粘剂代替对缝灰浆。黏结保温结构的保护层可采用金属护壳或包缠玻璃丝布，玻璃丝布表面再刷涂银粉漆或其他涂料。

（4）涂抹法保温。涂抹法保温是采用不定形保温材料，如膨胀珍珠岩、膨胀蛭石、石棉白云石粉、石棉纤维、硅藻土熟料等，加入胶粘剂（如水泥、水玻璃、耐火黏土等），或再加入保凝剂（氟硅酸钠或霞石），选定其中一种配方，加水搅拌均匀，使之成为塑性泥团，用手或用工具涂抹到保温管道或设备上的施工方法，又称为涂抹法保温或泥饼保温。这种保温方法是一种传统的保温操作工艺，它便于接岔施工和填灌孔洞，不需支模，整体性好，所以至今仍然在使用。涂抹法保温不适用于露天或潮湿地点。

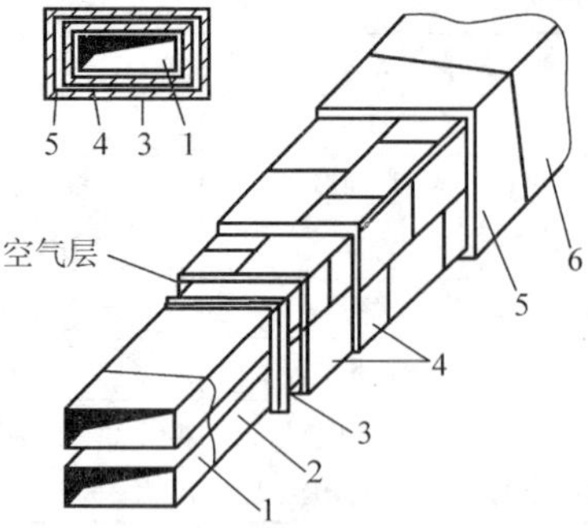

图4-25　木龙骨保温结构（一）
1—风管　2—红丹防锈漆　3—木龙骨
4—保温材料　5—胶合板或硬纸板　6—调和漆

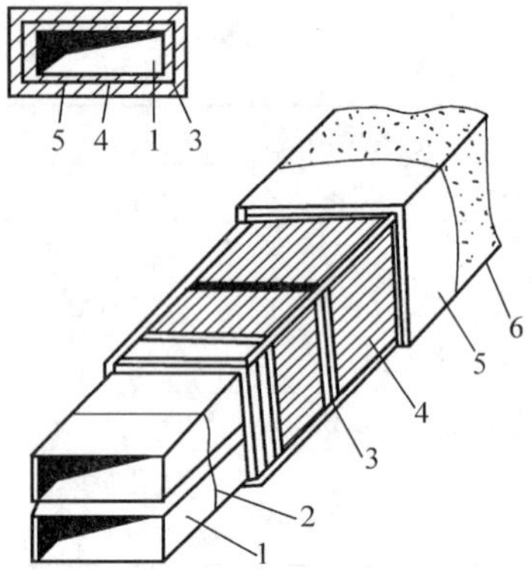

图4-26　木龙骨保温结构（二）
1—风管　2—防锈漆　3—木龙骨
4—保温材料　5—胶合板或硬纸板　6—调和漆

（5）钉贴法保温。钉贴法保温是矩形风管较多采用的一种保温方式，它用保温钉代替黏结剂将泡沫塑料保温板固定在风管表面上。这种方法操作简便、工效高。

使用的保温钉形式较多，有铁质的、尼龙的，还有用一般垫片的，也有用自锁垫片的，甚至有用白铁皮现场制作的，如图4-27所示。

施工时，先用黏结剂将保温钉粘贴在风管表面上。粘贴的间距一般为：顶面每平方米不少于4个，侧面每平方米不少于6个，底面每平方米不少于12个。保温钉粘上后，只要用手或木方轻轻拍打保温板，保温钉便穿过保温板而露出，然后套上垫片，将外露部分扳倒（将自锁垫片压紧即可），即将保温板固定。其结构如图4-28所示。这种方法的最大特点是省去了黏结剂。为了使保温板牢固地固定在风管上，外表也应用镀锌铁皮带或尼龙带包扎。

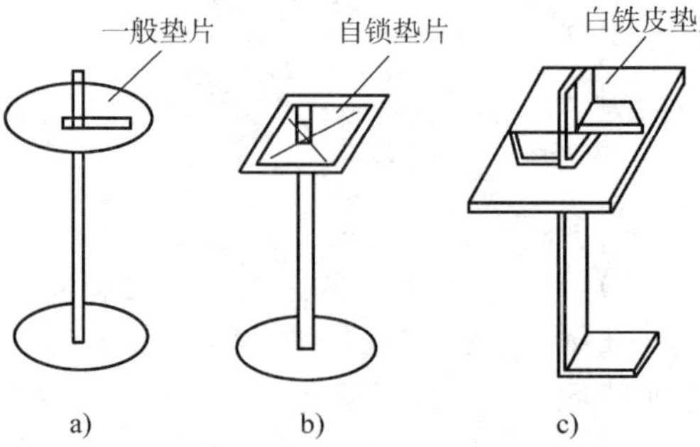

图4-27　保温钉
a）铁质保温钉　b）铁质或尼龙保温钉
c）白铁皮保温钉

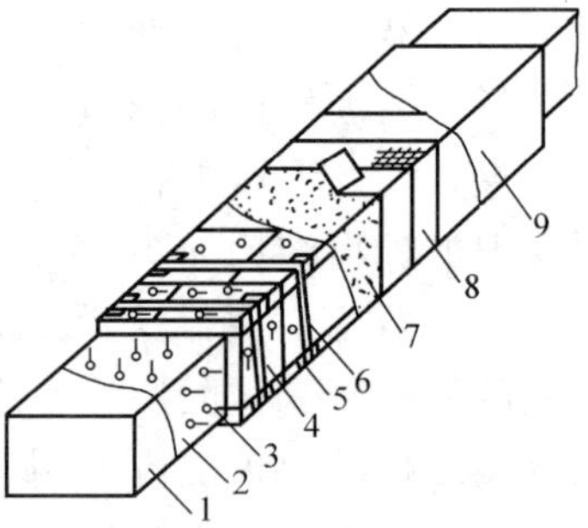

图4-28　钉贴法保温结构
1—管道　2—防锈漆　3—保温钉
4—保温板　5—铁垫片　6—包扎带
7—黏结剂　8—玻璃丝棉　9—防腐漆

（6）风管内保温。风管内保温是将保温材料置于风管的内表面，再用黏结剂和保温钉将其固定，是联合使用粘贴法和钉贴法的一种保温方法。其目的是加强保温材料与风管的结合力，以防止保温材料在风力作用下脱落。风管内保温结构如图4-29所示。

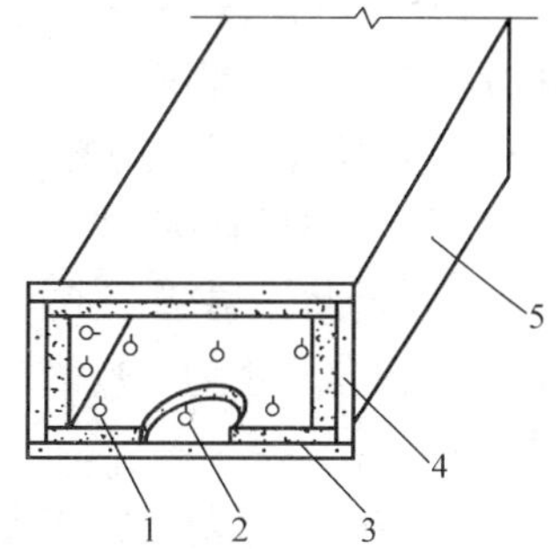

图 4-29　风管内保温结构
1—垫片　2—保温钉
3—保温棉毡　4—法兰　5—风管

风管内保温主要在高层建筑因空间狭窄不便安装消声器，而对噪声要求又较高的大型舒适性空调系统上作消声用。这种保温方法有良好的消声作用，并能防止风管外表面结露。保温在加工厂内进行，保温好后再运至现场安装。这样既保证了保温质量，又实现了装配化施工，提高了安装进度。但是，采用风管内保温时，减小了风管的有效断面，大大增加了系统的阻力，增加了铁板的消耗量和系统日后的运行费用。另外，系统容易积尘，对保温的质量要求也较高，并且不便于进行保温操作。

2. 保温施工的要求　保温施工的顺序一般为：先做保温层，再做防潮层，然后做保护层。

（1）风管与部件的保温工程施工时，应在风管系统严密性检验合格后进行。

（2）风管和管道的保温应采用不燃或难燃材料，其材质、密度、规格与厚度应符合设计要求。如采用难燃材料时，应对其难燃性进行检查，合格后方可使用。

（3）下列场合必须使用不燃保温材料：电加热器前后 800mm 的风管和保温层，穿越防火隔墙两侧 2m 范围内的风管、管道和保温层。

（4）输送介质温度低于周围空气露点温度的管道，当采用非闭孔性保温材料时，防潮层必须完整，且封闭良好。

（5）位于洁净室内的风管及管道的保温，不应采用易生尘的材料，如玻璃纤维、短纤维矿棉等。

（6）风管系统部件的保温，不得影响风管的操作功能。

（7）保温材料层应密实，无裂缝、空隙等缺陷；表面应平整，当采用卷材或板材时，允许偏差为 5mm；采用涂抹或其他方式时，允许偏差为 10mm。防潮层（包括保温层的端部）应完整，且封闭良好，其搭接缝应顺水。

（8）管道阀门、过滤器及法兰部位的保温结构应能单独拆卸。

（9）管道保温层的施工应符合下列规定：

1）保温产品的材质和规格应符合设计要求，管壳的粘贴应牢固，敷设应平整，绑扎应紧密，无滑动、松弛与断裂现象。

2）硬质或半硬质保温管壳的拼接缝隙，保温时不应大于 5mm，保冷时不应大于 2mm，并用黏结材料勾缝填满；纵缝应错开，外层的水平接缝应设在侧下方。当保温层的厚度大于 100mm 时，应分层敷设，层间压缝。

3）硬质或半硬质保温管壳应用金属丝或难腐织带捆扎，间距为 300～350mm，且每节至少捆扎 2 道。

4）松散或软质保温材料应按规定的密度压缩其体积，并且疏密应均匀。毡类材料在管道上包扎时，搭接处不应有空隙。

（10）管道防潮层的施工应符合下列规定：

1）防潮层应紧密粘贴在保温层上，并且封闭应良好，不得有虚粘、气泡、褶皱、裂缝等缺陷。

2）立管的防潮层应由管道的低端向高端敷设，环向搭接的缝口应朝向低端；纵向的搭接缝应位于管道的侧面，并顺水。

3）卷材防潮层采用螺旋形缠绕的方式施工时，卷材的搭接宽度应为 30～50mm。

（11）金属保护壳的施工应符合下列规定：

1）应紧贴保温层，不得有脱壳、褶皱、强行接口等现象。接口的搭接应顺水，并有凸筋加强，搭接尺寸为 20～25mm。采用自攻螺钉固定时，螺钉间距应匀称，并不得刺破防潮层。

2）户外金属保护壳的纵、横向接缝应顺水，其纵向接缝应位于管道的侧面。金属保护壳与外墙面或屋顶的交接处应加设泛水。

3. 保温层的厚度 一般风管保温层的厚度列于表 4-67。

表 4-67 风管保温层的厚度 （单位：mm）

材料	室内平顶内风管	机房内风管	室外风管
铝箔玻璃毡	25	50	—
石棉保温板	25	50	—
聚苯乙烯泡沫塑料	25	50	100
矿渣棉毡	25	50	—
软木	—	50	100

第5章　中央空调制冷机组及机房施工的方法与技术措施

5.1　制冷机房

设置制冷机的建筑称为制冷机房。制冷机房的位置应尽可能靠近冷负荷中心，其高度不应低于3.6m，每小时应有不少于3次换气的自然通风。氨制冷机房应有每小时不少于7次换气的事故通风设备，还应考虑到氨制冷剂的易燃易爆特性。制冷机房内制冷设备的布置必须符合制冷工艺流程，流向应通畅，连接管路要短，以便于安装和操作管理，并应留有适当的设备部件拆卸检修所占用的面积。另外，还应尽可能地使设备安装紧凑，并充分利用机房空间，以节约建筑面积，降低建筑费用。制冷机房主要操作通道的宽度应视机器的型号而定，但必须满足设备运输和安装方面的要求。通常情况下，由压缩机的突出部位到配电盘的通道宽度取1.5～2.0m；制冷压缩机间非主要通道的宽度可取0.8～1.0m；两台以上的制冷压缩机间，以及机器或机组突出部位之间的距离，应视制冷机的结构形式而定，一般情况下可取1.0～1.5m。

制冷机房内采用大、中型制冷机时，应考虑设备检修用的起重吊钩或吊环。视制冷设备的具体情况，在必要的条件下也可设置起重机。起重机的起重能力，可由制冷机的活塞或某重要零部件确定。起重机的形式，应视厂房和制冷设备的具体情况确定。需要吊装的设备，应布置在起重机吊钩的工作范围之内。

5.2　制冷压缩机的布置要求

（1）制冷机房内布置的制冷压缩机，一般不少于2台，多则不宜超过6台。但对大型制冷机房，则可按具体情况处理。例如，在允许制冷压缩机停机修理而不影响生产工艺的情况下，也可安装单台制冷压缩机。

（2）考虑到维修、运行和管理上的方便，多台机组布置的制冷压缩机型号应尽量统一。

（3）制冷压缩机的所有压力表、温度计和其他仪表，均应设置在便于观察的地方。通常情况下，应使其面向主要操作通道，高度宜设置在1.5m以下，超过此高度时，应在制冷压缩机旁设置便于操作的台阶。

（4）制冷压缩机的主轴拔出端应留有足够的空间，以便检修时装卸主轴。

（5）制冷机房内有多台制冷压缩机时，应将其布置成对称或有规律的形式，以使设备布置紧凑，节省建筑面积，易于形成主要操作面，便于操作运行和维护管理，并使设备整齐美观。

（6）制冷压缩机的基础，除工艺上有特殊要求外，一般均采用混凝土基础。

5.3 制冷机组施工与安装的方法

中央空调制冷机组安装的原则如下：

（1）机组必须安装在通风散热良好的场所，并考虑适当的维修和配管空间。另外，还应将其放置在平坦的基础上，并加减振器。

（2）水冷螺杆式冷水机组要安装在室内，并用螺栓固定。

（3）水泵应设置在进水口处，并且水泵的两端要采用软接头。

（4）膨胀水箱应设在水泵的入口处，并处于整个系统的最高处（高出1～3m）。

（5）冷却塔要安装在开放的露天场所，并且是空气能够自由流动不受阻的地方，另外还应考虑适当的维修和配管空间。

5.3.1 活塞式制冷机组的施工与安装

5.3.1.1 活塞式制冷机组主体设备的安装

活塞式制冷机组应安装在混凝土基础上，为了防止振动和噪声通过基础和建筑结构传入室内而影响周围环境，应设置减振基础（见图5-1）或在机器的脚底下垫隔振垫。

活塞式制冷压缩机的安装步骤如下：

（1）安装前，先在浇筑好的基础面上按照图样要求的尺寸画压缩机的纵横中心线、地脚螺孔中心线及设备底座边缘线等（见图5-2），并在螺栓孔两旁放置垫铁。在放置垫铁之前，应先将基础面处打磨平整，并在垫铁之外的基础面上打凿小坑，使二次浇筑层结合牢固，便于清除预留孔内的脏物。

将压缩机搬运到基础旁，准备好设备就位的起吊工具。正确选择绳索结孔位置，绳索与设备表面接触处应垫以软木或破布，以免擦伤表面油漆。然后将压缩机起吊到基础上方一定的高度，穿上地脚螺栓，使压缩机对准基础上事先画好的纵、横中心线，下落到基础上，将地脚基础装入地脚螺栓孔内。

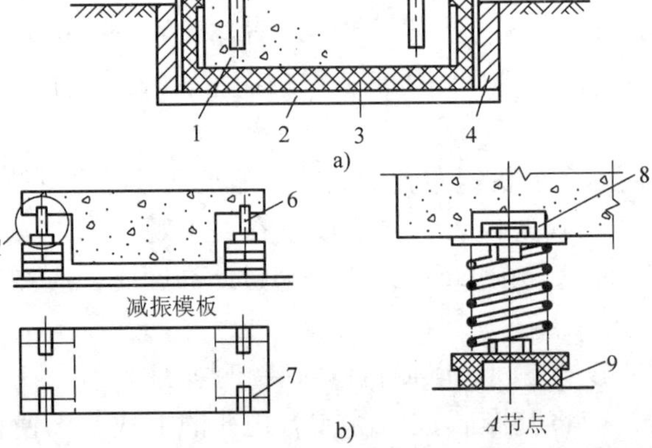

图5-1 减振基础

a）软木减振基础 b）弹簧减振基础

1—C10号混凝土 2—软木板 3—沥青油毡 4—砖墙 5—硬木盖板 6—弹簧盒砖墩 7、8—槽钢 9—橡胶梁

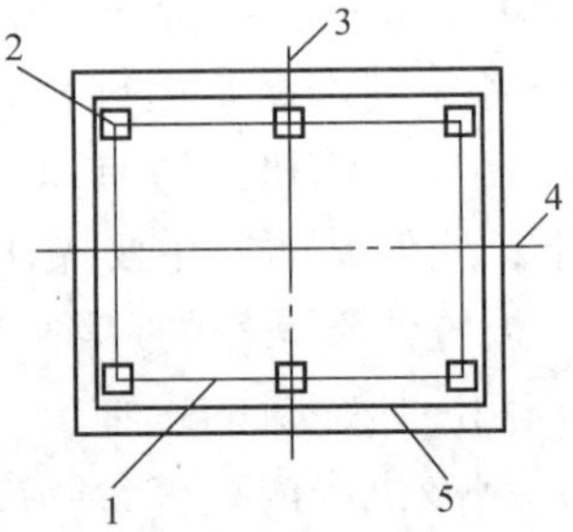

图5-2 基础放线

1—地脚螺栓孔中心线（用细实线表示）

2—地脚螺栓孔 3—纵中心线

4—横中心线 5—设备底座边缘线

（2）压缩机就位后，应进行找平。目前，国产的新系列压缩机均带有公共底座，机器在制造厂组装时已经有较高的水平，所以安装时只需在底座上表面找平即可。通过调整垫铁用水平仪进行校正，其水平偏差每米为0.1mm，并要求基础与压缩机底座支承面均匀接触。

（3）找平后，将1∶1的水泥砂浆及时灌入地脚螺栓孔内，并填满底座与基础之间的空隙。灌浆工作不能间断，要一次完成。待水泥砂浆干后，将基础外露部分抹光，隔2~3天后重新校正机器的水平度、垂直度，以及联轴器的同心度、垂直度。

（4）在压缩机安装的同时，应注意电路、水路及阀门的连接，以免出现返工。

（5）对于一般活塞式制冷机的拆卸与清洗问题，一般认为在技术文件规定的期限内，如外观完整，机体无损伤和锈蚀等情况，则不必全面拆洗，仅要求拆卸缸盖，清洗油塞、汽缸内壁、连杆、吸排气阀，以及打开曲轴箱盖清洗油路系统，更换箱内润滑油等。

5.3.1.2 活塞式制冷机组辅助设备的安装

1. 冷凝器及贮液器的安装

（1）立式冷凝器的安装。立式冷凝器下面通常都设有钢筋混凝土集水池，并兼作基座用。它的安装方式大体上有以下3种：

1）将冷凝器安装在有池顶的集水池上，在池顶上按照冷凝器筒身的直径开孔，并预埋底板的地脚螺栓，待吊装就位及找正后，拧紧螺母即可。

2）将冷凝器安装在工字钢或槽钢上。首先将工字钢或槽钢搁置在水池上口，用池口上事先预埋的螺栓加以固定，然后将冷凝器吊装并用螺栓固定在工字钢或槽钢上面。注意，不要让工字钢或槽钢放在预埋钢板上，待冷凝器安装完毕后将型钢与预埋钢板焊牢，如图5-3所示。在安装过程中，工字钢或槽钢可左右移动，比较灵活便于校正。

（2）卧式冷凝器与贮液器的安装。卧式冷凝器与贮液器一般安装于室内。为满足两者高度差的要求，卧式冷凝器可用型钢支架安装于混凝土基础上，也可以直接安装于高位混凝土基础上。为节省机房面积，通常的方法是将卧式冷凝器与贮液器一起安装于钢架上，如图5-4所示。焊接钢架的横向型钢时，要求用水平仪测量卧式冷凝器与贮液器一起安装于钢

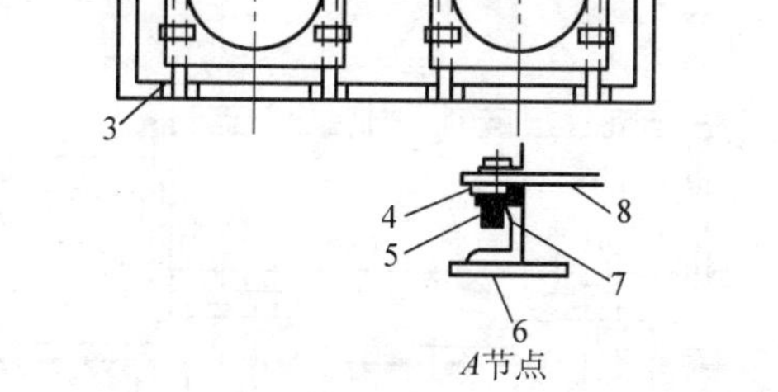

图5-3 立式冷凝器的安装

1、3、6—预埋钢板 2、4—垫圈 5—斜垫圈 7—槽钢 8—冷凝器底板

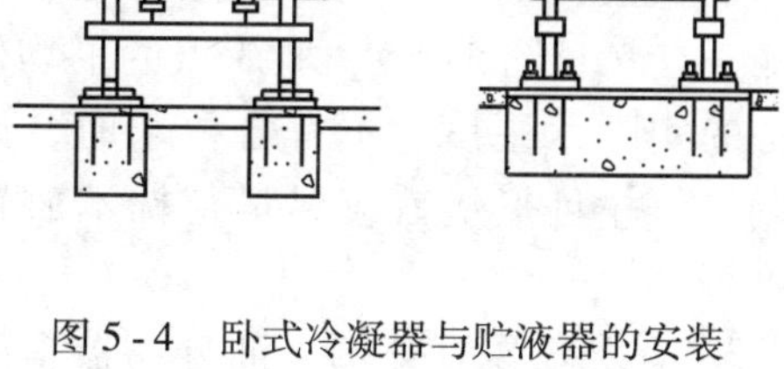

图5-4 卧式冷凝器与贮液器的安装

架的水平度。因型钢不是机器加工面，如仅测一处，误差较大，应多选几处进行测量，取其平均值作为水平度。

卧式冷凝器与贮液器对水平度的要求：一般情况下，当集油罐在设备中部或无集油罐时，设备应水平安装，并且偏差不应大于1∶1000；当集油罐在一端时，设备应设0.1%的坡度，并且坡向集油罐。

冷凝器与贮液器之间都有一定的高度差要求，安装时应严格按照设计要求进行，不得任意更改高度。一般情况下，冷凝器的贮液口应比贮液器的进液口至少高200mm。

卧式高压贮液器顶部的管接头较多，安装时不要接错，特别是进、出液管更不得接错。因进液管是焊接在设备表面的，而出液管多由顶部表面插入筒体下部，如接错则不能供液，还会发生事故，应特别注意。一般情况下，进液管的直径大于出液管的直径。

2. 蒸发器的安装

（1）立式蒸发器的安装。立式蒸发器一般安装于室内的保温基础上。安装时，先将基础表面清理平整，再刷一道沥青底漆，用热沥青将油毡铺在基础上，在油毡上每隔800～1200mm放一根与保温层厚度相同的防腐枕木，并以0.1%的坡度坡向泄水口，枕木之间用保温材料填满，最后用油毡热沥青封面。

基础保温施工完成后，即可安装水箱。水箱就位前应做渗透试验。具体做法是：将水箱各处管接头堵死，灌满水，以8～12h不渗透为合格。吊装水箱时，为防止水箱变形，可在水箱内支撑方木或其他支承物。

水箱就位后，将各排蒸发管组吊入水箱内，并用集水管和供液管连成一个大组，然后垫实固定。要求每排管组间距相等，并以0.1%的坡度坡向集油器。

安装立式搅拌器时，应先将刚性联轴器分开，取下电动机轴上的平键，用细砂布、汽油或煤油对其内孔和轴进行仔细的除锈和清洗。清除干净后，再用刚性联轴器将搅拌器和电动机连接起来，用手转动电动机轴以检查两轴同心度，并且转动时搅拌器不应有明显的摆动。然后调整电动机的位置，使搅拌器叶轮外圆和导流筒的间隙一致。调整好后，将安装电动机的型钢与蒸发器水箱用电焊固定。

由制造厂供货的立式蒸发器均不带水箱盖板，为减少冷损失，必须设置盖板。通常的方法是用50mm厚并经过刷油防腐的木板做成活动盖板。

（2）卧式蒸发器的安装。卧式蒸发器一般安装于室内的混凝土基础上，并用地脚螺栓与基础连接。为防止“冷桥”的产生，蒸发器支座与基础之间应垫50mm厚的防腐枕木，并且枕木的面积不得小于蒸发器支座的面积。

卧式蒸发器的水平度要求与卧式冷凝器及高压贮液器的水平度相同。可用水平仪在筒体上直接测量，一般在筒体的两端和中部共测3点（见图5-5），取3点的平均值作为设备的实际水平度。不符合要求时，用平垫铁调整，并且平垫铁应尽量与枕木放置的方向垂直。

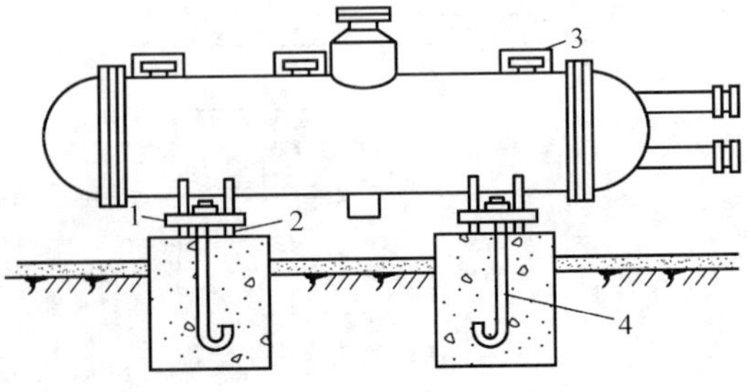

图5-5　卧式蒸发器的安装

1—平垫铁　2—垫木　3—水平仪　4—地脚螺栓

3. 油分离器的安装　油分离器多安装于室内的混凝土基础上，用地脚螺栓固定，并用垫铁调整，如图 5-6 所示。安装油分离器时，应弄清油分离器的形式（洗涤式、离心式或填料式），以及进、出口接管的位置，以免将管接口接错。对于洗涤式油分离器，安装时应特别注意与冷凝器的相对高度。一般情况下，洗涤式油分离器的进液口应比冷凝器的出液口低 200 ~250mm，如图 5-7 所示。

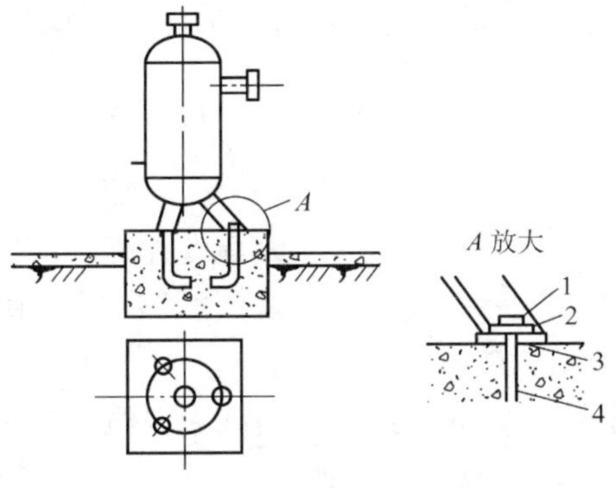

图 5-6　油分离器的安装

1—螺母　2—弹簧垫圈　3—垫块　4—地脚螺栓

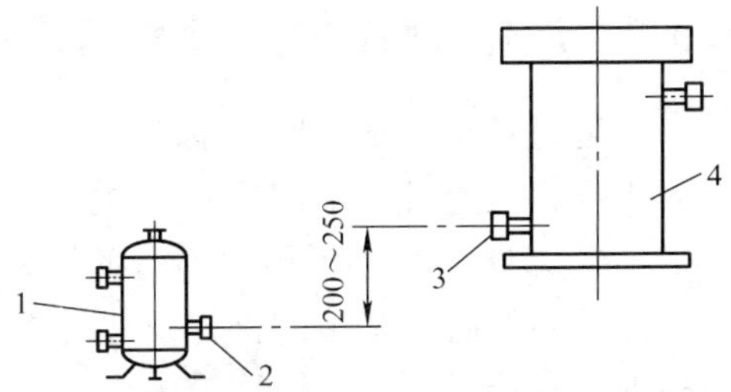

图 5-7　洗涤式油分离器与冷凝器的安装

1—洗涤式油分离器　2—进液口　3—出液口　4—冷凝器

油分离器应垂直安装，并且允许偏差不得大于 1.5/1000，可用吊垂线的方法进行测量，也可直接将水平仪放置在油分离器顶部接管的法兰盘上测量，符合要求后拧紧地脚螺栓，将油分离器固定在基础上，然后将垫铁焊接固定，最后用混凝土将垫铁留出的空间填实。

4. 空气分离器的安装　目前常用的空气分离器有立式和卧式两种形式，一般安装在距地面 1.2m 左右的墙壁上，用螺栓与支架固定，如图 5-8 所示。

安装方法：先制作支架，然后在安装位置放好线，打出埋设支架的孔洞，将支架安装在墙壁上，待埋设支架的混凝土达到所要求的强度后，将空气分离器用螺栓固定在支架上。

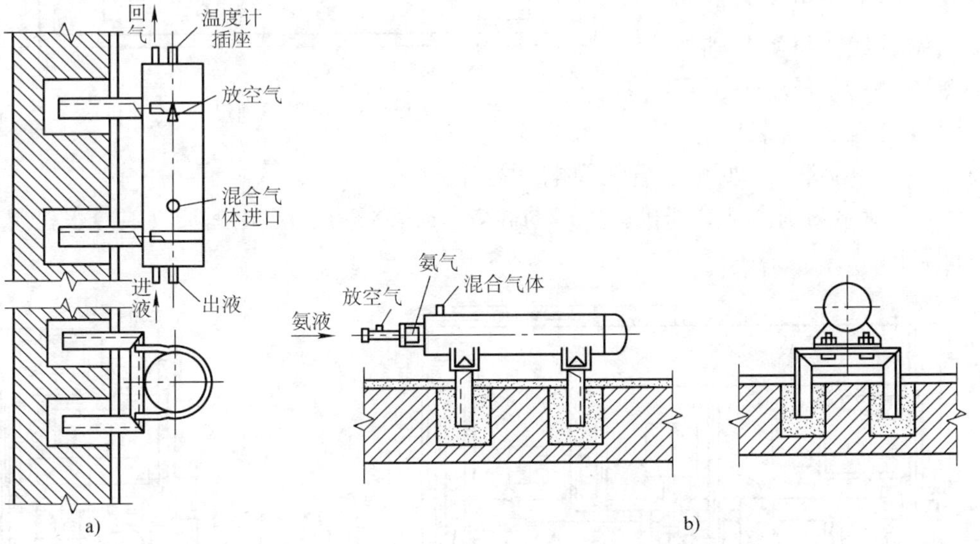

图 5-8　空气分离器的安装

a）立式空气分离器的安装　b）卧式空气分离器的安装

5. 集油器及紧急泄氨器的安装　集油器一般安装于地面的混凝土基础上，其高度应低于系统各设备，以便收集各设备中的润滑油。其安装方法与油分离器的安装方法相同。

紧急泄氨器一般垂直安装于机房门口便于操作的外墙壁上，用螺栓、支架与墙壁连接。其安装方法与立式空气分离器的安装方法相同。

紧急泄氨器的阀门高度一般不应超过 1.4m。进氨管、进水管、排出管的直径均不得小于设备的接管直径。排出管必须直接通入下水管中。

5.3.2　溴化锂吸收式制冷机组的安装

溴化锂吸收式制冷机组采用高效强化传热铜管新材料，由于热导率大幅度提高，所以机组的体积和质量可大幅度减小，机组比原产品的体积减小约 50%，占地面积减少约 40%，质量减少 25%，减小了用户机房的面积和机组溶液的充填量。

设备到货后，开箱前首先要核对设备的名称、型号、规格和箱号，确认无误后，方可开箱检查。开箱时，不得损坏箱内设备或零部件。

开箱后，对设备进行清点检查，并作记录和鉴定，填写《设备开箱检查记录单》，作为移交凭证。

对设备进行清点时，主要清点机组的零件、部件、附件、附属材料以及设备的出厂合格证和技术文件是否齐全。如发现缺陷、损坏、锈蚀、变形、缺件等情况，应填入记录单中，并进行研究和处理。

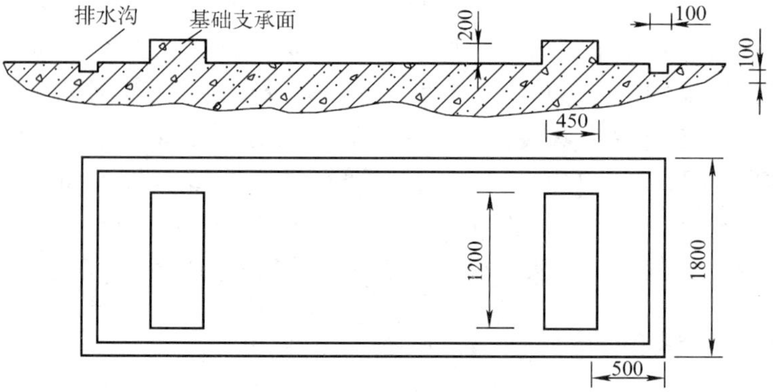

图 5-9　机组基础尺寸

根据设备实际尺寸，检查基础制作的是否符合要求，并在基础上画出设备就位的纵横基准线。机组基础尺寸如图 5-9 所示。

机组在搬运及安装时，要注意不要碰坏设备上的阀门、管线及电气箱等部件。

图 5-10 所示为国内某冷冻机厂生产的高效传热 SXZ 系列溴化锂吸收式冷水机组的外形尺寸及配管图。

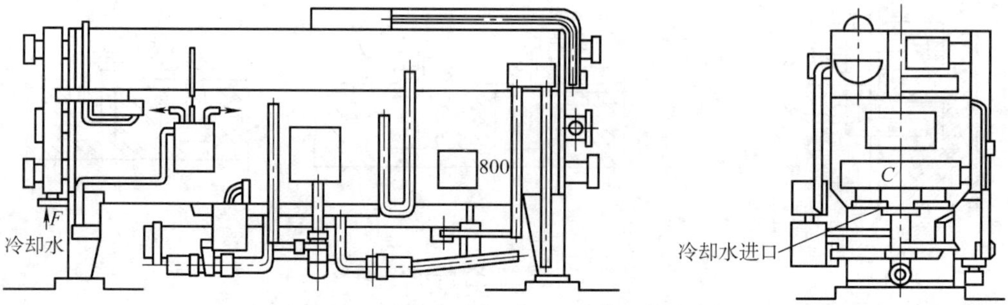

图 5-10　SXZ 系列溴化锂吸收式冷水机组的外形尺寸及配管图

5.3.3　螺杆式制冷机组的安装

螺杆式制冷机组的形式分为开启式、半封闭式、全封闭式 3 种。

开启式机组的主要优点如下：

（1）压缩机与电动机分离，使压缩机的适用范围更广。

（2）同一台压缩机可以使用不同的制冷剂，除了采用卤代烃制冷剂外，通过更改部分零件的材质，还可采用氨作制冷剂。

（3）可根据不同制冷剂和使用工况条件，配用不同功率的电动机。

开启式机组的主要缺点如下：

（1）轴封易泄漏，这也是用户需经常维护的对象。

（2）配用的电动机高速旋转，气流噪声大，加上压缩机本身噪声也较大，影响环境。

（3）需要配置单独的油分离器、油冷却器等复杂的油系统部件，机组体积庞大，使用维护不方便。

与开启式机组相比，半封闭式及全封闭式机组的优点如下：

（1）机组结构紧凑，体积小。

（2）日常维护管理的内容少，给用户带来方便。

（3）机组噪声小。

但就目前的半封闭式及封闭式机组来说，其缺点也很明显，例如：

（1）适用范围窄，额定功率一般较小。

（2）如果机组损坏，维修工作较开启式要复杂。

所以，螺杆式制冷机组形式的选择主要取决于机组的额定功率：在小功率（10 ~ 100kW）或对噪声控制要求严的情况下（如民用住宅区等），一般选用半封闭式或全封闭式机组；在大功率的状况下，一般选用开启式机组。

5.3.4　离心式制冷机组的安装

离心式制冷压缩机因单机制冷量大，结构紧凑，并采用叶轮进口导流叶片加叶轮出口扩压器宽度可调的双重调节方法，使制冷量可以在 10% ~100% 范围内连续调节，因而在高层建筑物的中央空调中得到广泛应用。在其运行过程中，若操作、管理不善，会频繁出现故障，导致制冷量下降甚至停机，造成能耗增加、房间内温度、湿度波动较大，影响人体的舒适度。大型离心式制冷机组的安装步骤和其他类型的制冷机组的安装步骤基本一致，可参考前述的安装方法和相关技术手册。

5.4　水泵施工与安装的方法

5.4.1　水泵的拆装检查

水泵在安装前要根据有关规范要求进行拆装检查。水泵的拆装检查要按水泵本身的结构，采取正确的拆装顺序，一般是先拆水泵的附件（如辅助管线、循环冷却水系统等），然后再拆主机部分。拆装检查的主要内容包括：检查压填料或机械密封情况，如检查轴套、压盖、底套、减压环、封油环、口环、隔板、衬套等密封的间隙是否合乎要求；属于轴瓦结构的要测定间隙；测定水泵体各部件的间隙；检查轴的弯曲度，校验压力表、阀，检查润滑油水泵、封油水泵、冷却器、过滤器及管线等；检查活塞连杆机构。图5-11所示为典型的单吸单级水泵结构。

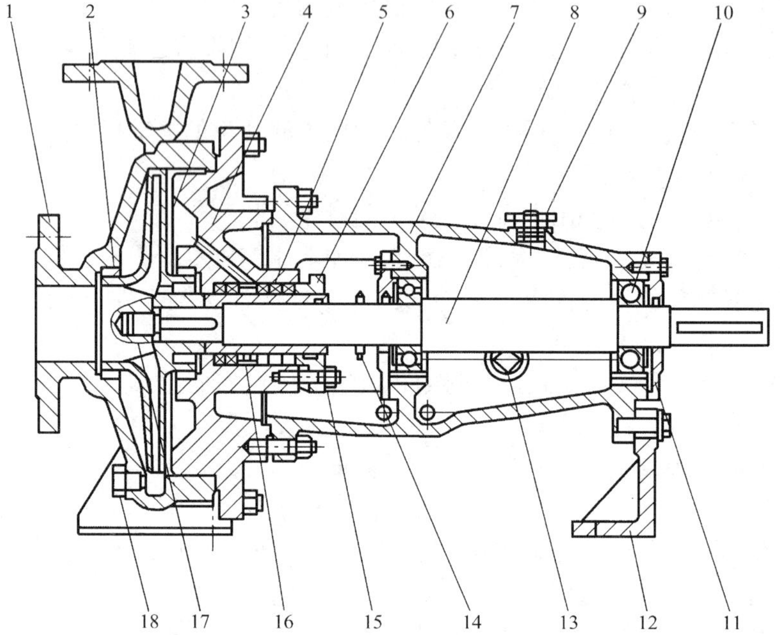

图5-11　典型的单吸单级水泵结构

1—泵体　2—密封环　3—叶轮　4—泵盖　5—轴套　6—填料压盖　7—悬架
8—轴　9—气孔盖　10—轴承　11—轴承端盖　12—支架　13—油标
14—挡水圈　15—O形圈　16—填料环　17—止动垫圈　18—叶轮螺母

5.4.2　水泵的安装和试运转

本节主要介绍中央空调中常用水泵（如离心水泵、蒸汽往复水泵、电动往复水泵、电动柱塞水泵、螺杆水泵、齿轮水泵、计量水泵等）的安装和试运转，故本节工序主要适用于以上水泵的安装工程。

（1）水泵的安装。复测基础尺寸、位置、标高。检查机械外观时，不应有缺件、损坏和锈蚀等。对于解体安装的水泵，找正时应以加工面为准，整体安装的则应以进出口法兰面或其他水平加工基准面找正。两轴对中的找正应以联轴器为准，用胶带连接时应使两轴平行，其轴向位置应以两带轮端面为准。所有与水泵体连接的管道、管件的安装以及润滑油管道的清洗，要求均应符合有关规定。

（2）水泵的试运转。试运转前应检查地脚螺栓的紧固程度，二次灌浆和抹面应达到设计强度的要求。冷却、传热、保温、保冷、冲洗、过滤、除湿、润滑、液封等系统及管道连接应正确无透漏，并冲洗干净，保持畅通。机械密封应有冷却装置，并且要装配正确，轴端填料松紧应适宜，高温高压下填料的减压、降温设施应符合要求。脱开联轴器，驱动机空载试运转合格后与副水泵连接，在水泵入口处加滤网，其有效面积不应小于入口横截面积的

2 倍。

水泵起动时应按不同水泵各自的要求分别按规范进行，并在额定负荷下按规定时间、步骤运转，试运转过程中各项要求（如各轴承及各运动部件的温度、温升，水泵的各振动值等）均应符合相应规范要求，并作详细记录。如发现异常，应及时处理。

5.4.3　水泵基础的安装

水泵基础的配筋、混凝土的标号及配合比，均应严格按照设计图施工，基础减震的设置也应严格按照设计图进行。在水泵机组安装前，还应对基础进行复查。混凝土基础的强度必须符合要求，基础表面应平整，不得有凹陷、蜂窝、麻面、空鼓等缺陷。基础的大小、位置、标高应符合设计要求。地脚螺栓的规格、位置、露头应符合设计要求或水泵机组的安装要求，不得有偏差，否则应重新对基础进行施工。对于有减振要求的基础，应符合减振设计要求。

5.4.4　水泵地脚螺栓和垫铁的安装要点

（1）地脚螺栓的垂直度不应超过 10/100。

（2）地脚螺栓任一部分离灌孔壁均应大于 15mm。

（3）螺栓底端不应碰孔底。

（4）地脚螺栓上的油脂和污垢应清除干净，但与水泵相连的螺纹部分应涂油脂。

（5）螺母与垫圈和垫圈与设备底座间的接触应良好。

（6）拧紧螺母后，螺栓必须露出螺母，其露出长度应为螺栓直径的 1/3 ~2/3。

（7）应在预留孔中的混凝土达到设计强度的 75% 以上时再拧紧地脚螺栓，并且各螺栓的拧紧力应均匀。

（8）承受主要负荷和较强连续振动的垫铁组，宜使用平垫铁。

（9）每一垫铁组应尽量减少垫铁的块数，且不宜超过 5 块，并少用薄垫铁。放置平垫铁时，将最厚的放在下面，最薄且不小于 2mm 的放在中间，并应将各垫铁相互间定位焊牢，铸铁垫铁可不焊。

（10）每一垫铁组应放置整齐、平稳，并应接触良好。设备找平后，每一垫铁组均应被压紧，并可用 0.25kg 重的锤子逐组轻击听音检查。

（11）设备找平后，垫铁端面应露出设备底面外缘，平垫铁应露出 10 ~30mm，斜垫铁应露出 10 ~50mm。垫铁组伸入设备底座底面的长度应超过设备地脚螺栓的中心。

5.4.5　水泵的调试

（1）水泵就位前应作下列复查：

1）基础尺寸位置、标高应符合设计要求。

2）设备不应有缺件、损坏和锈蚀等情况，管口保护物和堵盖应完好。

3）盘车应灵活、无阻滞现象，并且应无异常声音。

（2）出厂前，已装配调试完善的部分不应随意拆卸，确需拆卸时，应会同有关部门研究后进行，并且拆卸和复装应按设备技术文件规定执行。

（3）水泵的找平应符合的要求：整体安装的水泵纵向安装水平偏差不应大于 0.1/1000，

横向安装水平偏差不应大于0.2/1000，并应在水泵的进出口法兰面或其他水平面上测量；解体安装的水泵纵、横向安装水平偏差均不应大于0.05/1000，并应在水平中分面、轴的外露部分以及底座的水平加工面上测量。

（4）水泵的找正应符合下列要求：

1）主动轴与从动轴以联轴器连接时，两半联轴器的径向位移、端面间隙、轴线倾斜均应符合设备技术文件的规定。

2）电动机与水泵连接前，应先单独试验电动机的转向，确认无误后再连接。

3）主动轴与从动轴找正连接后，应盘车检查是否灵活。

4）水泵与管路连接后，应复核找正情况，如由于管路连接而不正常时，应调整管路。

（5）管道的安装应符合下列要求：

1）管道内部和管端应清洁，密封面和螺纹不应损坏。

2）管道与水泵连接后，应复检水泵的原找正精度，当发现因管道连接而引起偏差时，应调整管道。

3）管路与水泵连接后，不应再在其上进行焊接和气割。如需焊接和气割时，应拆下管路和采取必要的措施，以防焊渣进入水泵内损坏水泵的零件。

5.4.6 水泵的清洗和装配

（1）设备上需要装配的零部件，应根据装配顺序清洁洗净，并涂以适当的润滑脂；设备上原已装好的零部件，应全面检查其清洁程序，如不符合要求，则应进行清洗。

（2）设备需拆卸时，应测量被拆卸件必需的装配间隙和与有关零部件的相对位置，并做出标记和记录。

（3）设备需装配时，应先检查零部件与装配有关的外表形状和尺寸精度，确认符合要求后，方可装配。

5.4.7 水泵安装的注意事项

（1）水泵试运转前，应作下列检查：

1）电动机的转向应符合水泵的转向要求。

2）各紧固连接部位不应松动。

3）润滑油脂的规格、质量、数量应符合设备技术文件的规定。有预润要求的部位，应按设备技术文件的规定进行预润。

4）预润、水封、轴封、密封冲洗、冷却、加热、液压、气动等附属系统管路应冲洗干净，保持畅通。

5）安全装置和保护装置应灵敏、可靠。

6）盘车应灵活正常。

7）水泵起动前，水泵的入口阀门为全开，出口阀门如为离心水泵的则全闭。

（2）水泵的试运转应在各独立的附属系统试运转正常后进行。

（3）水泵的起动和停止应按设备技术文件的规定执行。

（4）离心水泵起动前，平衡盘冷却水管路应畅通，吸入管路内必须充满输送液体，并应排尽空气，不得在无液体的情况下起动；自吸水泵的吸入管路可不充满液体。

（5）离心水泵转速正常后应打开出口管路的阀门。离心水泵在出口管路阀门关闭的情况下起动时，关闭时间不宜超过 3min，并将水泵调节到设计工况，不得在性能曲线中的驼峰处运转。

（6）水泵在额定工况点连续转动不应少于 2h，并符合下列要求：

1）附属系统运转应正常，压力、流量、温度和其他要求应符合设备技术文件的规定。

2）运转过程中不应有不正常的声音。

3）各静密封部分不应泄漏。

4）各紧固连接部分不应松动。

5）滚动轴承的温度不应高于 80℃，滑动轴承的温度不应高于 70℃，特殊轴承的温度应符合设备技术文件的规定。

6）填料的温升应正常，在无特殊要求的情况下，填料密封的泄漏量应满足相关标准要求，机械密封的泄漏量不应大于 5mL/h。图 5 - 12 所示为水泵的填料轴封结构。

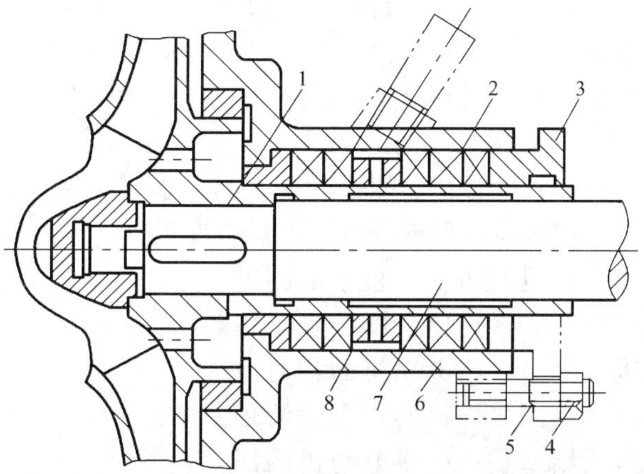

图 5 - 12　水泵的填料轴封结构

1—填料套　2—填料　3—压盖　4—螺母

5—长扣双头螺栓　6—泵体　7—泵轴　8—填料环

7）电动机的电流不应超过额定值。

8）水泵的安全保护装置应安全、灵敏。

9）振动应符合设备技术文件的规定。

10）其他特殊要求应符合设备技术文件的规定。

（7）水泵安装工程验收时，应具备下列有关资料：

1）按实际完成情况注明修改部分的施工图。

2）修改设计的有关文件。

3）主要材料和用于重要部位材料的出厂合格证和验收记录或试验资料。

4）各工序的检验记录。

5）试运转记录。

6）其他有关资料

5.4.8　水泵的安装要点及常见故障

5.4.8.1　水泵的安装要点

水泵的安装位置应满足吸水高度的要求，并且基础必须水平、稳固，以保证动力机械的旋转方向与水泵的旋转方向一致。水泵和动力机采用轴连接时，要保证轴心在同一直线上，以防止机组运行时产生振动及轴承单面磨损；若采用胶带传动，则应使轴心相互平行，带轮对正。若同一机房内有多台机组，机组与机组之间以及机组与墙壁之间都应有 800mm 以上的距离。水泵吸水管必须密封良好，且尽量减少弯头和闸阀。加注引水时应排尽空气，运行时管内不应积聚空气。要求吸水管微呈上斜与水泵进水口连接，并且进水口应有一定的淹没深度。水泵基础上的预留孔，应根据水泵的尺寸浇注。

5.4.8.2 水泵常见故障分析及处理方法

不同类型的水泵，其故障的表现形式不一样，但概括起来，有以下几个共同特点。

1. 流量不足

（1）产生原因：吸水管漏气，底阀漏气，进水口堵塞，底阀入水深度不足，水泵转速太低，密封环或叶轮磨损量过大，吸水高度超标等。

（2）处理方法：检查吸水管与底阀，堵住漏气源；清理进水口处的淤泥或堵塞物；加大底阀入水深度，底阀入水深度必须大于进水管直径的1.5倍；检查电源电压，提高水泵转速，更换密封环或叶轮；降低水泵的安装位置，或更换高扬程水泵。

2. 功率消耗过大

（1）产生原因：水泵转速太高，水泵主轴弯曲或水泵主轴与电动机主轴不同心或不平行，选用水泵扬程不合适，水泵吸入泥沙或有堵塞物，电动机滚动轴承损坏等。

（2）处理方法：检查电路电压，降低水泵转速；校正水泵主轴或调整水泵与电动机的相对位置；选用合适扬程的水泵；清理泥沙或堵塞物；更换电动机的滚动轴承。

3. 水泵体剧烈振动或产生噪声

（1）产生原因：水泵安装不牢或水泵安装过高，电动机滚动轴承损坏，水泵主轴弯曲或与电动机主轴不同心、不平行等。

（2）处理方法：装稳水泵或降低水泵的安装高度，更换电动机滚动轴承，校正弯曲的水泵主轴或调整好水泵与电动机的相对位置。

图5-13所示为离心式水泵装置的管路系统。

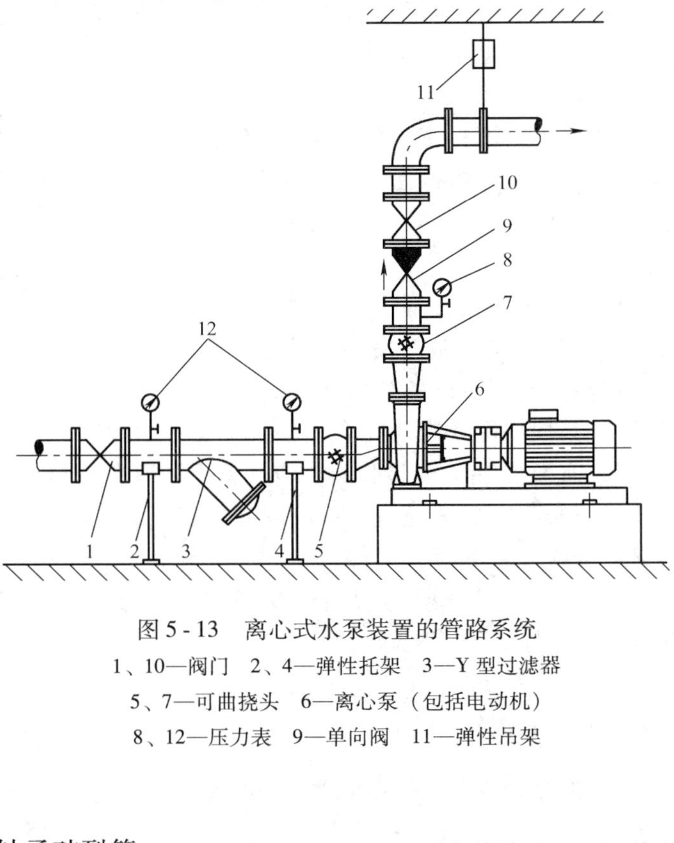

图5-13 离心式水泵装置的管路系统

1、10—阀门 2、4—弹性托架 3—Y型过滤器

5、7—可曲挠头 6—离心泵（包括电动机）

8、12—压力表 9—单向阀 11—弹性吊架

4. 传动轴或电动机轴承过热

（1）产生原因：缺少润滑油或轴承破裂等。

（2）处理方法：加注润滑油或更换轴承。

5. 水泵不出水

（1）产生原因：水泵体和吸水管没灌满引水，动水位低于水泵滤水管，吸水管破裂等。

（2）处理方法：排除底阀故障，灌满引水，降低水泵的安装位置，使滤水管在动水位之下，或等动水位升过滤水管后再抽水；修补或更换吸水管。

5.5　中央空调制冷机房附属设备的安装

5.5.1　Y 型过滤器的安装与维护

Y 型过滤器是在中央空调水系统管路中，利用带有冲孔或编织网孔的滤网阻隔固体污物的装置。为了保证出口设备的正常运行，一般在水泵、风机盘管、仪表、电磁阀等其他传感设备前面都要安装过滤器。

5.5.1.1　Y 型过滤器的安装

Y 型过滤器结构示意图如图 5 - 14 所示。安装过滤器前要认真清洗所有管道的螺纹联接表面，使用管道密封胶或特氟龙（聚四氟乙烯）带要适量。末端螺纹不做处理，以避免使密封胶或特氟龙带进入管路系统。过滤器可以水平安装或垂直向下安装。

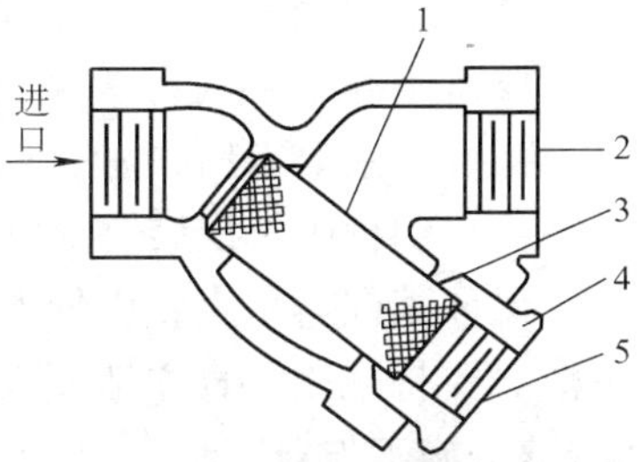

图 5 - 14　Y 型过滤器结构示意图
1—过滤网　2—出口　3—限位器垫片　4—滤网限位器　5—排污阀螺纹接口

安装 DN32 或更大口径的承插焊过滤器时应注意，这类过滤器的垫片是非金属材质的，容易由于过热而损坏，因此应缩短焊接时间，并在焊接完成后对过滤器进行冷却。如果焊接前需要预热或焊接后需要继续加热，建议先将垫片拆下，然后再进行加热。

5.5.1.2　Y 型过滤器的运行及维护

系统最初工作一段时间后（一般不超过一周）应进行清洗，以清除系统初始运行时积聚在滤网上的杂质污物。在此以后，须定期清洗，清洗次数依据工况条件而定。若过滤器不带排污丝堵，则在清洗过滤器时要将滤网限位器以及滤网拆下。

每次维护、清洗前，应将过滤器与带压系统隔离。清洗后重新安装时，要使用新的密封垫。过滤器滤网要每年检查 1 ~ 2 次，建议每台过滤器要有一个滤网和 3 个垫片作为备件。

5.5.2　压力表的安装

安装在现场工作的压力表时，一般选用表面直径为 100mm 的即可；如安装位置较高、照明条件差时，可选用直径为 150mm 或 200 ~ 250mm 的压力表。在安装前应对压力表进行校验，合格后才能安装使用。安装时，压力表应固定在专门加工的接头上，并应加垫片，而不要采取缠麻丝或直接安装到阀门上的方法。压力表应安装在便于操作维修的地点。为保证测量准确，取压点必须有代表性，例如，应选择在流速平稳的直线管段上，不要在管道的弯曲、死角处，取压管一般不得伸入设备和管道内。

5.5.3　阀门的安装

阀门安装的质量直接影响着阀门的使用效果，所以安装时必须认真注意。

5.5.3.1　方向和位置

许多阀门具有方向性，例如截止阀、节流阀、减压阀、单向阀等，如果装倒装反，就会影响其使用效果与寿命（如节流阀），或者根本不起作用（如减压阀），甚至造成危险（如单向阀）。一般阀门，在阀体上有方向标志，如果没有，应根据阀门的工作原理正确识别。

截止阀的阀腔左右不对称，要让流体自下而上通过阀口，这样流体阻力小（由形状所决定），开启省力（因介质压力向上），关闭后介质不压填料，便于检修。这就是截止阀为什么不可装反的道理。其他阀门也有各自的特性。

阀门安装的位置，必须方便于操作，即使安装暂时困难一些，也要为操作人员的长期工作着想。阀门手轮与胸口最好取齐（一般离操作地坪1.2m），这样，开闭阀门就会比较省劲。落地阀门的手轮要朝上，不要倾斜，以免操作不方便。靠墙及靠设备的阀门，也要留出操作人员站立的余地。要避免仰天操作，尤其是酸碱、有毒介质等，否则很不安全。

不要将闸阀倒装（即手轮向下），否则会使介质长期留存在阀盖空间，容易腐蚀阀杆，而且为某些工艺要求所禁忌，同时，更换填料也极不方便。

不要将明杆闸阀安装在地下，否则会由于潮湿而腐蚀外露的阀杆。安装升降式单向阀时，要保证其阀瓣垂直，以便升降灵活。安装旋启式单向阀时，要保证其销轴水平，以便旋启灵活。要将减压阀直立地安装在水平管道上，各个方向都不要倾斜。

5.5.3.2 施工作业

安装施工时必须小心，切忌撞击脆性材料制作的阀门。安装前，应将阀门作统一检查，核对规格型号，鉴定有无损坏。尤其是阀杆，还要将其转动几下，看是否歪斜，因为运输过程中最易撞歪阀杆。另外，还要清除阀内的杂物。起吊阀门时，绳子不要系在手轮或阀杆上，以免损坏这些部件，应该系在法兰上。对于阀门所连接的管路，一定要将其清扫干净。可用压缩空气吹去氧化铁屑、泥沙、焊渣和其他杂物。这些杂物，不但容易擦伤阀门的密封面，而且其中大颗粒杂物（如焊渣）还能堵死小阀门，使其失效。

安装螺口阀门时，应将密封填料（线麻加铅油或聚四氟乙烯生料带）包在管子螺纹上，不要弄到阀门里，以免在阀内存积，影响介质流通。

安装法兰阀门时，要注意对称均匀地拧紧螺栓。阀门法兰与管子法兰必须平行，并且间隙要合理，以免阀门产生过大压力，甚至开裂，特别是脆性材料和强度不高的阀门，尤其要注意。

必须与管子焊接的阀门，应先进行定位焊，再将关闭件全部开启，然后再焊死。

5.5.3.3 保护设施

有些阀门还必须有外部保护，这就是保温和保冷。保温层内有时还要加伴热蒸汽管线。什么样的阀门应该保温或保冷，要根据生产要求而定。原则来说，凡阀内介质降低温度过多，会影响生产效率或冻坏阀门时，就需要保温，甚至伴热；凡阀门裸露，对生产不利或引起结霜等不良现象时，就需要保冷。保温材料有石棉、矿渣棉、玻璃棉、珍珠岩、硅藻土、蛭石等，保冷材料有软木、珍珠岩、泡沫、塑料等。

长期不用的水阀门和蒸汽阀门必须放掉积水。

5.5.3.4 旁路和仪表

有的阀门，除了必要的保护设施外，还要有旁路和仪表。安装了旁路，就会便于疏水阀的检修。是否需要安装旁路，要看阀门状况，以及其重要性和生产上的要求而定。

5.5.3.5 更换填料

库存的阀门中，有的填料已不好使，有的与使用介质不符，这时就需要更换填料。阀门制造厂无法考虑使用单位千门万类的不同介质，填料函内总是装填普通盘根，但使用时，必须让填料与介质相适应。在更换填料时，要一圈一圈地压入。每圈接缝以 45°为宜，圈与圈接缝错开 180°。填料高度既要考虑压盖继续压紧的余地，又要让压盖下部的压填料室有适当的深度，此深度一般可为填料室总深度的 10% ~20%。对于要求高的阀门，接缝角度为 30°，圈与圈之间接缝错开 120°。除上述填料之外，还可根据具体情况，采用橡胶 O 形环（天然橡胶耐 60℃以下的弱碱，丁腈橡胶耐 80℃以下的油品，氟橡胶耐 150℃以下的多种腐蚀介质）、三件叠式聚四氟乙烯圈（耐 200℃以下的强腐蚀介质）、尼龙碗状圈（耐 120℃以下的氨、碱）等成形填料。在普通石棉盘根外面包一层聚四氟乙烯生料带，能提高密封效果，减轻阀杆的电化学腐蚀。在压紧填料时，要同时转动阀杆，以保持四周均匀，并防止压得太死，拧紧压盖时用力要均匀，不可倾斜。

5.5.3.6　阀门的维护与保养

（1）阀门应存放于干燥通风的室内，通路两端必须堵塞。

（2）长期存放的阀门应定期进行检查，清除污物，并在加工面上涂防锈油。

（3）阀门安装后，应定期进行检查。主要检查项目有：

1）密封面磨损情况。

2）阀杆和阀杆螺母的梯形螺纹磨损情况。

3）填料是否过时失效，如有损坏应及时更换。

4）阀门检修装配后，应进行密封性能试验。

5.5.4　管路的安装

中央空调管路的安装原则如下：

（1）管子、管件和阀门必须完好无变形，并且内壁干净。

（2）管道的布置须符合设计要求，并要整齐美观，做到横平竖直。

（3）阀门、压力表、温度计的安装要正确，并考虑操作方便。

（4）管道的最高处要设排气管（阀），最低处应设排水阀。

（5）管道的保温要完整无缝隙。

（6）凝结水管应有 1%左右的坡度，并不应有积水的部位。

（7）管道的支吊架应牢固，支吊的间距应在 2 ~3m 左右，并且管道不应有下垂现象。

（8）管道的接口处应密封、牢固、无松动、泄漏等现象，整个系统完成后要对管道进行冲洗，试漏。

（9）风管的规格、尺寸应符合设计要求，折角应平直，圆弧应均匀，两端面应平行。

第 6 章　中央空调冷却塔施工的方法与技术措施

冷却塔是一种广泛应用的热力设备，其作用是通过热质交换将高温冷却水的热量散入大气，从而降低冷却水的温度。冷却塔系统一般包括淋水填料、配水系统、收水器（除水器）、通风设备、空气分配装置等 5 个部分。它广泛应用于空调循环水系统和工业循环水系统中。在一定的水处理情况下，冷却效果是冷却塔的重要性能之一。在选用冷却塔时，主要考虑其冷却程度、冷却水量、湿球温度是否有特殊要求。冷却塔通常安装在通风比较好的地方。

6.1　冷却塔的类型

冷却塔的种类有很多，按不同的分类方式可分为不同的类型。

6.1.1　按通风方式分类

按通风方式的不同，冷却塔分为自然通风冷却塔、机械通风冷却塔、混合通风冷却塔。自然通风冷却塔又称为风筒式或双曲线型冷却塔。它利用塔内外的空气密度差造成的通风抽力使空气流通（自然通风）。其优点是冷却效果稳定，运行费用低，故障少，易维护，风筒高，飘滴和雾气对环境影响小；其缺点在于空气内外密度差小，通风抽力小，不宜用在高温高湿地区。机械通风冷却塔是空调、冷藏制冷系统中常用的设备，其又分为抽风式冷却塔和鼓风式冷却塔，分别利用抽风机和鼓风机强制空气流动。机械通风冷却塔的冷却效率高，稳定，占地面积小，基建投资少，但运行费用高。其中，抽风式冷却塔内呈负压状态，有利于水的蒸发，而鼓风式冷却塔情况则相反，鼓风式冷却塔主要用于小型冷却塔或水对风机有侵蚀性的冷却塔中。

6.1.2　按接触方式分类

按热水和空气接触方式的不同，冷却塔分为湿式冷却塔、干式冷却塔、干湿式冷却塔。在湿式冷却塔中，空气和水直接接触进行热质交换，其热质交换的效率高，冷却水的极限温度为空气湿球温度。其缺点在于冷却水存在蒸发损失和飘散损失，并且水蒸发后盐度增加，需要补水。

在干式冷却塔中，水或蒸汽与空气间接接触进行热交换，不发生质交换。干式冷却塔主要用于缺水地区及特殊场合，热交换效率一般比较低，并且投资大，能耗高。

6.1.3　按流动方式分类

按热水和空气流动方向的不同，冷却塔分为逆流式冷却塔、横流（交流）式冷却塔、混流式冷却塔和喷射式冷却塔。逆流式冷却塔中的水自上而下，空气自下而上。按照集水池（盘）的深度不同，逆流式冷却塔有普通型和集水型两种。图 6 - 1 是逆流式冷却塔的结构示意图。

横流式冷却塔中的水自上而下，空气从水平方向流入，并根据水量大小设置多组风机；塔体的高度低，配水比较均匀；热交换效率不如逆流式；相对来说，噪声较低。

喷射式冷却塔的工作原理与前面两种不同，它不用风机而利用循环泵提供的扬程，让水以较高的速度通过喷水口射出，从而引射一定量的空气进入塔内与雾化的水进行热交换，从而使水得到冷却。与其他类型的冷却塔相比，其噪声低，但设备尺寸偏大，造价较贵。

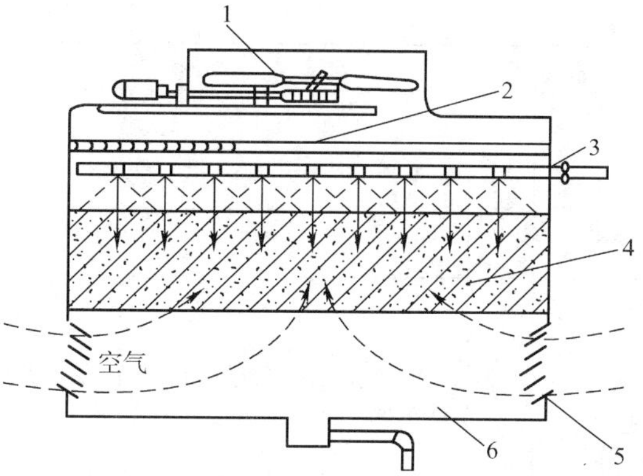

图 6-1　逆流式冷却塔的结构示意图
1—风机　2—收水器　3—配水系统
4—填料　5—百叶窗式进风口　6—冷水贮槽

6.1.4　其他形式的分类

冷却塔也可以按其他方式分类。例如，按冷却的温差分，冷却塔可分为低温差（5℃左右）冷却塔和中温差（10℃左右）冷却塔两种；按结构方式分，冷却塔可分为方形冷却塔、圆形冷却塔和矩形冷却塔；按用途分，冷却塔分为一般空调用冷却塔、工业用冷却塔、高温型冷却塔；按噪声级别分，它又可分为普通型冷却塔（噪声大于 65dB）、低噪声型冷却塔（噪声为 60～65dB）、超低噪声型冷却塔（噪声小于 60dB）、超静音型冷却塔。冷却塔的特点及适用范围见表 6-1。

表 6-1　冷却塔的特点及适用范围

分类		形式	结构特点	性能特点	适用范围
湿式机械通风型	逆流式（圆形、方形）（抽风式、鼓风式）	普通型	空气与水逆向流动，进出风口高差较大 圆形塔比方形塔气流分布好，适合单独布置、整体吊装，大塔可现场拆装。塔稍高，湿热空气回流影响小 方形塔占地较小，适合多台组合，可现场拆装 当循环水对风机的侵蚀性较强时，可采用鼓风式	逆流式冷却效率优于其他形式，噪声较大，空气阻力较大，检修空间小，维护困难，喷嘴阻力大，水泵扬程大，造价较低	工矿企业和对环境噪声要求不太高的场所
		低噪声阻燃型	冷却塔采用降低噪声的结构措施，阻燃型是在玻璃钢中掺加阻燃剂	噪声值比普通型低 4～8dB，空气阻力较大，检修空间小，维护困难，喷嘴阻力大，水泵扬程大；阻燃型有自熄作用，氧指数不低于 28，造价比普通型贵 10% 左右	对环境噪声有一定要求的场所 阻燃型用于对防火有一定要求的建筑
		超低噪声阻燃型	在低噪声型的基础上增加减噪措施，阻燃型是在玻璃钢中掺加阻燃剂	噪声比低噪声型低 3～5dB，空气阻力较大，检修空间小，维护困难，喷嘴阻力大，水泵扬程大；阻燃型有自熄作用，氧指数不低于 28，造价比低噪声型贵 30% 左右	对环境噪声有较严格要求的场所 阻燃型用于对防火有一定要求的建筑
	横流式（抽风式）	普通型、低噪声型	空气沿水平方向流动，冷却水流向垂直于空气的流向；与逆流式相比，进出风口高差小，塔稍矮，维修方便；长方形，可多台组装；运输方便；占地面积较大	冷效率比逆流式差，回流空气影响稍大；有检修通道，日常检查、清理、维修更便利；布水阻力小，水泵所需扬程小，能耗小；进风风速低、阻力小、塔高小、噪声低	对建筑立面和布置有要求的场所

（续）

分类		形式	结构特点	性能特点	适用范围
引射式	横流式	无风机型	高速喷水引射空气进行换热；取消风机，设备尺寸较大	噪声、振动较低，省水，故障少；水泵扬程高，能耗大；喷嘴易堵，对水质要求高；造价高	对环境噪声要求较严的场所
干式机械通风型	密闭式	蒸发型	冷却水在密闭盘管中进行冷却，循环水蒸发冷却对盘管间接换热	冷却水全封闭，不易被污染；盘管水阻大，冷却水泵扬程高，电耗大，为逆流塔的4.5～5.5倍；质量大，占地面积大	要求冷却水很干净的场所，如小型水环热泵

6.2 冷却塔的选型

选择冷却塔的塔型时，应根据气候条件、运行的经济性、设备材料的供应情况、场地布置与施工条件等因素，通过技术经济比较后确定。

6.2.1 冷却塔选型的原则

中央空调工程的选型虽然由设计方决定，但是作为施工方，如果设计选型不对，也应向业主提出。一般来说，冷却塔的选型应遵守以下几点：

（1）按照被冷却水的温度选择，如高温塔、中温塔、常温塔的选择。

（2）按照安装位置的现状及对噪声的要求选择，如横流塔与逆流塔的选择。

（3）按照冷水机组的冷却水量选择，原则上冷却塔的水量要略大于冷水机组的冷却水量。

（4）选用多台水塔时尽量选择同一型号。

6.2.2 冷却塔选型的注意事项

（1）塔体结构材料要稳定、经久耐用、耐腐蚀，组装配合要精确。

（2）配水均匀，壁流较少，喷溅装置选用合理，应不易堵塞。

（3）淋水填料的形式符合水质、水温的要求。

（4）风机应匹配，不但能够保证长期正常运行，无振动和异常噪声，而且叶片耐水侵蚀性好，并有足够的强度。风机叶片安装角度可调，但要保证角度一致，且电动机的电流不超过电动机的额定电流。

（5）电耗低、造价低，中小型钢骨架玻璃冷却塔还要求质量轻。

（6）冷却塔应尽量避免布置在热源、废气和烟气发生点，以及化学品堆放处和煤堆附近。

（7）冷却塔之间或塔与其他建筑物之间的距离，除了考虑塔的通风要求，以及塔与建筑物相互影响外，还应考虑建筑物防火、防爆的安全距离以及冷却塔的施工与检修要求。

（8）冷却塔的进水管方向可按90°、180°、270°旋转。

（9）冷却塔的材料可耐 -50℃低温，但对于最冷月平均气温低于 -10℃的地区，订货时应说明，以便采取防结冰措施。这样，冷却塔的造价约增加3%。

（10）布水系统是按名义水量设计的，如实际水量与名义水量相差 ±15%以上，订货时应说明，以便修改设计。

（11）冷却塔零部件在存放运输过程中，其上不得压重物，不得暴晒，且注意防火。冷却塔安装、运输、维修过程中不得运用电焊、气焊等明火，附近不得燃放烟花。

（12）圆塔应进行多塔设计，塔与塔之间净距离应保持不小于0.5倍的塔体直径。横流塔及逆流方塔可并列布置。

（13）选用的水泵应与冷却塔配套，并保证流量、扬程等工艺要求。

（14）当选择多台冷却塔的时候，尽可能选用同一型号。

6.3　冷却塔的施工组织设计

施工组织设计是安排施工的技术经济性文件，是指导工程施工的主要依据之一。在工程建设的主要组成部分中，施工与安装是建设工程中最基本、最活跃的部分，是在一定的客观条件下，有计划地对劳动力、材料、机具进行综合使用过程的全面安排。编制施工组织设计是为了多、快、好、省地进行建设，精密地计算人力、物力，采用技术先进、经济合理的施工方法和技术组织措施，选定最有效的施工机具和劳动组织，按照最合理的施工程序，保证在合理的工期内将工程建成投产。

6.3.1　冷却塔施工组织设计编制的依据

（1）主管机构、建设单位、监理单位对工程的要求。

（2）国家现行的有关施工规范、标准、规程、定额等。

（3）设计文件、施工图、安装说明书、标准图、图样会审记录。

（4）工程承包合同。

（5）施工组织总设计的要求。

（6）施工企业的机具水平、施工队伍素质和技术水平。

（7）施工材料、成品、半成品的供应情况。

（8）施工现场条件，如地形、气象、场地、交通运输、水电供应和土建条件等。

（9）类似工程的施工组织设计资料。

（10）施工机械、精密量具、特殊材料等技术手册。

6.3.2　冷却塔施工组织设计的内容

施工组织设计分为单位工程施工组织设计、单位工程群施工组织设计、全工地施工组织设计和区域性施工组织设计。

单位工程是指单个的构筑物或管道工程。以给排水工程为例，如泵房、水塔、水池、给水管道、排水管道等均称为单位工程。由多个单位工程结合在一起时，则称为单位工程群。冷却塔工程施工是单位工程。单位工程或单位工程群的施工组织设计，是根据施工图设计阶段的设计图样和有关说明编制的，其内容一般应包括以下几方面：

（1）根据管道工程的特点和工程量，选择最佳的施工方法及组织技术措施，进行施工方案的技术经济比较，确定最佳方案。

（2）根据建设单位的工期要求，确定施工延续时间和开工与竣工日期，并确定合理的施工顺序，安排施工进度计划。

（3）进行施工任务量计算，确定施工所需的劳动力、材料、成员或半成品的数量以及施工机械、施工现场的保管方法。

（4）施工工地的平面布置，即确定材料的堆放、机具的安装、人员的休息等地点。冷却塔施工具有工序衔接紧，预制、现浇、吊装交叉作业，高空作业量大，施工人员和机具集中等特点。因此，在进行施工平面布置时必须统筹安排，才能避免施工中出现混乱。其布置原则是：在满足施工要求的前提下，尽量布置紧凑，少建临时设施，缩短材料和构件的运输距离，有利于现场管理和文明施工，并符合现场安全技术要求。

（5）工程施工预算。根据上述内容，冷却塔施工组织设计一般应由下述文件组成：工程概述，施工单位的施工力量及技术资源情况分析，工程量一览表，施工顺序、施工进度计划和施工方法，劳动力需求计划，材料、成品、半成品的需求计划，施工机械、设备、工具需求计划，施工用水、电和其他能源的需求计划，主要技术组织措施，技术经济指标，施工平面图等。

施工组织设计是根据人们对施工与安装客观事物的认识在施工之前进行编制的。由于事情总是不断在变化的，当施工组织设计与施工实际不符合时，应根据施工情况随时对施工组织设计进行必要的调整。

6.3.3 冷却塔施工组织设计编制的原则

为满足施工要求，针对冷却塔施工时具有的工序衔接紧，预制、现浇、吊装交叉作业，高空作业量大，施工人员和机具集中等特点，编制施工组织设计时应解决施工过程中的关键问题。编制过程中应考虑以下几点：

（1）要遵守合同规定的开工、竣工期限。

（2）合理安排施工程序，大力缩短施工周期。

（3）采用工厂化、预制化、装配化施工方法，提高工作效率。

（4）制订技术和组织措施要切合实际，讲究实效，有利于现场管理和文明施工。

（5）充分考虑协调施工和均衡施工，减少高峰期。

（6）制订有力的安全措施，减少事故的发生，符合现场安全技术要求。

（7）落实季节性施工安排，保证全年施工的连续性。

6.3.4 冷却塔施工组织设计编制的程序

（1）冷却塔施工组织设计编制的程序如图 6-2 所示。

（2）施工组织设计用图表应方便使用，直观简明，尽量减少文字说明。常用的是一图、一表、一案，即施工平面布置图、综合进度计划表、施工方案。

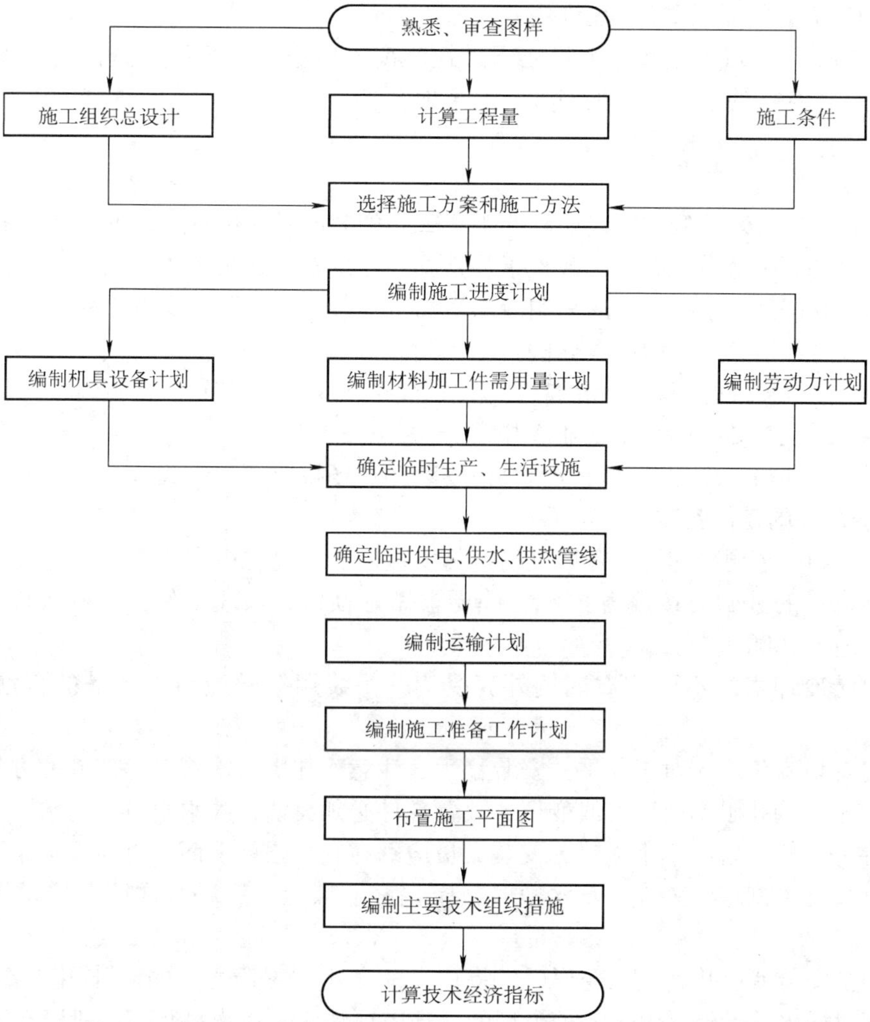

图 6-2　冷却塔施工组织设计编制的程序

6.4　冷却塔的安装

6.4.1　安装冷却塔时应具备的条件

安装冷却塔前应进行检查，具备下列条件方能安装：

（1）应将冷却塔安装在通风良好的部位，其进风口与周围的建筑物应保持一定的距离，保证新的空气能进入冷却塔；应避免将其安装在通风不良和出现湿空气回流的场合，降低冷却塔的冷却能力。

（2）应避免将冷却塔安装在变电所、锅炉等有热源的场所，也应避免安装在粉尘飞扬场所的下风口，且不能布置在煤、化学品堆放处，塔体要远离明火。

（3）冷却塔混凝土基础的位置应符合设计要求，其养护的强度应达到安装承重的要求。基础的预埋钢板或预留的地脚螺栓孔洞的位置应正确。应对冷却塔各基础的标高进行检查，并且该标高应符合设计要求，其允许偏差为 ±20mm。

（4）冷却塔入风口与相邻建筑物之间最短距离不应小于 1.5 倍塔高，并且不应将其装在有腐蚀性气体存在的地方，如烟囱旁及温泉地区等。

6.4.2 冷却塔的施工形式

冷却塔有高位安装和低位安装两种施工形式。安装的具体位置应根据冷却塔的形式及建筑物的布置而定。冷却塔的高位安装是指将其安装在冷冻站建筑物的屋顶上。对于冷库或高层民用建筑的空调制冷系统，普遍采用冷却塔高位安装，这样可减少占用面积。补水过程一般由蓄水池或冷却塔集水盘中的浮球阀自动控制。

冷却塔的低位安装是指将其安装在冷冻站附近的地面上。其缺点是占地面积较大，一般常用于混凝土或混合结构的大型工业冷却塔。

按照不同的规格，冷却塔又可分为整体安装和现场拼装两种形式。

6.4.2.1 冷却塔的整体安装

对于玻璃钢中小型冷却塔，一般进行整体安装。安装过程中应注意下列事项：

（1）冷却塔的基础要按设备技术文件要求做好预留、预埋工作，基础表面要求水平，平面度不超过 5/1000。

（2）吊装冷却塔时不要使玻璃钢外壳受力，吊装用钢丝绳与冷却塔的接触点应垫上木板。

（3）冷却塔就位后应对正找平并安装稳固，注意冷却塔出水管口等部件的方位应正确。

（4）布水器的孔眼不能堵塞或变形，放置部件必须灵活，喷水出口应为水平方向。

（5）在安装冷却塔的集水池时，安装人员应踩在其加强筋上面，以免损坏集水池。

（6）在安装冷却塔的外壳、集水池时，应先穿上螺栓，然后对称地上拧紧螺母，防止壳体变形。

当一切都安装就位并确认无变形后，将集水池壳体与螺栓之间的缝隙用环氧树脂密封，以防止使用时漏水。另外，由于各种类型的冷却塔填料多采用塑料制品，所以在安装施工过程中要切实做好防火工作。

6.4.2.2 冷却塔的现场拼装

对于大型的冷却塔，只能现场拼装。现场拼装的冷却塔在安装时由三部分组成，即主体的拼装、填料的填充及附属部件的安装。

1. 主体的拼装 冷却塔的主体拼装包括塔支架、托架的安装和塔下体、上体的拼装两大部分。拼装时应注意下列事项：

（1）塔体主柱脚与基础预埋钢板或地脚螺栓连接，并找平找正，使之牢固稳定。各连接部位的紧固件应采用热镀锌或不锈钢螺栓和螺母。

（2）各连接部位紧固件的紧固程度应一致，并且接缝严密、表面平整。集水盘拼缝处应加密封垫片或糊同质材料，以保证严密无渗漏。

（3）冷却塔安装后，单台的水平度、垂直度允许偏差为 2/1000。钢构件安装过程中所有的焊接处应做防腐处理。冷却塔主体安装过程中的焊接要有防火安全技术措施，特别是填料装入后应禁止焊接。

2. 填料的填充 填料片要求亲水性好、安装方便、不易阻塞、不易燃烧。若使用塑料填料片，宜采用阻燃性良好的改性聚氯乙烯。

安装填料时，要求间隙均匀，上表面平整，无塌落和叠片现象，填料不得有穿孔破裂，填料片最外层应与冷却塔内壁紧贴，片体之间无空隙。

下面介绍几种常用的薄膜式填料的安装方法：

（1）蜂窝填料可直接架在角钢或扁钢支架上，也可直接架于混凝土支架上。

（2）点波填料的安装方法有框架穿针法和黏结法两种。框架穿针法是用铜丝或镀锌钢丝正反穿连点波片，组成一个整体后再装入角钢制成的框架内，并以框架为安装单元。黏结法是将过氯乙烯清漆涂于点波片的点上，再点对点粘好，每粘 40～50 片用重物压 1～1.5h 后便可粘牢。组成的框架单元可直接架在支承梁或支承架上。

（3）斜交错填料的安装方法与点波填料的安装方法相同，其单元高度为 300～400mm，总安装高度为 800～1200mm。

3. 附属部件的安装　冷却塔附属部件包括布水装置、通风设备、收水器及消声装置等。布水装置安装的总原则是做到有效布水和均匀布水。

冷却塔的出水管、喷嘴的方向及位置应正确；布水系统的水平管路在安装时应保持水平；连接的喷嘴支管应垂直向下，并保证喷嘴底面在同一水平面内。安装布水装置时，还应注意的事项有：当采用旋转布水器布水时，应保证布水管正常运转，布水管管端与塔体间隙为 50mm，布水管与填料间隙不应小于 20mm，水管开孔方向应正确，孔口应光滑，旋转时应无明显摆动；采用喷嘴布水时，要减少中空现象；横流冷却塔采用池式布水，配水槽应水平，孔口应光滑，最小积水深度为 50mm。

安装冷却塔通风设备时，应注意以下事项：

（1）安装轴流风机时，应保证风筒的圆度和喉部尺寸。

（2）风机齿轮箱和电动机在安装前应先检查各部件有无损坏，安装时必须对底座进行找平。

（3）应对各部件的连接件、密封件进行检查，不应有松动现象。

（4）对于可调整角度的叶片，其角度必须一致，而且叶片顶端与风筒内壁的径向间隙应均匀。

6.4.3　安装冷却塔时应注意的问题

安装冷却塔时应注意以下问题：

（1）按施工设计选择冷却塔的型号，按厂家样本的基础尺寸进行基础施工。基础标高应符合设计的规定，允许误差为 ±20mm。

（2）冷却塔的安装应平稳，地脚螺栓的固定要牢固，各连接部件应采用热镀锌或不锈钢螺栓，其紧固力应均匀、一致。冷却塔的安装应水平，单台冷却塔安装时的水平度和垂直度允许偏差为 2/1000。同时，安装冷却水系统的多台冷却塔时，各台冷却塔的水面高度应一致，高差不应大于 30mm。

（3）安装中央进水管时，一定要保证布水管位于冷却塔的中心，并且进水管要垂直，这样才能保证布水管处于水平位置。

（4）冷却塔的出水管口及喷嘴的方向和位置应正确，集水盘应严密无渗漏，布水应均匀。带转动布水器的冷却塔，其转动部分必须灵活，喷水出口宜向下与水平方向呈 30°夹角，且方向一致，不应垂直向下。

（5）玻璃钢冷却塔和采用塑料制品作填料的冷却塔，安装时应严格执行防火规定。

（6）冷却塔风机叶片端部与塔体四周的径向间隙应均匀。对于可调整角度的叶片，其角度应一致。

6.5 冷却塔的试运转

冷却塔试运转前，应做以下准备工作：

（1）清扫冷却塔内的夹杂物和尘垢，并用清水冲掉填料中的灰尘和杂物，防止冷却水管或冷凝器等堵塞。

（2）冷却塔和冷却水管路系统供水时先用水冲洗排污，直到系统无污水流出为止。在冲洗过程中，不能将水通入冷凝器中，应采用临时的短路措施，待管路冲洗干净后，再将冷凝器与管路连接。管路系统应无漏水现象。

（3）检查自动补水阀的动作状态是否灵活准确。

（4）应对冷却塔内的补给水、溢水的水位进行校验，使之准确无误，以防止水源的损失。

（5）对横流式冷却塔配水池的水位以及逆流式冷却塔旋转布水器的转速等，应调整到进水量适当，使喷水量和吸水量达到平衡的状态。

（6）确定风机的电动机绝缘情况及风机的旋转方向，必须使电动机的控制系统动作正确。

冷却塔试运转时，应检查风机的运转状态和冷却水循环系统的工作状态，并记录运转情况及有关数据。如无异常现象，连续运转时间不应少于2h。

（1）检查喷水量和吸水量是否平衡，并观察补给水和集水池的水位等运行状况，应达到冷却水不跑、不漏的良好状态。

（2）检查布水器的旋转速度和布水器的喷水量是否均匀，如发现布水器运转不正常，应暂停运转，待故障排除后再运转进行考核。

（3）测定风机的电动机起动电流和运转电流值，并控制运转电流在额定电流范围内。

（4）运行时，冷却塔本体应稳固，无异常振动，若有振动，应查出使冷却塔产生振动的原因。用声级计测量冷却塔的噪声，其噪声应符合设备技术文件的规定。

（5）测量冷却塔出入口冷却水的温度。如果冷却塔与空调制冷设备联合运转，可由冷却塔出入口冷却水的温度分析冷却塔的冷却效果。

（6）测量风机轴承的温度，该温度应符合设备技术文件的要求和验收规范对风机试运行的规定。

（7）检查喷水的偏流状态，并找出产生偏流的原因。

（8）检查冷却塔正常运转后的飘水情况，如有较大的水滴出现，应查明原因。

冷却塔在试运转过程中，管道内残留的及随空气带入的泥沙、尘土会沉积到集水池底部，因此试运转工作结束后，应清洗集水池，并清洗水过滤器。冷却塔试运转后如长期不使用，应将循环管路及集水池中的水全部放出，防止形成污垢和冻坏设备。

6.6　冷却塔的维护管理

冷却塔长期在室外条件下运行，工作环境差，加强其运行管理不仅可以提高冷却塔的热湿交换效果，而且对实现冷却塔节电、节水的经济运行和延长其使用寿命都有重要意义。

6.6.1　排污

开放式冷却塔使用多年后，热交换材料之间的堵塞是风量降低和冷却能力降低的原因。当空气流过水膜充填材料的水流表面时，水被蒸发浓缩，在表面产生不纯物，另外，由于水质等原因，也会使其表面上产生水垢，它们将堵塞空气通道，增加空气阻力，降低空气流量。堵塞的程度与循环水的水质与温度、补水的水质与水量、使用水处理剂的情况、清扫（含药品洗净）的次数和阳光的照射等有关。当空调冷却塔采用不经处理的市政水作为循环水和补水时，运行 11 年后，冷却水温度的升高将会使制冷机高压升高，进而降低制冷能力。

保持规定风量是使冷却塔性能不变的必要条件。防止风量降低的措施是冷却塔的维护管理，包括冷却水的处理和排污等水质管理。排污的方式大致上可分为与水质无关而将排污量控制到一定值的方式和通过电导率、pH 值调节器等传感器连续地检测水质以适应水质要求的自动排污方式。定量排污存在水无效利用的溢流浪费、排污不够和不能根据运行条件的改变而变化等问题。自动排污能解决以上问题。表 6-2 列出了冷却塔的排污方法。

表 6-2　冷却塔的排污方法

序号	项　目	方　　法
1	溢流排污	从溢流排污管排污，且人为地进行补水
2	安装排污管	在水槽或冷却塔内安装排污管连续排污
3	安装排污开关	在循环泵的排水管上安装压力开关进行排污
4	安装时间开关和电磁阀	在冷却水管道上安装排污管和电磁阀，与时间开关联动间歇排污
5	采用电导率调节器的自动排污	通过能连续地检测冷却水水质的电导率调节器进行自动排污
6	采用 pH 值调节器的自动排污	将冷却水的 pH 值设置在某范围内，通过 pH 调节器进行自动排污
7	采用 pH 值调节器和电导率调节器的自动排污	5 项和 6 项的结合
8	其他	包括自动排污装置、防腐剂自动注入装置等联动装置

6.6.2　冷却塔的维护要点

6.6.2.1　冷却塔起动前的检查与准备工作

当冷却塔停用时间较长并准备重新使用时（如在冬、春季不用，夏季又开始使用），或者是在全面检修、清洗后重新投入使用时，起动前应进行必要的检查与准备工作。准备开车前应检查以下内容：

（1）检查冷却塔整台安装是否牢固，检查所有连接螺栓的螺母是否松动，特别是风机系统部分。冷却塔均放置在室外暴露场所，而且出风口和进风口都很大，难免会有杂物在停机时从进、出风口进入冷却塔内，因此要予以清除。开启水泵排污阀门，扫清下塔体集水盘内的泥尘、污物等杂物，冲洗进水管道及塔体各部件，以免杂物堵塞水孔。

（2）检查布水器转动是否灵活，布水管锁紧螺母是否拧紧。拨动风机叶片，检查其旋转是否灵活，是否与其他物件相碰，叶片与塔体内壁的间隙是否均匀一致，各连接螺栓有无松动。调整风机，使风机叶片角度一致，并使其与塔体外壳间隙均匀。风机转动时，检查电动机转动是否灵活，电动机接线是否防水密封；检查电源是否正常，防止使用时超过电动机的额定工作电流。

（3）开启手动补水管的阀门，让其与自动补水管一起将冷却塔集水盘（槽）中的水尽量注满（达到最高水位），以备冷却水塔填料由干燥状态到正常润湿工作状态要多耗水量之用。自动浮球阀的动作水位则调整到低于集水盘（槽）上沿边25mm（或溢流管口20mm）处，或按集水盘（槽）的容积为冷却水总流量的1%～1.5%确定最低补水水位，因为在此水位时能自动控制补水。

（4）如果使用带减速装置，要检查带的松紧是否合适，几根带的张紧程度是否相同；如果使用齿轮减速装置，要检查齿轮箱内润滑油是否充满到规定的油位，如果油不够，要补加到位。检查集水盘（槽）是否漏水，各手动水阀是否开关灵活并设置在要求的位置上。

（5）启动时，应点动风机，看其叶片在俯视时是否是顺时针转动，而且风是否是由下向上吹。如果方向不对，应调整。然后短时间起动水泵，看圆形塔的布水装置（又称为配水、洒水装置）在俯视时是否是顺时针转动，转速是否在冷却水量所对应的范围之内，因为转速过快会降低转头的寿命，而转速过慢又会导致洒水不均匀，影响散热效果。如果不在相应的范围，就要进行调整。布水管上出水孔与垂直面的角度是影响布水装置转速的主要原因之一，通常该角度为5°～10°，通过调整该角度即可改变转速。此外，出水孔的水量（速度）大小也会影响转速。根据力的作用与反作用原理，出水量（速度）大，则反作用力就大，因而转速就高，反之转速就低。

（6）短时间起动水泵时，还要注意检查集水器（槽）内的水是否会出现抽干现象。因为冷却水塔在间断了一段时间后再使用时，洒水装置流出的水首先要使填料润湿，使水层达到一定厚度后才能汇流到塔底部的集水盘（槽）。在下面的水陆续被抽走而上面的水还未落下来的短时间内，集水盘（槽）中的水不能干，以保证水泵不发生空吸现象。

6.6.2.2　冷却塔的保养检修

冷却塔的保养检修内容包括检查并清洁喷淋头，清洗风扇电动机的叶轮、叶片，整理填料等。

1. 冷却塔喷淋头（喷嘴）的检修保养　冷却塔喷淋头的检修清洗方法有两种。一种为手工清洁，其方法是：将喷嘴拆开，把卡在喷嘴芯里的杂物取出来，用清水洗刷后再组装成套。在操作过程中要小心，不要损伤丝扣。第二种方法是化学清洗，其方法是：将喷嘴浸入浓度为20%～30%（体积分数）的硫酸水溶液中，浸泡60min，喷嘴中的水垢和污垢可全部清除，然后再用清水对喷嘴清洗两次，直到清水的pH值为7时为止，以防止冷却水将喷嘴中的酸性物质带入系统而造成管道的腐蚀加剧。

化学清洗后，废酸液不可直接排入地沟，应向废溶液中加入碳酸钠进行中和，使其pH值接近6.5～7.5后再进行排放。

在清洗、检修喷嘴的同时，也应同时进行喷淋管的清洁和防腐处理。其方法是：每年停机后应立即对其进行除锈涂装，尤其是对装配喷嘴的丝头，可喷明漆，不能用油脂，以防油脂污染冷却水。在每年的维修保养工作中，切不可忽视对喷嘴丝头的防腐处理，否则一两年以后，在运行期间喷嘴会脱落，使喷淋水呈柱状倾泻而下，把填料砸成碎片，碎片落入冷却水中后，严重时会堵塞冷却水管道。

2. 冷却塔风机叶轮、叶片的检修保养　由于冷却塔风机叶轮、叶片长期工作在高湿环境下，因此，其金属叶片腐蚀严重。为了减缓腐蚀，每年停机后应立即将叶轮拆下，彻底清除腐蚀物，并在做静平衡校验后，均匀刷涂防锈漆和酚醛漆各一次。检修后应将叶轮装回原位，以防止其变形。

在机组停机期间，冷却风机的大直径玻璃钢叶片很容易变形，尤其是在冬季，大量积雪会使叶片变形严重。解决这个问题的方法是：停机后将叶片旋转 90°，使叶片垂直于地面。若将叶片拆下分解保存，应分成单片平放，切不可堆置。

在冬季冷却塔停止使用期间，有可能发生冰冻现象时，要将冷却塔集水盘（槽）和室外部分的冷却水系统中的水全部放光，以免冻坏设备和管道。

6.7　冷却塔在安装与运行过程中常见的问题

冷却塔在运行过程中的常见问题及其原因分析与排除方法见表 6-3。

表 6-3　冷却塔在运行过程中的常见问题及其原因分析与排除方法

<table>
<tr><th>常见问题</th><th colspan="2">原因分析</th><th>排除方法</th></tr>
<tr><td>出水温度过高</td><td colspan="2">1. 循环水量过大
2. 布水管部分出水孔堵塞造成偏流
3. 进出空气不畅或短路
4. 通风量不足
5. 进水温度过高
6. 吸排空气短路
7. 填料部分堵塞造成偏流
8. 室外湿球温度过高</td><td>1. 调整阀门到合适水量或更换容量匹配的冷却塔
2. 清除堵塞物
3. 查明原因并进行改善
4. 参见本表“通风量不足”栏
5. 检查冷水机组方面的原因
6. 改善空气循环流动为直流
7. 清除堵塞物
8. 减小冷却水量</td></tr>
<tr><td rowspan="2">通风量不足</td><td>风机转速降低</td><td>1. 传动带松动
2. 轴承润滑不良</td><td>1. 调整电动机位，张紧或更换传动带
2. 加油或更换轴承</td></tr>
<tr><td colspan="2">1. 风机叶片角度不合适
2. 风机叶片破损
3. 填料部分堵塞</td><td>1. 调至合适角度
2. 修复或更换叶片
3. 清除堵塞物</td></tr>
<tr><td>集水盘溢水</td><td colspan="2">1. 集水盘出水口堵塞
2. 浮球阀失灵，不能自动关闭
3. 循环水量超过冷却塔额定容量</td><td>1. 清除堵塞物
2. 修复
3. 减少循环水量或更换容量匹配的冷却塔</td></tr>
<tr><td>集水盘中水位偏低</td><td colspan="2">1. 浮球阀开度偏小，造成补水量小
2. 补水压力不足，造成补水量小
3. 管道系统有漏水的地方
4. 冷却过程失水过多
5. 补水管径偏小</td><td>1. 将浮球阀开大到合适开度
2. 查明原因，提高压力或加大管径
3. 查明漏水处，并进行堵漏
4. 参见本表“集水盘溢水”栏
5. 更换</td></tr>
</table>

（续）

常见问题	原因分析	排除方法
布水、配水不均匀	1. 布水管部分出水孔堵塞 2. 循环水量过小	1. 清除堵塞物 2. 加大循环水量或更换容量匹配的冷却塔
配水槽中有水溢出	1. 配水槽的出水孔堵塞 2. 供水量过大	1. 清除堵塞 2. 调整合适水量或更换容量匹配的冷却塔
有异常噪声或振动	1. 风机转速过高，通风量过大 2. 轴承缺油或损坏 3. 风机叶片与其他部件碰撞 4. 有些部件紧固螺栓的螺母松动 5. 风机叶片螺钉松动 6. 带与防护罩摩擦 7. 齿轮箱缺油或齿轮组磨损 8. 隔水袖与填料摩擦	1. 降低风机转速或调整风机叶片角度，也可更换合适风量的风机 2. 加油或更换轴承 3. 查明原因，排除故障 4. 紧固 5. 紧固 6. 张紧带，紧固防护罩 7. 加够油或更换齿轮组 8. 调整隔水袖或填料
滴水声过大	1. 填料下水偏流 2. 冷却水量过大	1. 查明原因，使其均流 2. 减小冷却水量，或集水盘中加装吸声垫

第7章　中央空调其他设备施工的方法与技术措施

7.1　膨胀水箱

7.1.1　膨胀水箱概述

膨胀水箱是热水采暖系统和中央空调水路系统中的重要部件，它的作用是收容和补偿系统中水的胀缩量。一般都将膨胀水箱设在系统的最高点，通常都接在循环水泵（中央空调冷冻水循环水泵）吸水口附近的回水干管上。

膨胀水箱是一个钢板焊制的容器，有各种大小不同的规格。膨胀水箱上通常接有以下管道：

（1）膨胀管，将系统中的水因加热膨胀所增加的体积转入膨胀水箱（和回水干道相连接）。

（2）溢流管，用于排出水箱内超过规定水位的多余的水。

（3）信号管，用于监督水箱内的水位。

（4）循环管（在水箱底部的中央位置，和回水干道相连接），在水箱和膨胀管可能发生冻结时，用来使水循环。

（5）排污管，用于排污。

（6）补水阀，与箱体内的浮球相连，水位低于设定值时则开通阀门补充水。

为安全起见，膨胀管和溢流管上不允许装任何阀门。

7.1.2　设计容量的计算

7.1.2.1　膨胀水箱有效容积的计算

膨胀水箱的有效容积一般在中央空调工程设计过程中给出，但也可以按式（7-1）计算。

$$v_x = v_t + v_p \tag{7-1}$$

式中　v_x——开式膨胀水箱的有效容积（m^3）；

v_t——开式膨胀水箱的调节容积（m^3）。调节容积 v_t 不应小于补水泵平时运行3min的流量，且保持水箱调节水位高差不小于200mm；

v_p——系统最大膨胀水量（m^3）。

7.1.2.2　系统最大膨胀水量的计算

系统最大膨胀水量按式（7-2）、式（7-3）计算。

供热时：

$$v_p = \left(\frac{\rho_0}{\bar{\rho}} - 1\right)v_c \tag{7-2}$$

制冷时：

$$v_p = \left(1 - \frac{\rho_0}{\bar{\rho}}\right)v_c \tag{7-3}$$

式中 ρ_0——水的密度（kg/m^3），采暖或空调（冬季运行）取系统充水温度为 t_0 时的水密度，空调冷水系统取夏季系统停止运行时环境温度为 t_0 时水的密度；

$\bar{\rho}$——系统运行时的平均密度（kg/m^3），取供水或回水密度的平均值，即 $\bar{\rho}$ = （ρ_g - ρ_h）/2；

v_c——系统的水容量（m^3）。

常用采暖、空调水系统的膨胀量可参考表 7-1 取值。

表 7-1　常用采暖、空调水系统的膨胀量

系统类型	空调冷水	空调热水	采暖水	
供水/回水温度/℃	7/12	60/50	85/60	95/70
t_0/℃	35	5	5	5
膨胀量	0.0053	0.01451	0.02422	0.03066

7.1.3 膨胀水箱设计安装的要点

《通风与空调工程施工质量验收规范》（GB50243—2002）规定：水箱、集水器、分水器、储冷罐等设备的安装，支架或底座的尺寸、位置符合设计要求。设备与支架或底应接触紧密，安装平正、牢固。平面位置允许偏差为 15mm，标高允许偏差为 ±5mm，垂直度允许偏差为 1/1000。膨胀水箱安装的位置及接管的连接，应符合设计文件的要求。

膨胀水箱的安装位置，应考虑防止水箱内水的冻结。若水箱安装在非供暖房间内时，应考虑保温。

膨胀管在重力循环系统中时应接在供水总立管的顶端，在机械循环系统中时应接至系统定压点，一般接至水泵入口前；循环管接至系统定压点前的水平回水干管上，并且该点与定压点之间应保持不小于 1.5 ~3m 的距离。

膨胀管、溢水管和循环管上严禁安装阀门，而排水管和信号管上应设置阀门。设在非供暖房间内的膨胀管、循环管、信号管均应保温。一般开式膨胀水箱内的水温不应超过 95℃。

空调水系统采用冷水、热水共用的双管系统时，膨胀水箱有效容积的大小应按冬季工况确定。

膨胀水箱最低水位应高于采暖或空调水系统最高点 1.0m 以上。

水箱高度大于或等于 1500mm 时，应设内、外人梯；水箱高度大于或等于 1800mm 时，应设两组玻璃管液位计。液位计可用法兰连接或螺纹联接，其搭设长度为 70 ~200mm。

膨胀管和循环管应尽量减少弯管，并应将存气信号管接至易于观察管理的位置。当设有液位控制器时，可不设信号管。水箱的排水管阀门应设在便于操作的位置，水箱排水管不可与建筑生活污水管直接相连。膨胀管、溢水管和循环管上严禁安装阀门。

系统补水时，可采用手动或自动方式，在水质较硬的地区或有软化要求的系统，应采用补水泵加软化水设备补水；当给水水质满足运行要求且补水管压力高于补水点压力时，可采用浮球阀自动补水方式。

水箱水位的控制如下：

（1）水位采用自动控制时，水位上限应低于溢水管接口下缘至少 100mm，水位下限应高于箱底 200mm。

（2）当采用自来水直接进行补水且补水口低于溢水口时，应在补水管上设置倒流防止器。

（3）水箱可采用的液位测量方法有：浮筒（球）式液位测量，浮球液位开关，电极式液位开关，电容式液位测量以及静压式液位测量等。

7.1.4　开式膨胀水箱的安装

现场制作的水箱，经满水试验合格后，应将水箱内外表面除锈，并打磨焊缝，以及进行防腐处理。采用人工除锈应达到 St3 级（详见 GB8923—1988《涂装前钢材表面锈蚀等级和除锈等级》）。

若水箱在 30℃以下使用，可刷两遍红丹防锈漆，在 30～70℃之间使用时，可刷过氯乙烯漆 4～5 遍；在 70～95℃之间使用时，可刷耐热防腐漆 4～5 遍，水箱外部一般刷两遍红丹漆，水箱经表面处理后不得在水箱本体上直接焊接。

水箱应水平安装，箱体可放在条形支座上，支座长度应超出底板外缘 100mm 以上，支座高度不应小于 300mm。水箱的构造由工程设计人员确定。

若水箱安装在非采暖房间内，应考虑水箱箱体的保温，以及膨胀管循环管和信号管的保温。水箱的保温和保冷详见国标图集《建筑防腐蚀构造》。

7.1.5　膨胀水箱的配管与选择

在空调冷（热）水系统最高处应配置一个膨胀水箱，且应连接在水泵的吸入侧，如图 7-1所示。视空调系统规模大小，膨胀水箱的有效容积为 0.5～1.0m^3。膨胀水箱及其配管示意图如图 7-2 所示。

7.1.6　膨胀水箱设计及施工过程中常见的错误

1. 连接管中的阀门　《锅炉房设计规范》（GB50041—2008）规定，高位膨胀水箱与热水系统的连接管上不应装设阀门。这里所说的连接管是指膨胀管和循环管。此条对空调冷冻水系统也是适用的。

2. 接入点的位置　《采暖空调循环水系统定压》规定：循环管接管点与定压点之间应保证大于或等于 1.5m 的水平距离。

《空气调节设计手册》规定：膨胀箱的接口应尽可能靠近循环泵的进口，以免泵吸入口内的液体汽化造成水泵气蚀。

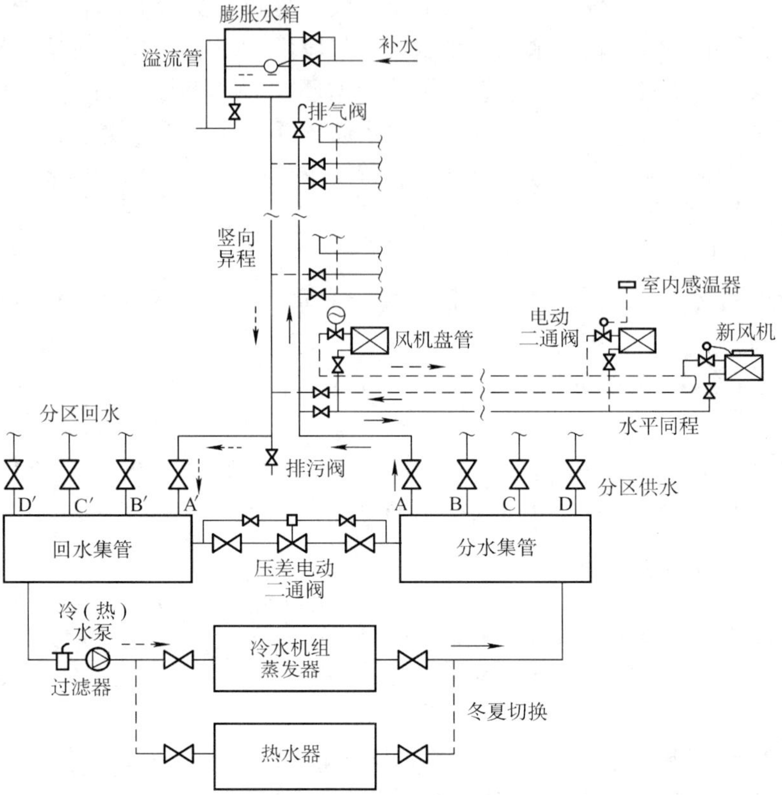

图 7-1　单式水泵变水量调节两管制冷（热）水系统

3. 安装高度及容量　膨胀水箱是热水采暖系统和中央空调水路系统中的重要部件，它的作用是收容和补偿系统中水的胀缩量，起到定压、补水作用。

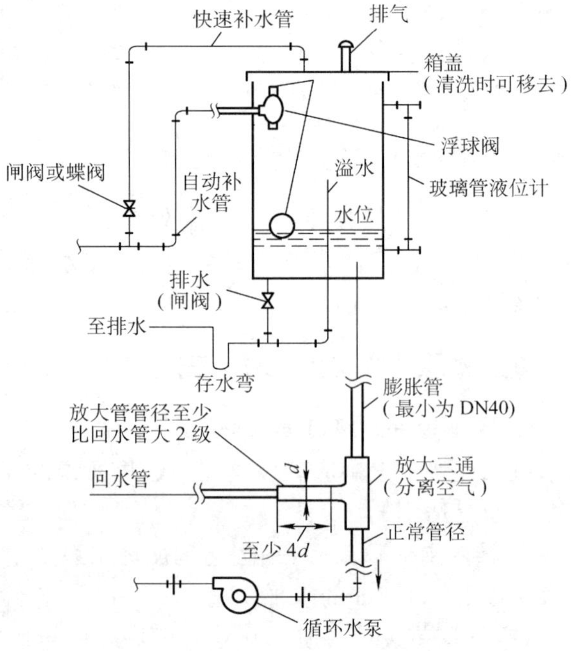

图 7-2　膨胀水箱及其配管示意图

7.2　分水器和集水器

7.2.1　分水器和集水器的设置条件

通常在采用集中供冷、供暖方式的工程中，为有利于各空调分区流量分配、压力平衡及调节灵活方便，在供水、回水干管上分别设置分水器、集水器。这样设置可以使各空调分区，并使供水、回水干管上的截止阀的安装和维修十分方便，有些场合还可以获得显著的节能效果。

一般情况下，如果整个空调系统分区超过 3 个，推荐使用分水器和集水器设置。

注意膨胀水箱应加盖和保温。用带有网格线铝箔贴面的玻璃棉保温时，保温层厚度取 25mm。

7.2.2　分水器和集水器的设计计算

7.2.2.1　筒体直径的计算

（1）筒体直径比汽水连接总管的直径大两号以上。

（2）一般可按筒体断面流体流速经计算后确定，蒸汽流速按 10m/s 计算，水流速按 0.1m/s、0.3m/s、0.5m/s、0.7m/s、1.0m/s 计算。

分（集）水器的内径可以用式(7-4)计算。

$$D = 595\sqrt{\frac{G}{v\rho}} \tag{7-4}$$

式中　D——分（集）水器内径（mm）；

G——通过分（集）水器的总流量（t/h）；

v——通过分（集）器的断面流速（m/s）；

ρ——工作温度下水的密度（kg/m^3）。

7.2.2.2　筒体厚度的选择

筒体及封头壁厚的选择见表 7-2。

表 7-2　筒体及封头壁厚　（单位：mm）

材质		20 钢							
序号	筒体直径	0.25MPa	0.6MPa	0.8MPa	1.0MPa	1.2MPa	1.6MPa	2.0MPa	2.5MPa
1	159	4	4	4	4	4	4	4	4
2	219	5	5	5	5	5	5	5	5
3	273	6	6	6	6	6	6	6	8
4	325	6	6	6	6	6	6	6	8
5	377	6	6	6	6	6	6	8	8
6	426	6	6	6	6	6	8	8	10
材质		Q235B					20R		
序号	筒体直径	0.25MPa	0.6MPa	0.8MPa	1.0MPa	1.2MPa	1.6MPa	2.0MPa	2.5MPa
7	500	6	6	6	6	8	8	10	10
8	600	6	6	6	8	8	8	10	12
9	700	6	6	8	8	8	10	10	12
10	800	6	6	8	8	10	10	12	14
11	900	6	6	8	10	10	12	12	14
12	1000	6	8	8	10	10	12	14	16

注：20R 是 20 号压力容器用钢材。这种钢材一方面在国家规范上可以满足要求，另一方面含有害元素较少，综合性能较好。

7.2.2.3 筒体长度的计算

筒体长度根据筒体接管数确定，可根据式（7-5）计算。

$$L=130+2L_1+2L_2+\cdots+2L_i+120 \tag{7-5}$$

式中 L——集水器、分水器的总长度；

L_1、L_2、L_3、…、L_i——筒体接管中心距，根据接管直径和保温层厚度确定，一般可按表7-7选用。

7.2.2.4 筒体绝热厚度的计算

（1）保温计算时，应根据工艺要求和技术经济分析选择保温计算公式。当无特殊工艺要求时，保温的厚度应采用“经济厚度”法计算。若经济厚度偏小以致散热损失量超过最大允许散热损失量标准时，应采用最大允许热损失量下的厚度。

（2）保冷计算时，应根据工艺要求确定保冷计算参数。当无特殊工艺要求时，保冷厚度按式（7-6）~式（7-13）进行计算，并用经济厚度调整。

（3）保冷绝热材料厚度计算公式如下：

$$\delta=\frac{1}{2}(D_1-D_0) \quad \text{（保温，单层时的厚度）} \tag{7-6}$$

$$\delta=\frac{1}{2}(D_2-D_0) \quad \text{（保温，双层时的总厚度）} \tag{7-7}$$

$$\delta_1=\frac{1}{2}(D_1-D_0) \quad \text{（保温，双层中的内层厚度）} \tag{7-8}$$

$$\delta_2=\frac{1}{2}(D_2-D_0) \quad \text{（保温，双层中的外层厚度）} \tag{7-9}$$

$$\delta=\frac{k}{2}(D_1-D_0) \quad \text{（保冷，单层时的厚度）} \tag{7-10}$$

$$\delta=\frac{k}{2}(D_2-D_0) \quad \text{（保冷，双层时的总厚度）} \tag{7-11}$$

$$\delta_1=\frac{k}{2}(D_1-D_0) \quad \text{（保冷，双层中的内层厚度）} \tag{7-12}$$

$$\delta_2=\frac{k}{2}(D_2-D_0) \quad \text{（保冷，双层中的外层厚度）} \tag{7-13}$$

式中 D_0——管道或设备外径（m）；

D_1——内层绝热层外径，当为单层时，为绝热层外径（m）；

D_2——外层绝热层外径（m）；

δ——绝热层厚度，当绝热层为两种不同绝热材料组合的双层绝热结构时，为双层总厚度（m）；

δ_1——内层绝热层厚度（m）；

δ_2——外层绝热层厚度（m）；

k——保冷厚度修正系数，按表7-3确定。

表 7-3　保冷厚度修正系数

材料	修正系数
聚苯乙烯	1.1～1.4
聚氨酯	1.2～1.35
泡沫玻璃	1.1

（4）经济（最小）厚度（δ）应按式（7-14）计算。

1）保温（保冷）时：

$$\delta=\frac{1}{2}(D_0-D_i) \tag{7-14}$$

D_0 由式（7-15）计算。

$$\frac{1}{2}D_0\ln\frac{D_0}{D_i}=\lambda\left(\frac{T_0-T_a}{kQ}\right)-\frac{1}{\alpha_s} \tag{7-15}$$

2）防烫（防凝露）时：

$$\delta=\frac{1}{2}(D_0-D_i) \tag{7-16}$$

D_0 由式（7-17）计算。

$$\frac{1}{2}D_0\ln\frac{D_0}{D_i}=\frac{\lambda}{\alpha_s}\left(\frac{T_0-T_s}{T_s-T_a}\right) \tag{7-17}$$

式中　λ——保温绝热材料热导率［W/（m·℃）］；

α_s——保温层外表面放热系数，室内安装时取 11.63W/（m^2·℃），室外安装时取 23.26W/（m^2·℃），防烫、防凝露计算时取 8.141W/（m^2·℃）；

Q——不同介质温度下，绝热层外表面的最大允许热（冷）损失量（W/m^2），见表 7-4～表 7-6；

k——最大允许热损失量的系数，计算最小保温厚度时取 1.0，计算经济厚度时取 0.5；

D_0——绝热层外径（m）；

D_i——绝热层内径（取筒外径）（m）；

T_0——筒体外表面温度，取介质温度（℃）；

T_a——环境温度（℃），保温计算时，为适应全国各地情况及从安全考虑，冬季运行工况室外安装时取 -14.2℃；全年运行工况室外安装时取 -4.1℃，室内安装时取 20℃；保冷计算时取 30℃，防烫计算时取 35℃；防凝露计算时，采用所在地的夏季室外空调计算温度；

T_s——绝热层外表面温度（℃），保温计算时取 60℃；保冷计算时，采用所在地的设计露点温度，对应的相对湿度为最热月平均相对湿度。

表 7-4 冬季运行最大允许热损失量（GB50264—1997）

外表面温度/℃	50	100	150	200	250	300
最大允许热损失量/(W/m^2)	116	163	203	244	279	308

表 7-5 全年运行最大允许热损失量（GB50264—1997）

外表面温度/℃	50	100	150	200	250	300	350	400	450	500	550	600
最大允许热损失量/(W/m^2)	58	93	116	140	163	186	209	227	244	262	279	296

表 7-6 不同冷媒温度下最大允许冷损失量

外表面温度/℃	-15	-10	-5	0	5	10	15	20	25
最大允许热损失量/(W/m^2)	11.2	1.4	9.5	8.5	7.4	6.2	5.0	3.6	1.9

7.2.2.5 筒体接管中心距的计算

筒体接管中心距根据接管直径和保温层厚度确定，一般可按表 7-7 选用。

表 7-7 接管中心距和保温层厚度的确定方法

筒体接管中心距	保温层厚度
L_1	d_1+120
L_2	d_1+d_2+120
L_3	d_2+d_3+120
…	…
L_i	$d_{i-1}+120$

注：d_1、d_2、…d_{i-1}为对应接管的外径。

如接管不保温，则筒体接管中心距必须大于 d_1+d_2+80，其中 d_1、d_2 为任意两相邻接管的外径。

7.2.3 分水器和集水器的安装要求

(1) 分汽缸或分（集）水器进入施工现场后，必须由监理、施工和供货单位共同进行验收，检查其产品质量合格证及相关检验报告（包括焊缝无损探伤检验报告、强度试验记录等），并对其进行外观检验，合格后方可安装。

(2) 支架安装高度由工程设计人员决定，但不得大于 1000mm。支架安装前应进行防腐处理，刷两道防锈漆，外刷面漆。

(3) 分（集）水器排污管及分汽缸排污管和疏水管的安装位置和安装方向由工程设计人员决定。

(4) 基础形式由工程设计人员决定，当设计无规定时，可按照图集《分（集）水器—分汽缸》(05K232) 选用。

（5）压力表的安装参照国标图集《压力表安装图》（01R405）进行。当工作压力大于或等于1.0MPa时，应在分（集）水器或分汽缸与压力表之间增加阀门。压力表及阀门的规格型号由工程设计人员根据工艺情况选择确定。

（6）温度计的安装参照国标图集《温度仪表安装图》（01R406）进行。温度计的规格型号由工程设计人员根据工艺情况选择确定。

（7）支架安装应满足筒体热胀冷缩的要求，一端固定，另一端采用活动或滑动支架，以确保筒体工作状态下的热胀冷缩。

（8）保温（冷）厚度应按工程设计要求选择，如无要求，可按国标图集《建筑防腐蚀构造》选用。

7.3　水处理装置

7.3.1　水处理的方法

为保证冷却水塔、冷水机等设备处于最佳的运行状态，有效地控制微生物菌群，抑制水垢的产生，预防管道设备的腐蚀，达到降低能耗、延长设备使用寿命的目的，必须对循环冷却水进行水处理。

由于空调冷却水系统的结垢、腐蚀和藻类孳生不是在短期内形成的，也不会在短期内对系统有破坏性的影响，所以往往得不到运行管理人员足够的重视。另外，由于空调冷却水系统比较简单，设计人员对其重视不够，并且冷却水的处理是给排水专业和暖通专业共同设计的，而冷却水系统多是由暖通专业人员设计的，所以难免造成先天设计的不合理。在设计过程中，针对空调冷却水系统易结垢腐蚀和菌藻孳生的特点，其处理方法也与冷冻水系统有所不同。冷却水的处理方法可分为化学法和物理法。

7.3.1.1　化学法

目前，大型冷却水系统中冷却水的处理多采用化学方法，为此，必须在冷却水中加入阻垢剂、缓蚀剂、杀菌灭藻剂及其配套的清洗剂等，从而形成了冷却水的全套水处理技术，可供设计大型空调冷却水处理时参考。由于阻垢剂可保证传热效果（节能），杀菌灭藻剂可减少设备腐蚀并延长设备寿命，这些均属正效益，所以被世人所关注，国外各大水处理公司都把此技术作为第一重点来抓。据报道，1987年工业水处理剂（冷却水部分）的销售值为5.86亿美元，1992年销售值为7.65亿美元，年增长率为6%。近几年来，随着我国国民经济的快速发展，对水处理剂的研究和开发也有了长足的发展。

近几年来，该方法也被用于冷却水系统，常用的药剂多为固态晶体硅酸盐被膜缓蚀剂。实践证明，有以下几点需要注意：不同的被膜剂要求有不同的溶解温度，对于把加药罐设在循环水系统上的，水温往往能达到溶解温度，而对于把加药罐设在补水系统上的，应特别注意防止水温过低，如果水温过低，被膜缓蚀剂的溶解不好，就会影响缓蚀的作用。

7.3.1.2　物理法

物理法是近几年开始普遍广泛使用的一种方法。该方法运行费用低、使用方便、易于控制、无污染，是一种比较理想的水处理方法。实际上，国外早在20世纪60年代便把注意力由化学方法转移到物理方法的开发上来。目前，应用的物理方法有磁力法、电解法、超声法、静电法等。

电解法能抑制水垢的附着，但是除垢不彻底，且具有电解孔蚀的危险。早期应用的磁力法稳定性比较差，长时间使用不能控制积垢，必须定期清扫积聚在控制器中的氧化铁。静电法则克服了上述诸方法的缺点，并且除了防垢和溶垢外，还有显著的杀菌灭藻的效能。但是静电法和电子水处理法缓蚀作用较专用的化学缓蚀略低，在一般空调冷却水系统内可不考虑采用其他缓蚀方法，而在一些对缓蚀要求较高的系统中最好同时适量添加一些缓蚀剂，可获得更好的效果。

7.3.2 水处理装置的分类

考虑到目前磁力法水处理的普遍广泛使用，本章对该设备的安装作详细介绍。根据其工作原理分类，国内电磁水处理器主要有内磁水处理器、静电水处理器、电子水处理器和高频电子水处理器等几类。几种水处理器的适用条件见表 7-8。

表 7-8 不同水处理器的适用条件

项　目	内磁水处理器	静电水处理器	电子水处理器	高频电子水处理器
温度/℃	≤80	≤130	≤105	<95
流速/（m/s）	115 ~ 315	≤80	—	<215
适用水质	含盐量小于 3000mg/L	总硬度小于 700mg/L（$CaCO_3$）	总硬度小于 550mg/L（$CaCO_3$）	总硬度小于 700mg/L（$CaCO_3$）

7.3.3 水处理装置的选用和安装

在选用水处理器时，除前述水质外，还应注意考虑以下几点：

（1）根据所需要处理的水量来选择水处理器的规格。为了保证效果，一般需要采用全流量通过水处理器。内磁水处理器对通过流速有要求，最低不应小于 115m/s。静电水处理器和电子水处理器，要求通过处理器时必须有一定的停留时间，可以在额定处理水量的 ±20% 范围内选用，一般不影响处理效果。

（2）要考虑安装要求与运行管理。内磁水处理器可以任意角度安装，静电水处理器和电子水处理器一般需要垂直安装，以避免悬浮物或其他杂质在装置内沉淀。静电水处理器和电子水处理器（包括高频发生器或高压发生器）和较大功率（大于 20kW）的电器之间要有一定距离（至少 5m），否则在两者之间应设屏蔽罩和良好的接地。内磁水处理器因其外壳已考虑了屏蔽，故和其他电器设备无距离要求。静电水处理器和电子水处理器还要考虑定期巡视和检修空间。高压发生器和高频发生器要考虑防潮通风，以防发生短路或电子元器件过热而导致故障。

静电水处理器和电子水处理器需要一定的维修和管理，而内磁水处理器一般无需管理，尤其适用于维修力量不足之处。

（3）水处理器一般应尽量靠近供水设备。对于设置冷却塔而采用循环冷却水的空调系统，水处理器可以设在循环水泵的出口，但如果将水处理器安装在冷凝器的进水口之前则更好。

对于热水供应系统，无热水回水的热水器只需处理供水。对于有热水回水的热水器，供水和回水都应处理。若冷水的供给管与热水回水管分别进入热水器，应在二进水管上分别装水处理器，如图 7-3a 所示。若冷水供给管与热水的回水管合并后进入热水器，则应在合并后的管道上安装水处理器，如图 7-3b 所示。对于设有热水锅炉的热水系统，则还应在热水锅炉的进水管上安装水处理器，如图 7-3c 所示。需要指出的是，静电水处理器和电子水处理器应与水系统同步运行，不得无水运行。如有条件，可在水处理器进出口之间加设旁通管及阀门，以便在不停机的情况下检修水处理器。

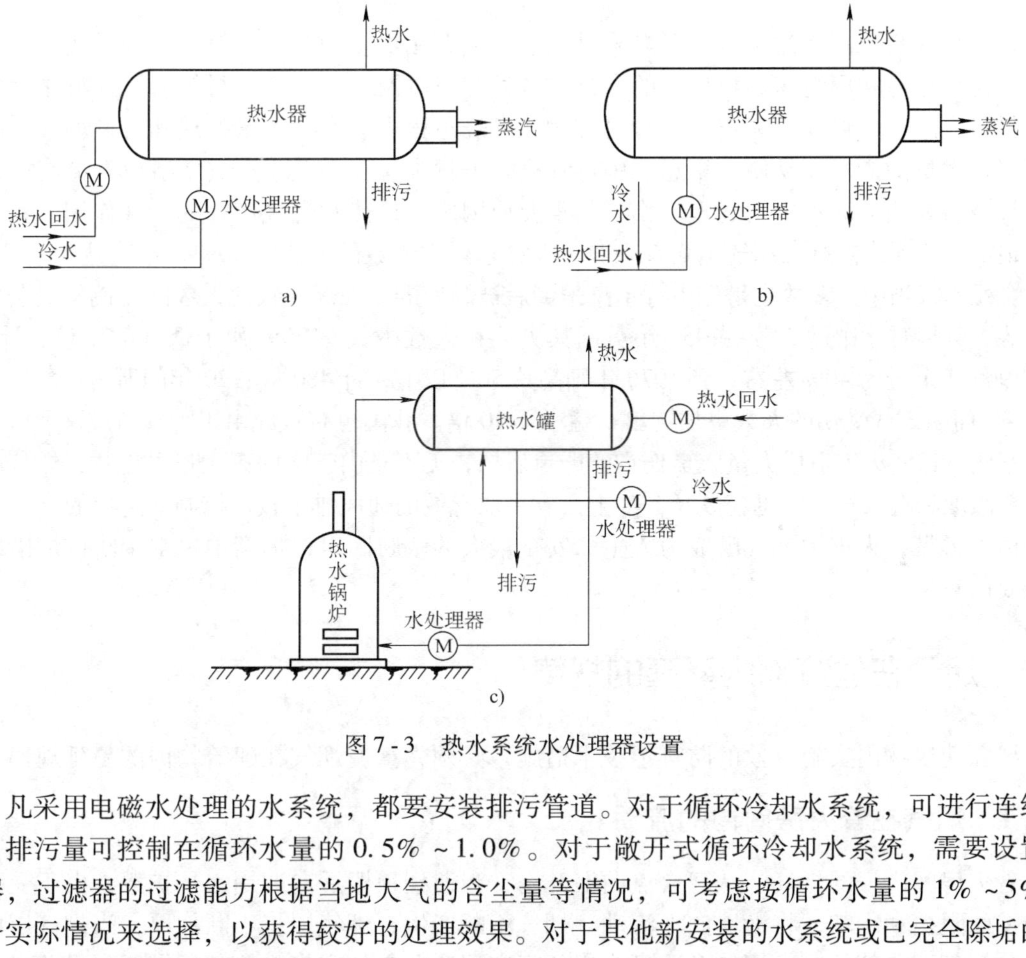

图 7-3　热水系统水处理器设置

凡采用电磁水处理的水系统，都要安装排污管道。对于循环冷却水系统，可进行连续排污，排污量可控制在循环水量的 0.5% ~1.0%。对于敞开式循环冷却水系统，需要设置过滤器，过滤器的过滤能力根据当地大气的含尘量等情况，可考虑按循环水量的 1% ~5% 或结合实际情况来选择，以获得较好的处理效果。对于其他新安装的水系统或已完全除垢的水系统，也可以每 1 ~2 周排污一次。

第8章　中央空调防排烟的方法与技术措施

8.1　防排烟的意义

现代化的高层民用建筑内，可燃陈设较多，还有相当多的高层建筑在装修时使用了大量塑料、化纤地毯和用泡沫塑料填充的家具。各种塑料以及其他化工建材等易燃材料作为建筑装饰材料应用，一旦发生火灾，这些可燃物在燃烧过程中会产生大量的热和有毒烟气，同时还要消耗大量的氧气，易使人窒息、中毒致死。据日本、英国关于火灾中造成人员伤亡原因的统计资料表明，火灾中引起人员伤亡的重要原因之一是热和燃烧产物的毒性作用。由于一氧化碳中毒致死或被有毒烟气熏死者一般占火灾总死亡人数的40%～50%，最高达65%以上；被火烧死的人当中，多数也是先中毒窒息晕倒后被烧死的。因烟气致死人数的比例呈显著增加的趋势，英国对此作过比较：1956年英国火灾死亡人数中仅有20%死于烟气的窒息，计110人，1966年上升为40%左右，到1976年则高达50%以上，计480人，20年间所占比率增加了1.5倍，而因烟气受伤的人数更加突出，猛增了10倍。我国也有数起由于烟气造成群死群伤的典型案例。这些火灾造成大量人员伤亡的严重后果，无不是由于室内有大量可燃物，燃烧时产生大量浓烟和有毒气体并迅速蔓延，加上没有采取有效的通风排烟技术措施而造成的。

由此可见，火灾中烟气已成为人生命安全最大的威胁因素，提高中央空调防排烟措施具有重要的意义。

8.2　烟气在建筑物内蔓延的规律

要在建筑物内实施有效的防排烟技术措施，必须先掌握烟气在建筑物内的蔓延规律。

8.2.1　烟气在着火房间内的流动

着火房间产生的烟气，从起火点向上升腾，当遇到顶棚后向四周水平扩散，由于受到四周墙壁的阻挡和冷却，将沿墙向下流动。烟气不断产生，烟气层将不断加厚，当烟气层的厚度达到门窗开口部位时，烟气会通过开启的门窗洞口向室外和走廊蔓延扩散。如果此时门窗紧闭，烟气层将会继续加厚，随着室温的升高（一般到200～300℃），门窗上的玻璃由于受到热应力的作用而破碎，烟气将从门窗的开口处喷射扩散到室外和走廊。

8.2.2　烟气在走廊内的流动

从房间流向走廊的烟气，一开始便贴附在天棚下流动，由于受到冷却和跟周围空气的混合，烟气层则逐渐加厚，靠近天棚和墙面的烟气易冷却，先沿墙面下降。随着流动路线的增长和周围空气混合作用的加剧，烟气由于温度逐渐下降而失去浮力，最后只在走廊中心剩下一个球形空间。

8.2.3　烟气在楼梯间、电梯井及各种竖向井道内的流动

当室内空气温度高于室外空气温度时，由于室内外空气密度的不同产生压力差，建筑物内上部的压力大于室外压力，下部的压力小于室外压力。当外墙上有开口时，室内空气通过建筑物上部的开口流向室外，室外空气通过建筑物下部的开口流向室内。当室内空气温度低于室外空气温度（如夏季，且有空调的建筑物内的温度）时，将产生相反的效果。这种现象被称为“烟囱效应”。室内外温差越大，火灾蔓延就越迅速。当发生火灾时，室内温度上升很快，使室内外的温差加大，由于“烟囱效应”，烟气垂直向上的速度可达 3 ~ 4m/s，对于 100m 的建筑物，大约只要 0.5min 烟气就可以从底部蔓延到顶部。

8.3　防排烟的几种途径

要降低烟气对人的危害，应该从减少烟气的产生、控制烟气的蔓延、及时消除烟气、正压防烟等方面来考虑。

8.3.1　减少烟气的产生

烟气是可燃（B2 级）材料燃烧的产物。建筑物的耐火等级应为一级或二级，其承重构件应采用不燃材料，非承重构件也应采用不燃材料，仅条件非常困难时可采用少量可燃材料。在室内装修时，应尽量采用不燃（A 级）或难燃（B1 级）材料，特别是顶棚应采用不燃装修材料。顶棚材料的燃烧性能应高于墙面材料，墙面材料的燃烧性能应高于地面材料。一般规定楼梯间的装修材料应采用 A 级；门厅和走道顶棚的装修材料应采用 A 级，其墙面和地面的装修材料应采用不低于 B1 级的材料。对于可燃材料（如木质材料、纺织物），应作阻燃处理；使用的电气线路应选用低卤类绝缘线缆；对于有机物（如塑料）材料，应进行抑烟剂技术处理，以减少烟气的生成量和毒性。

8.3.2　控制烟气的蔓延

根据消防技术规范要求，在建筑物的水平方向应设置防烟分区，并且防烟分区不得跨越防火分区，面积不超过 500m^2，采用梁、防烟垂壁（高度大于或等于 500mm）、隔墙等围护设施将烟气临时控制在一定区域内，阻挡烟气在水平方向迅速蔓延；在每层管道井、电缆井、玻璃幕墙与外墙之间的空隙中应采用防火堵料进行封堵，使烟气不能自下而上自然流动；对电梯井、楼梯间，应设置前室、封闭楼梯间，入口设置向疏散方向开启的防火门，以阻隔空气流动路径，减少“烟囱效应”，防止烟气迅速进入。

8.3.3　及时消除烟气

在房间、内走道、楼梯间的外墙上设置可开启窗户，窗户面积不应小于房间面积的5%、走道的2%，靠外墙的楼梯间每 5 层内可开启外窗面积不应小于 2m^2。如果能保持室内空气流动，烟气就能自然排出。如果房间、内走道没有自然通风排烟条件，则应增设机械排烟设施，排烟量应按防烟区面积每平方米大于或等于 60m^3（当排烟风机负担两个以上防烟分区时，应按最大防烟区面积每平方米大于或等于 120m^3）计算。排烟口应设置在顶棚下或

墙上侧，不应紧靠出口，以及时排除烟气。自然排烟或强制排烟系统经常被用于控制烟气，使之保持在一定高度，从而使在烟气下面逃生成为可能。不具备自然排烟条件或建筑高度超过 50m 的一类公共建筑和建筑高度超过 100m 的居住建筑的楼梯间及前室，应设置机械送风防烟设施，增大楼梯间及前室内气压，与走道形成一个气压差，以阻止烟气从内走道渗入，使人们能够从无烟的楼梯间到达室外地面。

8.3.4 正压防烟

加压送风防烟的原理是采用机械送风系统向需要保护的地点（如防烟楼梯间及其前室、消防电梯前室、走道等）在火灾发生时快速输送大量新鲜空气，从而形成局部正压区域，使烟气不能侵入，并将非正压区内的烟气排走。设置加压送风的目的是使楼梯间或前室形成正压，这样，火灾发生时所产生的烟气才不能进入楼梯间或前室。

8.4 机械排烟的方法与技术措施

8.4.1 机械排烟的方式

机械排烟可分为局部排烟和集中排烟两种。局部排烟方式是在各个房间内设置风机进行排烟的，适用于不能设置竖风道的空间或旧有建筑物内。由于这种方式投资高，而且排烟风机分散，维修也麻烦，所以较少采用。集中排烟方式就是将建筑物分为若干个分区，在每个分区内设置排烟风机，通过风道排出各房间内的烟气。它是目前普遍使用的方式。采用机械排烟时，由于采取哪种形式的排烟系统将直接对设备费用和排烟效果产生很大影响，因此要充分考虑排烟系统的划分。

进行系统划分时，应考虑以下几点：

（1）建筑面积。当中央空调工程的建筑面积非常大，且排烟分区在平面上涉及范围很广时，可将排烟分区划分成几个系统，并将竖风道分散为几处，尽量缩短水平风道。这样不仅排烟效果好，而且也经济。

（2）疏散设计。对于重要的疏散通道，必须进行排烟以保证其安全，其他一般的排烟分区，划分为系统即可。

（3）垂直分区。在超高层或高层建筑中，若把排烟竖风道作为一个系统，则由于抽风作用，风机有超负荷的危险，因此希望分成上下数个系统，但将上层烟气引向下层的风道布置方式是不能采用的，如图 8-1 所示。

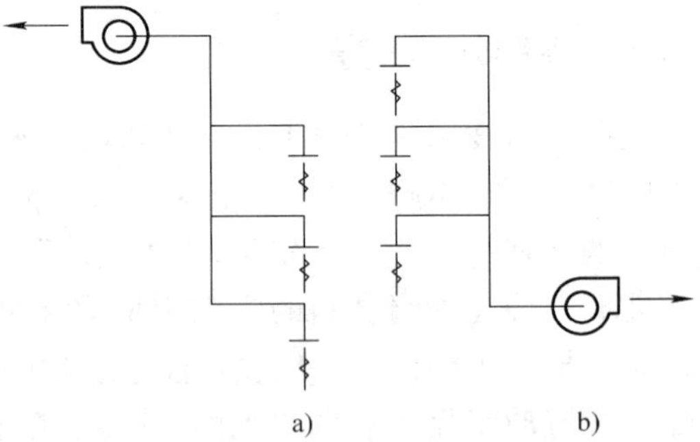

图 8-1 风道和排烟风机的位置关系
a）可采用 b）不可采用

8.4.2 排烟风量

1. 排烟风量的确定 在机械排烟方式中，担负 1 个防烟分区时，单位排烟风量规定为 60m³/（h·m²），单台排烟风机的容量不应小于 7200m³/h；担负 2 个防烟分区时，单位排烟风量规定为 120m³/（h·m²），其最大风量应按最大的防烟分区面积确定，由于排烟分区的最大面积为 500m²，因此，其分区的最大风量也就为 60000m³/h。

考虑到排烟风量从风道或其他排烟口的漏泄，最好留有一定富裕量，但是，富裕量过大也没有必要。

2. 排烟风量的平衡　如果已确定了各排烟分区的排烟风量，那么就必须建立一条与此风量相等的室外空气供给通道。没有补给空气通道的密闭房间的排烟效果不稳定，也不可能进行有效的排烟。

在同一个排烟系统中，排烟分区的大小对于 500m² 以下的建筑没作规定。因此，任何一个排烟系统中均有接近 500m² 的大分区和数十平方米的小分区。这样一来，由于排烟口之间的位置关系不合理，风机就会有超负载的危险或有引起压力波动的危险。当两个以上的排烟口同时开启时，就会存在不能完全排烟的排烟口。另外，由于作用在风道内的静压非常低时会引起风道变形，所以希望同一系统的排烟分区面积尽可能相等，每个分区的排烟风量差异不要太大。

8.4.3　排烟口

1. 排烟口的安装位置及尺寸　安装排烟口时必须注意下列几点：

（1）排烟口与该排烟分区的任何部分的距离必须在 30m 以内。

（2）排烟口必须设置在距顶棚 80cm 以内的高度上。但是，距顶棚高度超过 3m 以上的建筑物，或建筑物中的局部设排烟口时，可将排烟口设在距地面 2.1m 以上且为地面与顶棚之间高度 1/2 以上的墙面上，如图 8-2 所示。

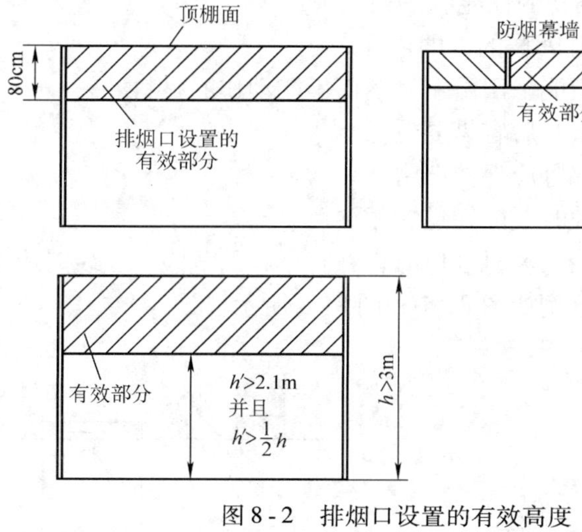

图 8-2　排烟口设置的有效高度

（3）排烟口要求尽量安装在较高的位置。

（4）为防止烟气外溢，需在开口部位的上部安设防烟幕墙，如图 8-3 所示。

（5）虽然排烟口的尺寸没有给出标准，但要求有效开启部分的排风速度低于 10m/s，排风速度越高，排出气体中空气所占的比率越大。另外，排烟口的最小开口

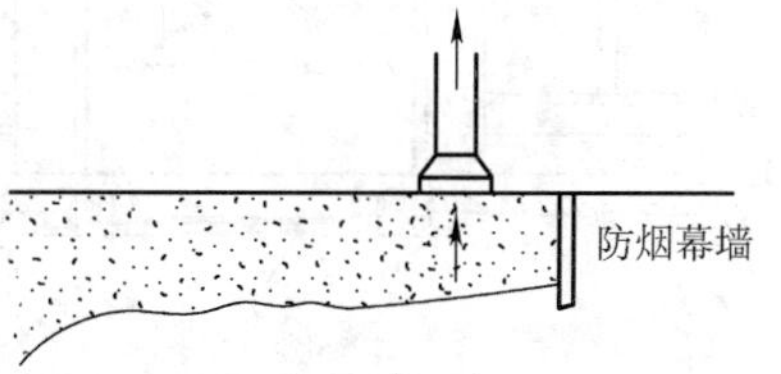

图 8-3　防烟幕墙和排烟口的位置

面积应当限制在400cm^2左右。

（6）当同一分区内设置数个排烟口时，要求做到一个排烟口开启时，其他排烟口也能连锁开启。此时，排烟分区的排烟量取各排烟口排烟量之和。

（7）在排烟通道中，条缝形排烟口对整个通道都是有效的，而方形排烟口则不容易排掉通道两侧的烟气。排烟口的吸入状态如图8-4所示。

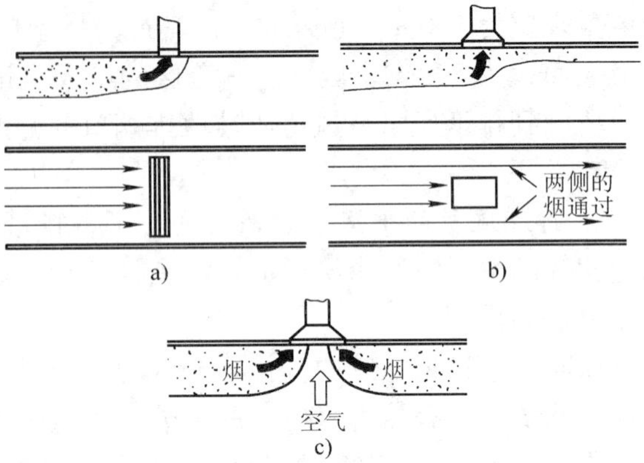

图8-4 排烟口的吸入状态

a）条缝形排烟口 b）方形排烟口 c）排风风速高的情况

2. 排烟口的构造及操作方法 关于排烟口构造的规定，主要有以下几项：

（1）排烟设备的排烟口用非燃烧材料制作（采用钢板材料，其厚度在1.5mm以上）。

（2）排烟口应设手动开启装置。

（3）在排烟口上需设前述那种手动开启装置，或与烟感器连锁的自动开启装置，或远距离控制的开启装置等。其中，后一种装置除依靠开启装置将其打开外，平时需一直保持闭锁状态，而且开放时不用担心伴随烟产生的气流会将其关闭。此外，也可设其他类似的装置。

（4）随着排烟口的开启，排烟风机自动起动。

（5）高度超过31m的建筑，或总面积超过1000m^2的地下隧道，其排烟设备的控制和运行状况的监视应能在消防控制中心进行。

此外，作为排烟口，必须具备的性能有下列几项：

（1）对于手动开启装置，用98N的力即可开启。

（2）活动部件、旋转部件不能采用由于生锈而不能动作的材料。

（3）维护管理方便，开启试验后容易复位。

（4）排烟口和风道的连接部分应保持严密。

（5）漏风量少，最好在设计时就能知道它的漏风量。

（6）单翼式排烟口在加有较大风机静压时存在打不开的危险，安装时应予以注意。

（7）多翼式排烟口的安装示例如图8-5和图8-6所示。

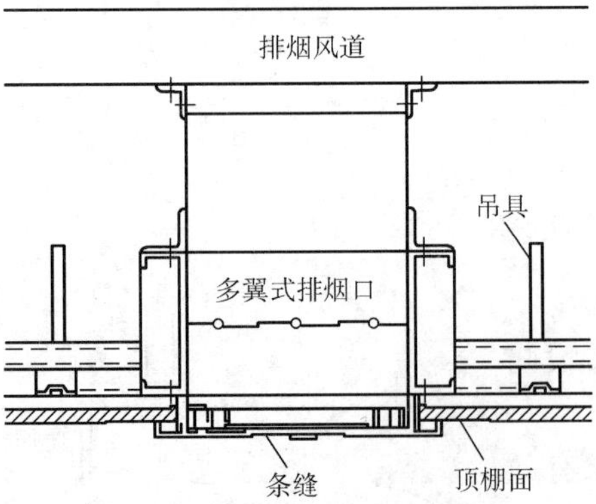

图8-5 多翼式排烟口的安装示例

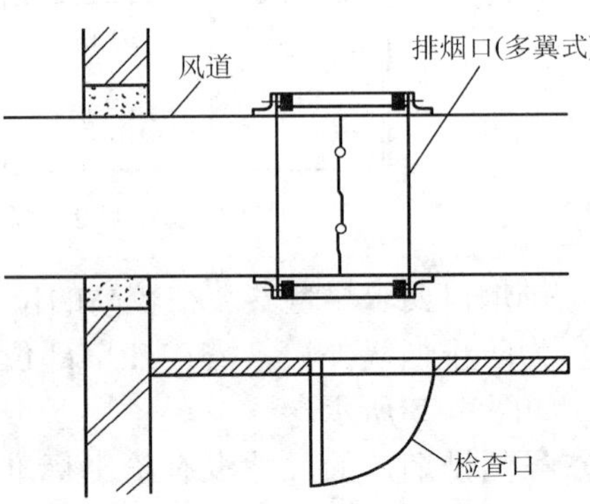

图8-6 在风道中安装多翼式排烟口的示例

（8）排烟口的手动开启装置如图 8-7 所示。其必须设置在距地面 0.8~1.5m 处。

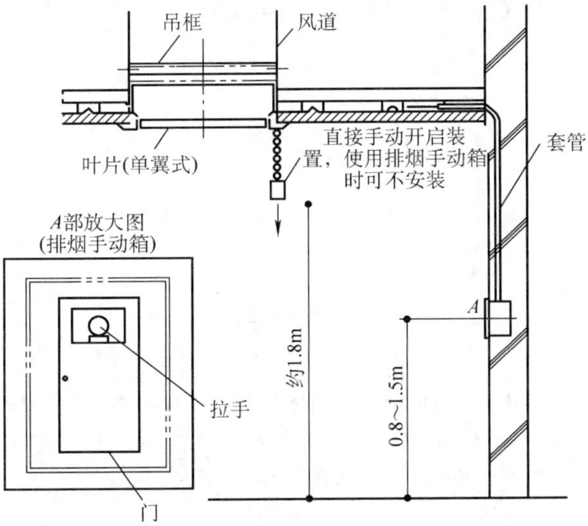

图 8-7　排烟口和手动开启装置的设置示例

（9）排烟口的操作位置应根据疏散流动线经仔细考虑后决定，要求将其设置在疏散门的附近。

（10）如果设置场所为人员活动范围，从排烟口下端至地面的高度最好确保在 1.8m 以上，若在 1.8m 以下，排烟口的形状应考虑呈长方形。

8.4.4　排烟风道

1. 排烟风道的构造　根据规定，排烟风道的构造应该是金属材料或石棉类材料的烟囱，并且排烟风道敷设在屋架、顶棚、楼板内的部分要用非金属的非燃烧材料覆盖。另外，对风道钢板厚度的规定见表 8-1。由于排烟风道的静压一般都较高，因此风道的构造要求牢固。对风道的制作有以下要求：

表 8-1　排烟风道的厚度（镀锌钢板）　（单位：mm）

钢板标准厚度	风道长边
0.8	≤450
1.0	>450 且≤1200
1.2	>1200

（1）采用图 8-8 所示的矩形风道的咬口连接方式。

（2）风道的连接采用法兰连接。

（3）垂直于气流方向的金属板接缝，要在气流方向侧作单咬口接缝。平行于气流方向的金属板接缝，如果不能以标准板材下料时，内部可用单咬口接缝。

（4）与排烟风机的连接，不采用有挠度的接管，要用法兰连接。

（5）保温材料根据日本工业标堆 JISA9504 采用石棉材料时，保温层厚度为 25mm 以上，或者根据 JISA9505 采用玻璃纤维材料时，保温层厚度为 25mm 以下（两者密度均为 0.003

g/cm^{3}以上)。

(6)采用混凝土砌块或石棉风道时，由于连接部分泄漏量很大，施工时需要注意，采用砌块时必须用砂浆抹光。

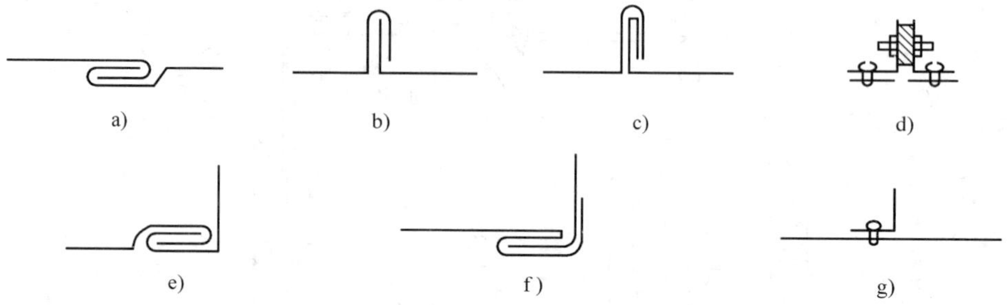

图 8-8 矩形风道的咬口连接和法兰连接方法示意图
a) 单咬口 b) 立咬口 c) 加强立咬口 d) 连接用法兰
e) 角咬口 f) 联合角咬口 g) 加强用法兰

2. 排烟风道的施工方法

(1) 风道的安装。排烟风道的安装位置应距木材及其他可燃材料 15cm 以上，但外表面包有厚度在 10cm 以上非金属非燃烧材料的排烟风道不包括在内。另外，当风道穿过防烟墙时，风道和防烟墙之间的空隙要填塞砂浆及其他非燃烧材料。表 8-2 为排烟风道的支架、吊架规格。

表 8-2 排烟风道的支架、吊架规格 (单位：mm)

钢板标准厚度	吊架			支架	
	角钢	圆钢	最大间距	角钢	最大间距
0.5	L25×25×3	9	3000	L25×25×3	3600
0.6	L25×25×3	9	3000	L25×25×3	3600
0.8	L30×30×3	9	3000	L30×30×3	3600
1.0	L40×40×3	9	3000	L40×40×3	3600
1.2	L40×40×5	9	3000	L40×40×5	3600

(2) 穿墙部分的处理。当火灾达到最猛烈的时候，在已经不需要排烟的各点，如果排烟风道处于开放状态，则通过排烟风道将有增大火势蔓延的危险。因此，排烟风道穿过防烟墙或竖井分区处，需设置起动温度达 280℃的防火阀。防火阀及其设置标准如下：

1) 防火阀用钢板制作，钢板厚度在 1.5mm 以上。

2) 关闭时，某些缝隙不会产生防火上的故障。

3) 不因加热而发生显著变形。

4) 阀门上的弹簧、轴承及其他可动部分，应采用耐腐蚀材料。

5) 由于火灾时风道下落，其重量加在防火墙的穿墙处，阀门向下滑移，使其防烟防火性能受到威胁，因此防火阀门必须牢牢地固定在墙壁上。

6) 防火阀门的套管采用厚度为 1.5mm 以上的钢板制作。防火阀的安装如图 8-9 和图 8-10 所示。

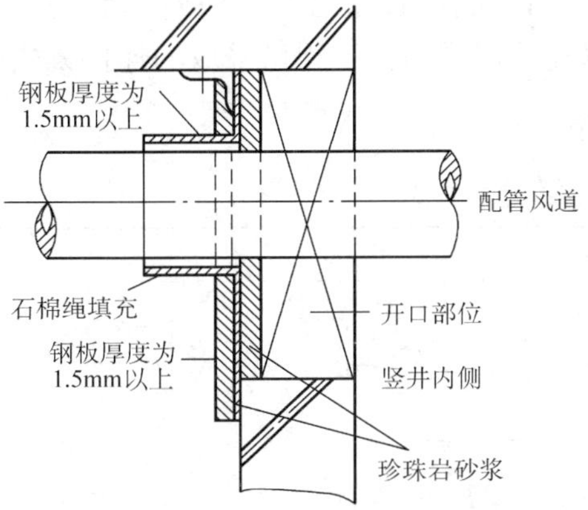

图 8-9　穿过竖井壁（防火分区的情况）时防火阀的安装示例

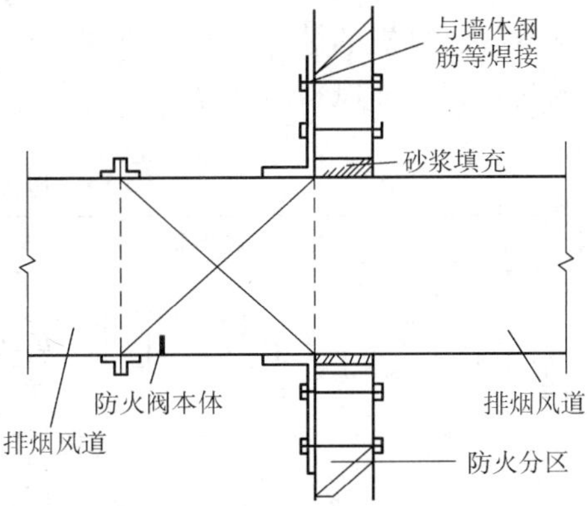

图 8-10　防火阀的安装示例

7）为便于检查阀门，在顶棚、墙壁等处应设置检查口。检查口的尺寸，设在顶棚面时，每边长度为 30cm 以上；设在墙壁面时，每边长度为 5cm 以上。

8）在风道上设置检查口，以便能了解叶片的开闭和动作状态。

9）防火墙至防火阀门的风道，应制作厚度为 10mm 以上的钢丝网灰浆耐火保护壳，或使用厚度为 1.5mm 以上的钢板制作，使其形成遇热不易变形的结构。

10）风道穿过防火墙的部分要仔细地埋设，应使烟气或火焰不漏入其他单元。另外，风道竖井穿过各层楼板时，楼板缝也要堵牢。

8.4.5　排烟风机

作为排烟使用的风机，一般有多翼型、双曲线型、机翼型、轴流型等，应按要求选择适合于排烟系统的送风机。

对于排烟风机的耐热性没有规定，但是根据建筑物的规模等，应使排烟风机从火灾开始后能够连续运转 30min 以上。根据试验结果，即使一般送风机，在温度达到 280℃时仍能运转 30min。从耐热性来看，离心式风机比轴流式风机好，在使用轴流式风机的场合，最好使用将电动机装置在外部的轴流风机，而且电动机最好在侧面，或采用带有空气冷却装置的风机。

对排烟风机本身没有隔热要求，如果设置排烟风机的场所是耐火结构，在排烟风机放出热量也不会发生事故时，可以不做隔热处理。

1. 排烟风机的设置方法　排烟风机应设置在该排烟系统最高排烟口的上部，并设在防火分区的机房内。排烟风机外壳至墙壁或其他设备至少应有 600mm 以上的维修距离，如图 8-11 所示。

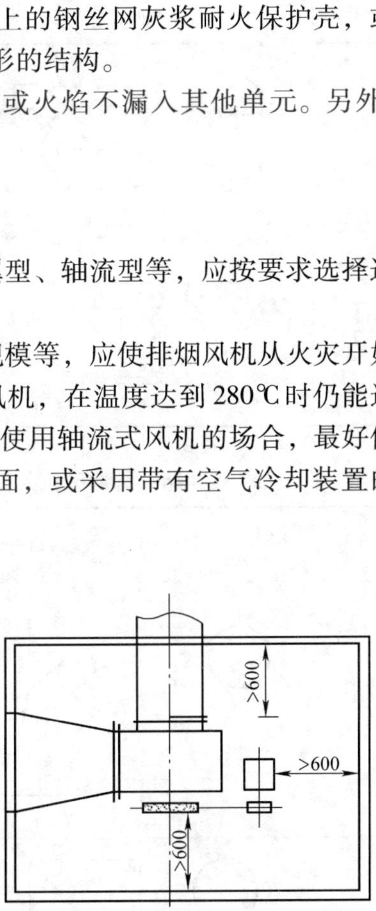

图 8-11　排烟风机的设置示例

2. 排烟风机与风道的连接方式　如果排烟风机与风道连接的方式不当，排烟风机的能力将显著下降，因此必须认真考虑排烟风机与风道的连接方式。表 8-3 为排烟风机与风道的连接方式。表 8-4 为排烟风机入口与风道的连接方式对风量的影响。若连接方式不对，风机的性能将显著下降，因此应予以充分注意。当不得已采取的连接方式引起性能降低时，选样风机时应留有一定的余量。

表 8-3　排烟风机与风道的连接方式

序号	正　确	错　误
1	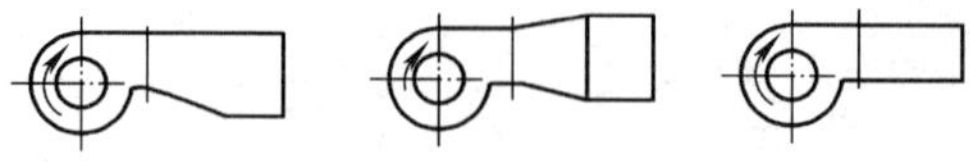	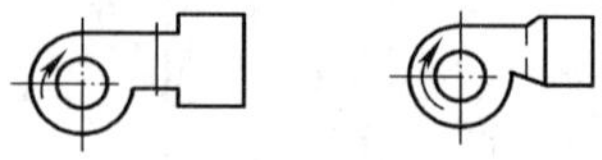
2	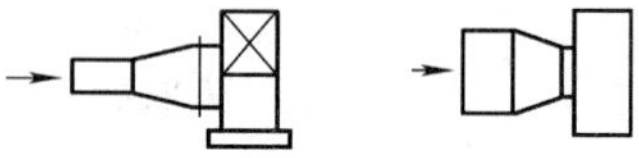	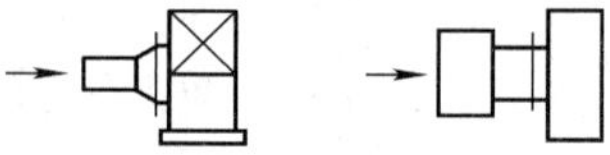
3	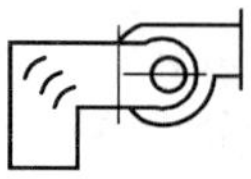	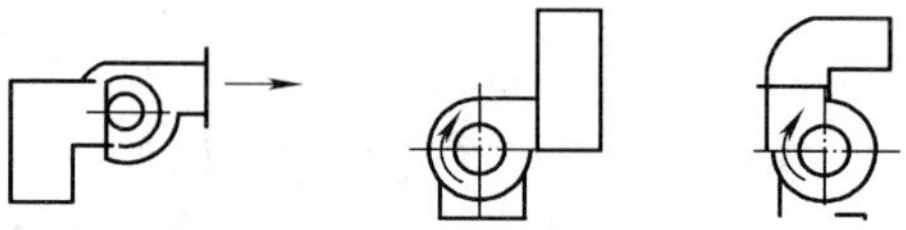
4		
5	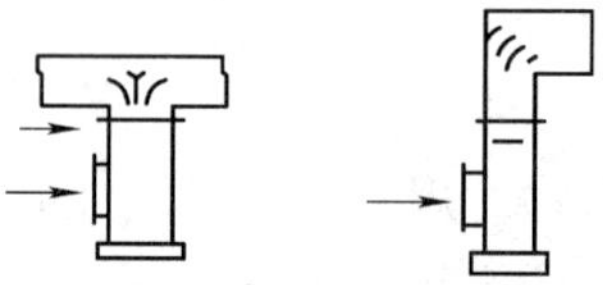	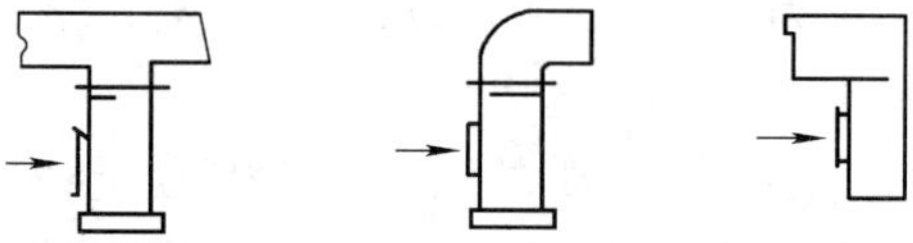

表 8-4　排烟风机入口与风道的连接方式对风量的影响（不包括摩擦阻力）

吸入口弯头形状			无补偿时的风量减少	补偿风量所需的静压增加
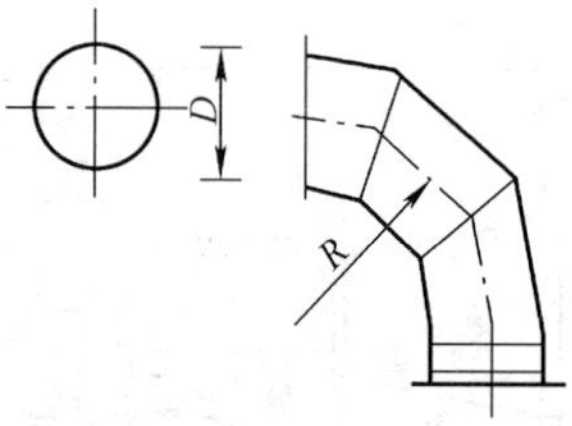	4 节弯头	$\frac{R}{D}=0.5$	12%	12%
		$\frac{R}{D}=1.0$	12%	12%
		$\frac{R}{D}=2.0$	12%	12%
		$\frac{R}{D}=6.0$	12%	12%
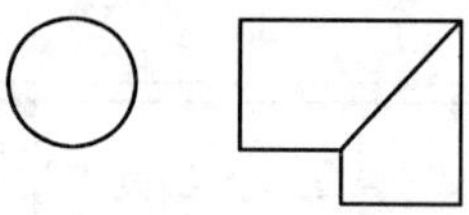	圆直角弯头		—	42%

（续）

<table>
<tr><th colspan="3">吸入口弯头形状</th><th>无补偿时的风量减少</th><th>补偿风量所需的静压增加</th></tr>
<tr><td rowspan="5">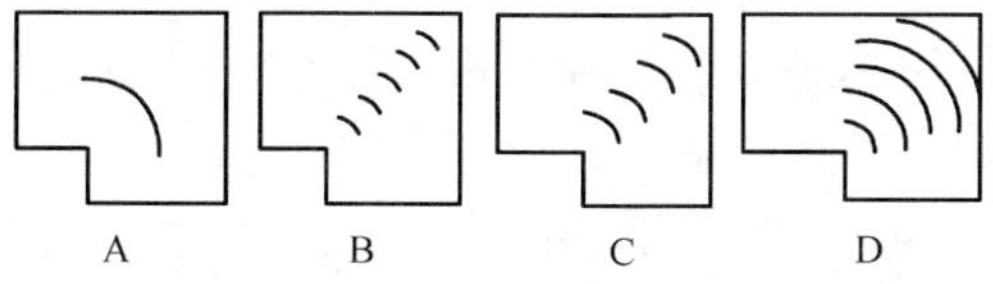
</td><td rowspan="5">正方形断面</td><td>无导流叶片</td><td>—</td><td>45%</td></tr>
<tr><td>A</td><td>8%</td><td>18%</td></tr>
<tr><td>B</td><td>6%</td><td>13%</td></tr>
<tr><td>C</td><td>5%</td><td>11%</td></tr>
<tr><td>D</td><td>4%</td><td>9%</td></tr>
<tr><td>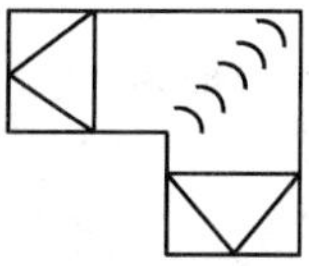</td><td colspan="2">圆—方—圆</td><td>8%</td><td>18%</td></tr>
<tr><td rowspan="3">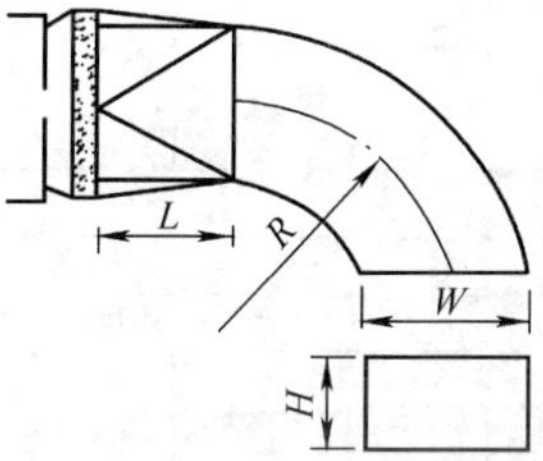
</td><td rowspan="3">$\frac{H}{W}=0.25$</td><td>$\frac{R}{W}=0.5$</td><td>7%</td><td>15%</td></tr>
<tr><td>$\frac{R}{W}=1.0$</td><td>1%</td><td>9%</td></tr>
<tr><td>$\frac{R}{W}=2.0$</td><td>4%</td><td>9%</td></tr>
<tr><td rowspan="6">无导流叶片矩形弯头的所有情况都等间距地装设 3 片导流叶片，间距均为弯头长度的 1/3。例如，风量由 12% 减少至 4%，补偿静压由 30% 减少至 9%
角度变化在 30°范围内时，因形状变化的阻力损失可忽略不计</td><td rowspan="3">$\frac{H}{W}=1.0$</td><td>$\frac{R}{W}=0.5$</td><td>12%</td><td>30%</td></tr>
<tr><td>$\frac{R}{W}=1.0$</td><td>5%</td><td>11%</td></tr>
<tr><td>$\frac{R}{W}=2.0$</td><td>4%</td><td>9%</td></tr>
<tr><td rowspan="3">$\frac{H}{W}=4.0$</td><td>$\frac{R}{W}=0.5$</td><td>15%</td><td>39%</td></tr>
<tr><td>$\frac{R}{W}=1.0$</td><td>8%</td><td>18%</td></tr>
<tr><td>$\frac{R}{W}=2.0$</td><td>4%</td><td>9%</td></tr>
</table>

8.5　机械防烟的方法与技术措施

8.5.1　加压送风防烟的技术措施

加压送风防烟的原理是：采用机械送风系统向需要保护的地点（如防烟楼梯间及其前室、消防电梯前室、走道等）在火灾发生时快速输送大量新鲜空气，从而形成局部正压区域，使烟气不能侵入，并将非正压区内的烟气排走。目前的高层民用建筑广泛采用这种防烟措施。

下列部位应设置独立的机械加压送风防烟系统：

（1）不具备自然排烟条件的防烟楼梯间、消防电梯间前室或合用前室。

（2）采用自然排烟措施的防烟楼梯间及不具备自然排烟条件的前室。

加压送风防烟系统可以认为由3个部分组成：一是对加压空间的送风，二是加压空间的漏风，三是非正压部分的排风（烟）。该系统的运行方式可分为两种：一种是单级，即只在发生火灾时投入运行，平时则处于停机备用状态；另一种是双级，即在平时结合正常通风的需要，对空间保持低水平的送风，当火灾发生时则提高至要求的加压水平。

防烟楼梯间及其前室、消防电梯前室及合用前室加压送风系统的方式及压力控制见表8-5。

表8-5 防烟楼梯间及前室、消防电梯间及合用前室加压送风系统的方式及压力控制

序号	加压送风系统	图示
1	仅对防烟楼梯间加压送风（前室不加压）	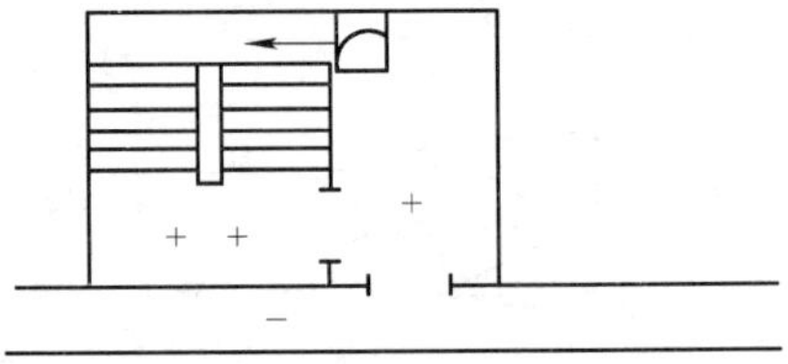
2	对防烟楼梯间及前室分别加压	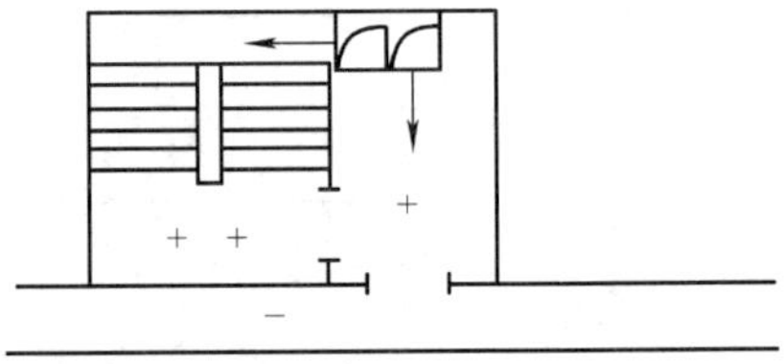
3	对防烟楼梯间及有消防电梯的合用前室分别加压	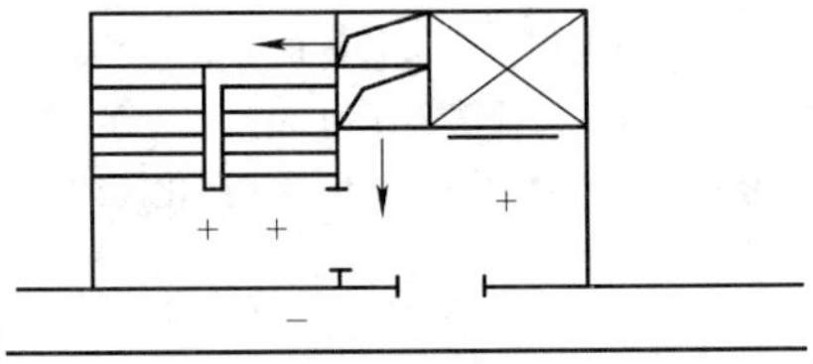
4	仅对消防电梯的前室加压	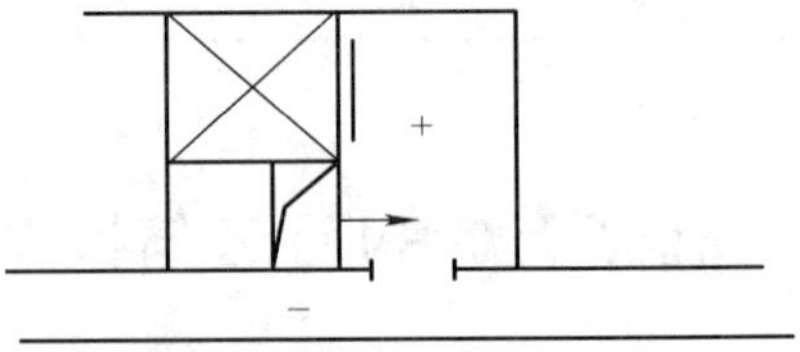
5	当防烟楼梯间具有自然排烟条件时，仅对前室及合用前室加压	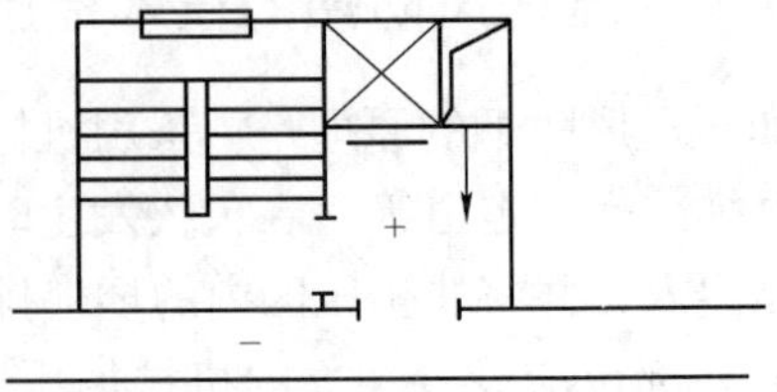

8.5.2　加压送风防烟系统的施工要点

8.5.2.1　加压送风防烟系统的组成

加压送风防烟系统主要由送风机、送风口和风道组成。

8.5.2.2　加压送风防烟系统部分的施工

1. 送风机　可以选用普通中低压离心式风机或高压头轴流风机。其风量由上述计算结果再附加风道漏风系数确定；其压头除需克服风道内空气流动阻力（按最不利条件计算）外，还需考虑防烟区域的正压值（25～50Pa）。送风机放置在天面或地下室以及中间设备层均可。置于地下室或中间设备层时，需保证其新鲜空气源；置于天面时，要注意和天面排烟出口的距离，不得使排出的烟气因短路而进入加压送风系统。

2. 送风口　防烟楼梯间的加压送风口宜每隔 2～3 层设置一个，并且风口应采用自垂式百叶风口或常开式百叶风口。当采用常开式百叶风口时，应在加压风机的压出管上设置单向阀。

每层都应设置前室的送风口。每个风口的有效面积按 1/3 系统总风量确定，常采用常闭型多叶送风口。风门应设手动和自动开启装置，每一风口均与加压送风机的起动装置以及该层的上下两层送风口连锁，并将信号输出至消防中心。手动升启装置宜设在距楼板面 0.8～1.5m 处。

当某层着火时，手动或自动开启该层送风口，则上下层的送风口同时开启并起动加压送风机，使消防中心得到信息。280℃高温时，送风口自动关闭，加压送风机同时停机。

3. 送风管道　一般采用镀锌钢板风管或混凝土风管。当采用混凝土风管时，应注意管壁及风管与送风口衔接处的密实性，不得漏风。

此外，为了保证防烟楼梯间及其前室、消防电梯前室及合用前室的正压值，防止因正压值过大而导致门难以推开，应在防烟楼梯间与前室以及前室与走道之间设置余压阀，以控制其正压值不超过 50Pa。

8.6　常见的防排烟施工错误以及防排烟设备的管理与维护

8.6.1　机械防烟的常见错误

1. 送风机的安装　送风机置于地下室或中间设备层时，没有考虑送风机工作时的新鲜空气源；置于天面时，没有注意和天面排烟出口的距离，使烟气短路进入加压送风系统。

2. 送风口　防烟楼梯间的加压送风口密封不好，漏风比较严重。

3. 送风管道　一般采用镀锌钢板风管或混凝土风管。当采用混凝土风管时，管壁及风管与送风口衔接处的密实性不好，漏风严重。

8.6.2　机械排烟的常见错误

采用机械排烟时，在安装过程中主要出现风机安装不对或者风机与管道的连接出现问题，导致风量的减少。机械排烟的故障有以下几种：

1. 连接管道出口未变径　正确的做法是使其逐渐变径扩大，并且变径管道需要有一定的长度，以使风机内气流的流动为渐变流。

2. 连接管道入口未变径 正确的做法是使连接风机入口风管逐渐变径扩大，变径管道需要有一定的长度，以使进入风机内气流的流动较均匀。

3. 连接管道内未安装导流叶片 正确的做法是在连接风机入口风管转弯处安装导流叶片，减少风道内的旋涡，减少风管内的压力损失，使进入风机内的气流流动较均匀。

4. 连接管道转弯方向与气流方向不一致 正确的做法是使连接风机入口风管的转弯方向与气流转弯方向一致，减少风道内由于气流流动方向的突然改变而产生的压力损失。

8.6.3 防排烟设备的管理与维护

要保证防排烟设备在任何情况下都能可靠运行，就必须在竣工时对其进行严格检验并且要经常维护、管理。主要设备的维护、管理要点如下：

1. 排烟风机

（1）牢固地固定在维护检修方便的地方。

（2）排烟风机周围没有容易燃烧的物品。

（3）与排烟风道的连接部分没有异常现象。

（4）能按照起动指令可靠地运行。

（5）排烟风机的能力正常。

2. 排烟风道

（1）安装牢固，保温材料没有破损。

（2）风道不能与可燃物品接触。

（3）防火分区穿墙部分用砂浆封严。

（4）没有空气漏入。

3. 防火阀

（1）可靠地固定在规定位置上，其构造上必须保证火灾时不因风道下落而脱落。

（2）在阀门附近设置检查口，位置要设在易于检查的部位。

（3）不生锈，回转轴旋转正常，运行良好。

（4）阀门叶片不变形，能够完全闭锁。

（5）传动装置根据熔丝的焙熔或烟感器等的信号能够可靠地起动。

4. 排烟口

（1）可靠地固定在规定位置。

（2）在排烟口周围没有妨碍其起动的物品。

（3）不变形，没有破损和脱落。

（4）传动部件不脱落、不松弛，运行稳妥。

（5）手动操作箱安装在规定的位置上，并在醒目处标明其使用方法。

（6）起动控制杆动作灵敏。

（7）脱扣钢丝的连接不松弛，不会因折断、破损、打滑而脱落。

（8）排烟风量在基准值以上。

（9）通过控制盘或连动器给出的信号以及手动操作箱的操作，排烟口必须能可靠地起动。

5. 可动式防烟幕墙

（1）可靠地固定在规定位置。

（2）不变形，没有破损和脱落。

（3）障碍物不得影响防烟幕墙的动作。

（4）传动装置根据控制盘或连动器的信号能够可靠地起动，另外，即使手动操作，也必须可靠。

第9章　中央空调消声与隔振的方法与技术措施

中央空调系统在输送流体的过程中，由于设备运转、流体与管壁摩擦碰撞以及流体流动特性的影响会产生噪声和振动。中央空调系统的噪声源主要包括风机、空气处理机组、冷（热）水机组、水泵及电动机等。强烈的噪声或振动不仅影响人的工作效率，而且也会对建筑物造成破坏，因此，在空调系统设计和施工过程中需要对噪声和振动加以控制。

9.1　空调系统消声与隔振的方法与技术措施

中央空调系统的噪声包括设备噪声和气流噪声。设备噪声主要有风机噪声、电动机噪声、空调机组噪声等。气流噪声主要是指风管内空气流动产生的噪声。

设备噪声的控制一般通过安装隔声罩、加装隔振装置以及在机房内贴吸声材料来实现，并且应以隔声、隔振为主，吸声为辅。气流噪声的控制通常通过安装消声器来实现。

9.1.1　气流噪声消声的方法与技术措施

9.1.1.1　消声器的类型

消声器根据消声特性分为阻性消声器、抗性消声器、共振消声器和阻抗复合式消声器4大类。

1. 阻性消声器　阻性消声器是利用吸声材料消耗声能来降低噪声的，它对中、高频声音具有较好的消声效果。这种消声器内壁固定着多孔消声材料，多孔消声材料具有大量内外连通的微小孔隙，当声波入射到多孔材料上以后，声波能顺着微孔进入材料内部，引起孔隙中空气的振动。由于空气的黏滞阻力、空气与孔壁的摩擦和热传导作用等，使相当一部分声能转化为热能而被损耗。

消声材料的性能不仅与材料品种有关，而且还与消声材料的密度、厚度等有关。

阻性消声器的形式有管式、片式、蜂窝式、声流式、折板式及消声弯头等，如图9-1所示。

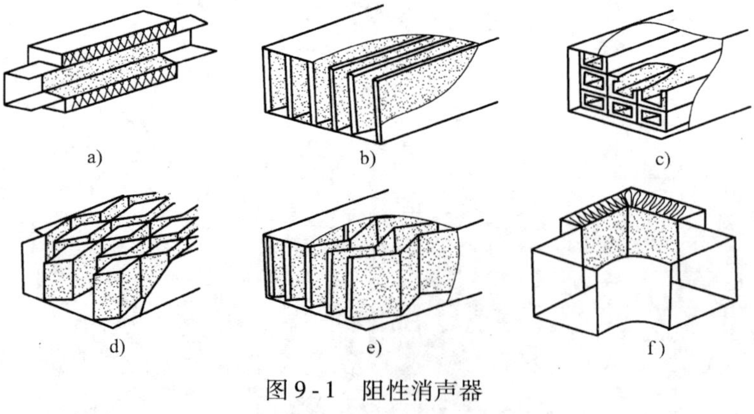

图9-1　阻性消声器

a）管式　b）片式　c）蜂窝式　d）声流式　e）折板式　f）消声弯头

2. 抗性消声器　抗性消声器利用声阻抗的不连续性来产生传输损失。这类消声器不使用吸声材料，而是利用声波通过断面时的突变（扩张或缩小），使沿管道传播的某些特定频段的声波反射回声源或产生声干涉而达到消声目的。它对中、低频声波具有较好的消声效果。

常用的抗性消声器有单节、多节、外接式和内接式等，如图 9-2 所示。

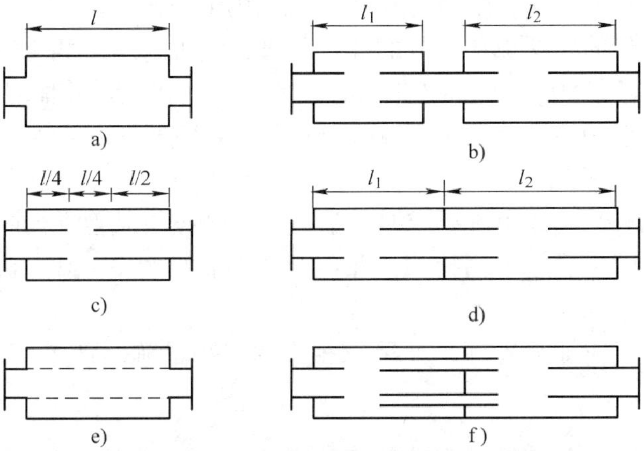

图 9-2　抗性消声器

a)、c)、e）单节式　b）双节外接式　d)、f）双节内接式

3. 阻抗复合式消声器　阻抗复合式消声器综合了阻性消声器和抗性消声器的功能外，在较宽的频率范围内还可获得较好的消声效果，所以也称为宽频带复合式消声器，如图 9-3 所示。

4. 室式消声器　室式消声器通过小室内的吸声材料，使通过小室的声能得到衰减，同时又通过小室进出口断面的突变，使进入小室的声音反射回声源处。因此，它同时具有阻性消声器和抗性消声器的特性，是阻抗复合式的一种，如图 9-4 所示。

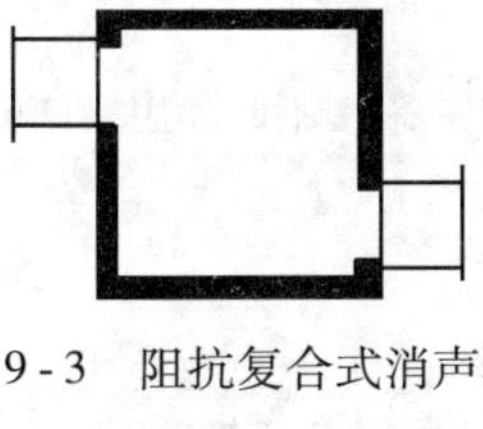

图 9-3　阻抗复合式消声器

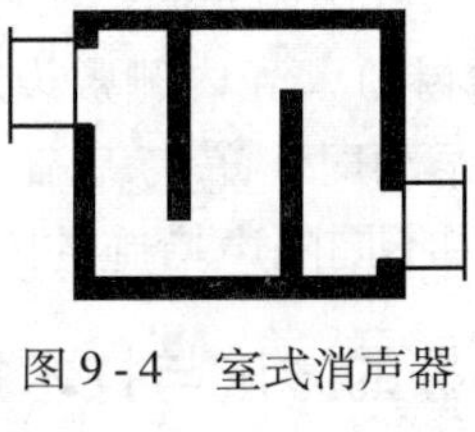

图 9-4　室式消声器

5. 共振消声器　共振消声器是利用共振吸声结构，使沿管道传播的声波在突变处发生反射、干涉等现象，空腔孔颈空气柱由于共振而激烈运动，消耗能量，腔内空气起弹簧缓冲作用，以达到消声目的，如图 9-5 所示。它对低频声音有较好的吸声作用。

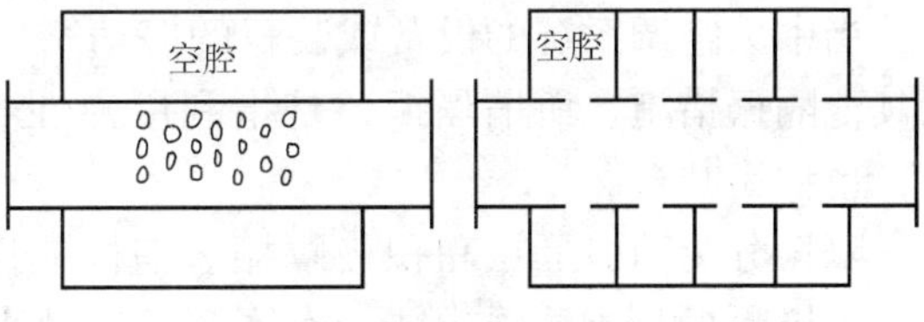

图 9-5　抗性消声器

9.1.1.2　消声器的安装

安装消声器时应符合以下要求：

(1) 消声器有定型产品，也可现场加工制作。制作消声器时，各种板材、型钢及消声材料都应严格按设计要求选用。对购买的消声器产品，除检查有无合格证外，还应进行外观

检查。

（2）消声器在运输时不得有变形现象和过大的振动，避免因外界冲击而破坏消声功能。

（3）安装前，消声器应保持干净，做到无油污和浮尘；同时，应检查支吊架等固定件的位置是否正确，预埋件或膨胀螺栓是否安装牢固、可靠。支吊架必须保证能够支撑所承担的载荷。消声器、消声弯头应单独设支吊架，不得由风管来支撑。

（4）消声器支吊架的横托板穿吊杆的螺孔距离，应比消声器宽 40～50mm。为了便于调节标高，可在吊杆端部套 50～80mm 的螺纹，以便找平、找正，并加双螺帽固定。

（5）消声器的安装方向、位置应正确，与风管或管件的法兰连接应保证严密、牢固，不得损坏与受潮。

（6）当空调系统有恒温或恒湿要求时，消声器外壳应与风管进行同样的保温处理。

（7）消声器安装就位后，可用拉线或吊线尺测量的方法进行检查，不符合要求的应进行修整。

（8）消声器安装后应加强管理，并采取相应的防护措施。严禁其他支吊架固定在消声器法兰及支吊架上。

9.1.2 设备隔声的方法与技术措施

当风机、水泵、电动机等设备声级过高，用吸声减噪和提高建筑围护结构的隔声量也难以达到要求时，通常采用隔声罩进行隔声。隔声罩的作用是把声源发出的声能封闭在隔声罩内，并尽可能在罩内消耗掉。一般情况下，通风机利用风机隔声罩，水泵利用局部隔声罩。

隔声罩的外壳应采用硬质板材制作，如 1.5～2.0mm 厚的钢板、胶合板、纸面石膏板等。当设备需要散热时，隔声罩上的通风管应采取消声措施。隔声罩的外壳加阻尼层（可用阻尼漆、沥青加纤维织物或纤维材料），壳内侧敷设吸声材料。当设备有振动时，罩与基础之间应加隔振器。采用不同隔声措施的隔声罩如图 9－6 所示。

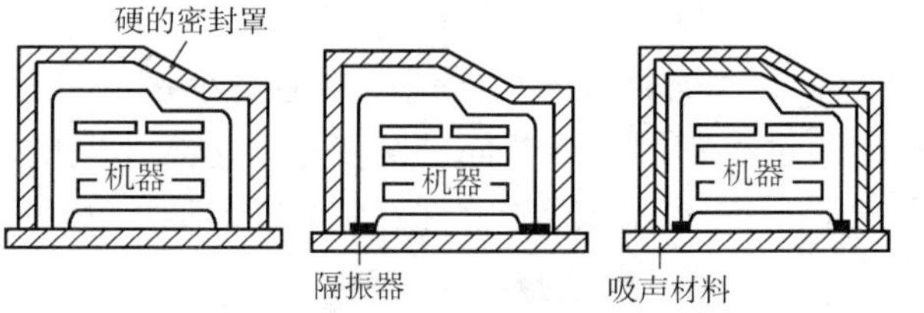

图 9-6 采用不同隔声措施的隔声罩

9.1.3 设备隔振的方法与技术措施

当中央空调系统的设备或装置的振动靠自然衰减达不到允许程度时，应设置隔振器或采取其他隔振措施。所谓隔振，是指利用弹性支承物使受迫振动系统降低对外激励的响应能力，也称为减振。

隔振分为消极隔振和积极隔振。消极隔振是指防止或减少外界振动对本体系的振动影响；积极隔振是指防止或减少本体系振动对外界振动的影响。

设备隔振通常是在机械设备的底座、支架与楼板或基础之间设置减振器。减振器的选用要根据减振动力计算确定，其支承点不应少于 4 个。

9.1.3.1 减振器的类型

常见的减振器包括橡胶减振垫、剪切减振器、弹簧减振器等。

1. 橡胶减振垫 JD 型橡胶减振垫是由两种不同硬度的耐油橡胶经硫化成形。橡胶垫上有两面双向交叉排列的凹陷镂孔结构，这种结构受力性能较好，安装方便，如图 9-7 所示。

2. 剪切减振器　JG 型橡胶剪切减振器是用丁腈橡胶和金属部件组成的剪切受力减振器，它具有阻尼大的优点，使用方便，如图 9-8 所示。

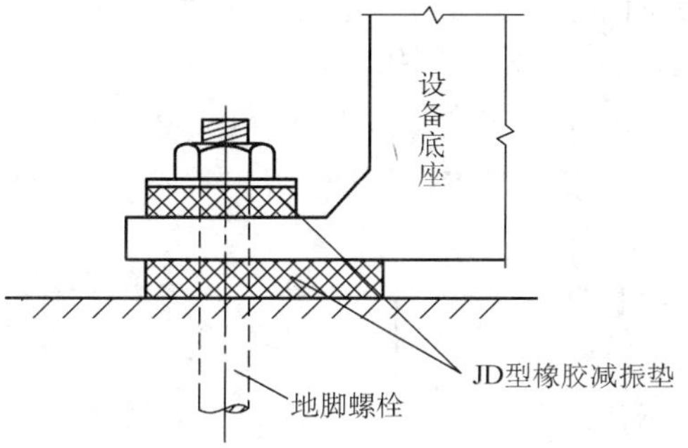

图 9-7　减振垫安装示意图

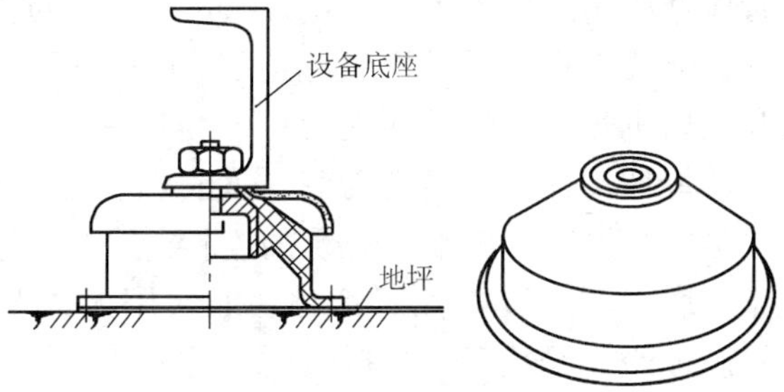

图 9-8　JG 型剪切减振器

3. 弹簧减振器　ZT 型阻尼弹簧减振器具有频率低、阻尼大的优点，结构简单，安装方便，如图 9-9 所示。一般情况下，减振器与支承结构不固定，当扰力大时才需固定，这时可在支承板上预埋螺栓，再用压板把减振器固定。

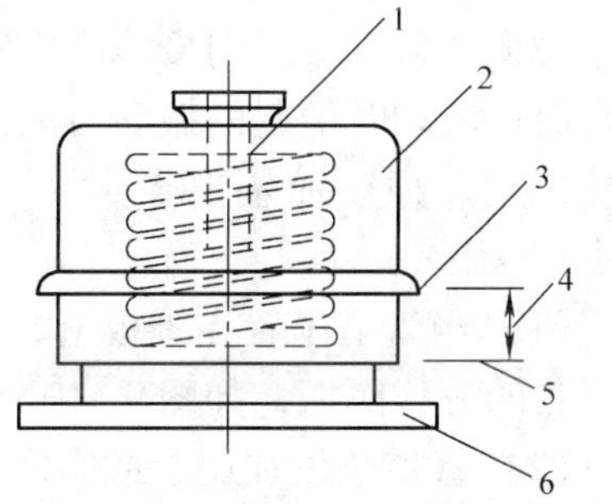

图 9-9　ZT 型阻尼弹簧减振器

1—安装孔　2—上罩　3—上罩下边缘线
4—压缩变形范围　5—最大变形线
6—底座

其他还有 Z 型圆锥形橡胶减振器、TJ 型阻尼弹簧减振器和 JD 型圆锥形弹簧减振器等，可根据具体情况选用。

9.1.3.2　减振器的安装

（1）安装减振器的地面应平整，不能使减振器发生位移。

（2）安装减振器前，应检查减振器的规格型号与数量是否符合设计要求。如果选用不当，不仅达不到隔振目的，相反还可能会引起严重后果。如有预埋螺栓，应核对其位置尺寸。

（3）当设备转速小于或等于 1500r/min 时，宜选用弹簧隔振器；设备转速大于 1500 r/min时，宜选用橡胶等弹性材料的隔振垫或橡胶隔振器。

（4）安装时，要使各组减振器承受荷载均匀，不得因偏移或相差悬殊而使减振器受压不均匀。

（5）在使用前应采取保护措施，如在减振器旁加垫木块，使其暂时不受外力影响。

9.1.4　风管隔振的方法与技术措施

设备与管道内的介质以及固定管道的构件均能传递振动和辐射噪声。管道隔振一般是通过设置挠性接头以及悬吊或支承物的减振器来实现的。与基座下设置减振器进行隔振不同，管道隔振后，管道内介质的振动仍然可以沿着管道传递，因此其隔振降噪效果不及支撑式基座隔振的效果显著。

9.1.4.1　柔性短管

风管与设备（风机或空气处理机组）连接以及风口与风管连接时，普遍采用柔性短管。

柔性短管用来将风管与通风机、空调机、静压箱等相连，防止设备产生的噪声通过风管传入房间，并起伸缩和隔振的作用。

制作柔性短管所用的材料一般为帆布和人造革。如果需要防潮，帆布短管应刷涂帆布漆，不得刷涂油漆，以防帆布失去弹性和伸缩性而起不到减振作用。输送腐蚀性气体的柔性短管应选用耐酸橡胶板或厚度为 0.8～1mm 的软聚氯乙烯塑料板制作。

安装柔性短管时，松紧应适当，不得扭曲。柔性短管长度一般在 15～150mm 范围内。安装在风机吸入口的柔性短管可装得绷紧一些，防止风机起动时因其被吸入而减小截面尺寸。不能把柔性短管当成找平、找正的连接管或异径管。

洁净空调系统中柔性短管的连接应严密不漏，并且防止积尘，所以在安装柔性短管时一般常用人造革、涂胶帆布、软橡胶板等。柔性短管在拼缝时要注意严密，以免漏风，另外还要注意光面要朝里，并且安装时不能扭曲，以防集尘。

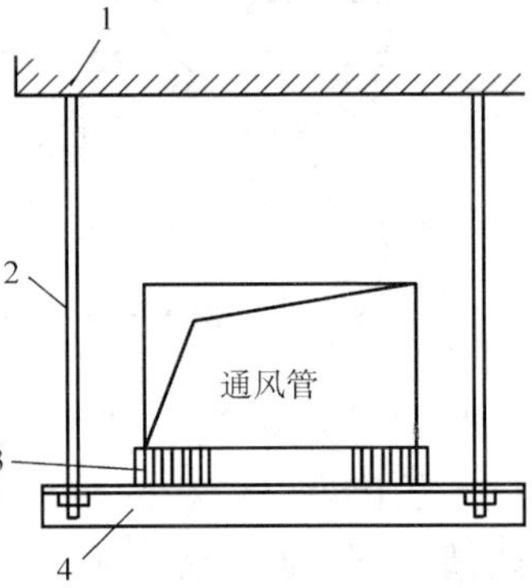

图 9-10　风管弹性隔振吊架

1—顶板　2—$\phi 6$～$\phi 12$mm 钢筋
3—30～50mm 厚橡胶或软木垫块
4—L30×30×3 角钢

9.1.4.2　隔振支吊架

管道通常直接或间接地固定在楼板、墙体或地板上。管道内流体流动时引起的振动可通过管道与建筑物围护结构的连接处激发振动而辐射噪声，因此必须采取隔离措施加以解决。

(1) 当管道吊置在楼板上时，常采用在吊架上设弹性衬垫材料的方式隔振，如图 9-10 所示。

(2) 管道架设在墙上或固定在墙上时，应采用弹性衬垫材料的方式隔振。这种方式一般仅用于小断面风管。

(3) 大断面的风道穿楼板或墙体时，应在留洞位置设置套框，并且在风管安装后用砂浆或保温碎块等材料填实堵严，如图 9-11 所示。

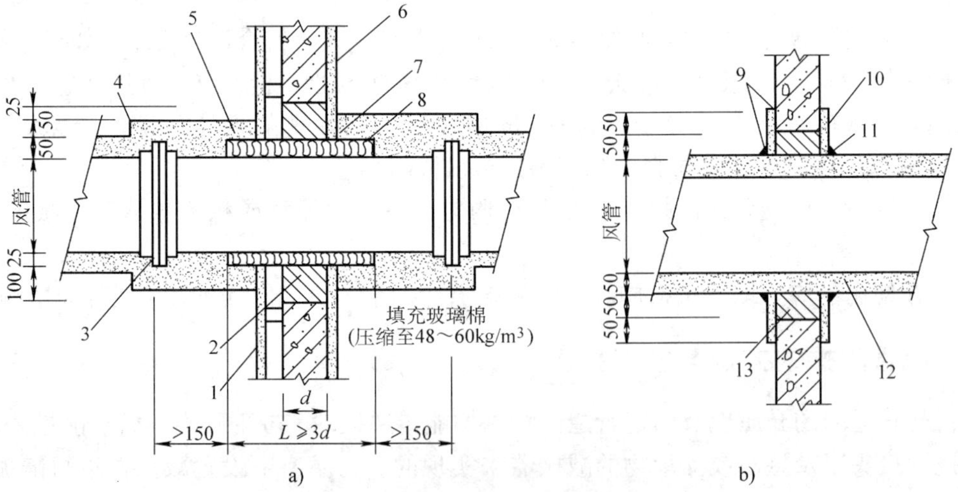

图 9-11　风管穿墙的隔振构造

a) 风管穿墙构造（有套管）　b) 风管穿墙构造（无套管）

1—装修饰面　2—填充砂浆　3—衬垫橡胶　4—保温层外覆盖装修层　5、12—保温层　6—粉刷砂浆　7、9、11—勾缝　8—镀锌钢板套管　10—双层纸面石膏板　13—填充砂浆或保温材料碎块

9.2　水系统消声与隔振的方法与技术措施

中央空调水系统在输送流体过程中，由于冷（热）水机组、水泵及电动机等的运转，管内流体流速过大，管内有存气或者管路设计不合理等，将使管道振动产生噪声，因此管道设计时应采取消声隔振措施，如降低管道流速、在管路最高点设置排气阀排除存气、给设备安装隔振器（垫）、在管道与设备连接处采用软连接、安装管道时采用弹性支吊架等。

这里主要介绍设备基础隔振、管道与设备连接隔振的措施。

9.2.1　设备基础隔振的方法与技术措施

设备振动传递的固体声以弹性波的形式传递给相邻房间，并以空气噪声的形式被人们所感受。减弱设备传给基础的振动是通过消除设备与基础之间的刚性连接实现的。在振源与基础之间配置金属弹簧和弹性减振材料，可有效控制振动，从而降低固体声的传递。

设备基础隔振构造多数情况下是将设备配置在质量较大的基座板上，然后在下面设隔振装置，如图 9-12 和图 9-13 所示。

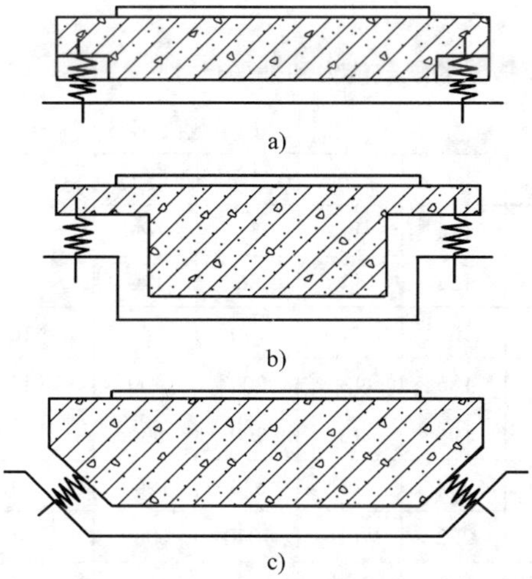

图 9-12　几种隔振基座板的形式

a）平板式　b）下垂式　c）会聚式

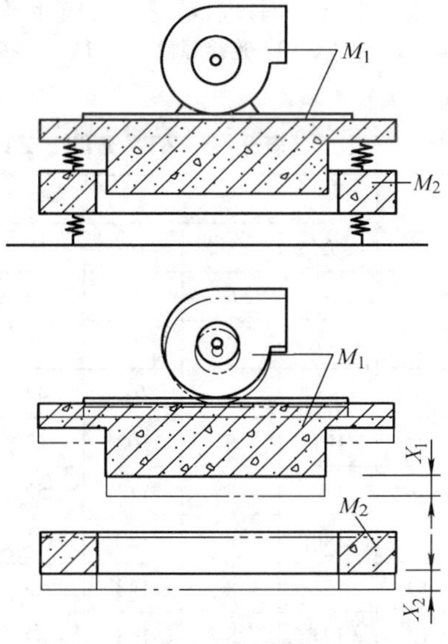

图 9-13　双层钢筋混凝土基座板的隔振示意图

9.2.1.1　隔振装置

常用的隔振材料有橡胶、软木、毛毡和沥青矿渣棉制品等。隔振装置包括金属弹簧隔振器和多种隔振弹性衬垫材料及制品两大类。

1. 金属弹簧隔振器　图 9-14 所示为金属弹簧隔振器。它能承受的荷载幅度大，从几千克至几十吨，而且静态压缩量幅度也很大，最大可达几十毫米。金属弹簧隔振器具有自振频率低、隔振效果好等优点，适用于空调制冷设备的基础隔振。但其水平方向稳定性较差，只能垂直方向受压，稍有倾斜，弹簧盒上、下会卡住，起不到减振作用，同时容易传递高频振动。

表 9-1 为 ZT、ZTB、ZTG 型系列弹簧隔振器的承载能力和外形尺寸。

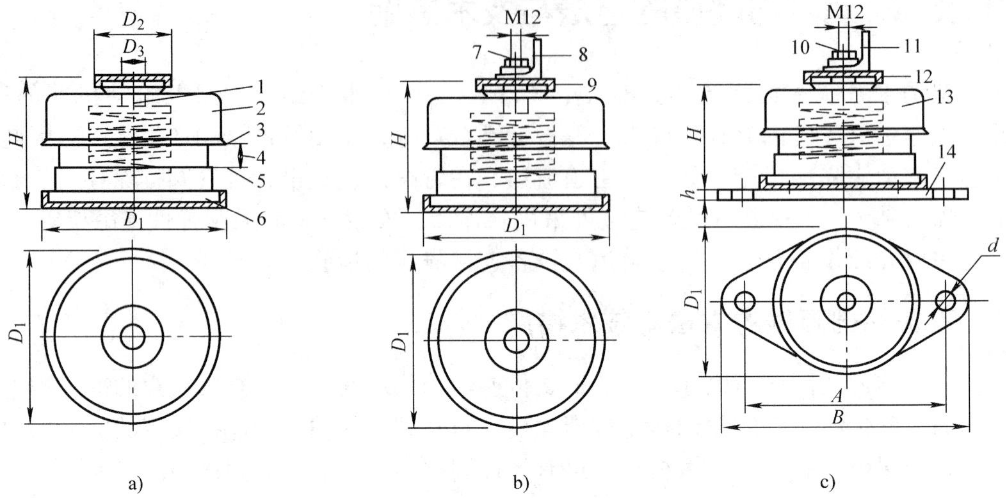

图 9-14 金属弹簧隔振器的外形和构造

a) ZT 型 b) ZTB 型 c) ZTG 型

1—安装孔 2—上罩 3—上罩下边线 4—压缩变形范围 5—最大变形线 6—底座

7、10—连接螺栓 8、11—台座钢架 9、12—橡胶衬垫 13—上罩 14—固定连接板

表 9-1 ZT、ZTB、ZTG 型系列弹簧隔振器的承载能力和外形尺寸

型号	外形尺寸/mm								许用载荷/N		竖向总刚度 / (N/mm)
	H	h	D_1	D_2	D_3	A	B	d	最小	最大	
ZT1—2	64	6	74	32	10	109	144	11	37	74	3.3
ZT1—3	69	6	82	32	10	117	152	11	86	170	7.7
ZT1—4	85	6	91	42	10	126	161	11	140	280	10.0
ZT1—5	101	6	102	42	10	144	186	13	200	400	11.4
ZT1—6	118	8	112	52	16	154	196	13	260	530	14.0
ZT1—8	140	8	120	52	18	162	204	13	530	1060	31.6
ZT1—10	151	8	148	82	20	190	232	13	1040	2080	45.6
ZT1—12	174	8	165	82	20	207	249	13	1500	3000	55.0
ZT11—53	101	8	102	42	10	144	186	13	280	550	16.0
ZT11—64	118	8	112	52	16	154	196	13	390	780	21.0
ZT11—85	140	8	120	52	18	162	204	13	730	1450	44.0
ZT11—106	151	8	148	82	20	190	232	13	1320	2640	58.0
ZT11—128	174	8	165	82	20	207	249	13	2070	4140	76.0
ZT3—2	64	6	126	42	10	161	196	11	110	220	10.0
ZT3—3	69	6	142	42	10	177	212	11	260	520	23.0
ZT3—4	85	6	161	42	10	196	231	11	410	830	30.0
ZT3—5	101	6	182	52	10	224	266	13	590	1190	34.0

（续）

型号	外形尺寸/mm								许用载荷/N		竖向总刚度/（N/mm）
	H	h	D_1	D_2	D_3	A	B	d	最小	最大	
ZT3—6	118	8	208	62	16	250	292	13	790	1580	42.0
ZT3—8	140	8	228	82	18	270	312	13	1590	3180	95.0
ZT3—10	151	8	280	82	20	322	364	13	3120	6240	137.0
ZT3—12	174	8	321	82	20	363	405	13	4500	9000	165.0
ZT33—53	101	8	182	52	10	224	266	13	830	1650	48.0
ZT33—64	118	8	208	62	16	250	292	13	1170	2350	63.0
ZT33—85	140	8	228	82	18	270	312	13	2180	4350	132.0
ZT33—106	151	8	280	82	20	322	364	13	3960	7920	174.0
ZT33—128	174	8	321	82	20	363	405	13	6210	12420	228.0
ZT4—2	64	6	126	42	10	161	196	11	150	300	13.0
ZT4—3	69	6	142	42	10	177	212	11	340	690	31.0
ZT4—4	85	6	161	52	10	196	231	11	550	1100	40.0
ZT4—5	101	6	182	52	10	224	266	13	790	1580	45.6
ZT4—6	118	8	208	62	16	250	292	13	1060	2110	56.0
ZT4—8	140	8	228	82	18	270	312	13	2120	4240	126.0
ZT4—10	151	8	280	82	20	322	364	13	4160	8320	182.0
ZT4—12	174	8	321	82	20	363	405	13	6000	12000	220.0
ZT44—53	101	8	182	52	10	224	266	13	1100	2200	64.0
ZT44—64	118	8	208	62	16	250	296	13	1560	3130	84.0
ZT44—85	140	8	228	82	18	270	312	13	2900	5800	176.0
ZT44—106	151	8	280	82	20	322	364	13	5280	10560	232.0
ZT44—128	174	8	321	82	20	363	405	13	8280	16560	304.0
ZT33—16	284	10	390	210	36	450	510	16	7950	19590	306.0
ZT33—1610	284	10	390	210	36	450	510	16	11400	28080	438.6
ZT33—1812	284	10	390	210	36	450	510	16	15480	38490	587.0
ZT44—1812	284	10	390	210	36	450	510	16	20640	50240	796.0

注：1. 尺寸 h、A、B、d 只适用于 ZTG 型减振器系列。

2. 在隔振性能和表中其他尺寸上，ZT 型、ZTB 型、ZTG 型均相同。

2. 橡胶隔振器　橡胶隔振器有橡胶剪切受压的隔振器和垂直方向受压的橡胶板两种，后者通常称为橡胶隔振垫。橡胶隔振器广泛用于空调设备中，特别是水泵和高速通风机等振动频率较高的设备。

橡胶剪切受压的隔振器（见图 9 - 15）静态压缩量较大，自振频率较低，同时对高频有很好的隔振效果。但它易受到油质、氟利昂和氨液的侵蚀，并且在长期静荷载的作用下会变形，因此需定期更换，一般使用年限约为 5 年。

表 9 - 2 列出了橡胶剪切受压的隔振器的规格和性能。

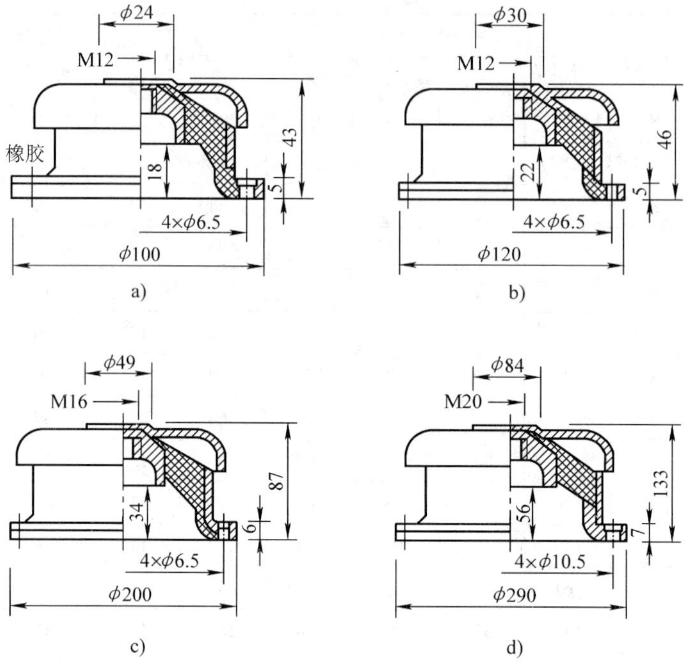

图 9-15 橡胶剪切受压的隔振器

a）JG1 型 b）JG2 型 c）JG3 型 d）JG4 型

表 9-2 JG 型橡胶隔振器的规格和性能

型号		主要尺寸/mm				最大设计垂向载荷/N	相应静态压缩量/mm	最低的自振频率/Hz
		底板外径	螺孔径距	螺孔直径	总高			
	JG1—1					190		
	JG1—2					270		
	JG1—3					370		
JG1	JG1—4	100	90	6.5	43	480	4.8～6.0	11.7～10.3
	JG1—5					580		
	JG1—6					700		
	JG1—7					840		
	JG2—1					280		
	JG2—2					320		
	JG2—3					400		
JG2	JG2—4	120	110	6.5	46	480	8.0～10.0	9.3～8.4
	JG2—5					580		
	JG2—6					680		
	JG2—7					770		

（续）

型号		主要尺寸/mm				最大设计垂向载荷/N	相应静态压缩量/mm	最低的自振频率/Hz
		底板外径	螺孔径距	螺孔直径	总高			
JG3	JG3—1	200	180	6.5	87	1000	11.2～14.0	7.2～6.5
	JG3—2					1400		
	JG3—3					2000		
	JG3—4					2700		
	JG3—5					3300		
	JG3—6					4050		
	JG3—7					4530		
JG4	JG4—1	290	270	10.5	133	3000	20.0～25.0	5.4～4.9
	JG4—2					4200		
	JG4—3					5800		
	JG4—4					7200		
	JG4—5					9200		
	JG4—6					10800		
	JG4—7					12000		

3. 橡胶隔振垫　橡胶隔振垫通常厚度为10～20mm，大小为300mm×300mm左右的带有各种槽形的橡胶板。开槽的形式有肋形槽和三角形槽，开槽方向有单向和双向。开槽的目的是提高隔振效果。常用的是SD型橡胶隔振垫，如图9-16所示。表9-3是这种隔振垫的参数。

SD型橡胶隔振垫可黏结成SD型橡胶隔振器，可承受垂直方向的压力。

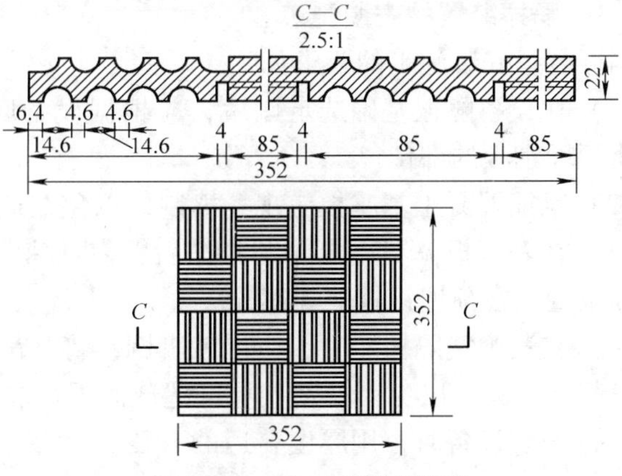

图9-16　SD型橡胶隔振垫

表9-3　SD型橡胶隔振垫的参数

橡胶硬度（HS）	垂向额定静载荷/kPa	相应的静态压缩量/mm	相应的固有频率/Hz	静刚度/（N/cm）	动态系数	阻尼比
40	50～120	1.4～3.4	10.5～16.4 （11.7～14.3）	30～45	1.7～1.8	≈0.08
60	200～320	2.5～4.0	10.6～13.2 （11.4～15.2）	75～83	1.7～1.8	≈0.08
80	400～800	2.0～4.0	14.7～17.2 （12.8～16.1）	195～200	2.1～2.7	≈0.08

注：括号内的固有频率为计算值。

4. 软木 软木受水和油类的影响小，寿命长，可达15~20年，是较好的一种隔振衬垫材料。软木作为隔振衬垫材料，承压能力较小，一般在200kPa以内，同时其自振频率较高，可用于水泵和小型压缩机的隔振。大型冷冻机由于支承点的荷载较大，而软木允许荷载较小，因此不宜采用软木。

9.2.1.2 隔振装置的选用

空调系统设备的隔振措施应根据隔振要求、设备扰动频率、设备所处位置和环境等条件选用。

1. 空调器和通风机的隔振 空调器风机扰动频率通常在10~20Hz的范围内，需选用具有自振频率较低的隔振装置，因此选用钢弹簧隔振器最为适宜。

当风机的隔振要求不太高，而其扰动频率又在12Hz以上时，可以采用橡胶隔振器。但应注意，支承点的荷载不应超出产品的额定承压力。

2. 冷冻机隔振 冷冻机转速高，相应的扰动频率也高，可采用钢弹簧隔振器。当没有必要时，也可采用弹性隔振衬垫材料。

3. 水泵隔振 水泵转速通常为1450~2900r/min，扰动频率在24~48Hz范围内。同时，水泵的重心与基座板几何中心偏离很小，因此可采用除玻璃纤维板以外的各种隔振器和隔振衬垫材料。

4. 冷却塔 冷却塔的振动主要来自风机和落水，扰动频率不高，而且冷却塔一般在机房顶板上，无需特别安静的场所不必采用特别隔振处理，一般用橡胶隔振垫即可。

9.2.1.3 隔振装置的安装施工

隔振装置安装施工的要求如下：

（1）在设备隔振基础选定以后，应根据设备底盘地脚螺栓的位置，在基座板的平面图上标明预埋钢板的部位。

（2）钢筋混凝土基座板应现场捣制，以免在运输时造成困难。

（3）在基座板捣制完成并经养护后，使基座板达到设计强度，这时应根据设备地脚螺栓孔的位置，在预埋钢板上焊螺栓。

（4）安装弹簧隔振器时，应用三脚倒链将其吊起。如采用JG型隔振器，必须将基座板水平吊起和下落，以免因个别支承点超载而损坏。

（5）安装设备时，用厚度合适的U形垫片找平，最后用1∶3的水泥砂浆抹面。

9.2.2 管道隔振的方法与技术措施

管道振动一般是由设备振动引起的。设备振动通过管道、管内流体以及固定管道的构件传递并辐射噪声。因此，管道隔振通常是通过在管道和设备连接处采用软连接或弹性连接来实现的。另外，管道通常直接或间接地固定在楼板、墙体或地板上，管道内流体流动时引起的振动可通过管道与建筑物围护结构的连接处激发振动而辐射噪声，因此必须采取隔离措施加以解决。

9.2.2.1 管道与设备之间的隔振

管道与设备之间的隔振通常采用隔振软管。目前，常用的隔振软管有各种橡胶软管和不锈钢波纹软管。隔振软管的隔振降噪效果与软管本身的材料和构造、软管长度、管内介质压力以及管道的固定和安装方式等有关。

1. 橡胶软接管　橡胶软接管具有很好的隔振降噪效果，但会受介质温度和压力的限制，承压力通常在 600kPa 以内。同时，其耐蚀性能较差，因此一般应用于低温低压的水管中。

橡胶软接管有直管、鼓形管、变径管和可挠曲管（接头）等几种，如图 9 - 17 ~ 图9 - 19 所示。

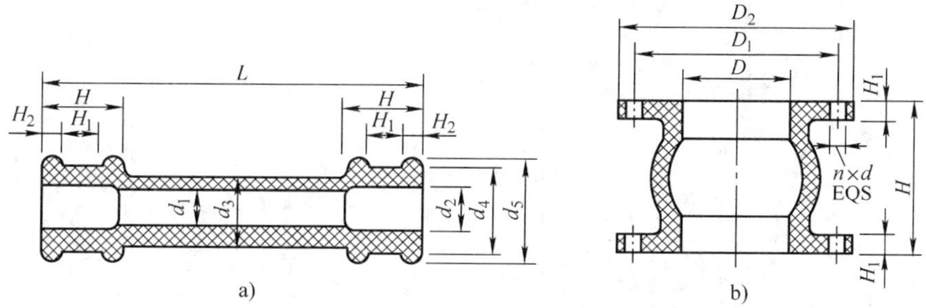

图 9 - 17　橡胶软接管

a）直管　b）鼓形管

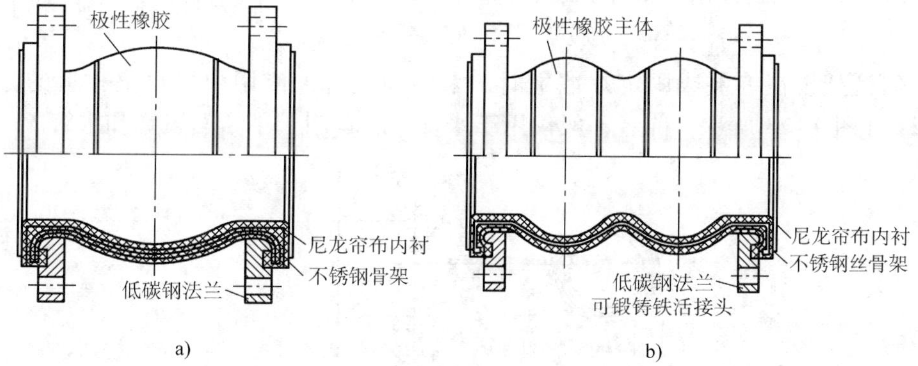

图 9 - 18　可挠曲橡胶软管结构示意图

a）GD1 型　b）GD2 型

2. 不锈钢波纹软管　不锈钢波纹软管由于有耐高温、耐高压和耐腐蚀的性能，经久耐用，并且具有较好的隔振效果，因此冷冻机、高压泵与管道连接时采用不锈钢波纹软管，但其造价高。

9.2.2.2　管道与围护结构之间的隔振

管道与围护结构之间的隔振通常是对管道的支吊架采取隔振结构。

（1）当管道吊置在楼板上时，常采用隔振吊架和在吊架上设置弹性衬垫材料的方式隔振，如图 9 - 20 和图 9 - 21 所示。

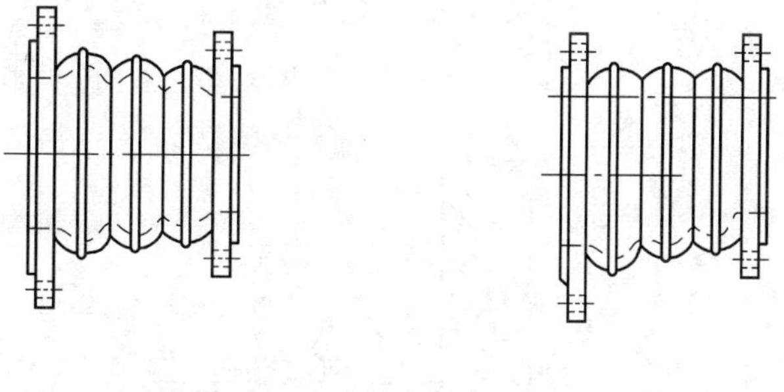

图 9 - 19　可挠曲橡胶变径软接管结构示意图

a）KYT 型　b）KYP 型

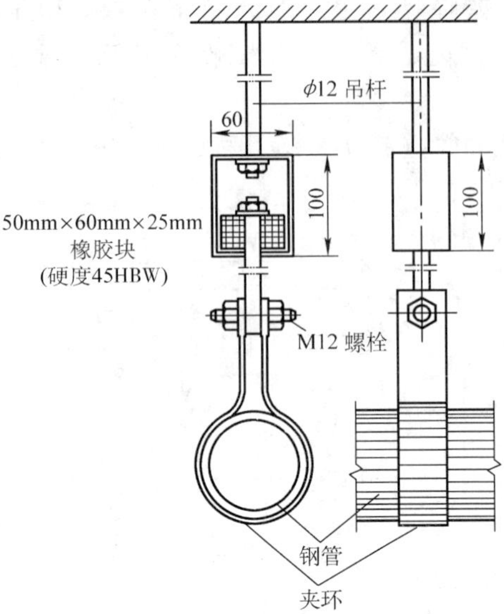

图 9-20　用隔振吊架隔离管道的振动

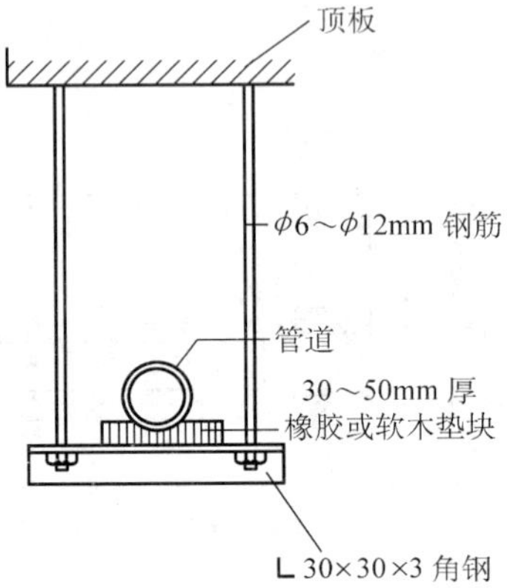

图 9-21　在吊架上用弹性衬垫材料隔离管道的振动

（2）管道架设在墙上或固定在墙上时，采用隔振管卡或用弹性衬垫材料的方式隔振，如图 9-22 和图 9-23 所示。前者一般仅用于水管，后者用于小断面风管和水管。

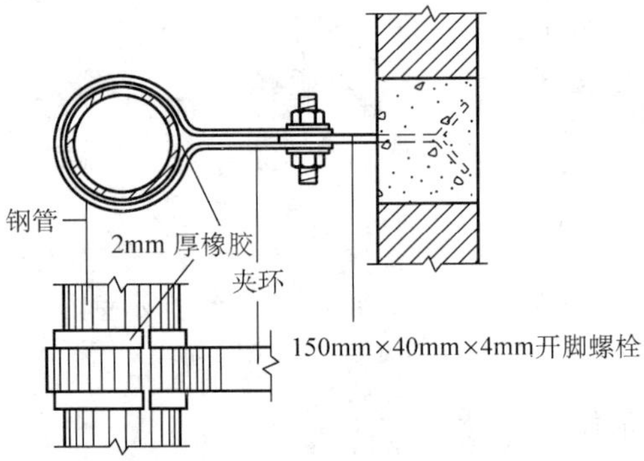

图 9-22　用隔振管卡固定管道

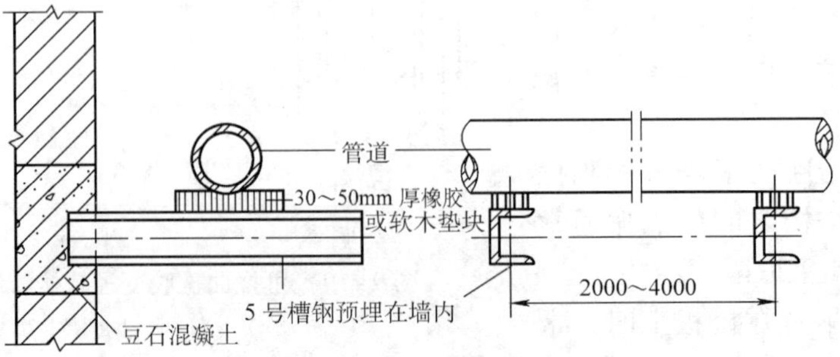

图 9-23　在支架上用弹性衬垫材料的隔振构造

（3）管道穿楼板或墙体时，应先设预埋套管，套管内径应比管道外径或保温管外径至少大 50mm，并用砂浆或保温碎块等材料填实堵严，如图 9-24 所示。

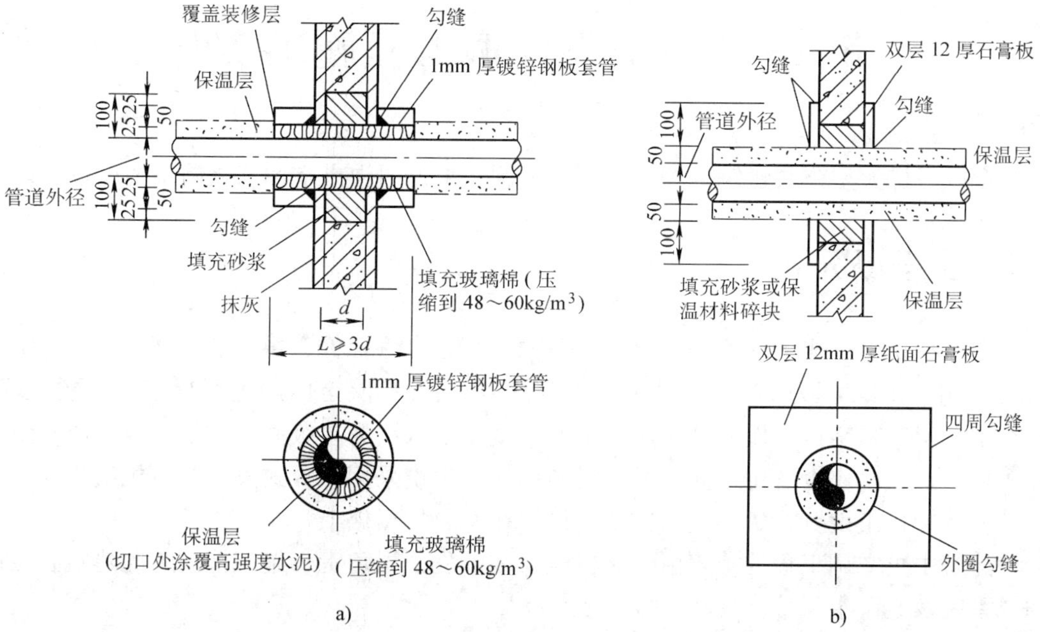

图 9-24　管道穿墙的隔振构造

a）管道穿墙构造（一）　b）管道穿墙构造（二）

9.2.2.3　软管施工的要求

（1）为了获得良好的隔振降噪效果，软管应尽可能设置在垂直和水平两个方向上。

（2）软管应配置在接近设备的管路上。水泵的软管应配置在设备的进出水管上，制冷机或冷水机组的软管应配置在进出机组的管路上。

（3）软管安装应自然平直，不应使软管承受轴向扭矩和轴向外荷拉力，不得用软管作弯头。

（4）管道设置软管后，吊置和架设管道时仍需要做隔振处理。

第 10 章　中央空调工程施工实例

本章以一栋大型公共建筑——××大厦为例，来说明中央空调工程施工的全过程。

10.1　工程概况

该建筑物位于广州××路××号，是一栋大型的综合性公共建筑，建筑面积为 $16\times10^4m^2$，其中空调面积为 $12.4\times10^4m^2$。地上共 28 层，一层至四层为百货商场和餐饮场所，五层至十八层为写字楼，作办公所用；十九层至二十八层为星级酒店。地下共 2 层，负二层作停车场，负一层作设备用房和商场百货商场。该建筑采用水冷式离心制冷机组作为中央空调冷源，制冷机组设置在负一层，冷却塔设置在 4 层的裙楼上。

该建筑中央空调工程的施工由××机电安装工程公司负责，施工范围为此建筑各层的空调通风系统及空调水系统。

10.2　施工组织机构与人员配置

根据该中央空调工程安装的特点，按照施工区域的划分及各区域各专业施工进度的安排，设置机电安装项目部，选派现场施工管理经验丰富、组织能力强的项目经理担任负责人。设置项目副经理 1 人，项目技术负责人 1 人，施工负责人 1 人，专业施工员 1～3 人，以及调试、质检、安全施工督导员若干。该中央空调安装工程的施工组织结构如图 10-1 所示。

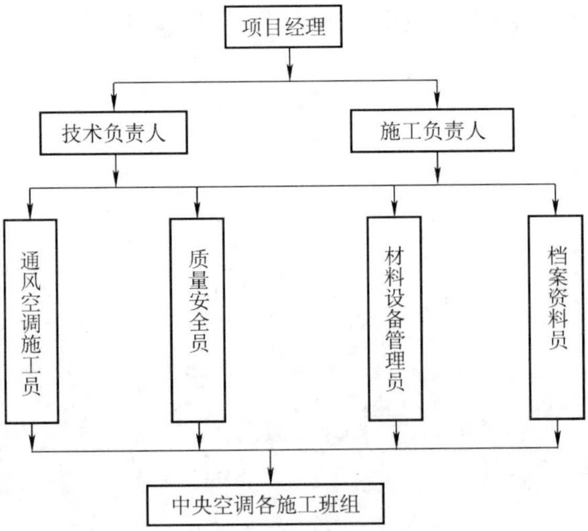

图 10-1　××中央空调工程施工组织结构

该中央空调工程施工计划开工日期为 2007 年 × 月 × 日。现场项目经理部应合理组织各专业工种劳动力进退场，并能充分预见土建进度变化所带来的机电各分部分项专业工序的搭接。投入的人员配置与劳动力计划见表 10 - 1。

表 10 - 1　拟投入的劳动力计划

序号	工种	投入人数	工作天数	小计
1	铆工	10	120	1200
2	钳工	12	120	1440
3	棚架工	6	40	240
4	保温工	10	60	600
5	电焊工	6	100	600
6	管道工	30	140	4200
7	起重工	16	120	1920
8	合计	90	700	10200

10. 3　施工机械与设备

× ×公司将充分调动公司内部资源，以保工期为首要目标，遵循实用、合理、先进的原则，按照各区单体建筑机电安装的进度、质量需要，配置足够的、先进的、完好的、齐全的施工设备。

× ×公司提供的机电施工机械设备绝大部分使用时间在两年以内（含两年）。为了按期优质、安全地完成本标段机电安装任务，按各施工分区的施工进度计划，由现场管理指挥部统一协调，合理安排足量、先进的施工机械设备和调试工具及检测仪器的进场计划。

投入的机械设备、工具、仪器 90% 为 × ×公司自有设备，其余采用租赁以及由劳务分包商提供，并能按计划进场，完全可以保证本项目工程的进度要求。

为了不断地提高机械化施工水平，目前，国内已将一批通风管道加工用的先进机具用到实际工程中，不仅减轻了劳动强度，而且还提高了工程质量。通风空调工程施工机具应根据工程的规模及技术要求等实际情况进行选择。该工程主要的施工机械与设备见表 10 - 2。

表 10 - 2　主要的施工机械与设备

序号	设备名称	数量	单位
1	电焊机	10	台
2	手电钻	20	把
3	电锤	5	台
4	剪板机	3	台
5	折弯机	3	台
6	车床	2	台

（续）

序号	设备名称	数量	单位
7	扳手	30	套
8	板牙	10	台
9	咬口机	5	台
10	切割机	5	台
11	冲击钻	10	台
12	带丝机	5	套
13	砂轮机	3	台
14	角向磨光机	3	台
15	铝合金切割机	5	台
16	铆接钳	10	把

10.4 施工进度计划

10.4.1 施工进度计划的编制

1. 编制依据

（1）工程的设计图样及其他技术经济资料。

（2）业主具体要求。

（3）行业标准、规范及定额。

（4）技术设计及说明等。

2. 编制原则

（1）在确保工程质量的前提下，使进度最快，工期最短。

（2）坚持全面、系统、连贯的原则，责任落实。

（3）作为总的具体规范和指导，成为详细编制的依据。

（4）根据甲方预付款和进度计划支付，确保加工、施工周期。

（5）施工方提供空调图样及相关资料齐备，现场具备开工条件，以确保施工能依计划进行。

10.4.2 工期目标

本标段招标文件要求2007年×月×日开工，2007年×月×日竣工。考虑到业主要求整体工程同时竣工并交付使用，××公司在确保工程质量、施工安全和保证满足相关节点工期要求的情况下，拟在2007年×月×日前完成所有施工任务，计划总工期为150个日历天，然后交工验收并交付业主使用。表10-3列出了该中央空调工程施工主要节点工期及阶段目标控制计划。表10-4列出了该中央空调施工进度计划。

表 10-3　中央空调工程施工主要节点工期及阶段目标控制计划

序号	工程项目	开工时间	竣工时间	备注
1	空调系统管道	2007. ×. ×	2007. ×. ×	集中在地下室、管井、屋面
2	空调系统设备	2007. ×. ×	2007. ×. ×	集中在地下室、楼层平面、屋面
3	空调系统管道保温	2007. ×. ×	2007. ×. ×	集中在地下室、管井、屋面

表 10-4　中央空调工程施工进度计划

序号	施工准备	日历天					
		10	30	60	90	120	150
1	空调系统管道						
2	空调系统设备						
3	空调系统管道保温						
4	系统调试、移交						

10.4.3　施工进度计划的保证措施

（1）每周对工程施工实际进度与总控制计划进行对比，用前锋线把实际进度在总控制计划图上进行标记，并在周度统计报表上作出分析；找出进度滞后原因，提出整改措施。

（2）如因实际施工进度的滞后而危及总工期完成时，必须及时提出抢回进度或调整总控制进度的计划，并报业主或监理单位审批。

（3）总控制计划的调整经批准后要重新编制工序流程图，并将其输入计算机编制出新的总控制计划，由项目经理签认，发布各有关人员落实执行。

10.5　施工准备与施工组织

10.5.1　与设计人员的协调

为减少窝工和怠工现象，在施工之前要由专业技术人员组成的项目技术组进行工程熟悉和图样审查工作，以充分了解建筑结构的各个细节，同时开展有关图样会审、交底、材料选购、技术方案的准备等工作，以对工程施工自始至终做到心中有数，确保施工方案的顺利实施和工程质量。其中，与设计人员的协调包括：

（1）检查施工图样是否完整和齐全，施工图样是否符合国家有关工程设计和施工的规范要求，如果不一致，要与设计人员及时沟通。

（2）检查施工图样与其说明书在内容上是否一致，施工图样及其各组成部分间有无矛盾和错误，并作记录，及时提出来解决。

（3）建筑图与其相关的结构图在尺寸、坐标、标高和说明方面是否一致，技术要求是否明确。

（4）审查设备安装图样与其相配合的土建图样在坐标和标高尺寸上是否一致，土建施工的质量标准能否满足设备安装的工艺。

10.5.2 施工准备

1. 检查作业条件

（1）一般送风机系统和空调系统的安装，要在建筑物围护结构施工结束、障碍物已清理、地面无杂物的条件下进行。

（2）对空气洁净系统的安装，应在建筑物内部安装部件的地面已做好、墙面抹灰已完毕、室内无灰尘飞扬或有防尘措施的条件下进行。

（3）一般除尘系统风管的安装，应在厂房的工艺设备安装完或设备基础已确定，设备连接器、罩体方位已知的情况下进行。

（4）检查现场预留孔洞的位置、尺寸应符合图样要求，每边比实际尺寸应大100mm。

（5）作业地点要有相应的辅助设施，如梯子、架子、安全防护、消防器材，并有施工员的技术、质量、安全交底记录。

2. 检查材料

（1）各种安装材料应具有出厂合格证明书或质量鉴定文件及产品清单。

（2）风管成品不允许有变形、扭曲、开裂、孔洞、法兰脱落、开焊、漏铆、漏打螺栓孔等缺陷。

（3）安装的阀体、风口等部件应检查其调节装置是否灵活，消声片、油漆层有无损伤。

（4）安装使用的材料（如螺栓、螺母、垫圈、垫料、密封条、自攻螺钉、拉铆钉、焊条、各种帆布、无纺布、射钉、膨胀螺栓等）应符合产品质量要求。

3. 准备主要工器具 中央空调工程施工过程中需要用到的主要工器具有：锤子、电锤、手电钻、手锯、电动双刃剪、砂轮锯、角向磨光机、台钻、电气焊具、扳手、螺钉旋具、手剪、倒链、高凳、大绳、尖冲子、射钉枪、刷子等。

10.5.3 施工部署

针对本工程建筑规模大、施工面广、工期紧、质量要求高的特点，室内空调系统冷冻供回水专业的施工部署如下：

1. 室内空调供回水系统的施工 为了适应本工程系统专业多、工期紧、工作量大的特点，在实际施工过程中，管道专业根据土建的施工进度，分系统、分层段地铺开施工，采取先大管后小管，先干管后支管的原则，先完成各管道系统的干管、大管，再进行支管、小管的施工。为了确保关键工期，尽可能合理地把施工面铺开，留出更多的机动时间。遇到管道专业与其他处于关键线路上的专业在施工面上重叠时，尽量安排管道专业先做其他施工地点的工作，使施工面相互错开，避免影响工程的进度和质量。

室内空调供回水系统的施工关键点是：管道的质量保证措施、末端设备管道的预留口位置和产品保护。

2. 整个室内给排水系统的施工 整个室内给排水系统的施工可分成以下三个阶段：

（1）第一阶段：在土建专业完成混凝土结构并拆除支顶后，此时管道专业进入室内给排水的全面施工阶段。

（2）第二阶段：机电工程系统繁多，施工过程中要根据该施工段内各系统管线的具体情况安排合理的施工顺序，并协调好各系统的施工进度。当施工中发生管道交叉的矛盾时，应按小管让大管，有压力管道让无压力管道，低压管让高压管，常温管道让高温管道和低温管道，支管让主干管的原则避让。基于上述原则，施工时首先安装主管和立管，再分别安装各层和各区的支管和横管。

（3）第三阶段：由于工程面积大，因此管道施工时采用现场集中预制的方法，组织专业内部流水作业，这样不但可提高工效，而且能达到缩短工期的目的。管道由多个班组分段平行施工，以进一步加快进度。每个施工段完成后，单独进行给水管道水压强度试验、严密性试验及排水管道灌水试验，合格后及时办理验收手续，再交下一工序施工。

3. 系统的接驳　系统的管网安装完成后，应将各系统管网、设备分别接驳贯通，并考虑装饰工程的进度。这项工作的要点是要注意设备的安装位置必须准确无误，接口必须畅通及严密不漏，并在全过程注意产品的保护。当安装位置与室内装饰发生冲突时，要及时通知有关人员，会同各方协调解决。此阶段与装饰工程要密切配合，见缝插针，既不能影响装饰工程的进度，又要保证管道工程的施工质量与进度，为后续的系统冲洗调试创造有利条件。

4. 系统的冲洗调试　对给水系统进行冲洗并对系统进行调试是空调系统工程施工的最后阶段。给水管网冲洗必须采用临时排水管道并将其与排水系统可靠连接，保证排放通畅安全，禁止无组织排水，避免对现场造成任何水害。系统调试的内容应根据正常工作条件、关键组件性能、系统性能等来确定。冲洗、调试必须按相应的规范严格进行。

10.6　施工方案与施工工艺

10.6.1　风管的施工

风管的施工顺序为：测量、放线→确认主体结构轴线及各面中心线→以中心线为基础，安装风管→校正位置→管道与机组的连接→风管的验收检查→保温。

10.6.1.1　支吊架的制作与施工

首先按设计要求并参照土建基准线找出风管标高。按照风管系统所在的空间位置，确定风管的支吊架形式。制作风管支吊架时应注意以下问题：

（1）支架的悬臂、吊架的吊铁采用角钢或槽钢制成，斜撑用角钢制作，吊杆用圆钢制作，抱箍用扁铁制作。

（2）钢材的切断和打孔不应使用氧乙炔切割。支架的焊缝必须饱满。

（3）吊杆圆钢应根据风管安装的标高适当截取，两端套螺纹不宜过长。

（4）支吊架制作完毕后，应进行除锈和刷涂防锈漆。

吊架的吊架点设置应用膨胀螺栓法，如图 10-2 所示。这种吊架制作的特点是施工灵活、准确、快速。

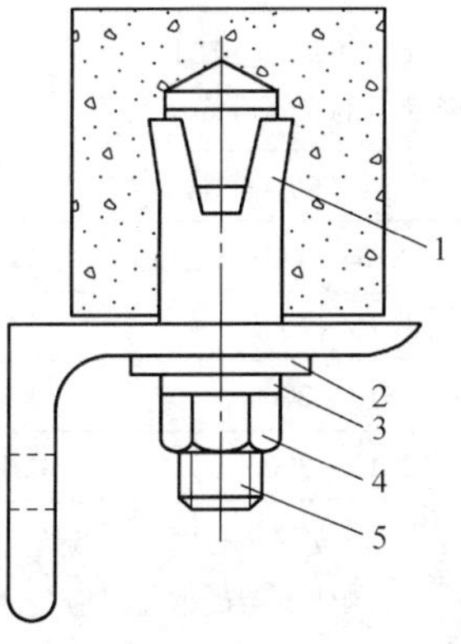

图 10-2　吊架的吊架点设置示意图
1—胀管　2—弹簧垫圈　3—平垫圈
4—六角螺母　5—锥头螺栓

10.6.1.2 安装支吊架

（1）按风管的中心线找出敷设吊杆的位置。单吊杆敷设在风管中的中心线上，双吊杆可以按托盘的螺孔间距或风管的中心线对称安装。

（2）根据吊件的形式，用螺母将吊杆拧在槽钢挂件上。

（3）当风管较长而需要安装一排支架时，可先把两端安好，然后以两端的支架为基准，用拉线法找出中间支架的标高进行安装。

（4）安装立管管卡时，应先把最上面的一个管件固定好，再用线锤在中心处吊线，下面的管卡即可按线进行固定。

（5）安装支吊架时应注意的问题如下：

1）支吊架的标高必须正确，如果圆形风管管径由大变小，为保证风管中心线水平，支架型钢上表面的标高应作相应提高。风管支吊架间距如无设计要求时，不保温风管支吊架的间距应符合表 10-5 的要求。保温风管的支吊架间距无设计要求时，按表 10-5 所列支吊架间距要求值乘以 0.85 选取。螺旋风管的支吊架间距可以适当增加。

表 10-5　支吊架间距

圆形风管直径或矩形风管长边尺寸/mm	水平风管间距/m	垂直风管间距/m	最小吊架数
≤400	≤4	≤4	2
400～1000	≤3	≤3.5	2
≥1000	≤2	≤2	2

2）支吊架不得安装在风口、阀门检查孔等处，以免妨碍操作。另外，吊架不得直接吊在法兰上。保温风管不能直接与支吊架接触，应垫上坚固的隔热材料，其厚度应与保温材料相同，以防止产生“冷桥”。聚氯乙烯风管也与钢板风管一样采用支架、吊架、托架，但一般以吊架为主。聚氯乙烯风管的支架间距按表 10-6 的要求制作安装。

表 10-6　聚氯乙烯风管的支架间距

矩形风管的长边或圆形管道的直径/mm	承托角钢规格	吊环螺栓/mm	支架最大间距/mm
≤500	L30mm×30mm×4mm	$\phi 8$	3.0
510～1000	L40mm×40mm×5mm	$\phi 8$	3.0
1010～1500	L50mm×50mm×6mm	$\phi 10$	2.0
1510～2000	L50mm×50mm×6mm	$\phi 10$	2.0
2010～3000	L60mm×60mm×7mm	$\phi 10$	2.0

注：1. 当支管较长时，则应在靠近干管的一端设置一支架。

2. 制作支架的抱箍时应与风管留有一定间隙，便于风管伸缩。

10.6.1.3 风管的连接

中央空调风管采用的连接形式取决于板材的厚度及材质，可以采用法兰连接、咬口连接、焊接和铆接等形式。

（1）咬口连接。本工程中，在可能的情况下应尽量采用咬接，因为咬口缝可以增加风管的强度，并且变形小，外形美观。风管焊接严密性好，但焊后容易变形，焊接处容易锈蚀或氧化。风管常用的咬口连接形式及适用范围见表 10 - 7。

表 10 - 7　风管咬口连接形式及应用范围

形式	名称	应用范围
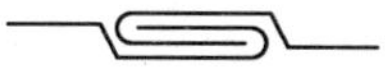	单咬口	用于板材的拼接和圆风管的闭合咬口
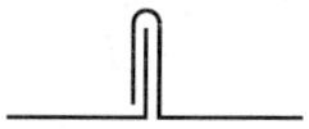	立咬口	用于圆形弯管或直管的管节咬口
	联合角咬口	用于矩形风管、弯管、三通及四通管的咬接
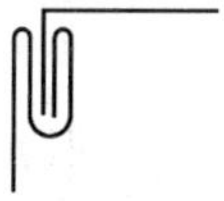	转角咬口	较多地用于矩形直管的咬缝和有净化要求的空调系统，有时也用于弯管或三通管的转角咬口缝
	按扣式咬口	现在矩形风管大多采用此咬口，有时也用于弯管、三通或四通管

其中，按扣式咬口是近年来研制和投入使用的较理想的咬口形式，便于机械化加工、运输和组装，有利于文明施工，可降低环境噪声，并提高生产效率。但必须做好咬口的密封处理，对严密性要求高的风管需补加密封措施，如采用密封胶绳、密封胶条或密封乳胶及锡焊等。

（2）法兰连接。风管与法兰连接前，应检查风管的外径或外边长和法兰内边尺寸的偏差，它们必须符合要求。连接时，必须使法兰平面与风管中心线保持垂直。安装风管系统前，应进一步核实风管及送回（排）风口等部件的标高是否与设计图样相符，并检查土建预留孔洞预埋件的位置是否符合要求，然后将预制加工的支吊架、风管及部件运至施工现场，根据工程量的大小分段进行安装。用法兰连接的一般通风、空调系统，为保证法兰接口的严密性，法兰之间应有垫料。法兰垫料厚度为 3 ~ 5mm，垫料不能挤入风管内，否则会增大流动阻力，减少风管的有效面积，并形成涡流，增加风管内的积尘。连接法兰的螺母应在同一侧。在无特殊要求的情况下，法兰垫料材质按表 10 - 8 选用。

表 10 - 8　法兰垫料材质的选用

应用系统	输送介质	垫料材质	厚度/mm
一般空调系统	温度低于 70℃的洁净空气或含尘、含湿气体	8501 密封胶带	3
		软橡胶板	3
高温系统	温度高于 70℃的空气或烟气	石棉橡胶板	3
洁净系统	有净化等级要求的洁净空气	橡胶板	4 ~ 5
		闭孔海绵橡胶板	3
塑料风道	有腐蚀性的气体	软聚乙烯板	3 ~ 6

用法兰连接时，把两个法兰对正，然后穿螺栓并戴上螺母（注意，螺母要在同一侧），暂时不要拧紧，直到所有螺栓都穿上后再把螺栓拧紧。连接好风管，并以两端法兰为准拉线检查风管连接是否平直。

垫法兰垫料和法兰连接时，应注意以下问题：

1）正确选用垫料，避免用错垫料。

2）法兰表面应干净无异物。

3）法兰垫料不能挤入或凸入管内，否则会增大流动阻力，增加管内积尘。

4）法兰连接后，严禁往法兰缝隙内填塞垫料。

5）连接法兰的螺母应在同一侧。

6）不锈钢法兰连接应采用螺栓，并且应用同材质不锈钢螺栓。

7）铝板风管法兰连接应采用镀锌螺栓，并在法兰两侧垫镀锌垫圈。

8）聚氯乙烯风管法兰和玻璃钢法兰连接应采用镀锌螺栓。

（3）其他连接方式：抱箍式连接、插接式连接、插条式连接、软管式连接。

在进行风管施工时，应有技术交底记录。技术交底记录表见表 10 - 9。

表 10 - 9　技术交底记录表

<table>
<tr><td colspan="4">技术交底记录</td><td colspan="2">编　　号</td><td colspan="2">表××</td></tr>
<tr><td colspan="2">工程名称</td><td colspan="2">××工程</td><td colspan="2">交底日期</td><td colspan="2">2007 年××月××日</td></tr>
<tr><td colspan="2">施工单位</td><td colspan="2">××机电安装公司</td><td colspan="2">分项工程名称</td><td colspan="2">通风管道安装工程</td></tr>
<tr><td colspan="2">交底提要</td><td colspan="6">通风管道安装的相关材料、机具准备、质量要求及施工工艺</td></tr>
<tr><td colspan="8">交底内容</td></tr>
<tr><td colspan="8">一、施工准备
（一）作业条件
1. 一般送风机系统和空调系统的安装，要在建筑物围护结构施工完、障碍物已清理、地面无杂物的条件下进行。
2. 对空气洁净系统的安装，应在建筑物内部安装部件的地面已做好、墙面已抹灰完毕、室内无灰尘飞扬或有防尘措施的条件下进行。
……
（二）材质要求
1. 各种安装材料应具有出厂合格证明书或质量鉴定文件及产品清单。
2. 风管成品不允许有变形、扭曲、开裂、孔洞、法兰脱落、开焊、漏铆、漏打螺栓孔等缺陷。
……
（三）工器具
主要工器具有锤子、电锤、手电钻、手锯、电动双刃剪、砂轮锯、角向磨光机、台钻、电气焊具、扳手、螺钉旋具、手剪、倒链、高凳、大绳、尖冲子、射钉枪、刷子等。
二、质量要求
……</td></tr>
<tr><td>审核人</td><td>李××</td><td>交底人</td><td colspan="2">王××</td><td>接受交底人</td><td colspan="2">张××</td></tr>
<tr><td colspan="8">1. 本表由施工单位填写，交底单位与接受交底单位各存一份。
2. 当做分项工程施工技术交底时，应填写“分项工程名称”栏，其他技术交底可不填写。</td></tr>
</table>

10.6.2　水管的施工

水管施工的顺序为：测量、放线→根据管路不同位置设支架、固定架、吊筋→按图样所示位置安装水管→与机组连接（包括风机盘管）→压力试验→外表面的防腐防锈处理→保温→清洁整理→检查验收。

在管道安装工程中，螺纹联接、焊接及法兰连接是常用的几种连接方法。例如，系统的立管、支管等管径较小，常用螺纹联接；干管、室外管道等一般采用焊接；阀门、减压阀、除污器等管路附属设备与管子的连接，采用何种方法，在施工过程中视具体情况而选定。

1. 钢管螺纹联接与管螺纹加工　一般管径在 15 ~ 40mm 的小管子都采用螺纹联接，定期检修的设备也采用螺纹联接，以使拆卸安装较为方便。管螺纹的规格应符合规范要求。管子和螺纹阀门连接时，管子上的外螺纹长度应比阀门上内螺纹长度短 1 ~ 2mm，以避免因管子拧过头顶坏阀芯。同理，其他接口管子外螺纹长度也应比所连接配件的内螺纹略短一些。

（1）管螺纹的加工：从质量方面要求，螺纹应端正、光滑无毛刺、无断丝缺口，螺纹松紧度应适宜，以保证螺纹接口的严密性。填充材料可采用聚乙烯胶带管麻丝混白铅油。

（2）钢管的焊接：要求焊缝处无纵横裂纹、气孔及夹渣；管子内外表面应无残渣、坑和明显的焊瘤。通常采用水压试验，试验压力为工程压力的 1.25 ~ 1.5 倍，要求在规定的试验压力下进行检查，以不渗水、漏水为合格。管道穿过建筑物基础预留孔洞的尺寸一般比管径大 2 倍左右，并加设套管，并且套管中用保温材料填空。如果套管穿过楼板，则套管上端应高出地面 20mm，以防止上层房间地面的水渗流到下层房间，下端应与楼板底平。

管道和支架构件的焊接一定要由有经验的并持上岗证的焊工施焊，以保证焊接质量。管道焊接材料的品种、规格、性能应符合设计要求。管道对接坡口的组对和坡口形式等应符合规定；对口的直线度为 1/100，全长不应大于 10mm。管道的焊接应远离设备，且不宜与设备接口中心线相重合。管道对接焊缝与支吊架的距离应大于 50mm。

将管道焊缝表面清理干净，并进行外观质量检查。焊缝外观质量不得低于现行国家标准《现场设备、工业管道焊接工程施工及验收规范》（GB 50236—1998）中的Ⅳ级规定。焊接前要对两管轴线对中，先将两管端部定位焊牢，管径在 100mm 以下可定位焊 3 点，管径在 100mm 以上以定位焊 4 点为宜。管材壁厚在 5mm 以上者应对管端焊口部位铲坡口，常用气焊加工管道坡口，也可采用专用坡口机开坡口，同时应除去坡口表面的氧化皮，并将影响焊接质量的凹凸不平处打磨平整。

2. 施工方法　根据图样设计的要求进行选材、切割、焊接连接，并编号或布置到相应的安装区域。支架安装前一定要先涂装。所有金属构件在涂装前一定要对构件进行除锈、清理、去油污等表面处理工作。管道支架的安装位置要适当，要避免在构筑物薄弱的位置建立管道支架。管道的支吊架采用角钢或槽钢焊接而成，多管道共用支吊架，支吊架间距根据现场梁柱间距调整，并进行复核。由于本工程管径大，因此大口径管道支吊架的制作需作特别加工，如图 10-3 和图 10-4 所示。

安装水管时，必须按图样设计要求的轴线位置、标高、坡度进行定位放线。安装前，应将管内异物清理干净。管道支吊架的形式、位置、间距、标高应符合设计和有关技术标准的要求。设计无规定时，应符合下列规定：支吊架的安装应平整牢固，与管道接触紧密；管道与设备的连接处应设独立支吊架；管道支吊架的焊接应由合格持证焊工施焊，不得有漏焊、

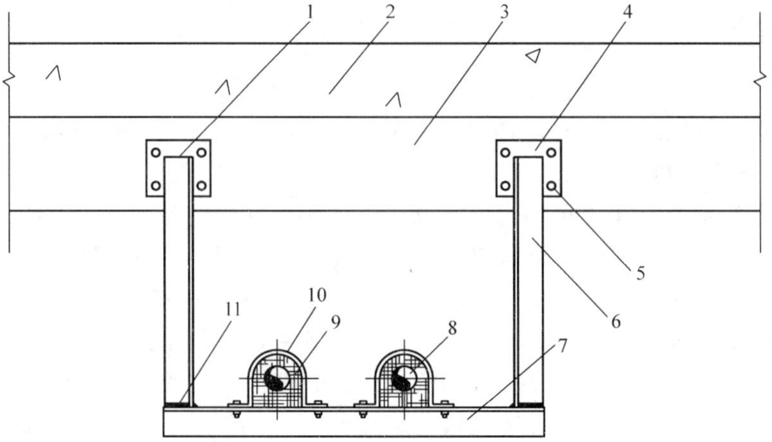

图 10-3　大管径水管吊架示意图

1—焊接连接　2—楼板　3—梁　4—钢板　5—膨胀螺栓　6—槽钢
7—槽钢支架　8—水管　9—木托（冷冻水）　10—管箍　11—满焊

欠焊或焊接有裂缝等缺陷；支架与管道焊接时，管道侧的咬边量应小于 0.1 倍管壁厚；立管安装时，每隔 2～3m 应设导向支架。

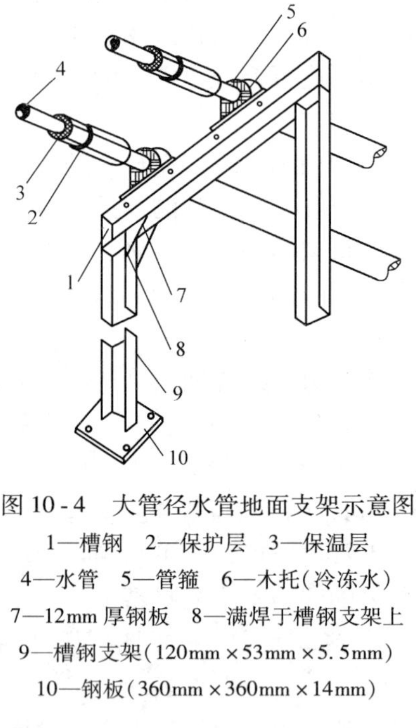

图 10-4　大管径水管地面支架示意图

1—槽钢　2—保护层　3—保温层
4—水管　5—管箍　6—木托(冷冻水)
7—12mm 厚钢板　8—满焊于槽钢支架上
9—槽钢支架(120mm×53mm×5.5mm)
10—钢板(360mm×360mm×14mm)

该工程中空调主管和立管的安装由起重班组配合生产班组进行。水平管道可以使用手动葫芦吊装，并且吊装时要注意两端平衡起吊，以防管道滑落伤人。立管采用卷扬机协助施工，运用倒装法，注意选择起挂点时其强度要有充分余量。管道应安装在符合图样设计要求的基础上，要与各有关专业协调，做好空间上的合理安排。实际施工前，结合施工环境特点，制订各部位的吊装方案，并经有关部门审核批准后实施。

阀门的安装应紧固、严密，并与管道中心线垂直，操作灵活可靠且使用方便。管道的敷设要在满足保温层要求的前提下尽量往高处安装，并尽量布置得合理、美观、符合工艺流程。一般情况下，若有管道交叉，则小管让大管，有压管让无压管。管道穿越楼板的孔洞要安装套管，立管套管要高出结构地面 2cm。穿越结构变形缝处的管道须加伸缩节，管道支吊架处应垫防腐木托。

根据结构形式，可将管道支架分为托架、吊架、管卡 3 种。前两种用于托吊水平管道，多在现场制作；管卡用于固定立管，可采购。干管离墙或柱子表面净距一般不应小于 60mm，支管离墙净距为 30mm。所有预留孔洞及支架埋设处的墙面应在管道安装后、装修工程完工前填堵。管路连接后要保证 10m 长的管能卡上，并当管道直径小于 100mm 时，纵横方向的弯曲允许偏差小于 5mm；当直径大于 100mm 时，纵横方向的弯曲允许偏差小于 10mm。当管路全长在 25m 以上时，横向弯曲允许偏差小于 25mm。多条平行管段应保证在同一平面上，间距允许偏差不应大于 3m。支吊架不得设在焊缝处，与焊缝的距离不应小于 50mm。施焊时，要注意清理吹进管内的氧化铁熔渣，以免堵塞管道。

10.6.3　防腐和保温

防腐和保温是中央空调施工的重要环节，防腐和保温的施工工艺关系到施工质量的好坏。风管、部件及设备经质量检验合格后，方可保温。

风管和管道喷涂底漆前，应清除表面的灰尘、污垢与锈斑，并保持干燥。油漆不应在低温或潮湿环境下喷涂。喷涂油漆时，应使漆膜均匀，不得有堆积、漏涂、皱纹气泡、掺杂及混色等缺陷。保温的结构应结实，外表应平整，无张裂和松弛现象。设备保温前，应把表面的铁锈等污物除净。保温层应平整密实，厚度应均匀，不得有裂缝空隙等缺陷。

在灌水试验合格后应认真仔细地进行保温工作，并确保在保温过程中不破坏排水坡度。对于风管与设备的接口，在进行保温时必须注意其质量及安全问题。

要注意关键部位的保温，如空调系统的消声器等部件应进行保温。百叶通风口等隐藏在天花板内的部分，特别是软吊顶，必须连同风阀等一起保温，这部分容易忽视，从而使凝结水流淌至吊顶。与风机盘管、诱导器连接的风管以及其他产生凝结水的部位，要认真做好保温工作，以防止凝结水流至吊顶。与空调设备相连接的风管是容易出现质量问题的部位，如果处理不好，夏季便有凝结水渗出。

要注意保温层表面的平面度。造成保温层表面不平整的因素有三个：一是矩形风管表面不平，应采取加固的办法使风管平整；二是保温材料的厚度不相等，可以选择厚度比较接近的放在同一平面上以减少偏差；三是施工质量差，应严格按照设计图样和国家标准图集以及操作规程进行施工。

保温层黏结剂的使用应符合下列规定：黏结剂应符合使用温度和环境卫生的要求，并与绝热材料相匹配；黏结材料应均匀地涂在部件设备的外表面上，绝热材料与部件及设备的表面应紧密贴合；绝热层的纵、横向接缝应错开。

10.6.4　质量与安全措施

10.6.4.1　质量要求

送排风系统、防排烟系统以及除尘系统对质量有重要影响，必须重点控制的项目有：

（1）在风管穿过需要封闭的防火、防爆的墙体或楼板时，应设预埋管或防护套管，并且其钢板厚度不应小于 1.6mm。风管与防护套管之间应用不燃且对人体无危害的柔性材料封堵。

（2）安装风管时，必须符合下列规定：风管内严禁其他管线穿越；输送含有易燃、易爆气体或安装在易燃、易爆环境中的风管系统应有良好的接地，通过生活区或其他辅助生产房间时必须严密，并不得设置接口；室外立管的固定拉索严禁拉在避雷针或避雷网上。

（3）输送空气温度高于 80℃的风管，应按设计规定采取防护措施。

（4）风管部件的安装必须符合下列规定：各类风管部件及操作机构的安装应能保证其正常的使用功能，并便于操作；安装斜插板风阀时，阀板必须为向上拉启；水平安装时，阀板还应为顺气流方向插入；止回风阀、自动排气活门的安装方向应正确。

（5）防火阀、排烟阀（口）的安装方向、位置应正确。防火分区隔墙两侧的防火阀距墙表面的距离不应大于 200mm。

（6）手动密闭阀安装时，阀门上标志的箭头方向必须与受冲击波的方向一致。

（7）风管系统安装完毕后，应按系统类别进行严密性检验。漏风量应符合设计要求，风管必须通过工艺性的检测或验证，其强度和严密性要求应符合设计要求或下列规定：

1）风管的强度应能满足在1.5倍工作压力下接缝处无开裂。

2）矩形风管的允许漏风量应符合以下规定：

① 低压系统风管：

$$Q_L \leqslant 0.1056p^{0.65}$$

② 中压系统风管：

$$Q_M \leqslant 0.0352p^{0.65}$$

③ 高压系统风管：

$$Q_H \leqslant 0.0117p^{0.65}$$

式中 Q_L、Q_M、Q_H——系统风管在相应工作压力下的允许漏风量［$m^3/(h \cdot m^2)$］；

p——风管系统的工作压力（Pa）。

3）低压圆形金属风管、中压圆形金属风管、复合材料风管以及采用非法兰形式连接的非金属风管的允许漏风量应为矩形风管漏风量规定值的50%。

4）砖、混凝土风道的允许漏风量不应大于矩形低压系统风管漏风量规定值的1.5倍；排烟、除尘、低温送风系统按中压系统风管的规定，1～5级净化空调系统按高压系统风管的规定。

（8）风管系统的严密性检验应符合下列规定：低压系统风管的严密性检验应采用抽检，抽检率为5%，且不得少于1个系统，并在加工工艺得到保证的前提下采用漏光法检测，检测不合格时，应按规定的抽检率做漏风量测试；中压系统风管的严密性检验应在漏光法检测合格后对系统漏风量测试进行抽检，抽检率为20%，且不得少于1个系统；高压系统风管的严密性检验为全数进行漏风量测试，系统风管严密性检验的被抽检系统全部合格则视为通过，如有不合格，则应再加倍抽检，直至全部合格。

10.6.4.2 成品保护

安装完的风管要保证表面光滑洁净，室外风管应有防雨、防雪措施。风管伸入结构风道时，其末端应安装钢板网，防止系统运行时杂物进入金属风管内。金属风管与结构风道缝隙应封堵严密。风管穿越沉降缝时应按设计要求加设套管，并且套管与风管的间隙应用填料（软质）封堵严密。运输和安装不锈钢、铝板风管时，应避免产生刮伤表面的现象，并且在安装时，尽量减少与铁质物品接触。运输和安装阀件时，应避免由于碰撞而产生的执行机构和叶片变形。

10.6.5 重点施工方法

10.6.5.1 设备的运输方案

中央空调工程的施工会涉及大量笨重的设备运输、起吊和就位问题，所以必须仔细考虑设备的运输方案。

1. 运输前的准备 在运输之前必须详细绘出设备拖运的平面图、立面图。拖运设备时，应根据楼面有关资料确定设备的拖运位置。拖运时，各受力段的负载必须有详细的计算说明，且要经甲方、监理审核，以确定计算结果的可取性。对设备运输通道、场地等，必须在吊装作业前准备就绪。必须保证吊装时的电源供给，避免在吊装过程中出现停电现象。

2. 运输流程图　设备运输流程如图 10-5 所示。

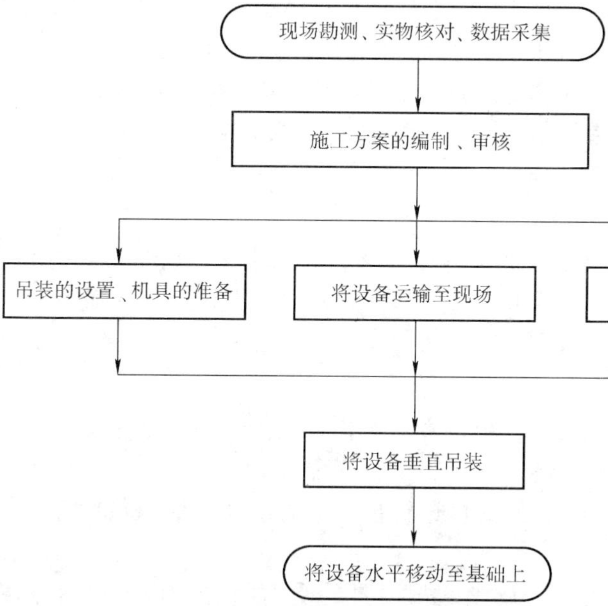

图 10-5　设备运输流程

运输指挥系统由总指挥直接指挥。副指挥负责各岗位人员的作业情况，并及时报告总指挥、执行总指挥指令，以确保运输作业顺利进行。各岗位操作人员必须严格按总指挥的指令及岗位职责认真操作。如遇任何意外情况，应立即向总指挥报告，以确保运输作业全过程的安全。

3. 运输方案

（1）滚杠水平移动就位：采用槽钢或钢轨铺设水平运输轨道（见图 10-6），在轨道与设备底座间设置无缝钢管作滚杠，利用建筑结构或设备基础作锚固点，设置电动卷扬机及导向滑轮，通过起动卷扬机把设备水平牵引到设备基础上，然后用千斤顶把设备抬升，撤除运输底座及滚杠，直接完成设备就位。此方法要求道路平坦，道路的空间必须满足设备通过的基本条件。具体运输程序如下：清理运输现场障碍物，设置水平运输轨道及牵引机具；在设备底座与水平运输轨道间设置运输底排及滚杠；起动牵引机具，牵引机具将设备水平运输到设备基础上；拆卸运输机具，完成设备就位。

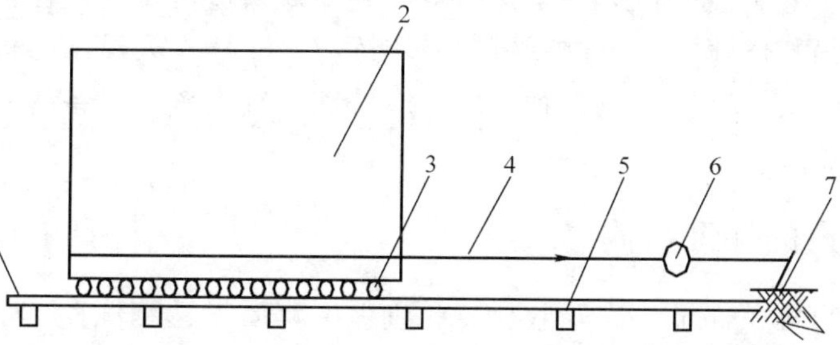

图 10-6　设备水平运输方案

1—轨道　2—设备　3—滚杠　4—牵引绳

5—方木　6—牵引机械　7—锚固点

（2）吊车吊装就位：选择在建筑结构上的预留孔位置，在预留孔外侧的自然地面上设置一台起重能力为12t的汽车起重机，利用起重机将大型设备吊至车间内的地面上，然后采用滚杠水平运输方法将设备移动到设备基础上就位。具体吊运程序如下：清理吊运现场障碍物；设置设备水平运输轨道及牵引机具；设备场外水平运输到吊装孔外侧，拆除设备外包装；在吊装孔外侧设置起重机及吊索具，拆卸设备运输底排；将设备垂直吊运到配置的运输轨道上，在设备底座与水平运输轨道间设置运输底排及滚杠；将设备水平运输到设备基础上，拆卸运输机具，完成设备就位；进行设备校正。

10.6.5.2 吊装、运输工艺要领

1. 运输前必须对施工条件进行检查并确认 要对设备起吊位置进行检查、确认；对起吊卷扬机、导向滑轮、锚固点等进行可靠性检查，并核对安置位置的正确性，如不正确应及时修正；对起重机的停止位置及作业半径进行确认；对设备吊耳及索具的可靠性进行检查；对吊装机械的供电系统进行检查。

对卷扬机的起动、制动性能进行检查，必须确保其起动、制动性能良好，灵敏度可靠；对吊装作业区的安全标志、安全围栏、安全装置、安全网等安全设施进行检查并清除安全隐患。对通信联络信号系统的正确性、可靠性进行校验；对吊装操作人员操作的熟练程度进行考查。

2. 试吊 试吊设备时，应检查、调整起吊索具的受力状况和设备的水平度。在吊装过程中，监视人员应密切监视设备的受力状况，并随时报告吊装总指挥。设备的水平拖运及就位工作由吊装副指挥负责。

3. 设备水平拖运时的要求 在拖运线上，应全部用道木铺设，先放横木，在其上放纵木，纵木上面是走管，横木应着力在梁上，横木中心间距约为900mm，纵木间接头应交叠错开。只有经过周密检查无误后，方可进行正式拖运。设备上供拖运的系点应选择在支座或牢固处，防止损伤设备。设备拖运线上的坡度不能过大。设备拖运转弯时，应选择适当的锚固点，尽量减少转弯时间。

10.6.5.3 安全技术措施

参加吊装作业的全体人员，必须遵守各项安全法规和制度，认真执行本方案的吊装工艺要领和安全技术措施。应详细组织吊装人员进行施工技术交底，使参加吊装的作业人员都能了解本方案，并掌握各自岗位的职责和操作要领。设置专职的安全监督人员，对施工现场的安全措施、施工机具以及在施工准备和吊装过程中的安全作业全面进行监督管理。设置吊装作业区域的警戒线，并装设醒目的安全标志，明确专职人员负责警戒保护工作。

适当组织参加吊装作业的人员进行模拟操作练习。非操作人员不得进入操作区，操作人员应站在操作区内的安全部位。设备到场后，应仔细检查、核对设备的实际外形尺寸，要做好产品保护。

10.6.6 工程质量的保证措施

该工程的质量目标：保证一次验收合格，确保工程质量达到优良，争创样板工程。为了达到以上质量目标，主要从以下几方面进行质量保证。

10.6.6.1 保证材料、设备质量

项目经理部的材料采购主管按照《进货检验大纲》负责对所采购的设备材料进行验证

或复检，保证用于施工的产品质量符合标准以及满足图样、规范和合同的要求。检验工作结束后，应填写进货检验记录表，并由项目经理审核。

进货检验期间和检验结束后，项目经理部的材料采购主管按《检验和试验状态控制程序》进行标志。所有检验和试验记录应由项目经理部的档案资料主管按《文件与资料档案管理办法》整理、编目、归档、备查。

全部材料进场时均应按照规定向监理公司报验，报验合格通过后方可进场使用。同时，必须严格执行公司 ISO9001《进货检验和试验控制程序》、《过程检验和试验控制程序》、《检验测量和试验控制程序》、《检验和试验状态控制程序》、《不合格品控制程序》、《储存控制程序》进行控制。

仓库管理员根据《仓库管理规定》对全部产品的储存、保管、领用、维护进行管理。对进入仓库的全部材料均要求进行产品标志，施工班组领用材料时，均要求有施工员开出的领料单，防止施工班组领错材料。

对于业主提供的产品材料，应严格执行公司 ISO9001 质量保证体系中的《顾客提供产品控制程序》。公司应对顾客提供产品实施的进货验证、检验、试验。

10.6.6.2 施工人员的技术素质

持证上岗，做好上岗前的培训教育，消除人的不稳定因素。公司质量技术部负责组织、实施对特种作业人员的培训和考核，以满足本工程的要求。全体管理人员和特种专业人员（如电工、焊工、起重工等）必须持有省级或市级的有效上岗证，并将全部资料复印后交工程质量检查员处存档，才允许进场施工，避免因为人员的技术素质影响工程的质量。制订工程负责人、专业工程师、质量检查主管、材料采购主管、班组长的岗位职责，做到职责分明、层层落实、责任到人。

当施工人员进入工地工作时，按照公司的质量保证体系要求进行上岗前教育，使其对工地的质量要求、现场情况等应有良好的了解，并建立正确的质量观。对关键工序实行考核制度，考核合格后方可上岗；引入竞争上岗制度，保证施工人员的质量责任心。

10.6.6.3 严格执行施工及验收标准、规程、规范

该工程施工质量严格按照国家有关标准、规程、规范进行施工验收，要求达到市优良样板标准。严格执行三级质量检验制度，各专业的安装工程质量检验是自下而上按施工程序、分阶段进行的。其流程如下：先由各专业工程主管操作人员（班组长）组织自检、互检（第三级）→质量检查主管及专业技术负责人（施工员）检验（第二级）→质量检查主管及质量技术部检定（第一级）。重要部位及关键工序的检验，除质量检查员及各专业技术负责人参与外，还由质量检查主管及质量技术部共同检定，最后会同甲方、监理等进行验收。

要保证施工依据的有效性，工程资料员负责本工程所需的标准、规程、规范、图样、工艺等文件符合国家标准及本工程要求，并负责对所有施工中用到的文件（包括施工图样设计修改等外来文件）按《文件和资料控制程序》的规定办好登记、发放、回收手续。各专业施工必须按国家标准《建筑给排水及采暖工程施工及验收规范》进行施工和验收；为确保施工质量，全面执行 ISO9001 质量体系。

10.6.6.4 坚持施工全过程的质量监控

要在施工前进行图样会审，由项目经理组织技术人员对施工文件进行内部审核及参加业主组织的图样会审。要编制施工组织设计及质量计划，项目技术负责人按照 ISO9001 质量保证体系文件要求进行编制、报批施工组织设计、质量计划，并负责将审批后的施工组织设计、质量计划对各专业负责人进行交底，由各专业负责人对专业施工组进行交底。

10.6.6.5 制订施工方案

各专业施工员必须制订关键工艺和关键工序的施工方案，向项目总工程师报批。如果施工班组在一般工序施工中没有作业指导书而不能达到质量要求时，则专业施工员必须另外编写作业指导书，并进行现场跟班作业指导。

10.6.6.6 质量技术交底和技术支持

专业工程师对班组长交付工作任务前，必须编写单位工程施工质量技术交底卡，报项目总工程师后，对班组长进行质量技术、安全要求交底，并对其负责区域的配合情况等现场要求进行交底，同时要求施工员对班组长进行现场交底。

如果没有作业指导书（或施工方案），就无法保证工程质量。专业工程师应编写作业指导书（或施工方案），对施工过程、施工方法、控制点、检验方法、技术和质量要求等进行明确规定，报项目技术负责人批准后，在技术交底时向生产班组交代清楚。

质量检查主管及档案资料主管负责对专业工程师的施工方案提供技术支持，并对各专业的施工提供强有力的技术支持。

10.6.7 安全生产目标及保证措施

该公司在本机电工程标段的安全生产目标是：无重伤、死亡事故，将工伤频率控制在广州市建筑施工安全管理法规规定的指标要求范围内。

10.6.7.1 工程安全管理目标

实现“五杜绝”：杜绝死亡事故，杜绝多人重伤事故，杜绝重大机械事故，杜绝重大交通事故，杜绝重大火灾事故。将事故轻伤频率控制在每年15‰。

10.6.7.2 施工安全教育

加强安全教育，提高“参战”员工的安全意识，树立安全第一的思想，培养安全生产所必须具备的操作技能。做好职工的定期变换及新工人、特种作业人员的安全教育，新进场工人未经三级安全教育不得上岗。新工法、新材料以及技术难度复杂的作业和危险较大的作业，要进行专门的安全教育，并采取可靠的保证措施。所有技术工种人员必须持证上岗。

10.6.7.3 安全技术措施

1. 建筑物周边的防护 项目指挥部应不间断地检查防护栏杆和安全网，任何人未经许可不得随意拆除。当上方施工可能掉物或塔吊把杆回转范围之内的通道，必须搭设顶部能防止穿透的双层防护廊。

2. “四口”防护 对于边长大于25cm的洞口，应用坚实盖板封牢，并钉紧“不准拉动”警示牌；对于大于150cm的洞口、洞边，应设栏杆；对于坚实的洞口如电梯井、通道口，均用钢管或钢栏设门或栏杆；凡人员出入的通道口，必须设双层防护护棚，且两层间距不应小于70cm。施工现场通道附近的各类洞口，除设置防护设施与安全标志外，夜间还要设置红灯警戒。

3. 安全用电防护

（1）现场施工用电，原则上应严格执行一机、一闸、一漏电的“三级”用电保护措施。

（2）机械设备必须执行工作接地和重复接地的保护措施。

（3）现场设总配电房，建筑面积不应小于 $60m^2$，并应具有一级耐火等级。

（4）现场电工必须经过培训，考核合格后持证上岗。

（5）严禁在高压线最小安全距离内堆放材料、搭设临时建筑或施工作业。

（6）变压器要按安全用电规范要求搭设毛竹防护棚。

（7）变压器必须设接地保护装置，其接地电阻不得大于 4Ω。变压器应设护栏，设门加锁，由专人负责，近旁应悬挂“高压危险，切勿接近”的警示牌。

（8）室内配电箱、配电柜前要有绝缘垫，并要安装漏电保护装置。

（9）各类电气开关和设备的金属外壳均要设接地或接零保护。

（10）配电箱要能防火、防雨，箱内不得存放杂物并应设门加锁，由专人管理。

4. 施工人员的安全防护

（1）参加施工的人员须经安全培训，考核合格后上岗。

（2）所有现场施工人员必须正确佩戴安全帽。

（3）高空作业时必须系好安全带。

（4）高空作业人员严禁赤脚、穿拖鞋、硬底鞋和赤膊。

（5）施工人员不得任意拆除一切安全设施。

（6）施工人员工作前不得饮酒，必须立足于自身本职工作。

（7）高温天气作业时，应做好工人的防暑降温工作。

（8）现场设立医务室，保证员工的身体健康。

5. 施工现场的防火措施

（1）成立消防管理小组，增强消防安全意识，逐级落实安全责任。

（2）现场要有明显的防火标志，成立义务消防队，并定期进行教育训练。

（3）电工、焊工从事电气设备安装和电、气焊切割作业时，要有操作证和用火证。

（4）施工时需要塔设的临时建筑，必须符合防盗、防火要求。

（5）施工现场不准作为仓库使用，更不准存放易燃、可燃材料。

（6）氧气瓶、乙炔瓶（罐）工作间距不应小于 5m，两瓶同明火作业的距离不应小于 10m。禁止在工程内使用液化石油气罐和乙炔发生器作业。

（7）木工作业时必须做到活完脚下清，当天的锯末刨花要及时清理干净，不留隐患。

（8）焊接预热工件时，应有石棉布或挡板等隔热措施。

（9）乙炔瓶要放在空气流通好的地方，严禁放在高压线下面，并要竖立固定使用，严禁卧放使用。

10.6.8　工程技术资料的管理

10.6.8.1　目标

在文件和资料控制方面，应严格按照公司质量体系的要求，并严格按实际情况对施工过程进行检验和记录。项目经理部设专职档案资料主管，对文件和资料的标志、收集、编目、查阅、归档、储存、保管及处理进行控制与管理，以确保质量活动的可追溯性，并跟踪和证实施工过程是否符合归档的要求，以及按优良工程的要求，随施工进度及时收集反映实际施工情况的各部位的彩照和工程录像。

公司质安技术部负责对文件和工程资料及安全资料的控制与管理工作进行监督检查，力求施工技术资料统一化、规范化、标准化。由于公司一贯对文件和资料的规范管理较为重视，且近两年来质量体系的运行情况良好，所以在这项工作上应做到规范、优质、快速，以确保达到优良工程的要求。

10.6.8.2　归档管理措施

每个施工区现场办公室设2台计算机，对施工全过程的资料全部实行计算机化管理。施工期间，资料应按施工管理资料、质量保证资料、质量检验评定资料、综合性文件资料、质量体系运行资料、材料管理资料、施工机具用电管理资料、后勤消防管理资料等几大类进行分册整理。

设专职档案资料主管1人，及时收集各类交工技术资料，并由项目专业工程师负责对各类资料的核查工作。

项目技术负责人负责组织交工技术资料的编制及组卷工作，送质量安全技术部审核后报监理师及质监站检查。

工程完成后，前4大类资料按城建档案要求装订成册，每分册要有分目录，每一本要有本部分内容的目录，全部资料要有总目录。装订厚度每本以不超过2cm为宜。

第11章　中央空调工程的调试

一项中央空调工程是否能达到设计条件下的运行工况，既取决于设计质量，又取决于安装质量，同时也取决于调试质量。安装和调试质量的好坏是保证一项新的中央空调工程质量的关键因素之一。另外，对于运行多年的中央空调系统，或者停运很久的中央空调工程要重新投入使用，也需要进行系统调试。如果中央空调没有经过系统调试，会造成其运行能耗的非正常增加，严重的甚至会使整个中央空调系统达不到预期效果或根本不能正常运行。中央空调系统调试的目的是：通过调试使整个系统能达到设计工况，使各个风口的风量尽量平衡，水泵能够在接近理论所需的流量下运行，各回路的水流量也能尽量平衡，以使系统的运行效果达到理想的设计要求，满足用户的需求。本章主要以大型水冷式中央空调系统为例，阐述中央空调工程的调试。

11.1　中央空调工程调试的意义

中央空调系统的测试与调整统称为调试，是保证空调工程质量，实现空调功能不可缺少的重要环节。对于新建成的中央空调系统，在完成安装交付使用之前，应通过测试、调整和试运转来检验设计、施工安装和设备性能等各方面是否符合生产工艺和使用要求，并从中发现存在的问题，从而采取相应的技术措施予以解决，以保证达到设计要求，另外，还可以使运行人员熟悉和掌握系统的性能和特点，并为系统的经济合理运行积累资料。对于已投入使用的中央空调系统，当发现某些方面不能满足生产工艺和使用要求时，也需要通过测试查明原因，以便采取相应的措施予以解决。

目前，中央空调系统已广泛应用于办公楼、商场、宾馆等场所。要想使中央空调达到预期效果，就必须重视设计、施工、调试、运行等方面。设计出科学合理的系统，在施工时认真仔细地安装、调试出高质量的工程，并在运行时合理使用，这样就可以为中央空调的安全稳定运行创造有利的条件。

11.2　中央空调工程调试的准备工作

11.2.1　资料的准备

在调试之前，要进行调试资料的准备，如认真阅读中央空调系统的设计图样和设计说明书，以便全面掌握中央空调系统的设计原则、空调方式和设计参数等。例如，熟悉冷水机组、空调机组、风机盘管和风机等产品的安装、使用说明书，详细了解各种设备的性能和使用方法；熟悉中央空调风系统、水系统和自动控制系统以及它们相互之间的关系等。总之，要对中央空调系统、设备、管路、自控等方面做到心中有数。

11.2.2 现场的准备

在调试之前，还应进行现场准备，主要是做好调试之前的现场检查、清理和仪器调试工作。现场准备工作主要包括以下几项：

（1）检查中央空调系统各设备的电源、水源、冷源、热源等是否具备调试条件。

（2）检查中央空调系统供电是否可靠，控制系统设备的接线、绝缘电阻、接地电阻是否符合设计图样和规范要求。

（3）检查中央空调风系统中机组内有无杂物及灰尘，如果有，则要清理干净，然后再手动盘机，检查电动机、风机有无摩擦和不平衡现象。如有不正常现象，应及时处理。

（4）检查中央空调水系统过滤器内是否有杂质，风机盘管的手动跑风机是否关闭，接水盘和过滤器是否已经清理干净；否则要用自来水冲洗管道系统，直至放出的水不含杂物为止。

（5）检查中央空调冷却水、冷冻水系统，观察水泵内有无杂物；检查盘动转子时转子转动是否灵活，有无阻滞现象，有无异常响声，如有异常，应拆卸泵壳检查，排除故障后装复；检查各水泵上的阀门是否灵活，水泵各紧固连接部件有无松动，联轴器是否对中。

（6）检查空调各个系统和设备的安装质量是否符合设计要求和各阶段验收规范要求。尤其是要检查关键性的监测仪表和安全保护装置是否齐全（如冷水机组蒸发器、冷凝器进出水口是否装有压力表、温度计），安装是否合格。如有不合要求之处，必须整改合格，在具备调试条件后，方可进行调试。

（7）检查各空调房间的建筑围护结构是否符合设计要求，各房间的门窗是否密闭等。

11.2.3 编制调试计划

要使中央空调工程的调试顺利进行，提高调试效率并保证调试成功，必须编制详细的调试计划。调试计划的内容应包括以下几个方面：

（1）调试的依据。调试的依据为国家相关规范和中央空调工程的设计图样、产品说明书以及设计、施工与验收报告等。

（2）调试的项目（内容）、程序及调试结果的要求最好以表格的形式体现。

（3）调试所用的方法和所使用的各种仪表、设备及其精度要求等。

（4）调试时间和进度安排等。

（5）调试人员及其资质要求等，以及调试人员的分工负责情况。

（6）预期的调试成果报告及签字确认等。

11.2.4 测试仪表和用具的准备

准备调试过程中所需要的测试仪表和设备、量具、器具等。这些测试仪表和用具必须经有关计量部门校验合格，超过校验期的仪表必须重新校验，以便使测试结果有效。

11.3 中央空调工程水系统的调试

中央空调工程水系统的调试包括冷水机组、冷却水系统、冷冻水系统等各子系统的单独调试和整个水系统的联合调试。图 11-1 为大型冷水机组的工作原理。

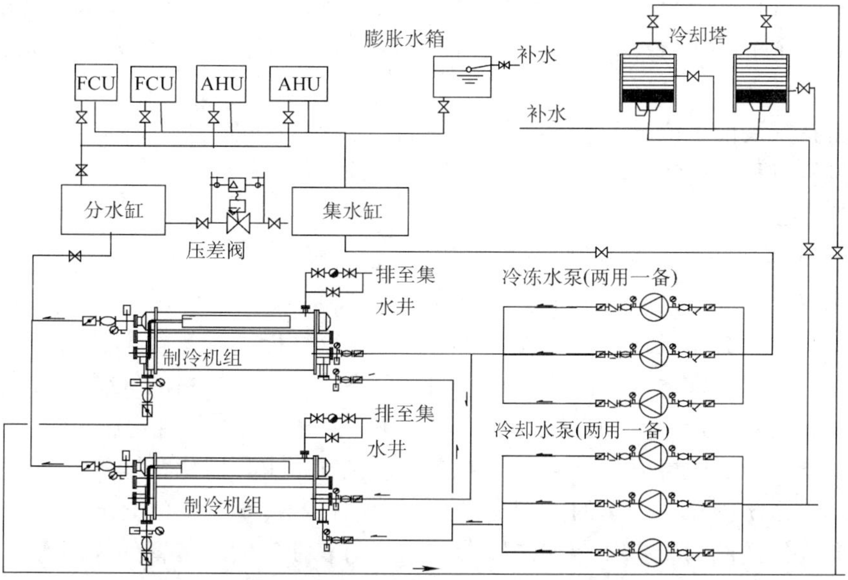

图 11-1　大型冷水机组的工作原理

11.3.1　冷水机组的调试与试运转

冷水机组试运转前，应先进行系统气密性试验和真空试验，并充制冷剂，然后进行带负荷试运转。冷水机组试运转流程如图 11-2 所示。本章以比较常见的大型螺杆式制冷机组的冲洗、调试为例介绍冷水机组的调试与试运转。由于大型商业冷水机组在安装调试过程中涉及业主、施工单位和设备的生产商，因此在施工调试过程中，各方要互相协调，只有严格按照相关文件和规范要求，才能顺利完成制冷机组的安装调试，才能为制冷机组以后的正常运行打下基础。

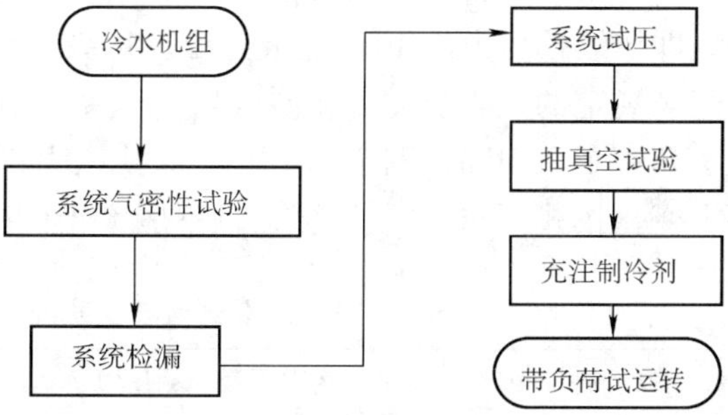

图 11-2　制冷机组试运转流程

11.3.1.1　制冷系统的吹扫

大型制冷机组在制造、运输过程中虽然是密封的，但制冷机组在安装过程中需要和水泵、管路等部件连接，难免有焊渣、铁锈、氧化物、尘土甚至垃圾进入制冷系统中，如不进行吹扫，这些杂质有可能堵塞管路或滤网，也有可能进入压缩机，使汽缸或螺杆损坏，甚至造成事故，使系统无法正常工作。

制冷系统在安装施工完毕（或大修）后，必须对系统进行吹扫，使系统中残存的氧化物、焊渣及其他污垢等由机组底部的排污口排出。吹扫制冷系统时，一般进行分阶段吹扫比较合适，即先吹高压系统后吹低压系统。吹扫前应在排污口上旋上软木塞，将与大气相通的全部阀门关闭，然后使用表压力为 0.5～0.6MPa 的干燥压缩空气或氮气向系统充气。在充气过程中，可用小木锤在系统弯头、阀门等地方轻轻敲击以使污物容易吹除。当充气压力上升到0.6MPa时，迅速打开排污口软木塞，污物便同气流一同吹出。如此按系统顺序反复多次吹扫。为判断吹扫的效果，可以用贴有白纸的木板在距排污口300~500mm处进行检查，如果白纸上看不到污物即表示合格。吹扫时，排污口正前方严禁站人，以防污物吹出时伤人。

辅助设备在安装前也应进行单体吹扫，并且吹扫次数不应少于3次，以防将设备在运输、装卸和保管过程中的污物、水分等带入制冷系统中。

11.3.1.2 气密性试验

1. 正压试验 气密性试验是制冷机组各主要组件经过耐压试验和系统吹扫以后进行的工作。耐压试验一般由生产厂家进行，安装时不需要重做。由于制冷机组是承受高压的容器，其中的制冷剂具有相当强的渗透性，如果装置气密性能不好，就会造成制冷剂的大量渗漏，影响制冷机组的正常运行甚至造成重大的安全事故。制冷机组的气密性试验压力应根据制冷机组说明书的要求选定，如果无特别说明，可以按表11-1的规定压力选定。

制冷系统的正压试验可以用干燥的压缩空气或氮气，也可以用洁净的二氧化碳。为便于检漏，可向制冷系统内充入少量的氟利昂制冷剂，以使制冷剂与氮气充分混合。充气前，先关闭所有通向大气的阀门，打开所有连接管路和压力表抽气回收装置的阀门等，然后开启空气压缩机向系统注入氮气。第一步，当压力逐渐缓慢升高至规定压力的10%且不超过0.01~0.05MPa时，保持5min，然后对所有焊接接头和各连接部位进行初次渗漏检测。可以用肥皂水或卤素灯检查系统的焊口、法兰、阀门等处有无漏气现象。经初次渗漏检查合格后再进行第二步，即继续缓慢升高至试验压力的50%进行检查。如无泄漏现象，进行第三步，即继续按压力的10%逐级升压，每级持续3min，直至达到试验压力。系统保压时，应充气至规定的试验压力。无漏气后，全系统在试验压力下保持24h。前6h机组的压力下降应不超过0.03MPa，剩余的18h应保持压力稳定。如果因管道及设备散热引起温度变化，其压力变化按式（11-1）计算，且不应大于试验压力的1%。

表11-1 制冷机组与辅助设备的气密性试验压力（绝对压力）

制冷剂	高压系统试验压力/MPa	低压系统试验压力/MPa
R717，R502	2.0	1.8
R22	2.5（高冷凝压力） 2.0（低冷凝压力）	1.8
R12	1.6（高冷凝压力） 1.2（低冷凝压力）	1.2
R11	0.3	0.3

$$\Delta P = P_1 - P_2 \frac{273 + t_1}{273 + t_2} \tag{11-1}$$

式中 ΔP——压力降（MPa）；

P_1——开始时系统的气体压力（绝对压力）（MPa）；

t_1——开始时系统的温度（℃）；

P_2——结束时系统气体的压力（绝对压力）（MPa）；

t_2——结束时系统气体的温度（℃）。

24h 后确认机组确实无泄漏后，可将试漏气体由放空阀排放出去。当压力降至 0.6MPa 时，可关闭放空阀，打开机组的排污口，再次进行排污。

2. 抽真空试验　在制冷机组中充入一定量的润滑油之后，使用真空泵将机组内抽成真空状态。抽真空试验的目的是为了排除系统中残留的气体、水分等，并检查系统在真空状态下的气密性。当然，抽真空试验也可以帮助检查压缩机本身的气密性，同时，也为充注制冷剂做准备。

对于大型的制冷系统，可以用制冷机组本身的压缩机（不推荐，以免油分离器内残存的一部分空气无法排出）或真空泵来进行抽真空，但对于使用全封闭或半封闭的制冷压缩机系统来说，应该使用真空泵来抽真空。抽真空前，应将系统的所有阀门全部打开，以使管路畅通，并关闭所有通向外界的阀门。抽真空时，将真空泵的吸气管接于制冷压缩机吸气阀或排气阀，起动真空泵，每 0.5h 记录一次，制冷系统的剩余压力（绝对压力）不应高于 5.333kPa，并保持 24h。除去因环境温度变化引起的压力变化外，氟利昂系统压力以回升值小于或等于 533Pa 为合格。制冷系统完成了系统吹扫、气密性试验、真空试验以后，在正式充注制冷剂之前，为进一步检验系统的气密性，保证制冷系统在密封状态下工作，还需要向制冷系统充注制冷剂检漏。检漏时，可以用皂液、卤素灯或卤素检漏仪等方法进行。

11.3.1.3　制冷机组制冷剂的充注

冷水机组在现场进行制冷剂充注的方法有 3 种，这 3 种方法适用于不同的阶段。

（1）大型的氟利昂制冷机组中，在贮液器（有的是干燥过滤器）与膨胀阀（有的排出阀）之间的液体管道上设有专门的制冷剂充注阀（或充注口）。系统抽真空后向制冷机组第一次充注制冷剂，最基本及最准确的方法是根据制冷机组铭牌上注明的制冷剂质量，在完全抽去机组内液态及气态制冷剂的条件下重新充注。具体步骤如下：

1）将制冷机组冷凝器、蒸发器的进、出水阀门打开，起动冷却水泵、冷冻水泵、冷却塔风机，使冷却水系统和冷冻水系统处于正常工作的状态，通过制冷剂软管或铜管连接制冷剂钢瓶。

2）将制冷剂钢瓶放在衡器上称量，瓶口朝下，应尽可能提高钢瓶与注液器的高度差，以提高充注速度。打开钢瓶阀门，将制冷剂软管的接口拧松，排除软管内的空气。当喷出雾状制冷剂后表示空气已经排除，此时拧紧接口处的阀门。

3）称出钢瓶质量，减去制冷剂的充注量，把砝码放在该差值的位置。

4）打开充注阀，钢瓶内的制冷剂直接进入贮液器。当制冷剂还没有充足时，随着贮液器内的压力逐渐接近钢瓶压力，会造成制冷剂吸入困难。这时可按正常操作程序运转压缩机，利用压缩机的吸力来充注制冷剂。

5）当衡器的砝码开始落下时，表明制冷剂的充注量达到了要求，此时可停止充注。虽然这种方法比较准确，但将花费很多时间，不是制冷机组在所有场合下都可以使用的方法。

（2）使用制冷剂的视液镜来估计系统内液态制冷剂的体积。在蒸发器上有一透明的玻璃窗口，可以通过它看到制冷剂的液位。制冷剂的液位由一条橡胶管来测量。其一头连接一个充注阀并连接到蒸发器的底部，另一头接在位于蒸发器顶部的压力气门上，在橡胶管的中间装有一个观察器，将此观察器上下移动便可以在某个位置观察到蒸发器内制冷剂的液位。制冷剂充注的近似液位应与蒸发器筒体内侧边的焊缝一致。这种方法比较简单，但制冷剂充注量不是很准确。

(3) 理想的充注方法，也是最方便的充注方法，就是利用制冷机组本身携带的微处理器所发出的诊断信号来充注。例如，有的制冷机组包含有理想充注液位的监测器软件（称为步哨系统）。当制冷剂液体在制冷机组内不断减少时，步哨系统将不断发出命令，使膨胀阀打开，以使压缩机达到标准的出口过热温度。在某个比较低的液位时，步哨系统将发出一个诊断信息，提示充注制冷剂。如果此时不充注制冷剂，就会造成制冷剂液位继续下降，步哨系统将发出更加严重的诊断信息，并立即指示停机。显然，这种方法不适合初次安装尚未调试运转的制冷机组的制冷剂充注。

11.3.1.4 冷水机组的调试

冷水机组的单机调试主要包括机组试运转、冷冻水压力及流量调整、制冷量调整、机组冷却水压力及流量调整。冷水机组试运行前，将高低压压力继电器的压力值调定到高于机组正常运行的压力值，将低压压力值调定到低于机组正常运行的压力值，将压差继电器的调定值定到0.1MPa（表压力），使其能控制冷水机组当油压与高压压差低于该值时自动停机。冷冻全损耗系统用油的液位高度应符合产品手册的规定，油泵正常运转，油压保持在0.15~0.30MPa（表压力），滤油器前后压力差不得大于0.1MPa，冷却水入口温度不应高于32℃，机组吸气压力不得低于0.05MPa（表压力），排气压力不得高于1.60MPa。在未安装建筑自动化系统（BAS）的情况下，以机组蒸发器进出口压差判断冷冻水量是否足够，以机组冷凝器进出口压差判断冷却水量是否足够。一般情况下，当压力差达到0.1MPa时，可视为流量基本合格。调试时，系统带制冷剂正常运转的时间不应低于8h。调试运转正常后，必须先停制冷机组，再停冷冻水泵、冷却水泵，而油泵在制冷机组主机停车后必须再运行2min。

11.3.2 冷却水系统的单独调试

11.3.2.1 冷却水系统的清洗

起动冷却水泵和冷却塔，进行整个系统的循环清洗，需反复清洗多次，直至系统内的水不带任何杂质并且水质清洁为止。在冲洗冷却水系统的过程中，要全程监视各压力表、电流表以及水泵运行时的声音、温度、振动等情况，看是否有异常现象。冲洗冷却水系统的排放管必须接入可靠通畅的排水管网，并保证排放物畅通和安全。排放管的横截面积不应小于被冲管横截面积的60%。经过以上操作后，如冷冻水系统和冷却水系统的水质均达到设计要求，则冲洗任务完成。当设计无规定时，则以出口的水色和透明度与入口处的水色和透明度目测一致为合格。

11.3.2.2 冷却水泵的试运转

水泵起动后应立即停止运转，因为试运转时只允许作瞬间点动，同时应检查叶轮与泵壳有无摩擦声响和其他不正常现象，并观察水泵的旋转方向是否正确。水泵起动时，测定其起动电流，待水泵正常运转后，再测定其电动机的运转电流，以保证电动机运转功率和电流不超过额定值。按有关规范规定，水泵的滚动轴承运转时的温度不应高于75℃，滑动轴承运转温度不应高于70℃，并且水泵运转时，其填料的温升也应正常。在无特殊要求的情况下，普通软填料允许有少量泄漏，但泄漏量不得大于35~60mL/h，即每分钟不超过10~20滴；机械密封不应有较大的泄漏量，其泄漏量不允许大于10mL/h，即每分钟不超过3滴。经检查水泵运转一切正常后，再进行2h以上的连续运转，在其运转过程中如未发现问题，则视为合格。水泵试运转结束后，应将水泵出入口阀门及附属管路系统阀门关闭，将泵内积水排尽。

11.3.2.3　冷却塔的试运转

在起动冷却塔前，首先应检查淋水管上的喷头是否堵塞，填料是否损坏，集水盘内是否有垃圾污物，集水池内的水位是否达到要求，所有管路中是否都充满了水。用手转动一下风扇的叶轮，看其转动是否灵活。冷却塔试运转时，检查喷水量和吸水量是否平衡，并检查补给水和集水池的水位等运行状况。测定风机电动机起动电流值和运转电流值，查明冷却塔产生振动和噪声的原因。测量轴承的温度，风机的轴承温升不应超过35℃，最高温度不应超过70℃。风机运行要平稳，振动要小。检查喷水的偏流状态，注意布水装置的布水均匀性，以及补给水和集水池的水位等运行状况。应检查冷却水系统的工作状态，检查喷水量与吸水量是否平衡，如无异常现象，连续运行时间不应少于2h。测量并记录冷却塔出入口冷却水温度。冷却塔在试运转之后，应清洗集水池。冷却塔在试运转后若长期不用，应将循环管路及集水池中的水全部放出。

11.3.3　冷冻水系统的单独调试

冷冻水系统的管路长且复杂，系统内对清洁度要求高，因此，冷冻水系统的调试是最复杂的。其调试分为三步：第一步是整个冷冻水系统的水量调节和调试，第二步是各回路、各子系统的水量平衡，第三步是各回路之和的水量平衡。整个水系统中的所有阀门在调试之前均应处于全开状态。

11.3.3.1　冷冻水系统管道的冲洗

冷冻水管道系统的冲洗应在管道试压合格后、调试运行前进行。冲洗前，应先将系统中的电动二通阀的前后阀门关闭，打开旁通阀后，应把不需冲洗的风机盘管、二通阀等与需清洗的管道隔开，再进行系统冷冻水冲洗。清洗时，必须注意水质是否达到要求，一般可以用清洁的自来水冲洗。冷冻水系统管道的冲洗可以采用设于屋顶的膨胀水箱的水源向系统灌水，灌水完毕后，进行强制性清洗。清洗时，起动冷冻水泵进行加压，以确保达到一定流速。用水冲洗时，应以管内可能达到的最大流量或以大于或等于1.5m/s的流速进行，并且应连续进行。冷冻水系统冲洗的排放管必须接入可靠通畅的排水管网，并保证排放物畅通和安全。冷冻水系统的清洁工作属封闭式的循环清洗，应反复进行多次，直至水质洁净为止。最后开启制冷机蒸发器、空调机组、风机盘管的进出水阀，关闭旁通阀，进行冷水系统管路的冲水工作。在冲水时，要在系统的各个最高点安装自动排气阀进行排气。

11.3.3.2　冷冻水系统的调试步骤

（1）先开启冷冻水回水阀门（开启不要过大），再开启供水阀门，分3次以上开到位。

（2）先点动（短时启动）冷冻水泵电动机，检查叶轮和泵壳有无摩擦声响和异常现象，驱动装置的转向应与泵的转向相符。

（3）开启冷冻水泵时，用钳形电流表测量电动机的起动电流，待水泵正常运转后，再测量电动机的运转电流，以保证电动机的电流不超过额定值。水泵在设计负荷下连续试运转2h，机械密封的泄漏量不应大于5mL/h，填料密封的泄漏量不应大于30mL/h。

（4）在调试运行冷冻水系统时，由于水力输配存在阻力不平衡，流过各空调系统末端装置的水流量与设计要求不符，可能造成冷热分配不均匀和水力失调现象，这时可以通过平衡阀及与其配套的仪表完成水力平衡调试。

11.3.3.3 单个回路中各个系统的水量平衡

调试冷冻水系统时，要先调试单个回路中各个系统的水量平衡。以某办公楼风机盘管水系统为例，首先要调节每层中各个房间风机盘管的水流量。以二层为例，共23个房间，每个房间安装2~3台风机盘管，先测试各房间的温度，然后开启各个风机盘管至中档风量，待制冷0.5h后再测试各房间的温度，得出各个房间的温度差。关小房间温度差较大且温度较低房间的风机盘管回水管上的阀门，以使各房间稳定时的制冷温度在设计允许的范围内。按照这样的方法逐层调节完毕后，再调节层与层之间的水流量。关小房间温度低、降温快的楼层回水管上的阀门，使各楼层中所有房间的降温速度尽量相同，并使制冷稳定时的温度在允许的范围内，这样单个回路中的水流量平衡就基本完成了。

11.3.3.4 各个回路之间的水量平衡

各个回路之间水量平衡的调节方法与单个回路中水量平衡的调节方法基本相同。由于各回路的管网阻损和所需的冷负荷量不同，应进行回路之间的平衡调节。可以通过控制各个回路中回水管上的阀门来调节各个回路之间的水量平衡。所不同的是，各个回路所辖空调区域不同，其房间的功能就不同，因此室内的设计温度也不同，所以制冷稳定时的温度应不同。

11.4 中央空调工程风系统的调试

中央空调工程风系统的调试就是使各干管、支管、出风口的送风量、回风量、新风量符合设计和使用要求。

11.4.1 风机的试运转

（1）先点动电动机，各部位无异常现象和摩擦声响时，才可以进行运转。

（2）风机起动并正常转动后，进行小负荷运转。先运转20min，当小负荷运转正常后，再逐渐开大调节门，并且电动机电流不能超过额定值，直至规定的负荷为止。然后再连续运转2h，停机检查，当检查一切正常后，最后连续运转6h，无异常现象为合格。

11.4.2 风系统的调试

11.4.2.1 系统风量、风压的测定

1. 风机风压的测定 中央空调系统一般安装离心式风机，在风机安装完毕并试运转合格后，就可以进行风量、风压及转速的测定。风机的压力通常以全压表示，应测出风机压出端和吸入端全压的绝对值，将两种压力相加即为风机的全压。测定风机全压的仪器为毕托管和倾斜式微压计。

选择测孔的方法为：在吸入口时，应尽可能选在靠近风机入口处；在压出端时，应尽可能选在靠近风机出口而气流比较稳定的直管段上。在测定断面上，由于各点的风速不相等，因此一般不能只以一个点的数值代表整个断面。测定断面上测点的位置与数目，主要取决于断面的形状和尺寸。显然，测点越多，所测得的平均风速值越接近实际，但测点又不能太多，一般采取等面积布点法。布置矩形风管测点时，一般要求尽量划分为接近正方形的小方格，其面积不应大于0.05m^2（即边长小于220mm的小方格），并且测点应位于小方格的中

心。布置圆形风管测点时，应将测定断面划分为若干面积相等的同心圆环，测点位于各圆环面积的等分线上，并且应在相互垂直的两直径上布置 2 个或 4 个测孔。

计算风机的断面风量时，应测定断面处的风速，从而利用公式 $L=3600Fv$ 计算出断面处的风量，其中 v 为断面处的风速，F 为断面面积。计算出风机吸入端和压出端的风量以后，可以取算术平均值作为风机的风量。

可以用转速表直接测量通风机或电动机的转速。不管是风量、风速还是转速，测定断面的选择对于测试结果的准确性和可靠性显然非常重要。

2. 系统风量及风压的测定　系统风量与风压的测定分为风管内风量与风压的测定与出风口风量与风压的测定两种情况。

系统总风管和各支管内风量与风压的测定方法与风机风量、风压的测定方法相同。测试断面一般应选择在出风总管上局部阻力之后 4 ~ 5 倍风管大边尺寸以及局部阻力之前 1.5 ~ 2 倍风管大边尺寸的直管段上。系统总风管、主干风管、支风管各测点实测风量与设计风量的误差一般不应大于 10%。

送、回风口风量的测定一般用匀速移动测量法或定点测量法，将叶轮式风速仪贴近格栅或网格处测风口的平均风速。对于格栅风口与散流器，可采用在风口外加装短管的办法进行风量的测定，并且短管的长度应等于 0.7 ~ 3 倍风口大边长或直径，短管断面尺寸应等于风口的断面尺寸。对于带调节阀的百叶风口，由于调节阀对气流有较大影响，因此也可采用加短管的测量方法。对于新风直接送入室内的送风方式，可以直接在风口上测量风量。对于新风接入风机盘管送风管的送风方式，需将该系统所有风机盘管的风速全部开到最高挡，然后在新风管上测量新风量。

11.4.2.2　中央空调系统风量的调整

中央空调系统风量的调整是通过调整系统中的风阀开度来完成的。风量的调整可以采用等比调整法或基准风口调整法。

1. 等比调整法　利用这种方法对送风或回风系统进行调整时，在风量调整之前，应将系统各三通阀置于中间位置，各调节阀置于全开位置。一般应从最远的支管开始，逐步调向离送风机最近的支管。

2. 基准风口调整法　这种方法多用于空调系统送风或回风口数目很多的情况，不必像等比调整法那样在每条管道上打测孔。调整风量之前，应将系统各三通阀置于中间位置，各调节阀置于全开位置，总阀处于某种实际运行位置。风机起动后，初测全部风口的风量，将设计风量与初测风量的数值记录到预先编制的风量记录表中，并且计算每个风口设计风量与初测风量的比值。选择各支、干管上比值最小的风口作为基准风口，进行初调。初调的目的是使各风口的实测风量与设计风量的比值近似相等。先普测全部风口的风速（阀门、风口均处于开启状态），列表排出实测风量与设计风量之比，以比值最小的风口为准调节相邻风口风量，使基准风量与设计风量成比例，并以同样的方法调节其他风口与基准风口的比值，使之接近设计比值。

11.4.2.3　室内静压的调整

室内静压的调整主要靠调节回风量来完成。先使系统中风阀、各分支管或各风口的调节风阀等呈全开位置，再将三通调节阀调至中间位置，经调试后再确定最后的开启位置，使室内静压达到规定的数值，并最终完成整个风系统的风量调整。

11.4.2.4 系统漏风量的检查

对中央空调系统进行漏风量的检查是风系统调试的重要内容。检查漏风量的方法是：将风系统或系统中某一部分的进出通路堵死，利用外接的风机，并通过管道进行送风，以在系统内部造成静压，进而找出漏风量。

11.4.2.5 空调系统工况的测定

在空气处理设备运行的准备工作就绪后，当夏季室外空气状态接近设计状态时，起动空调系统，并按夏季设计工况使各处理设备投入运行，室内热、湿负荷也按夏季设计工况投入运行。当系统工况达到稳定时，即可测定整个处理过程的空气状态，并可将各状态点描绘在图上进行分析计算。

通过空调系统工况的测定，尽管实测的室内状态并不一定符合设计状态，但是只要冷却装置的最大容量符合设计要求，并且风机、风道温升也符合设计要求，就可以认为系统能够处理出设计所要求的送风状态。当室内热、湿负荷设计与实际相符合时，即能够达到所要求的室内状态。

噪声测试主要是测试各个空调风机及风机盘管在开启情况下房间的噪声是否在允许的范围内。如遇机组本身组装原因导致噪声过大，则应及时与供货厂商联系解决。

11.5 中央空调工程系统的联合调试与验收

11.5.1 中央空调自动控制系统的检验与调试

11.5.1.1 自动控制仪器、仪表的检验

自动控制仪器的检验分为室内校验和现场校验。校验时，要严格按照使用说明书或其他规范对仪表逐台进行全面的性能校验。自动控制仪表装到现场后，还需进行诸如零点、工作点、满刻度等一般性能的校验。

11.5.1.2 自动调节系统的线路检查

（1）根据系统设计图样与有关施工规程，仔细检查系统各组成部分的安装与连接情况。

（2）检查敏感元件的安装是否符合要求，所测信号是否正确反映工艺要求，对敏感元件的引出线，尤其是弱电信号线，要特别注意强电磁场的干扰情况。

（3）对于调节器，应着重检查手动输出、正反向调节作用、手动—自动的干扰切换。

（4）对于执行器，应着重检查其开关方向和动作方向、阀门开度与调节器输出的线性关系、位置反馈、能否在规定数值起动、全行程是否正常、有无变差和呆滞现象。

（5）对仪表连接线路的检查：着重查错，并且检查绝缘情况和接触情况。

（6）对继电信号的检查：人为地施加信号，检查被调量超过预定上、下限时的自动报警及自动解除警报的情况等，此外，还要检查自动联锁线路和紧急停机按钮等的安全措施。

（7）各种自动计算检测元件和执行机构的工作应正常，满足建筑设备自动化系统对被测定参数进行检测和控制的要求。

11.5.2 中央空调各系统的联合调试

中央空调的冷却水系统、冷冻水系统和风管系统经单机调试、试运行合格后，就可以进

行综合调试，并且各系统的调试要在有负荷的情况下进行。调试时，应先进行单机调试，调试合格后再进行全系统联动调试。调试过程中，要按要求做好记录并填写竣工资料。中央空调各系统调试验收表见表 11 - 2。

表 11 - 2　中央空调各系统调试验收表

调试项目	序号	施工质量验收规范规定	施工单位、监理（建设）单位检查评定记录和验收记录
主控项目	1	水泵单机试运转及调试	
	2	冷却塔单机试运转及调试	
	3	制冷机组单机试运转及调试	
	4	空调水系统的调试	
一般项目	1	水泵的安装	
	2	水系统的试运行	
	3	水系统检测元件的工作情况	
	4	工程控制和监测元件及执行机构	

11.5.3　中央空调工程的验收

11.5.3.1　质量检验与评定

中央空调工程经调试合格后，在建设单位、施工单位、设计单位、质量检查部门的共同参与下，就可以对中央空调工程进行验收。如果对中央空调工程的质量评定达到合格以上的标准，就可以办理验收手续，进行通风与空调分部工程的竣工验收。通风与空调的验收要按《通风与空调工程施工质量验收规范》（GB50243—2002）的规定执行。通风与空调工程分项工程质量验收记录表见表 11 - 3。

表 11 - 3　通风与空调工程分项工程质量验收记录表

<table>
<tr><td colspan="2">工程名称</td><td></td><td>结构类型</td><td></td><td>检验批数</td><td></td></tr>
<tr><td colspan="2">施工单位</td><td></td><td>项目经理</td><td></td><td>项目技术负责人</td><td></td></tr>
<tr><td colspan="2">分包单位</td><td></td><td>分包单位负责人</td><td></td><td>分包项目经理</td><td></td></tr>
<tr><td>序号</td><td colspan="2">检验批部位、区、段</td><td colspan="2">施工单位检查评定结果</td><td colspan="2">监理（建设）单位验收结论</td></tr>
<tr><td></td><td colspan="2"></td><td colspan="2"></td><td colspan="2"></td></tr>
<tr><td></td><td colspan="2"></td><td colspan="2"></td><td colspan="2"></td></tr>
<tr><td></td><td colspan="2"></td><td colspan="2"></td><td colspan="2"></td></tr>
<tr><td></td><td colspan="2"></td><td colspan="2"></td><td colspan="2"></td></tr>
<tr><td></td><td colspan="2"></td><td colspan="2"></td><td colspan="2"></td></tr>
<tr><td></td><td colspan="2"></td><td colspan="2"></td><td colspan="2"></td></tr>
<tr><td></td><td colspan="2"></td><td colspan="2"></td><td colspan="2"></td></tr>
</table>

（续）

检查结论	项目专业 技术负责人： 年　月　日	验收结论	监理工程师： （建设单位项目 专业技术负责人） 年　月　日

11.5.3.2　外观检查

中央空调工程的全面外观检查是工程验收时的重要检验内容之一，称为感官质量。它包括以下内容：

（1）风管和设备安装的正确性、牢固性。

（2）风管连接处以及风管与设备或调节装置的连接处是否有明显的漏风现象。

（3）各类调节装置的制作和安装是否正确牢固，调节是否灵活，操作是否方便。

（4）通风机的传动是否正确。

（5）除尘器、集尘室安装的密闭性。

（6）空气洁净系统风管和静压箱内是否清洁、严密。

（7）制冷设备安装的精度，其允许偏差是否符合《制冷设备、空气分离设备安装工程施工及验收规范》的规定。

（8）通风、空调系统的涂料是否均匀、光滑，涂料颜色与标志是否符合设计要求。

（9）隔热层有无断裂松弛现象，外表面是否光滑平整。

11.5.3.3　竣工移交资料

竣工验收需要移交的资料有：

（1）中央空调工程设计修改的证明文件和竣工图。

（2）主要材料、设备、成品、半成品和仪表的出厂合格证明或检验资料。

（3）隐蔽工程验收单和中间验收记录。

（4）分项、分部工程质量检验评定记录。

（5）制冷系统试验记录，包括单机清洗、系统吹污、严密性试验、真空试验、充注制冷剂检漏等记录。

（6）中央空调系统的联合试运转记录。

11.6　中央空调工程调试时的注意事项

中央空调的设备和系统调试是一项很关键、很重要的工序，在调试过程中要注意以下事项。

11.6.1　调试工作必须要由具备资质的专业人员进行

中央空调工程的调试比较复杂，调试过程必须遵守一定的程序，此项工作必须由具有资质的专业人员来做，并且在调试前要进行全面检查。在调试过程中，要严格按规程一步步地操作，保证调试准确，并出具调试报告。特别是制冷机组的调试，非常容易出现事故，更需要遵守操作规程。

11.6.2　加强调试过程中的检查

制冷机组在运行前应检查冷冻水阀门和冷却水阀门的开关位置，主机全损耗系统用油系统、制冷剂系统的开关是否正确，液位是否正常，检查并记录冷冻（却）水的温度、压力差、油位，制冷机的液位，机内压力、油温等。以上检查结果应记录在案。主机运行时，应定时检查制冷系统有无泄漏现象，每小时做好一次运转记录，其内容有油温、油压、油位、吸气压力、蒸发压力、蒸发温度、排气压力、排气温度、制冷剂的液位变化、冷冻水进出水压差、电流、电压等，并检查有无异常现象。

每年运行前要对空调系统进行打压试验和冲洗检查，系统内的除污器要定期清理，末端装置中的滴水盘要定期检查清洗。冬季水温应控制在 6.5℃以下，定时观察温度的变化并做好记录。

空调停用后要进行反复冲洗，并利用定压设备保持一定压力，保护好管道内壁使其不生锈。

11.6.3　安全文明生产的注意事项

调试工作是一项非常严肃认真的工作，因此各调试人员不得麻痹大意，特别是安全方面，以免造成人员伤亡及财产损失。安全文明生产的注意事项如下：

（1）进入现场必须戴好安全帽。

（2）高空调试时，脚手架必须牢固可靠，调试人员必须系好安全带。

（3）现场出现质量问题时，需要动火的地方必须按要求进行动火，并准备好灭火器。

（4）所用的人字梯必须有防护装置。

（5）现场用电必须让专职电工接电。

11.7　中央空调工程调试过程中的常见问题

下面简单总结一下中央空调工程调试过程中易出现的问题。

11.7.1 制冷机组系统的常见问题

1. 冷水机组制冷量达不到额定值

（1）形成原因：

1）冷却塔水温达不到规定的降温参数。

2）水泵出力不足。

3）冷凝器中管道有堵塞。

（2）改进措施：维修冷却塔，使其符合水温及水量的要求，并清除管道中的异物。

2. 制冷机排气压力过高

（1）形成原因：

1）冷却水量不足。

2）冷凝器传热管中结垢严重。

3）冷却水温过高或冷却塔工作不良。

4）系统中空气过多。

（2）改进措施：维修冷却塔，清洗冷凝器传热管，排除系统中的空气。

11.7.2 水系统的常见问题

1. 冷却水泵转动时振动剧烈、噪声大。

（1）主要原因：

1）设备本身联轴器的轴向、径向偏差大。

2）水泵法兰偏大，且地脚螺栓受力不均。

3）水泵与管道的固有振动频率因相近而引起共振。

（2）改进措施：调整联轴器的轴向、径向偏差；调整水泵与管道间的固有振动频率，加装相关软接部件；更换法兰，并使地脚螺栓受力均匀。

2. 水泵不吸水、压力表指针剧烈跳动

（1）主要原因：

1）冷却塔补水不足，进水总管内积有空气。

2）回水管上的单向阀没有打开或开度不足，造成水泵入口的水量不够。

3）冷却水管管路的排气阀或压力表漏气。

4）水泵入口管路的阻力太大，造成水泵入口负压太大，超过水泵的吸程。

（2）改进措施：进行系统排气、加水。

3. 水泵出口有显示压力，但压力异常超高或明显偏低

（1）主要原因：

1）出水管路阻力过大或管路、单向阀堵塞。

2）电动机的旋转方向反向，水泵的叶轮淤塞，或水泵转数不够。

（2）改进措施：减少管路阻力，增加电动机转速，防止电动机反转。

4. 水泵消耗的功率过大

（1）主要原因：

1）填料压盖太紧，填料层发热。

2）叶轮与密封环磨损。

3）管路阻力比设计的小，水泵流量过大。

（2）改进措施：旋松压盖，防止叶轮磨损，增加管路阻力。

5. 水泵产生的声音异常，水泵不上水

（1）主要原因：吸水高度过高，或在吸水管内有空气渗入。

（2）改进措施：降低吸水高度，排除空气。

6. 水泵轴承发热

（1）主要原因：水泵轴承无润滑油或润滑油过多，也可能是水泵的轴和电动机的轴不同心。

（2）改进措施：加润滑油，或使两者的轴同心。

11.7.3　空调系统的常见问题

1. 空调系统风量不平衡

（1）主要原因：空调风管系统有异物堵塞，或系统设计局部不合理且不能正常调节，如风阀不能正常动作，各支管的风量不能平衡等。

（2）改进措施：可以清除异物并充分清洗管道；调整管道坡度、弯度，增加导流叶片或设置阻挡措施，严重时提请设计单位修改设计并作局部更正。

2. 设备运行时振动剧烈、噪声过大

（1）主要原因：

1）机组安装时基础没有找平、找正。

2）设备支点受力不均。

3）系统与设备连接处没采用软接头。

4）地脚螺栓受力不均匀或松动。

5）联轴器不同心。

6）空调器吊点受力不均。

7）管道与空调器连接处没有采用软接头。

8）排风管与空调器连接不紧密。

9）空调器安装不平。

10）吊杆未装锁紧螺母。

（2）改进措施：基础或支座找平、找正、对中，紧固螺栓，设备连接处改换软接头。

3. 风管系统结露

（1）主要原因：

1）设计参数错误。

2）施工经验不足。

3）保温层厚度未达到设计要求。

4）施工人员对此工序不重视，以及没有分工序验收等。

（2）改进措施：加强保温，改变设计参数，采用有资质的人员施工。

4. 风机盘管和柜式空调器滴水盘溢水

（1）主要原因：

1）空调设备安装未按说明书要求进行。

2）凝结水管道倒坡。

3）安装完后没有逐台进行注水试验。

4）排水口处有异物堵塞等。

（2）改进措施：严格按照说明书要求施工，凝结水管设置1%坡度，及时排除积水，清除异物。

5. 系统堵塞

（1）主要原因：

1）管道变径的大小头未按规定操作。

2）主管与支管三通开口小。

3）管道安装时未做吹尘处理和系统冲洗。

4）施工过程中留在管道内的杂物未及时清除。

（2）改进措施：与风量不平衡的措施类似。

6. 穿墙管浸湿墙面

（1）主要原因：穿墙处未做保温处理，或系统运行后破坏保温层。

（2）改进措施：做保温处理，或加软木、橡胶垫保护保温层。

7. 系统突然无风

（1）主要原因：

1）电气系统停电。

2）电动机烧坏。

3）总风管上的防火调节阀突然关闭。

（2）改进措施：检查防火阀的机构是否脱扣并检查机构上弹簧的弹性变形，检查电动机负荷或检查传动带是否脱落或疲劳折断。

8. 系统各支管风量都变小

（1）主要原因：风机传动带过松而引起风叶转速变小，或风柜的滤网积尘太多而造成阻力太大。

（2）改进措施：检查风机的运转情况。

9. 房间温度过高或过低

（1）主要原因：

1）系统风量变小，或设计容量不足。

2）比例积分阀的感温部分或控制电路出现故障，导致无法控制送、回风温度。

（2）改进措施：检查风量，检查控制机构。

10. 风机盘管系统不制冷或不够冷

（1）风机盘管不制冷的主要原因：

1）电气线路出问题（电容烧坏、电动机烧坏、三速开关故障）。

2）冷冻水路不通，盘管被堵塞。

3）电动二通阀不通。

4）温控器的室温调得太高。

（2）风机盘管不够冷的主要原因：

1）电动二通阀被卡住使开度不够大，进而造成水流量不足。

2）盘管积气造成水流量不足及换热效果不好。

3）回风过滤网积尘太多造成风量不足。

4）温控器感温点的温度调得高于设定温度。

（3）改进措施：改变设定温度或清理滤网，检查温度控制器。

第 12 章　中央空调工程调试实例

本章以广州××大楼的中央空调工程为例，介绍并分析中央空调的具体调试方案，从而给读者提供一个中央空调工程全过程的调试案例。

12.1　工程概况

12.1.1　建筑概况

广州市××大楼位于广州市繁华的天河区。大楼分主楼和副楼。主楼为全钢结构，是一栋集调度、信息、办公、餐厅、控制于一体的大楼，共36层，顶层标高为174m。副楼与主楼相连，是钢筋混凝土结构，功能为饮食、娱乐、医疗、会议等，共7层，楼高为32.8m。主楼一层至六层用作餐厅、调度室、会议室及电子设备机房，七层至十三层作调度办公室用；十四层至三十六层作办公室、会议室、计算机中心用。地下室共3层，负一层、负二层为车库，用作人防及存放工具等，负三层为设备层和车库。大楼总建筑面积约为 $5\times10^4m^2$，其中空调面积为 $2.4\times10^4m^2$，空调面积占建筑面积的48%。中央空调机房设在负三层。

12.1.2　空调概况

该大楼的空调设计为夏季制冷、冬季采暖的综合型空调系统，并且夏季冷冻水供水温度为7℃，回水温度为12℃。中央空调设制冷量为1864kW 的螺杆式冷水机组 3 台，冷却系统采用超低噪声横流式冷却塔，水流量为 $600m^3/h$、功率为 18.5kW（3 台）的设备安装在副楼的七层屋面上。冷却水进、出水温度分别为 37℃和 32℃。主楼和副楼设 K—1 和 K—2 空调系统，二十四层设热交换系统，由板式换热器转换水源供给二十六层至三十六层空调末端设备使用。供热系统设中央热水机组，制热量为 814kW，由 3 台功率为 1.75kW 的水泵提供55℃的热水。K—1 和 K—2 空调系统可以单独分开运行使用，又可以通过阀门连通并联使用。主楼各层弱电间因功能需要，将空调系统单独分开，另设一台193kW 的风冷往复式冷水机组（K—3 空调系统），安装在三十六层屋面上。K—3 空调系统兼顾二十六层、三十层、三十三层、三十四层、三十五层、三十六层办公室因中央空调机组停开时的转换供冷需要。

12.1.2.1　设备概要

本系统的主要设备及技术参数见表 12-1。所有设备尽量选用低噪声型，其中冷水机组、水泵、空调器、风机等都做了减振处理。

表 12-1　主要设备及技术参数

	名称	规格	单位	数量
冷水机组	螺杆式冷水机组	制冷量为 1864kW，功率为 328kW	台	3
	风冷往复式冷水机组	制冷量为 193kW，功率为 58.7kW	台	1
冷却塔	超低噪声横流冷却塔	水流量为 600m³/h，功率为 18.5kW	台	3
热水机组	中央热水机组	制热量为 814kW，功率为 1.75kW	台	3
换热器	板式换热器	换热量为 788kW，型号为 GX—91	台	2

该大楼设 3 个空调系统，分别用 K—1、K—2、和 K—3 表示。K—1 负责主楼的高、低区，K—2 负责副楼和电力调度区，K—3 单独设置，负责三十六层及临时使用。各制冷空调系统负责分区见表 12-2。

表 12-2　制冷空调系统分区

系统	区域	面积/m²	总负荷/kW	冷水机组			冷冻水泵数量/台
				形式	数量/台	单机功率/kW	
K—1	主楼高、低区	16400	3728	螺杆式	2	1864	4
K—2	副楼、电力调度区	6400	1864	螺杆式	1	1864	2
K—3	三十六层	620	193	风冷往复式	1	193	2

12.1.2.2　冷冻水系统

冷冻系统划分为 K—1 和 K—2 系统，分别如图 12-1 和图 12-2 所示（一些阀门、温度计、压力计等未在图上画出）。K—1 供冷系统是由 1 号和 2 号冷水机组负责向主楼低区和高区供冷。低区由 1 号冷冻泵（2 台，一用一备）通过管井立管进行水循环，供主楼一层至三层、十四层至二十三层，副楼二至五层空调末端设备。高区由 2 号冷冻水泵（2 台，一用一备）通过管井立管进行水循环，供主楼二十四层热交换系统，然后通过板式换热器（2 台，一用一备）和循环水泵（2 台，一用一备），供二十六层至三十六层末端设备。如果在冬季，则大厦进入供暖状态，那么 1 号和 2 号冷水机组停开，其蒸发器进出水阀门关闭。此时，低区 1 号冷冻水泵（2 台）和高区 2 号冷冻泵（2 台）停开，进出水阀门关闭，并启用 1 号和 2 号中央热水机组，开启 1 号和 2 号热水循环泵，把热水送入低区立管和高区立管即可进入供暖状态。

K—2 空调系统由 3 号冷水机组和 3 号冷冻泵（2 台，一用一备）通过立管进行水循环，供主楼四层至十三层和副楼六层和七层末端空调设备使用。在冬季，K—2 空调系统进入供暖状态，3 号冷水机组停开，蒸发器进出水截止阀关闭。3 号冷冻水泵停开，同时启用 3 号中央热水机组，并开启 3 号热水机组循环泵，把热水送入各层立管即可以供暖。K—1 和 K—2 空调系统在供暖的情况下，既可以分开使用，又可以通过阀门连通并联使用。K—1 和 K—2 空调系统的冷冻水立管布置成异程式。各层水平干管也布置成异程式。冷冻水管和冷凝水管均使用标准镀锌钢管和标准配件。在每一水平分区都设流量调节阀，回水干管上也设截止阀，以便调整和维修。

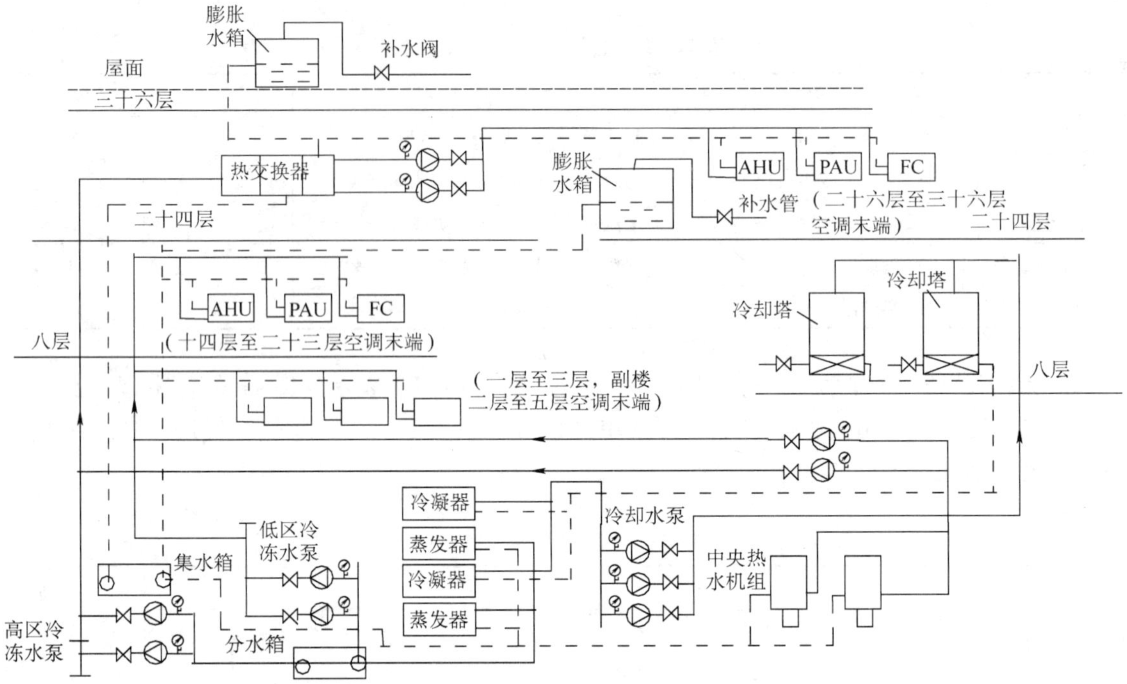

图 12-1　K—1 空调系统

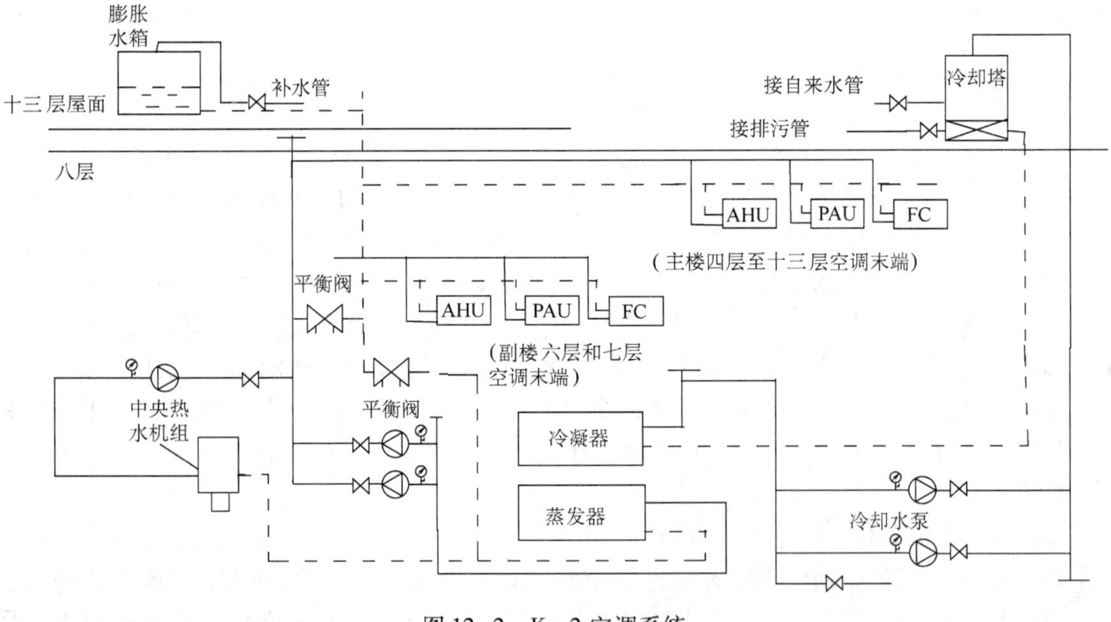

图 12-2　K—2 空调系统

12.1.2.3　冷却水系统

冷却系统同样划分为 K—1 和 K—2 系统。K—1 系统不分低区和高区，两区合并使用。K—1 系统设 1 号和 2 号冷却塔 3 台（水流量为 $600m^3/h$）、冷却循环泵 3 台（二用一备），通过管井立管进行水循环，供 1 号和 2 号冷水机组冷凝器使用。K—2 空调系统设 3 号冷却塔 1 台（水流量为 $600m^3/h$）、冷却循环泵 2 台（一用一备），通过管井立管进行水循环，供 3 号冷水机组冷凝器使用。冷却水系统 K—1 和 K—2 既可分开运行使用，又可通过阀门连通并联使用。

K—3 空调系统单独分开，设风冷往复式空调机组 1 台，安装在三十六层屋面上。该机组 24h 运行，供主楼各层弱电间使用，同时兼顾二十六层、三十层、三十三层、三十四层、三十五层、三十六层办公室因中央空调机组停开时转换供冷使用。转换供冷采用电动阀控制，晚间当中央空调系统停开时，层间供水管阀门关闭，K—3 空调系统接入阀门开启。K—3 空调系统冬季无供暖功能，采用电加热的方式给各房间分别供暖。K—3 空调系统如图 12 - 3 所示。

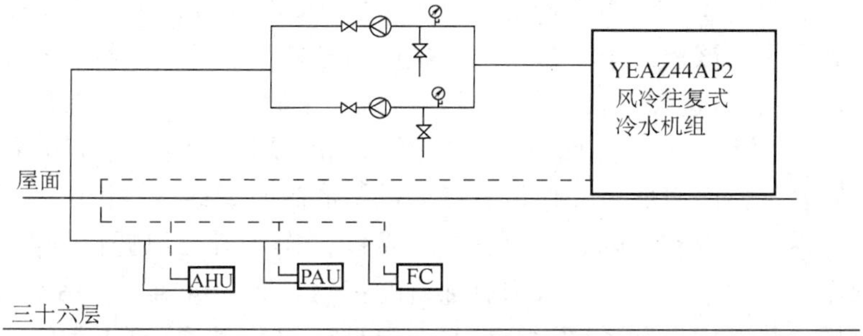

图 12 - 3 K—3 空调系统

12.1.2.4 空调和通风系统

广州地区室外空调的设计参数为：夏季干球温度为 33.5℃，相对湿度为 83%；冬季干球温度为 5℃，相对湿度为 70%。办公室、会议室室内空调的设计参数为：夏季干球温度为 24 ~ 26℃，相对湿度为 60%；冬季干球温度为 18 ~ 20℃，相对湿度为 55% ~ 65%。该空调冷冻水系统是变水量空调系统，系统保持供、回水温度不变，通过改变空调负荷侧的水流量来适应房间负荷的变化。冷冻水管总管和各层水平干管都布置为异程式，送风侧采用定风量和变风量相结合的空调方式。大厅、餐厅、舞厅、过道等大空间公共区域，设计采用定风量空调系统，按新风量 $30m^3$/（h · 人）设计。六层至三十六层除个别小空间［设计新风量为 $20m^3$/（h · 人），如小会议室、办公室、休息室等］的空调末端采用风机盘管加新（排）风方式外，其余大空间（如中央调度室）采用全新风空气系统（风柜系统）。大空间采用全新风空气系统低风速送风，回风则采用集中式回风，新风量按不同标准、不同季节作调整。主楼三十层至三十六层和副楼一层至五层采用风机盘管加新风空调方式，当室外空气焓值低于室内焓值时，可改变新风比直至全新风，以达到节能及改善室内空气品质的目的。

小空间（如办公室和休息室）采用变风量空调系统，其新风空调箱和排风机均设变频装置，根据送（排）风总管内静压值（设置一个或多个压力传感器）自动调节系统风量，以达到节能的目的。变风量空调系统（VAV）有突出的优点：节能潜力大，控制灵活，在美国、日本、中国香港、新加坡等地得到了广泛的应用。空调风机的变风量调节方式有出口（进口）风阀调节、蜗线风阀调节、进口叶片调节、动翼调节、转数调节等方式。对于各种不同类型的风机，由于调节方式不同，所得的节能效果差别就会很大。该系统采用进口叶片调节。由于进口叶片调节具有较宽的调节范围和较高的经济性，并可实现自动调节，因此，为空调风机所广泛使用。进口叶片调节，前向多翼（FC）风机调节特性比后向板式（BI）和后向翼形（AF）风机好。虽然 FC 风机单机效率比 BI 风机和 AF 风机低，但在 VAV 系统中，FC 风机功率降低特性好，而它们所消耗的风机功率却几乎相同，另外，FC 风机还具有小型、轻量、转数低的优点，使它在 VAV 系统中应用更广泛。该空调系统的小房间几乎毫无例外地全部使用 FC 变风量调节方式。变风量空调系统的缺点是噪声大。由于本系统采用了很多消声和减振措施，如空调器、风机进口设帆布软接头，空调器送回风管、排风管设有消声装置，所以这个问题得到了很好的解决，其最大噪声为 35 ~ 50dB。

12.1.2.5 空调自控系统

广州××大楼是一栋智能化程度很高的建筑，就通风和空调来说，冷水机组、冷冻水泵、冷却水泵、冷却塔都实现了智能控制，并可一一对应连锁运行。冷水机组由美国约克公司提供。这种冷水机组的 YS 彩色图像显示控制中心是标准配置，为机组提供了监控、数据采集、安全保护等操作。该控制中心是当今最先进的微处理器控制系统，控制中心有一块彩色液晶显示屏（LCD），可选择中文、英文或其他多种语言，显示屏周围是一些轻触式的按钮。彩色显示控制中心界面由主界面、蒸发器界面、冷凝器界面、压缩机界面、润滑油界面、电动机界面和通信界面组成，操作员可以通过图形截面观察冷水机组的历史运行情况和当前运行情况。主界面还设有登陆、退出和打印功能，操作者可以凭借安全密码进行访问。访问分观察、操作员和检修三级，每级都有独自的密码。冷水机组可以用普通键盘进行数字编程。它还可以显示状态信息和系统运行信息。这些信息包括紧急/正常停机信息，系统实时状态、日期、时间、停机原因和所需要的重启方式等。它还也可以与现场提供的打印机相连，打印所有运行数据及前 10 次正常或紧急停机的记录。不仅如此，控制中心还具有和楼宇自动化系统（BAS）相连接的根通用协议接口，可以灵活有效地使用远程信号。整个运行程序保存在闪存存储器（RAM）中，避免了因交流电源断电或电池用完后而使冷水机组发生故障，因为提供的锂电池至少有 11 年的寿命。

根据系统冷负荷的变化，可以通过自动或手动控制冷水机组的投入运转台数。空调器通过设置在回风口（或送风管）处的温度传感器，通过水路电动二通阀动作（比例积分式）调节水量达到控制送风或回风温度的目的。空调器通过设置在回风口（或送风管）处的湿度传感器，调节系统的加湿量，达到送风或回风湿度控制的目的。在过渡季节，当温度过高而超过调节的湿度时，通过水路电动二通阀动作（比例积分式）调节冷冻水量，以达到控制送风或回风湿度控制的目的。一般的风机盘管还配有风机三速手动开关和挂墙式温度控制器以及水路双位式电动阀。为了使整个管网能正常运行，其冷冻水供、回水总管网设置压差旁通装置和压力平衡阀，调节时电动二通阀按比例式调节运行。各空调器、风机、冷却塔等设备除设就地开关外，还在冷冻站总控制室内设置开关及运行工作显示，可对各种水温、水压、空气温度、空气湿度、风量等参数进行监控和设定，也可以对各种设备包括冷水机组、水泵、冷却塔、空调器、风机等设备进行启停、监视和报警，大大提高了管理和通信水平。当大楼发生火灾时，由消防中心控制加压风机起动给楼梯间加压送风，但空调、通风设备会自动切断电源。

12.2 调试方案的编制

12.2.1 编制的依据

本调试方案的依据为合同文件、设计图样、业主现场修改指令、国家施工及验收规范等。

12.2.2　调试的目的与要求

在新建的空调系统安装结束后和正式投入使用前，应由施工单位负责，监理单位监督，设计单位与建设单位参与和配合，组成调试小组进行系统调试。这对于检验设计是否正确、施工是否可靠、设备性能是否合格，都是必不可少的，也是施工单位交工前的重要工序。

系统调试所使用的测试仪器和仪表，性能应稳定可靠，其精度等级及最小分度值应能满足测定的要求，并应符合国家有关计量法规及检定规程的规定。

通风与空调工程系统无生产负荷的联合试运转及调试，其调试应在制冷设备和通风与空调设备单机试运转合格后进行。空调系统带冷（热）源的正常联合试运转不应少于 8h，通风系统的连续试运转不应小于 2h。

空调系统的测定与调整就是要检测各空调机组送风量和性能是否满足设计要求，并按设计要求调整平衡各个风口的风量，以保证室内新风量、温度、湿度、噪声等满足人体舒适性的要求。

检测完毕后，应针对检测中发现的问题提出恰当的改进措施，使系统更完善，从而使空调机组在运行过程中达到经济和实用的目的。

12.2.3　调试的内容

根据本工程空调系统的特点，通风空调系统的调试包括以下内容：

（1）风管漏光法检测与漏风量测试。

（2）空调机组风量的测试和风口风量的调整。

（3）空调机组性能的测定和调整。

（4）空调水系统的调试。

（5）室内风机盘管风量的测试和室内参数的测定。

（6）防排烟系统的测定和调整。

12.2.4　调试用的仪器和工具

本案例中用到的调试仪器和工具见表 12-3。

表 12-3　调试仪器和工具

序号	仪器、设备名称	检测参数	数量
1	高压风机	漏风量	2 台
2	倾斜式微压计	风管风压	2 台
3	补偿式微压计	漏风量	2 台
4	数字光电转速表	风机转速	2 台
5	热电风速仪	风口风速	4 台
6	数字式声级计	室内噪声	2 台
7	数字式温湿度表	室内温度、湿度	2 台
8	水银温度计	空气温度	1 套

（续）

序号	仪器、设备名称	检测参数	数量
9	绝缘电阻表	电动机绝缘电阻	2 台
10	声压计	室内噪声	2 台
11	毕托管	风管风压	2 台
12	梯子	爬高	2 台
13	对讲机	联络	8 台
14	手电筒	照明	4 台
15	电流表、欧姆表	电流、电阻	2 台
16	锤子	—	2 把
17	螺钉旋具	—	2 把
18	扳手	—	4 把
19	振动表	测振动	2 台
20	尺子	尺寸	2 把

12.2.5　调试的程序

本案例中，按图 12-4 所示的程序进行调试。

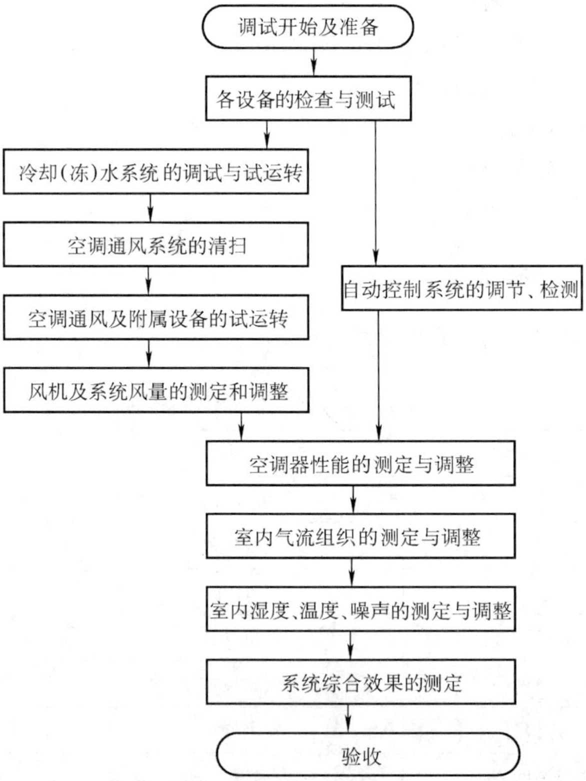

图 12-4　调试程序

12.2.6　调试的准备工作

（1）调试空调系统以前，首先应熟悉空调系统的全部设计资料，包括图样和设计说明，充分领会设计意图，了解各种设计参数、系统的全貌及空调设备的性能和使用方法等。

（2）调试前，调试人员必须会同设计、施工和建设单位，对已安装好的系统进行现场验收，主要是查清施工与设计要求不符合及加工安装质量不合格的地方，并提出整改意见。

（3）根据前两项工作的准备情况，根据工程特点编制调试计划。

（4）根据表 12 - 3 准备好调试所需仪器和必须工具，安排好调试人员及调试配合人员，调试配合人员应包括通风工和电工。

（5）通风空调系统安装工作完成后，经过检查，应全部符合工程质量检验评定标准的相应要求。

（6）空调系统所有电气及其控制电路的检查调试人员进入现场后，指派部分电气试调人员配合，按照有关规程要求，对电气设备及其控制电路进行检查和调试，以配合空调设备的试运转。

12.3　调试过程及分析

12.3.1　风管漏光法检测和漏风量测试

12.3.1.1　风管漏光法检测

（1）风管漏光法检测应采用具有一定强度的安全光源。手持移动光源可采用不低于 100W 并且带保护罩的低压照明灯或其他低压光源。

（2）对系统进行风管漏光检测时，光源可置于风管内侧或外侧，但其相对侧应为黑暗环境。检测光源应沿着被检测接口部位与接缝处缓慢移动，在另一侧进行观察，当发现有光线射出时，则说明查到有明显的漏风处，这时应做好记录。

（3）对系统风管的检测应采用分段检测、汇总分析的方法。在严格安装质量的基础上，系统风管的检测以总管和干管为主。当采用漏光法检测系统的严密性时，低压系统风管以每 10m 接缝漏光点不多于 2 处，且 100m 接缝平均不多于 16 处为合格；中压系统风管每 10m 接缝漏光点不多于 1 处，且 100m 接缝平均不多于 8 处为合格。

（4）在漏光检测过程中，对发现的条缝形漏光应做密封处理。

12.3.1.2　风管漏风量的测试

（1）试验前的准备工作：将待测风管连接风口的支管取下，并将开口处用盲板密封。

（2）试验方法：利用试验风机向风管内鼓风，使风管内静压上升到 700Pa，然后停止送风，如发现压力下降，则利用风机继续向风管内进风并保持压力在 700Pa，此时风管内的进风量即等于漏风量。该漏风量通过在风机与风管之间设置的孔板与压差计来测量。测试风管漏风量的试验装置如图 12 - 5 所示。

12.3.1.3　漏风声音试验

本试验在漏风量测量之前进行。试验时先将支管取下，用盲板和胶带密封开口处，将试验装置的软管连接到被测风管上。关闭进风挡板，起动风机，逐步打开进风挡板，直到风管

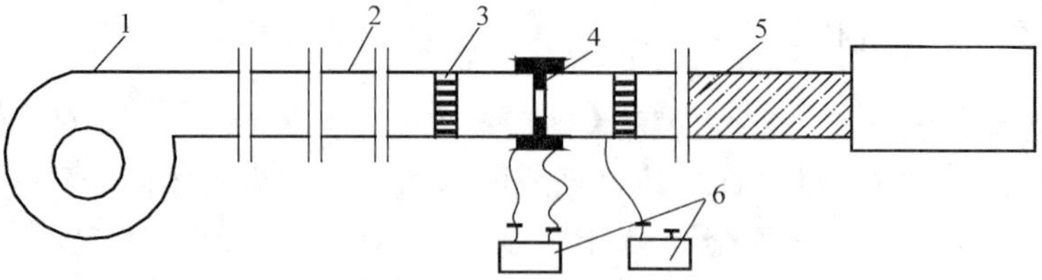

图 12-5 测试风管漏风量的试验装置

1—风机 2—调节阀 3—整流栅 4—孔板 5—软管 6—倾斜式微压计

内的静压值上升并保持在试验压力。注意听风管所有接缝和孔洞处的漏风声音，将每个漏风点作出记号并进行修补。

12.3.2 空调系统风量的调试

12.3.2.1 风量测定的方法

空调系统风量测定的内容包括：测定各空调机组的总送风量，各排风、排烟机组的总排量，各新风口、送风口、排风（烟）口的风量。空调系统风量的测定和调整，应在风机正常运转，通风管网中出现的毛病被消除以后进行。

1. 风管内风量的测定 测定截面内测点的位置和数目：将测定断面划分为若干个接近正方形且面积相等的小断面，其小断面面积不应大于 $0.05m^2$，测点位于各个断面的中心，如图 12-6 所示。则小断面面积为：$0.20m \times 0.25m = 0.05m^2$。

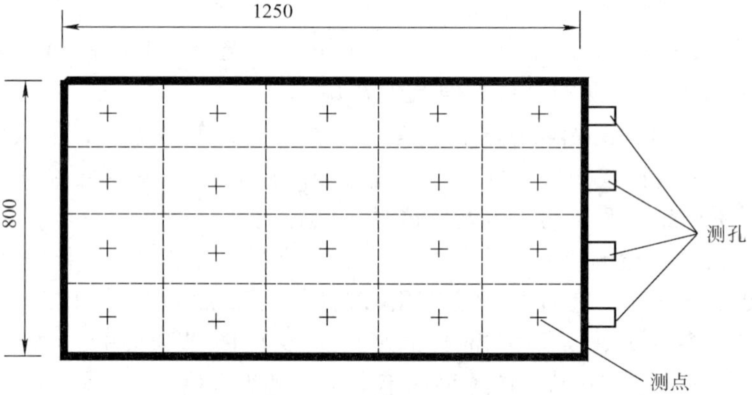

图 12-6 测点断面图

2. 绘制风管系统草图 根据系统的实际安装情况，参考设计图样，绘制出系统单线草图供测试时使用。在草图上应标明风管尺寸、测定截面位置、风阀的位置、送（回）风口的位置以及各种设备的规格、型号等。

3. 风管内风量的测定和计算 送风口风量的测定可采用热球风速仪用定点测量法测量：按风口截面的大小，将其划分为若干个面积相等的小块，在小块中心处将测量探头贴近格栅或网格并垂直于风速进行测量。测点数至少为 5 个。对于回风口风量的测定，只要在贴近格栅或网格处测量就可以了，其结果是相当准确的。

对于本工程中的部分新风机组、排风机及防排烟风机、加压风机，如果它们的风管部分有足够地方开测量孔，则可在风管上测量；当风管没有合适的地方开孔时，可用热球风速仪直接在风机进风口处直接测量，测试结果应符合设计要求。

12.3.2.2　通风机性能的测定

（1）风机的压力通常以全压表示。测定风机全压时，必须分别测出压出端和吸入端测定截面上的全压平均值。通风机的风压为风机进出口处的全压差。测定压力时，风机吸入端的测定截面位置应尽可能靠近风机吸入口处。

（2）通风机转速的测量采取用转速表直接测量风机主轴转速并重复测量 3 次取平均值的方法。

（3）风机噪声的测量可采用声级计。测试时，将声级计调至“A”挡，并使传声器在距离设备 1m、高 1.5m 处。测量时，传声器应指向声源，并要避免本底噪声对测量的干扰。

12.3.2.3　系统风量与风口风量的调整

1. 系统风量的测定和调整　第一步，按设计要求先调整送风和回风干、支管道各送（回）风口的风量；第二步，按设计要求调整空调机的风量；第三步，在系统风量达到平衡之后，进一步调整通风机的风量；第四步，经调整后，在各部分调节阀不变动的情况下，重新测定各处的风量，并以此作为最后的实测风量。

可通过调节各总风管上调节阀的开度，借以控制系统的送风量、回风量和新风量达到一定数值，直到达到设计要求，并且与设计风量偏差不应大于10%。

2. 风口风量的调整　风口风量的调整以图 12-7 为例进行说明。调整前，先用风速仪将全部风口的送风量初测一遍，并计算出各个风口的实测风量与设计风量的比值。一般最小比值的风口分别为各支管的末端风口，即 S_1、S_4、S_6、S_8、S_{10}、S_{12}、S_{14}，所以可选取这些风口为基准风口。测定调整风量时，一般应从离通风机最远的支管 Ⅰ 开始。为了加快调整速度，使用两台风速仪同时测量 S_1 和 S_2 风口的风量，此时借助风口调节阀，使两风口的实测风量与设计风量的比值近似相等。用同样的测量调节方法使 S_3 风口与 S_1 风口达到平衡。支管Ⅱ、Ⅲ上的风口风量也按上述方法调节到平衡。各支管上的风口调整平衡后，就需要调整干管上的总风量，此时，应从最远处的干管开始向前调整。

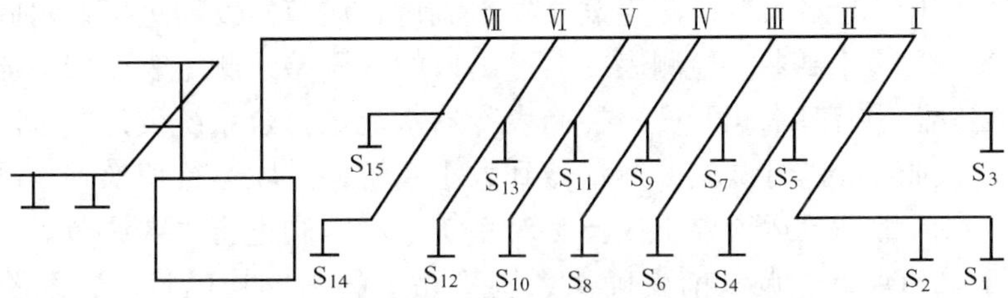

图 12-7　各风口风量的调整示意图

在试调过程中，可以将同样大小的纸条分别贴在各送风口的同一位置上，观察送风时纸条是否被吹起相同的倾斜角度，以判断各送风口风量是否均匀。如有明显的不均匀，就要调整到基本均匀后再用风速仪测量风量。这样可以减少测定工作量，从而加快了调试进度。

如果系统实测风量大于设计风量，则可改变通风机出口风阀的开度或通风机的转速。如果系统的风量小于设计值，应改进系统的局部阻力。

12.3.3 空调水系统的调试

该大楼水系统采用二管制系统。空调水系统的测定与调整主要是进行流量和水温的测定，以使各空调末端机组送风参数满足设计要求，并保证室内温度、湿度等满足人体的舒适性要求。检测完毕后，应针对检测中发现的问题提出恰当的改进措施，使系统更完善，从而使空调机组在运行过程中达到经济、实用的目的。

12.3.3.1 调试准备

（1）认真审阅图样，熟悉冷水系统图和工作原理以及各类设备制造厂家的有关技术说明书。

（2）认真检查管道安装质量，按系统图样核对设备和管道连接的准确性和可靠性。

（3）在空调系统进入调试前，循环水泵等设备应进行运行前的完整性检查、加油、清洗，确保设备能投入正常运行；对循环泵应事先做好单机调试，且管道系统水压试验与系统循环清洗工作已经完毕。

（4）检查水泵和各附属系统的部件是否齐全，各紧固连接部位不得松动；用手盘动叶轮时，叶轮转动应灵活、正常；水泵与附属管路系统上阀门的启闭状态要符合设计要求；水泵运转前，应将入口阀全开、出口阀全闭，待水泵起动后再将出口阀打开。水泵起动时，应用钳形电流表测量电动机的起动电流，待水泵正常后，再测量电动机的运转电流，以保证电动机的运转电流不超过额定值。

（5）认真做好调试记录，并出具调试报告。

（6）认真配合各工种和设备供应商的单机调试。

12.3.3.2 空调水系统的调试过程

1. 冷冻水系统的调试 调试前要确认系统管路上的水阀均已打开，系统已注满水，管路中的空气已排空，水泵试运转正常。逐台起动系统的冷冻水泵，使其全部投入运行。注意检测水泵电动机电流，运行电流不应大于水泵设计工况点电流。

检测蒸发器进出口的水压差，测定蒸发器水流量，调节蒸发器进出口水阀开度，控制蒸发器水流量符合系统设计要求。检测表冷器进出口的水压差，测定表冷器水流量，调节分水器、集水器和表冷器进出口水阀开度，控制表冷器水流量符合系统设计要求。

应对小系统单独运行进行试验，尽量做到大小系统从并联运行切换到小系统单独运行时系统运行正常、水流量满足运行要求，不必对系统手动水阀进行再次调节。

2. 冷却水系统的调试 调试前要确认系统管路上的水阀均已打开，系统已注满水，管路中的空气已排空，水泵试运转正常。逐台起动系统的冷却水泵，并使其全部投入运行。注意检测水泵电动机电流，运行电流不应大于水泵设计工况点电流。

检测冷凝器进出口的水压差，测定冷凝器水流量，调节冷凝器进出口水阀开度，控制冷凝器水流量符合系统设计要求。

调试完毕，系统中的手动水阀均应保持运行时的开启状态。对于无流量平衡阀的支管或末端设备，可在室内参数测试时，根据设备的出风参数，通过对进出水阀门的调节，使其达到设计要求。

12.3.4　室内风机盘管性能和室内参数的测定

该工程大多数为风机盘管加新风系统，所以要测定每个风机盘管各挡的风量。要测定的室内参数包括室内温度、相对湿度、噪声等。测定应在系统风量和空气处理设备和空气水系统都调整完毕，且送风状态参数符合设计要求，以及室内热湿负荷和室外气象条件接近设计工况的条件下进行。

12.3.4.1　风机盘管风量的测定

可按照测定风口风量的方法测定风机盘管快、中、慢各挡的风量，检查其是否符合设计要求。

12.3.4.2　室内温度和相对湿度的测定

测定室内温度和相对湿度前，空调系统应已连续运转至少 24h，等室内状况稳定后再进行测定。测定仪器采用通风干湿球温度计。

对于一般性空调房间，选择人经常活动的范围为工作区进行测试点的布置，并且测试点应布置在离地面 0.8m、距外墙表面大于 0.5m 的区域。

12.3.4.3　室内噪声的测定

测定空调房间噪声时，应在全部空调设备开启的状态下进行。对于一般性空调房间，应以中间离地 1.2m 处为测试点，而对于较大面积的空调区域，则应按设计要求选择测试点。室内噪声可用声级计测定，并以声压级 A 挡为准。

测量房间噪声时，要避免本底噪声（施工机械、人为活动）对测量的干扰。如果声源噪声与本底噪声相差不到 10dB，则应扣除本底噪声干扰的修正值。房间噪声修正值见表 12-4。房间噪声测试结果应符合设计要求，如果超出设计要求，则需找出原因进行整改，直到符合要求为止。

表 12-4　房间噪声修正值　（单位：dB）

被测噪声与本底噪声的差值	3	4~5	6~9
修正值	-3	-2	-1
未装修修正值	-5	-5	-5

12.3.5　防排烟系统的测定与调试

12.3.5.1　正压防烟的测定与调试

该工程楼梯、楼梯前室及消防电梯前室设有机械加压送风机，并设有排风和排烟机组。测试前应先测定加压送风机风量是否满足设计要求。在加压风机风量满足设计要求的情况下，开启加压风机，混凝土风道内风速不应大于 15m/s，加压送风系统送风口的风速不应大于 7m/s。二十层以上按每次开启 3 个楼层的加压风口阀门测出风口风量；二十层以下按每次开启 2 个楼层的加压风口阀门，并在楼梯门及前室门关闭的情况下，采用补偿式微压计测出楼梯对室外的压力。该压力应大于 50Pa，楼梯前室及消防电梯前室对内走廊的压力应大于 25Pa。

12.3.5.2　消防排烟量的测定与调试

测试消防排烟量时，应在测得排烟风机风量合格的情况下测出每个风口的风量。排烟口的风速不宜大于10m/s，并且每层的排烟量应符合设计及规范要求。

12.3.6 调试过程中的安全与文明措施

12.3.6.1 安全措施

（1）进入施工现场的人员一律要佩戴工作胸卡和安全帽，并遵守现场各种规章制度，违反者都要按章处罚。

（2）调试人员调试时，现场用电必须让专职电工接电，不得随意开启用电设备，不能随意损坏现场设施。现场调试人员应注意保护有关仪表，不得破坏仪表。

（3）调试人员用梯子在高处作业时，应有人保护，以防梯子滑动。

（4）开启风机前，要仔细检查机组，以防杂物损坏机组。

12.3.6.2 文明措施

（1）进入现场的调试人员应严格遵守现场各种规章制度，依据工作计划和调试方案进行工作。

（2）临时设施周围的废水、污水应进坑内沉淀排放，保持现场清洁卫生。

（3）根据工程调试的不同性质和所在场所的具体情况，应采取适当的围护和遮挡措施进行分隔，确保调试安全和外观整洁，确保无用户投诉，尽量减少对用户的干扰。

12.3.7 数据的整理与分析

全部检测完毕后，将测出的原始数据进行计算整理，并将这些数据同设计和工艺要求的指标进行比较，以用来评价被测系统是否满足要求，同时出具合格调试报告。

参 考 文 献

[1] 项端祈．空调系统消声与隔振设计［M］．北京：机械工业出版社，2005.

[2] 瞿义勇．实用通风空调工程安装技术手册［M］．北京：中国电力出版社，2006.

[3] 马志奇．通风与空调工程施工机械使用技术［M］．北京：中国建材工业出版社，2006.

[4] 张振迎．建筑设备安装技术与实例［M］．北京：化学工业出版社，2009.

[5] 李志生．中央空调冷却水处理技术比较分析［J］．制冷与空调，2006，6（4）：89－91.

[6] 张志贤．管道施工技术手册［M］．北京：中国建筑工业出版社，2009.

[7] 冯秋良．实用管道工程安装技术手册［M］．北京：中国电力出版社，2006.

[8] 胡兆奎，等．集中空调冷却水系统结垢与腐蚀问题的探讨［J］．暖通空调，2006（8）：118－120.

[9] 汤万龙．冷热源系统安装［M］．北京：中国建筑工业出版社，2008.

[10] 黄翔．空调工程［M］．北京：机械工业出版社，2006.

[11] 周皞．中央空调施工与运行管理［M］．北京：化学工业出版社，2007.

[12] 唐中华．空调制冷系统运行管理与节能［M］．北京：机械工业出版社，2008.

[13] 董重成．建筑设备施工技术与组织［M］．哈尔滨：哈尔滨工业大学出版社，2006.

[14] 中国电力企业联合会电力建设技术经济咨询中心．建筑［M］．北京：中国电力出版社，2002.

[15] 杨京生．空调风管新材料在安装工程中的应用［J］，建厂科技交流，2000，27（3）：34－26.

[16] 叶丽影．某空调工程设计与施工中存在的问题和解决方法［J］．建筑热能通风空调，2005，24（3）：52－55.

[17] 黄建强．浅谈空调冷冻系统安装的施工技术［J］．建材与装饰，2007（11）：98－99.

[18] 邬育威．浅谈某办公大楼中央空调系统的调试［J］．建材与装饰，2009（7）：294－295.

[19] 王文涌．中央空调系统调试浅谈［J］．山西建筑，2008，34（31）：196－197.

[20] 马平．简析中央空调调试中的若干问题及对策［J］．山西建筑，2007，33（29）：186－187.

[21] 李志生，等．暖通空调系统故障检测与诊断研究进展［J］．暖通空调，2005，35（12）：31－37.

[22] 李志生，等．大型制冷机组的冲洗与调试［J］．建筑热能通风空调，2006，25（4）：95－99.

[23] 李志生，等．某商住楼冷却水系统飘水问题的分析与改进［J］．制冷与空调，2006，6（2）：85－87.

读 者 信 息 反 馈 表

感谢您购买《中央空调施工与测试》一书。为了更好地为您服务，有针对性地为您提供图书信息，方便您选购合适图书，我们希望了解您的需求和对我们教材的意见和建议，愿这小小的表格为我们架起一座沟通的桥梁。

<table>
<tr><td>姓　名</td><td colspan="2"></td><td colspan="2">所在单位名称</td><td colspan="2"></td></tr>
<tr><td>性　别</td><td colspan="2"></td><td colspan="2">所从事工作（或专业）</td><td colspan="2"></td></tr>
<tr><td>通信地址</td><td colspan="4"></td><td>邮　编</td><td></td></tr>
<tr><td>办公电话</td><td colspan="3"></td><td>移动电话</td><td colspan="2"></td></tr>
<tr><td>E-mail</td><td colspan="6"></td></tr>
<tr><td colspan="7">1. 您选择图书时主要考虑的因素：（在相应项前面画√）
（　　）出版社（　　）内容（　　）价格（　　）封面设计（　　）其他
2. 您选择我们图书的途径（在相应项前面画√）
（　　）书目　（　　）书店（　　）网站（　　）朋友推介（　　）其他</td></tr>
<tr><td colspan="7">希望我们与您经常保持联系的方式：
□　电子邮件信息　　□定期邮寄书目
□　通过编辑联络　　□定期电话咨询</td></tr>
<tr><td colspan="7">您关注（或需要）哪些类图书和教材：</td></tr>
<tr><td colspan="7">您对我社图书出版有哪些意见和建议（可从内容、质量、设计、需求等方面谈）：</td></tr>
<tr><td colspan="7">您今后是否准备出版相应的教材、图书或专著（请写出出版的专业方向、准备出版的时间、出版社的选择等）：</td></tr>
</table>

非常感谢您能抽出宝贵的时间完成这张调查表的填写并回寄给我们，您的意见和建议一经采纳，我们将有礼品回赠。我们愿以真诚的服务回报您对机械工业出版社技能教育分社的关心和支持。

请联系我们——

地　　址　北京市西城区百万庄大街 22 号　机械工业出版社技能教育分社

邮　　编　100037

社长电话　(010)88379080　88379083　68329397（带传真）

E-mail　jnfs@ mail. machineinfo. gov. cn